"绿十字"安全基础建设新知丛书

煤矿企业安全知识

"'绿十字'安全基础建设新知丛书"编委会 编

中国劳动社会保障出版社

图书在版编目(CIP)数据

煤矿企业安全知识/《“绿十字”安全基础建设新知丛书》编委会编. —北京：中国劳动社会保障出版社，2016

（“绿十字”安全基础建设新知丛书）

ISBN 978-7-5167-2497-2

Ⅰ.①煤… Ⅱ.①绿… Ⅲ.①煤矿企业-安全生产-基本知识 Ⅳ.①TD7

中国版本图书馆 CIP 数据核字(2016)第 144605 号

中国劳动社会保障出版社出版发行

（北京市惠新东街 1 号 邮政编码：100029）

*

北京北苑印刷有限责任公司印刷装订 新华书店经销

787 毫米×1092 毫米 16 开本 22 印张 429 千字

2016 年 8 月第 1 版 2016 年 8 月第 1 次印刷

定价：56.00 元

读者服务部电话：（010）64929211/64921644/84626437

营销部电话：（010）64961894

出版社网址：http://www.class.com.cn

编委会

编写人员

主　编： 佟瑞鹏

副主编： 张　磊　杨　勇

内容提要

本书为“绿十字”安全基础建设新知丛书之一，根据新修订的《中华人民共和国安全生产法》要求，紧扣煤矿安全这一中心，全面介绍了煤矿生产基础条件及典型事故的防治技术，旨在提高煤矿企业安全基础建设和提升从业人员知识能力。

本书主要内容包括：煤矿安全生产基本状况，煤田地质、煤矿开拓及开采、矿井通风的基础知识，矿井瓦斯、粉尘、火灾、水灾、顶板事故的防治技术，矿井灾害应急救援及处理。

本书可作为煤矿企业安全生产管理人员、煤矿安全生产监察人员、煤矿生产有关的技术人员和从业人员的专业读本和知识普及用书。

前 言

党中央、国务院高度重视安全生产工作，确立了安全发展理念和“安全第一、预防为主、综合治理”的方针，采取一系列重大举措加强安全生产工作。目前，以新《安全生产法》为基础的安全生产法律法规体系不断完善，以“关爱生命、关注安全”为主旨的安全文化建设不断深入，安全生产形势也在不断好转，事故起数、重特大事故起数连续几年持续下降。

2015年10月29日，中国共产党第十八届中央委员会第五次全体会议通过的《中共中央十三五规划建议》指出：“牢固树立安全发展观念，坚持人民利益至上，加强全民安全意识教育，健全公共安全体系。完善和落实安全生产责任和管理制度，实行党政同责、一岗双责、失职追责，强化预防治本，改革安全评审制度，健全预警应急机制，加大监管执法力度，及时排查化解安全隐患，坚决遏制重特大安全事故频发势头。实施危险化学品和化工企业生产、仓储安全环保搬迁工程，加强安全生产基础能力和防灾减灾能力建设，切实维护人民生命财产安全。”

“十三五”时期是我国全面建成小康社会的决胜阶段，《中共中央十三五规划建议》中有关安全生产工作的论述，为这一阶段的安全生产工作指明了方向。这一阶段的安全生产工作既要解决长期积累的深层次、结构性和区域性问题，又要积极应对新情况、新挑战，任务十分艰巨。随着经济发展和社会进步，全社会对安全生产的期望值不断提高，广大从业人员安全健康观念不断增强，对加强安全监管、改善作业环境、保障职工安全健康权益等方面的要求越来越高。企业也迫切需要我们按照国家安全监管总局制定的安全生产“十三五”规划和工作部署，根据新的法律法规、部门规章组织编写“‘绿十字’安全基础建设新知丛书”，以满足企业在安全管理、安全教育、技术培训方面的要求。

本套丛书内容全面、重点突出，主要分为四个部分，即安全管理知识、安全培训知识、通用技术知识、行业安全知识。在这套丛书中，介绍了新的相关法律法规知识、企业安全管理知识、班组安全管理知识、行业安全知识和通用技术知识。读者对象主要为安全生产监管人员、企业管理人员、企业班组长和员工。

本套丛书的编写人员除安全生产方面的专家外，还有许多来自企业，他们对企业的安全生产工作十分熟悉，有着切身的感受，从选材、叙述、语言文字等方面更加注重企业的实际需要。

在企业安全生产工作中，人是起决定作用的关键因素，企业安全生产工作需要具体人员来贯彻落实，企业的生产、技术、经营等活动也需要人员来实现。因此，加强人员的安全培训，实际上就是在保障企业的安全。安全生产是人们共同的追求与期盼，是国家经济发展的需要，也是企业发展的需要。

"'绿十字'安全基础建设新知丛书"编委会

2016年4月

目　录

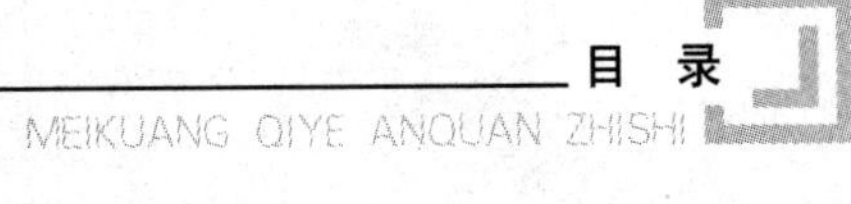

第一章　我国煤矿安全生产的基本状况

本章学习目标

1. 了解我国煤矿安全生产的基本现状，以及煤矿安全隐患的特点。
2. 了解我国煤矿安全生产的政府监管体制及有关法律法规。

据史料记载，早在先秦，我国就已经开始使用煤炭。而在如今这个时代，煤炭资源更成为我国能源的基础，在国民经济中具有重要的战略地位。2015 年我国煤炭产量 37.5 亿吨，全年消费量达 39.65 亿吨。虽然与 2014 年相比，产量减少 3.3%，消耗量减少 3.7%，但是煤炭依然占我国能源消耗总量的 64%，全国约 3/4 的工业燃料和动力、65%的化工原料都依靠煤炭。我国过去两年煤炭消耗的削减量就相当于日本一整年的煤炭消耗量，可见我国工业发展对煤炭的依赖。预计到 2050 年我国一次能源生产和消费结构中煤炭仍将占 50%以上。因此，煤炭在相当长的时期内仍将是我国的主要能源。煤炭的高需求量相应地拉动了煤炭的高开采量。但是，在煤炭资源开采和利用的同时，煤矿事故频繁发生，是长期困扰我国煤炭行业从业者的难题。

第一节　我国煤矿安全现状

一、我国煤矿安全的发展

1990 年以前，随着我国煤炭工业的快速发展，我国煤矿安全生产状况呈恶化态势，造成了大量人员伤亡、经济损失。1990 年以后，我国相继采取了一系列措施加强安全生产工作，加大安全监督力度，另外还颁布了一系列促进煤矿安全生产的法律法规、规章制度和技术规程，比如，2004 年 10 月 28 日颁布的《中华人民共和国矿山安全法实施条例》和 2005 年 9 月 6 日颁布的《关于预防煤矿生产安全事故的特别规定》等，这些措施都对预防和减少煤矿事故起到了非常关键的作用。因此，近些年我国煤矿安全生产的状况不断好转，表 1—1 统计的是我国 2009 年到 2015 年煤炭产量和死亡人数。

从表 1—1 可以直观地看出，我国煤炭产量从 2009 年的 29.73 亿吨提高到 2013 年的 39.69 亿吨，每年都在不断地增加。另一方面，我国煤矿安全事故的死亡人数和百万吨死亡率在逐年地减少。这证明我国煤矿安全生产的状况确实有所改善。

表 1—1　　我国 2009 年到 2015 年煤炭产量和死亡人数

时间（年）	煤炭产量（亿吨）	死亡人数（人）	百万吨死亡率（人/百万吨）	备注
2009	29.73	2631	0.885	表中数据来自国家统计局和国家安全生产监督管理总局的官方数据
2010	32.4	2433	0.751	
2011	35.2	1973	0.564	
2012	36.5	1384	0.374	
2013	39.69	1067	0.293	
2014	38.74	931	0.255	
2015	37.5	608	0.162	

除此之外，从表 1—1 还可以看出，虽然我国煤矿安全生产的态势趋于好转，但形势仍然不容乐观。即使在我国因煤矿事故死亡人数最少的 2015 年，死亡人数也达到了 608 人。在这 600 多人的背后，可是实实在在的 600 多个中国家庭，关乎着至少 2 000 人的幸福。

从国际上来看，美国的煤炭产量和消费量仅次于我国，位列世界第二。但是，美国的煤矿安全生产形势却比我国好很多。2015 年我国煤矿事故死亡人数和百万吨死亡率创历史新低，分别为 608 人和 0.162 人。但是，美国早在 20 世纪 90 代初，就已经将百万吨死亡率降到 0.05 人以下。近 10 年间，美国煤矿百万吨死亡率更是长期控制在 0.03 人以内，不到我国 2015 年百万吨死亡率的五分之一。可见，与美国相比，我国的煤矿安全生产水平还有很大的提升空间。所以，煤矿给我们国家尤其是煤矿职工带来的生命威胁仍然很大，我国煤矿安全生产的形势还没有得到根本性的好转。因此，我国煤矿的安全生产之路仍然任重而道远。

二、煤矿安全事故的特点

煤炭是我国的能源基础，但是煤矿行业却是我国最危险的行业。煤矿行业、非煤矿山行业、建筑施工行业、危险化学品行业、烟花爆竹行业、民用爆破行业是公认的六大高危行业，而这六大高危行业中，煤矿是最危险的行业，建筑施工是第二危险的行业。据国家安全生产监督管理总局在 2010 年到 2015 年间通报的所有煤矿与建筑安全事故，二者对比如图 1—1 所示。从图 1—1 中可以很直观地看出，煤矿行业的安全状况与六大高危行业中第二危险的建筑行业相比，每种事故类别的事故起数都多于建筑行业，尤其是重大事故和特别重大事故远远多于建筑行业。煤矿安全事故不仅发生的多，而且发生的事故更为严重，可见煤矿安全问题在我国所有行业安全问题中的严重性。

由于煤矿的生产工艺和作业环境的特殊性，煤矿事故的致灾因素主要为瓦斯、顶板、

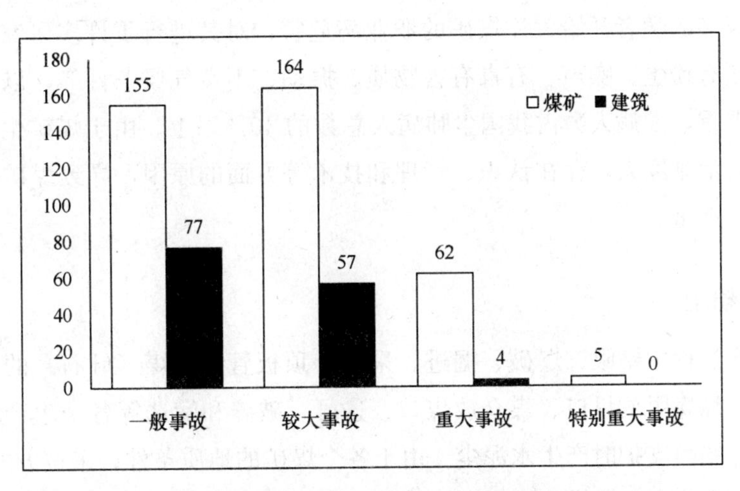

图 1—1 我国 2010 年到 2015 年间煤矿与建筑行业事故对比

水灾、火灾、粉尘。依据国家安全生产监督管理总局在 2010 年到 2015 年通报的各类煤矿死亡事故，统计结果见表 1—2。由表 1—2 可知，发生的煤矿死亡事故主要有顶板事故、瓦斯事故、运输事故、透水事故、放炮事故、火灾事故、机电事故和其他事故。在这些煤矿事故中，顶板事故、瓦斯事故和透水事故发生的最多，总共 290 起，占总数的 76.3%。其中瓦斯事故又分为瓦斯爆炸、煤与瓦斯突出、瓦斯燃烧和瓦斯中毒与窒息，只要发生这些事故，基本上都是比较大的灾害事故。另外，在瓦斯爆炸时，煤尘的参与会使爆炸的威力增大，并且由于煤尘的不完全燃烧会释放出大量的毒气，从而造成更多的人员伤亡和财产损失。

表 1—2　　我国 2010 年到 2015 年各类煤矿死亡事故数

事故致因类型	死亡事故数
顶板事故	75
瓦斯事故	160
运输事故	23
透水事故	55
放炮事故	9
火灾事故	13
机电事故	7
其他	38

三、煤矿职业病危害因素

除了以上介绍的煤矿事故以外，煤矿的职业病危害也是非常严重的煤矿安全问题。近些年来，越来越多的学者开始关注煤矿的职业病危害，对其进行了许多研究。煤矿主要的职业病危害因素有粉尘、噪声、有毒有害物质、振动、不良气候条件等，以粉尘危害造成的尘肺病最为严重，发病人数占我国尘肺病人总数的40%以上。由于煤矿生产过程中职业病危害因素的防治难度大，存在认识、管理和技术等方面的原因，导致煤矿作业场所职业病危害仍然相当严重。

1. 生产性粉尘

在煤矿生产过程中钻眼、爆破、掘进、采煤、顶板管理、煤（矸石）的装载、运输转载点、卸载点、溜煤眼放煤口、煤仓放煤口、选矸、破碎和筛选等各个生产环节产生大量的煤尘或硅尘；锚喷支护时产生水泥尘。由于各个煤矿的地质条件、采掘方式、通风状况、开采机械化程度和综合防尘措施的不同，使得生产过程中粉尘和作业环境空气中粉尘的浓度也各不相同。煤矿生产过程中产生的粉尘量的比例大致为：采煤工作面占45%～80%，掘进工作面占20%～38%，锚喷作业点占10%～15%，运输通风巷道占5%～10%，其他作业点占2%～5%，且各作业点的机械化程度越高，产生粉尘的量相应越大。

井下工作人员长期吸入粉尘，使得尘肺病发病率增高。煤尘的吸入可引发煤工尘肺病，使肺部感染引发呼吸道系统疾病；岩尘的吸入量达到一定程度会引起硅肺，使肺部组织功能逐渐降低；长期进行井下水泥搅拌，吸入大量水泥粉尘会引起水泥尘肺，使呼吸道功能降低，易引发支气管疾病。

2. 噪声

噪声主要来源于煤矿生产爆破、凿岩、采煤、运输、通风和瓦斯抽放等过程中各种机械设备的转动（主风机、压风机、局部通风机、采煤机、带输送机、凿岩机、煤电钻机、瓦斯抽放站电机等）。长期工作在这些地方，可能导致职业性噪声聋，这种职业病主要是由于听觉系统受到长期的刺激而导致损伤引起的，一般会经历从生理变化到病理改变的过程，也就是出现听力明显下降。长期的噪声环境会导致永久性的听力下降。除了听觉系统受到损伤，神经系统、心脑血管、内分泌及免疫系统、消化系统以及代谢功能都会受到影响，影响工作效率，损坏身体健康。

3. 有毒有害物质

无论是煤矿开采的井下开采作业还是地面加工作业的过程中都会产生大量的有毒有害物质，如一氧化碳、二氧化硫、二氧化碳、硫化氢、甲烷等化学物质。一氧化碳主要产生于井下煤矿的开采爆破过程中，在意外事故（如火灾）发生时，也会产生大量的一氧化碳，长期吸入一氧化碳不但会导致大脑缺氧，而且还会导致血红蛋白异常，严重的甚至造成窒息和死亡。井下的环境复杂，常存在木质材料腐烂的情况，易产生大量的二氧化硫，加之地面原煤原料的加工燃烧也会产生大量的二氧化硫，工作人员长期吸入二氧化硫会导致身体多个系统功能减退，如呼吸系统减弱引发支气管疾病，或是眼部刺激引发眼部疾病。二氧化碳主要来自于有机物的分解、人员呼吸以及意外火灾和爆炸，在地面的燃烧过程中也会产生大量的二氧化碳，这种气体会在短时间内使工作人员受到严重影响，血压迅速升高，呼吸不畅，体力减退，丧失思考能力，甚至死亡。井下的硫化矿物分解和有机物腐败都会产生大量具有强烈的刺激性气味的硫化氢，具有积水的地方常常伴有硫化氢产生，而硫化氢会使工作人员在短时间内呼吸不畅，刺激眼部神经，造成眼睛模糊疼痛。甲烷不具有太强的毒性，是井下煤层释放的，但高浓度的甲烷会使空气中的氧气浓度降低，使工作人员呼吸困难，甚至窒息死亡。

4. 振动

在井下煤矿开采过程中使用的工具常常伴随着剧烈的振动，影响劳动者的身心健康，这种振动通常分为两种：手传振动和全身振动。手传振动又称为局部振动或手臂振动，是指施工过程中手部接触振动工具、机械或加工部件，使手部发生震颤，传至全身。手传振动主要引起骨质和关节的病变，主要表现为骨质增生、硬化以及易形成骨刺，还会造成神经系统和消化系统疾病的产生。在运输或是部分生产过程中易产生全身振动，全身振动是指工作地点或座椅的振动。全身振动引起的危害要大于局部振动，长期的全身振动容易造成协调性失衡，更严重的会造成生理功能、内分泌系统、中枢神经的改变，对脊柱有着巨大的影响，并且会产生诸多心理效应，影响劳动者的工作效率和身心健康。

5. 不良气候条件

不良气候条件主要是指煤矿井下采掘工作面高温、高湿的环境。这种不良的气候条件会使井下工作人员很容易患上感冒、中暑、上呼吸道感染或风湿性关节炎等。

第二节　我国煤矿安全生产的政府监管及其有关法律法规

一、近代我国煤矿安全监管体制变迁

早在新中国刚刚建立之时，1949 年 10 月就成立了中央人民政府燃料工业部，下设煤炭

管理总局，既负责煤矿行业管理，又负责煤矿安全监管。1955年中央人民政府燃料工业部被撤销，煤炭行业管理职能移交给了新成立的煤炭工业部，煤炭工业部下设安全司负责全国煤矿安全监管工作。据统计，到1955年末，全国10个产煤区和27个矿区都建立了煤矿安全监管机构，我国煤矿安全监管体制初步形成。

1998年4月8日，在我国新一轮大规模的国务院机构体制改革中，煤炭工业部被撤销，成立了国家煤炭工业局，“安全司”也被撤销，煤矿安全监管工作归国家经贸委下新成立的“安全生产局”负责，该局同时接受了原劳动部承担的安全生产综合监管职能。原劳动部承担的职业卫生监管则移交至卫生部承担。这种体制下，煤矿安全与煤矿职业卫生仍是分别监管，统一由国家经贸委下的“安全生产局”负责，煤矿行业独立监管的特殊性与重要性并没有得到充分重视。

1999年12月30日，国务院办公厅印发《煤矿安全监察管理体制改革实施方案》(国办发〔1999〕104号)，首次明确规定，改革现行煤矿安全监察体制，实行垂直管理。根据该方案，2000年1月10日成立了“国家煤矿安全监察局”，与国家煤炭工业局为一个机构、两块牌子。原国家经贸委下安全生产局负责的煤矿安全监管职能移交新成立的“国家煤矿安全监察局”承担。

2000年12月31日，国务院办公厅印发《国家安全生产监督管理局（国家煤矿安全监察局）职能配置、内设机构和人员编制规定》(国办发〔2001〕1号)，撤销安全生产局并将其职能移交2001年2月26日成立的“国家安全生产监督管理局”，同时将“国家煤矿安全监察局”整体职能与“国家安全生产监督管理局”合并，实行一个机构、两块牌子，统称“国家安全生产监督管理局（国家煤矿安全监察局）”，综合管理全国安全生产和煤矿安全监察，由国家经贸委负责管理。从这一时期开始，煤矿安全监管工作再度与煤炭行业管理工作相分离，但独立的煤矿安全国家监察体制则继续保持。

2003年3月，国务院机构改革，国家经贸委被撤销，国家安全生产监督管理局（国家煤矿安全监察局）被调整为副部级直属机构。2005年，国家安全生产监督管理局升格为正部级的总局。单设副部级的国家煤矿安全监察局，是国家安全生产监督管理总局管理的、行使国家煤矿安全监察职能的行政机构。后根据《国务院办公厅关于印发国家煤矿安全监察局主要职责内设机构和人员编制规定的通知》(国办发〔2005〕12号)的规定，原由卫生部承担的煤矿职业卫生工作也转归国家煤矿安全监察局承担。

至此，在经历了与煤炭行业管理的“分—合—分”及与其他行业安全监管的“分—合—分”之后，我国煤矿安全监管职能确定由国家煤矿安全监察局所代表的行政体系承担，如图1—2所示。国家煤矿安全监察局也发展为国家安全生产监督管理总局下属的一个独立的副部级单位，主管全国矿山行业的垂直监察工作，负责对负有煤矿安全监管职责的地方政府和煤矿企业的守法情况进行监察，我国现行煤矿安全监管体制正式形成。

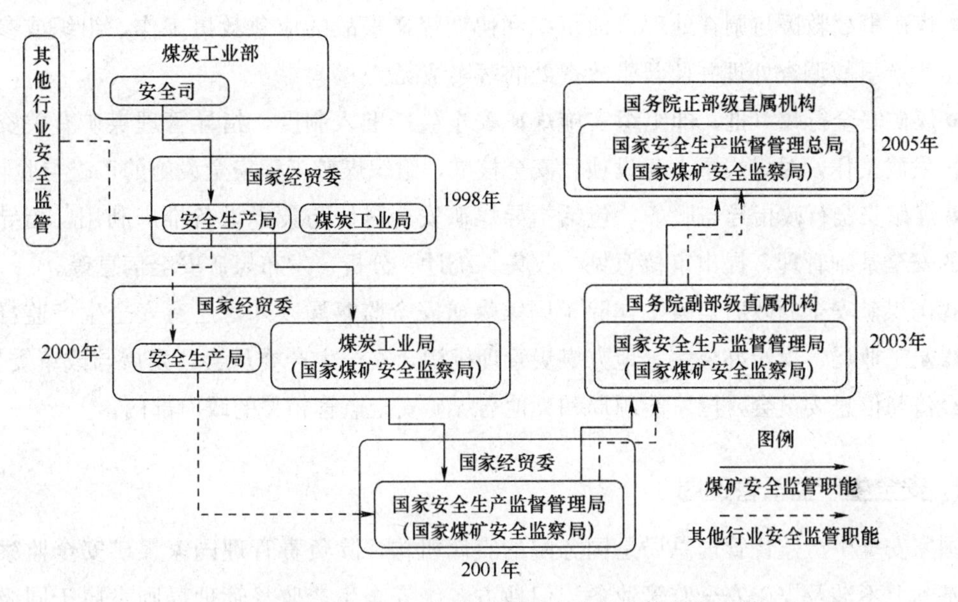

图 1—2　1998—2005 年中央煤矿安全监察体制变迁图

二、我国煤矿安全监管体制现状

国家煤矿安全监察局代表中央政府监督检查下级政府以及煤矿企业是否执行了煤矿安全相关法律法规。国家煤矿安全监察局内部设立办公室、安全监察司、事故调查司、科技装备司和行业安全基础管理指导司 5 个机构，还在主要产煤省份设立了 27 个省级监察局和 76 个煤矿安全监察分局，实行垂直管理，各监察分局在行政隶属上由国家煤矿安全监察局负责，在人事权和财政权上独立于所在地的地方政府，从而确保监察机构的独立性。

2008 年国家启动新一轮国务院机构改革，《国务院办公厅关于印发国家煤矿安全监察局主要职责内设机构和人员编制规定的通知》（国办发〔2008〕101 号）规定国家煤矿安全监察局有 11 项职责，可以总结为以下几类：

●煤矿安全法规、标准与政策制定，即参与有关煤矿安全的法律法规制定，拟定煤矿安全政策、规章、规程和安全标准，进行煤矿安全生产规划。

●煤矿安全行政监察，即检查和指导地方政府的煤矿安全监督管理工作，对地方政府贯彻落实煤矿安全生产法律法规、标准，煤矿整顿关闭，煤矿安全监督检查执法，煤矿安全生产专项整治、事故隐患整改及复查，煤矿事故责任人的责任追究落实等情况进行监督检查，并向地方政府及其有关部门提出意见和建议。

●煤矿安全守法监察，即通过重点监察、专项监察和定期监察等手段，监督检查煤矿企业及煤矿安全相关企业与组织的守法情况，并对违法行为进行处理与处罚。

●煤矿事故救援与调查处理，即组织和协调煤矿事故的应急救援工作，组织或参与煤矿安全生产事故调查处理并监督事故查处的落实情况。

●煤矿安全行政审批，即组织实施煤矿安全生产准入制度，指导管理煤矿有关资格证书考核发放工作，对煤炭重大建设项目安全核准，组织煤矿工程安全设施的审查与验收等。

●煤矿安全行政指导与服务，包括指导煤矿安全科研与技术设备推广利用，指导煤炭企业的安全基础管理，提出审核意见，收集、统计、分析、发布煤矿安全信息等。

我国煤矿安全的政府监察主体除了国家煤矿安全监察局以外，还有安全生产监督管理局，煤炭工业局、煤炭办公室等地方煤炭管理机构，安全生产委员会，发展与改革委员会、地方经济与信息委员会，国家能源局和其他与煤矿安全监管相关的政府部门。

1. 安全生产监督管理局

国家安全生产监督管理总局是国务院的直属机构，除负责管理国家煤矿安全监察局以外，基本上不涉及煤矿安全监管业务。但地方各级安全生产监督管理局则隶属于同级人民政府，在煤炭产区，大都同时承担煤矿安全监管职责，但在具体的监管对象和监管权责上各地并不完全相同。

2. 煤炭工业局、煤炭办公室等地方煤炭管理机构

1998年国务院改革撤销煤炭工业部时，原属煤炭工业部系统的地方各级煤炭工业局命运各不相同。产煤大省山西省考虑到煤矿行业管理的重要性，保留了省级和地市级的煤炭管理部门，并继续行使行业管理与安全监管两大职权。但其他产煤省份的煤炭工业局则纷纷被撤并，有的被并入经贸委（经信委、国资委），有的被并入发改委，还有的被并入工业办公室。但无论并入哪个部门，人员编制与职权都被大幅削减，已经难以承担煤炭行业管理与煤矿安全监管的职责，尤其是国家煤矿安全监察局与地方各级安全生产监督管理局相继成立之后，原地方各级煤炭工业局除山西省以外，都已逐渐淡出煤矿安全监察领域。

进入21世纪以后，煤炭需求与煤炭产量年年攀升，与此同时，煤矿生产安全形势也日益严峻起来。此时的各地煤炭行业，缺乏有效的政府行业主管部门，地方安全生产监督管理局缺乏煤矿安全监管的专业能力，新组建的国家煤矿安全监察局在各地的监察分局数量有限，难以对煤矿形成有效的安全监管。但每次发生重大煤矿事故以后，地方政府却都要承担极其沉重的舆论责任、经济责任以及行政责任。在这种形势下，一些产煤大省又开始纷纷恢复了地方煤炭工业局的设置。2005年孙家湾“2.14”特大矿难发生以后，辽宁省政府即决定在原省煤炭工业局的基础上组建省煤炭工业管理局，虽然只是加了“管理”两个字，但权力差别巨大，而且由副厅级升格为正厅级建制，由省政府直接管理，编制也由20人增加到60人，内设8个处室，以行业主管的身份同时管理行业安全，是地方政府普遍认

同的成功经验之一。黑龙江则在省安全生产监督管理局下增设副厅级的“黑龙江省煤炭生产安全管理局”，特地突出了安全监管之意。

3. 安全生产委员会

为了协调政府有关部门共同应对安全生产的严峻形势，2001 年 3 月，国务院办公厅下发了《关于成立国务院安全生产委员会的通知》（国办发〔2001〕20 号），决定成立国务院安全生产委员会，主要职责就是协调各有关部门落实国家安全生产方针政策，解决安全生产重大问题，协调军警参与应急事故救援等。国务院安全生产委员会在国家安全生产监督管理局（国家煤矿安全监察局）设立办公室，作为安委会的工作机构。其后，地方各级人民政府也都陆续设立了地方安全生产委员会，大都有 20 多家组成单位，并均以安全生产监督管理局作为办事机构。作为一级政府的安全生产综合协调机构，安全生产委员会在我国煤矿安全生产监管中也扮演着重要作用。

4. 发展与改革委员会、地方经济与信息委员会

中华人民共和国国家发展和改革委员会，简称国家发改委，其前身是成立于 1952 年的国家计划委员会，1998 年更名为国家发展计划委员会，2003 年将原国务院体改办和国家经贸委部门职能并入后，改组为国家发展和改革委员会，系国务院组成部门。国家发改委的重大建设项目审批检查权、参与制定重大财政政策权、经济结构战略调整权、应对气候变化与节能减排等权能，对我国煤矿安全也有重大影响。例如，国家发改委安排煤矿安全改造国债资金用于煤矿安全投入建设，发改委对于煤矿新建重大项目的安全条件审批等。部分地方政府的发改委也经常参与到煤矿安全监管之中，例如煤矿安全相关收费审批、煤矿建设项目审批检查等。

5. 国家能源局

国家能源局的前身最早可以追溯到新中国成立初设立的燃料工业部，后几经变迁，现归发改委管理，为副部级单位。国家能源局的内设机构煤炭司的主要工作职责有四项，分别是：承担煤炭行业管理工作；拟订煤炭开发、煤层气、煤炭加工转化为清洁能源产品的发展规划、计划和政策并组织实施；承担煤炭体制改革有关工作；协调有关部门开展煤层气开发、淘汰煤炭落后产能、煤矿瓦斯治理和利用工作。表面上看煤炭司的工作似乎只是行业管理工作，但在实际中因为很多时候行业管理与安全管理密不可分，行业管理行为同时可能就是安全管理行为，例如，对技改矿的检查，不可避免地会同时涉及安全条件的检查。国家能源局所制定颁布的煤矿行业相关标准中许多与煤矿安全密切相关，其下发的许多文件更是直接说明了煤矿安全检查的行为内容，如《国家能源局关于基本建设煤矿安全

检查的通知》(国能煤炭〔2014〕12号)。

6. 其他与煤矿安全监管相关的政府部门

除了以上与煤矿安全监管关系较为密切的行政主体以外，其他相关组织与部门还包括人力资源与社会保障部门，负责煤矿用工与劳动合同管理；国土资源部门，负责煤矿资源管理；公安部门，负责煤矿安全犯罪行为的介入侦查；纪检监察与检察部门，负责重大煤矿事故中职务违法犯罪行为的介入调查；财政部门，涉及煤矿安全投入资金与专项财务制度的管理检查；环境保护部门，参与破坏环境的采煤行为与影响环境的煤矿事故的调查；国资委，涉及煤矿项目建设审批与检查；工商行政管理局，涉及煤矿企业法定登记事项的公布与检查；全国总工会，指导煤矿工会维护煤矿工人职业安全健康权，检举控告煤矿企业的安全违法行为。

三、我国煤矿安全生产的有关法律法规

自1982年以来，我国颁布了有关煤矿安全生产的法律法规10多部，部门规章90多部，地方政府也出台了不少地方性法规，煤矿安全生产法律制度正在不断完善之中。

1. 宪法规定

《中华人民共和国宪法》(1982年)第42条规定“加强劳动保护，改善劳动条件”，是我国有关安全生产法律框架的最高层次的法律规定，具有最高法律效力。

2. 安全生产专门性法律

我国安全生产的法律有《中华人民共和国矿山安全法》(1992年)、《中华人民共和国煤炭法》(1996年)、《中华人民共和国矿产资源法》(1998年)、《中华人民共和国安全生产法》(2002年发布，2014年修订)共四部，它们是调整安全生产的专门性法律。

《中华人民共和国安全生产法》是关于安全生产基本管理制度的法律，是由全国人大常委会制定，它为强化安全生产监督管理提供了法律依据；《中华人民共和国矿山安全法》也是由全国人大常委会制定，适用于包括煤矿在内的一切矿山的安全生产活动，但由于该法出台于20世纪90年代，很多规定已不能适应当前安全生产工作的需要；《中华人民共和国煤炭法》是关于煤炭开发利用的一部法律，由全国人大常委会制定，煤炭法律制度体系中包括安全管理制度，它是专门针对煤炭行业安全管理的制度，对于规范煤炭开发和煤矿安全生产管理起到了重要的保障作用；《中华人民共和国矿产资源法》是由全国人大常委会制定的一部自然资源保护法，其中也包括一些关于矿产资源开发的技术和安全生产的规范。

3. 国务院制定的综合性行政法规

该类法规数量较多，包括《中华人民共和国煤矿安全监察条例》（2000 年）和《国务院关于特大安全事故行政责任追究的规定》（2001 年）等。

《中华人民共和国煤矿安全监察条例》是国务院发布的我国煤矿安全监察的专门立法，该条例详细规定了监察组织机构、职责、权限以及工作制度等内容，填补了我国煤矿安全监察立法的空白，使煤矿安全监察工作做到了有法可依，煤矿安全监察工作逐步实现了法制化，在一定程度上弥补了《矿山安全法》不适应现实需要的问题。

《国务院关于特大安全事故行政责任追究的规定》推行的行政问责制，确立了追究煤矿安全事故行政责任的法律依据，使我国的安全生产问责制逐步走向法制化进程。

4. 地方性法规

该类法规包括《山西省煤矿安全生产监督管理规定》（2004 年）、《河南省煤矿企业安全生产风险抵押金管理暂行办法》（2006 年）等。

《山西省煤矿安全生产监督管理规定》要求煤矿安全监察机构对煤矿企业实施安全监察，负责安全许可证的颁发和管理。煤矿企业不具备安全生产基本条件的，由县级以上人民政府负责安全生产监督管理的部门责令其停产整顿、限期整改。

《河南省煤矿企业安全生产风险抵押金管理暂行办法》规定了按照煤矿企业核定的生产能力，存储煤矿企业安全生产风险抵押金最少 200 万元，上限为 600 万元，并规定了风险抵押金的使用范围是处理本企业安全生产事故而直接发生的抢险和救灾的费用支出，以及处理善后事宜而直接发生的费用支出。河南省是我国第一个建立煤矿风险抵押金制度的省份。

5. 部门规章

部门规章包括《煤矿领导带班下井及安全检查规定》（2010 年）、《煤矿井下紧急避险系统建设管理暂行规定》（2011 年）、《煤矿安全监察行政处罚自由裁量实施标准（试行）》（2008 年）等。

国家安全生产监督管理总局、国家煤矿安全监察局制定的《煤矿领导带班下井及安全检查规定》规定，煤炭行业管理部门应当督促检查煤矿领导带班下井制度的落实情况，并进行日常管理。

国家安全生产监督管理总局、国家煤矿安全监察局制定的《煤矿井下紧急避险系统建设管理暂行规定》规定了煤矿井下紧急避险系统的设计、建设、使用、维护和管理，并作为煤矿安全监管部门对煤矿井下紧急避险系统建设、使用、管理等实施监督检查和煤矿安全监察机构实施安全监察的依据。国家煤矿安全监察局制定的《煤矿安全监察行政处罚自由裁量实施标准（试行）》为煤矿安全监察人员严格执法、公正执法、文明执法、廉洁执法提供了制度保障。

6. 地方政府规章

地方政府规章数量最多，如《四川省煤矿安全生产监管监察过错责任追究办法（试行）》(2006年)、《山西省煤矿企业安全生产许可证实施细则》(2004年)、《遵义市煤矿安全生产隐患排查治理和责任追究制度》(2010年）等。

这一部分规章制度的特点都是进一步加强、细化和补充了煤矿安全生产监管、监察的工作，规范了煤矿企业的安全生产行为，对于强化煤矿安全生产监管、规范煤矿企业安全生产行为、从源头上防治和减少生产事故具有重要意义。

第三节　我国煤矿安全生产中存在的问题

导致我国煤矿事故多发的因素有很多，总结分析后可以主要概括为以下几点：

1. 煤矿生产自然条件差

我国煤矿有90%以上是井工开采，地下深处的煤层赋存条件和自然地质条件是相当复杂的，很难找出什么规律。在开采过程中，存在很多的不确定性，并且存在着瓦斯、煤尘、水灾、火灾、顶板五大自然灾害，涉及的危险因素达上千种，所以极易发生煤矿事故。

2. 煤矿安全科学技术水平低

相比较于其他发达国家，我国煤矿的安全科技水平仍有很大的差距，一直徘徊在较低的水平，这是造成我国重大、特别重大事故不断发生的根源之一。我国煤矿安全科技落后的主要表现是：安全科研机构与科研人员的装备水平和创新能力较差；科研和技术开发经费不足；影响煤矿特别重大事故不断发生的安全技术基础工作薄弱；安全科研开发和新技术推广还没有形成产业化的系统与机制。

3. 煤矿安全基础工作薄弱

长期以来，一方面由于经济基础薄弱、工业技术水平低、生产工艺和设备落后、劳动条件差，使我国安全生产的硬件基础十分薄弱；另一方面，煤矿安全管理方式陈旧、观念与意识落后、安全知识贫乏、教育培训不足导致软件基础更为薄弱。

4. 煤矿安全文化相对落后

目前，我国煤矿企业大多只重视经济效益，常常忽略安全生产的重要性，因此，煤矿企业安全文化落后的问题在我国十分突出。这主要是因为我国煤炭经济发展水平不高、职工受教育程度较低、从业人员文化素质较低。安全文化落后使煤炭企业的安全风险意识淡薄，安全科技知识和事故防范、应急技能不足，管理防范简单且效率较低，这都不利于煤矿的安全生产。

5. 煤矿安全投入不足

造成煤矿企业安全生产形势严峻的根本原因之一是国家与企业在安全生产方面总体投入不够。这是由于国家经济发展水平不高，很难把大量资源投入到安全生产方面。事故预防的成效很大程度上取决于安全投入。安全生产、安全文化、安全科技、安全教育、安全培训和安全技改，必须在足够的资金投入前提下才能实现。只有在这些方面都实现了，煤矿的安全形势才会得到好转。

6. 煤矿安全法制建设、执行不完善

煤矿安全法制的建设和执行不够完善也是影响我国煤矿安全生产的原因之一。在煤矿安全生产领域，目前有《安全生产法》《矿山安全法》《矿产资源法》《煤炭法》《煤矿安全监察条例》《安全生产许可证条例》《煤矿安全规程》和《生产安全事故报告和调查处理条例》等一系列法律法规和规章标准。煤矿安全工作的各个方面基本上可以做到有法可依、有章可循。但要害问题在于有法不依、执法不严；执法重点只放在对事故的处理上，对加强事故预防的执法力度重视不够；煤矿企业对职工的安全法制教育不够，很多职工都是在不了解安全法律法规、不具备安全知识、不熟悉安全操作规程的情况下作业，而且保护自身生命安全的意识不强。

7. 煤矿安全监察力度不足

在我国，煤矿安全生产的监察机关权力有限，并缺少一套详细的、行之有效的监察规范。因此，监察人员在执法时无章可循，难以准确、公正地行使监察权力，导致监察力度不够。

因此，要想从根本上解决我国煤矿生产事故多、事故重的问题，就要从以上指出的几点问题入手，逐一解决，做到加强法规标准、加强监督管理、加强科技进步、加强文化宣传、加强培训教育、加强安全投入。

第二章　煤田地质

本章学习目标

1. 了解煤形成的过程以及煤的成分和分类。
2. 清楚煤的赋存形式。

煤炭是发展国民经济不可缺少的矿产资源，是我国能源的基础。另外，通过对煤的加工可获得冶金焦炭，能制成百余种化工、医药、化肥等方面的产品。随着科学技术不断进步，煤的用途更加广阔。要想避免煤矿事故的发生，首先应该从了解煤的本身开始，了解煤是怎么形成的，在煤形成的过程中又会产生什么，煤在地下是怎么赋存的，煤本身有什么性质等问题。只有知道了这些问题，才能更好地找到煤矿五大灾害发生的规律。

第一节　煤的形成

一、煤形成的原始物质

煤是一种极其重要的可燃有机岩。它是由地质时期的古植物遗体，经过长期的复杂的生物化学作用和物理化学作用转变而成的。但是，在很久以前，一部分人认为煤是随着地球的出现就本身固有的；还有一部分人认为煤是由岩浆侵入活动生成的等。直到18世纪初，人们根据煤层及其顶底板岩石中所发现的植物化石，才提出了煤来源于植物的想法。但是直到19世纪30年代这一想法才被证实。因为这个时候人们开始普遍使用显微镜，人们通过显微镜从煤的薄片中观察到了煤中保存有木质纤维组织残体及孢子、花粉和树脂体等。

成煤的原始物质是形成煤的基础。低等植物和高等植物均可参与煤的形成。按成煤植物的种类，把煤分为三大类：由高等植物形成的腐殖煤类；由低等植物形成的腐泥煤类；由高等植物和低等植物混合形成的腐殖腐泥煤类。其中，腐泥煤及腐殖腐泥煤比较少见；腐殖煤是开采、利用的主要对象。成煤的原始物质不同，导致了煤的化学成分和性质的差异，以及用途的不同。

二、煤的形成条件

植物是煤形成的原始物质，但是煤的形成除了植物条件以外，还必须有相应的气候、自然地理和地壳运动条件的配合。在这些条件共同作用、相互配合下，持续时间较长的时期和地区才会形成丰富的煤炭资源。

1. 植物条件

植物是成煤的原始物质，其大量繁殖生长是形成煤的基本条件。在地壳的发展历史上，植物大量繁殖的时代就是重要的成煤时期。我国的几个主要成煤时代，即石炭二叠纪、三叠侏罗纪、第三纪，分别与孢子植物、裸子植物及被子植物的繁盛时期相对应。

2. 自然地理条件

自然地理条件也是煤形成的一个重要条件，大面积的沼泽化有助于煤的形成。沼泽是常年积水的洼地，通常积水较浅，而又含有较多的有机质，适于高等植物的繁殖生长；同时植物遗体堆积后，又能为积水覆盖，免遭风化，使其得以保存下来转化为泥炭，最终形成煤。不同沼泽环境所形成的煤，其特点不同。当沼泽有泥炭堆积时，则成为泥炭沼泽。

3. 气候条件

气候条件主要是指空气的温度和湿度。在温暖潮湿的气候条件下，最适宜植物大量生长，同时这种气候也有助于沼泽的发育。所以，潮湿温暖的气候条件有利于煤的形成。

4. 地壳运动条件

地壳的运动也是形成煤必不可少的条件，而且地壳不断下降的过程也是沼泽产生以及延续的条件。当地壳沉降速度与植物遗体堆积速度近于一致时，会使沼泽长期保持不深的积水，这样既适于植物繁殖生长和遗体的堆积，又有利于泥炭的形成和保存。这种平衡持续越久，聚煤则越丰富。

三、煤的形成过程

煤是植物残骸经过复杂的生物化学、物理化学以及地球化学变化转变而来的，由植物死亡、堆积一直到转变为煤要经过一系列的演变过程，在这个转变过程中所经受的各种作用总称为成煤作用。

成煤作用大致可分为两个阶段。第一阶段主要发生于地表的泥炭沼泽、湖泊以及浅海滨岸地带，植物死亡后的遗体在各种微生物的参与下，不断地分解、化合、聚积，在这一阶段中起主要作用的是表生地球化学作用。结果使低等植物转变为腐泥，高等植物则形成泥炭，因此成煤作用的第一阶段称为腐泥化阶段或泥炭化阶段。已形成的泥炭或腐泥，由于地壳沉降等原因被沉积物覆盖掩埋于地下深处，成煤作用就进入第二阶段，即煤化作用阶段。在成煤作用的第二阶段中，起主导作用的是使煤在温度、压力条件下进一步转化的物理化学作用，即煤的成岩作用和变质作用。首先，泥炭和腐泥经成岩作用分别变为褐煤和腐泥煤；再经变质作用，褐煤变为烟煤至无烟煤，而腐泥煤变质程度不断提高。

已经形成的泥炭，由于地壳沉降速度加快，被泥砂等沉积物所覆盖，随着覆盖逐渐加厚，在升高的温度和压力影响下，泥炭逐渐被压紧，失去水分并放出部分气体而变得致密起来。当生物化学作用减弱以致消失后，泥炭中的碳含量逐渐增多，氧、氢含量逐渐减少，腐殖酸含量不断降低，经过一系列变化，泥炭变为褐煤。一般由泥炭转变为褐煤的过程，称为成岩作用。

当地壳继续下降，随着埋藏深度的增加，褐煤在不断增高的温度和压力影响下，进一步发生物理化学变化，引起煤的内部分子结构、物理性质、化学成分和工艺性质等方面发生变化，如：有机质分子排列逐渐规则化，聚合程度不断增高；碳的含量逐渐增高，氢、氧含量逐渐降低；煤的水分、挥发分逐渐减少；腐殖酸含量进一步降低，至烟煤阶段开始完全消失；煤的发热量总趋势增大，黏结性由低到高再到低；煤的颜色加深，光泽增强，视密度增大等。最终，褐煤变成了烟煤、无烟煤。这个过程称为变质作用。另外，变质作用所受到的影响因素主要有温度、压力、时间，而温度是煤在变质作用中起决定性的因素。

第二节　煤的组成及性质

一、煤的组成

煤的化学组成可分为有机质和无机质两大部分。有机质主要由C、H、O、N、S等元素组成，是复杂的高分子有机化合物，是煤的主要组成部分，也是煤加工和利用的对象，不同的煤，元素组成是不同的。煤中的无机质包括矿物杂质和水分，它降低了煤的利用价值，不同的煤，无机质的含量和性质各不相同。

1. 煤的元素分析

煤的元素分析是指测定煤中有机质的主要元素含量的过程。煤的有机质主要由C、H、

O、N、S等元素组成，还有少量的P和金属元素，其中C、H、O占95%以上。煤的元素分析就是测定这些元素的百分含量。

碳是煤中含量最多的元素，也是有机质的主要成分，不同种类煤的碳含量不同，比如泥炭的碳含量为50%～60%，褐煤的碳含量为60%～77%。氢是煤中有机质的重要成分，它的燃烧热约为碳的4.2倍。煤中氧的含量变化很大，并随变质程度增高而降低。氮在煤中的含量较少，且随着变质程度增高略有降低。硫是煤中的有害物质，在工业利用中，硫的危害极大，含硫煤燃烧时，产生的二氧化硫不仅腐蚀机械设备，还污染环境，炼制冶金焦炭时，煤中的硫大量转入焦炭，严重影响钢铁的质量。除此之外，磷也是煤中的有害物质，煤用于炼焦时，磷进入焦炭，又转入生铁，使钢铁产生冷脆性，质量降低。

2. 煤的工业分析

煤的工业分析所测定的煤的水分、灰分、挥发分和固定碳等煤的指标，是对煤进行工业评价的基本依据。它可以用来确定煤的质量优劣和工业价值，初步判断煤的种类和工业用途。

(1) 煤的水分（M）

煤都含有水分。水分来源有几个方面，一是成煤植物本身就含有水分，在泥炭沼泽堆积时又吸收了水，成煤过程中，水分逐渐减少，但不能完全除去。二是煤层形成后地下水进入煤的裂隙中。三是煤层在开采时人工喷水。洗选时煤泡在水中，运输、堆放过程中接触到雨雪，空气中的水汽也能进入煤中。煤的工业分析中，通常测定的是应用煤样全水分和分析煤样水分。从刚刚开采出来的或已准备好即将供生产使用的煤中直接取样测定的全部水分就是煤样全水分，它包括内在水分和外在水分。分析煤样水分测定的是内在水分，即将煤样先在45～50℃的环境下烘烤8 h，再在室温下自然干燥8 h，使其达到空气干燥后所测得的水分，它是评定煤质、判断煤变质程度和煤风氧化程度的指标。

煤中的水分对于煤来说是一种有害物质。水分含量过多会加速煤的氧化、破碎，甚至引起自然发火。另外，水分还会降低煤的发热量，延长炼焦时间。因此，煤中的水分含量越多，煤质越差。

(2) 煤的灰分（A）

煤的灰分是指煤中所有可燃物质完全燃烧，煤中矿物质在一定温度下产生分解、化合等复杂反应后剩下的残渣，主要成分有氧化铝、氧化钙、氧化硅、氧化镁、氧化铁以及稀有元素的氧化物。煤的灰分来自煤中的矿物质，但其组成和质量与矿物质不同。所以，煤灰不是煤中原有的成分，而是矿物质燃烧后形成的新产物。煤灰的质量通常低于矿物质的质量。煤的灰分是煤质的重要指标。

(3) 煤的挥发分（V）

将煤置于与空气隔绝的容器中，在900℃的温度下加热7 min，煤中的有机物质和矿物质发生热分解，分解出来的气态物质称为挥发分。在煤的工业分析中，测量煤的挥发分的方法是称取粒度小于0.2 mm的空气干燥煤样1 g，在隔绝空气，(900±10)℃的高温下加热7 min，煤样减轻的质量占原煤样质量的百分数，减去煤的内在水分，这一数值称为煤样的挥发分产率，用符号Vad表示。由于煤中的水分和矿物质的含量是变化的，而煤的挥发分只与有机质的性质有关，为了消除水分和矿物质对挥发分的影响，必须把空气干燥煤样基准（Vd,%）换算为干燥无灰基准（Vdah,%），才能反映有机质的特性。

（4）煤的固定碳（FC）

煤的固定碳是指从煤中除去水分、灰分、挥发分后的残留物，其产率是通过测定煤的水分、灰分和挥发分后，用计算方法求出的。不同煤受热分解后残留焦砟的形态和特征不同，据此可以初步判断煤的黏结性。

二、煤的化学工艺性质

煤的化学工艺性质是指煤在加工利用过程中表现出来的化学工艺特性，包括煤的发热量、煤的黏结性和结焦性、煤的抗碎强度等。影响煤化学工艺性质的因素是煤岩成分、煤级、煤的风氧化程度和还原程度，而煤的化学工艺性质则决定了煤的利用方向。煤的化学工艺性质是通过对煤样进行测试确定的。

1. 煤的发热量

煤的发热量是指单位质量的煤完全燃烧所产生的全部热量，以符号Q表示，它的单位一般是焦耳/克（J/g）、千焦耳/千克（kJ/kg）或者兆焦耳/千克（MJ/kg）。它不仅是评价煤炭质量的重要指标，还可用于计算热平衡、耗煤量和热效率，同时它也是煤分类的依据之一。

煤的发热量大小与很多因素有关，比如煤中水分和矿物质的含量等，但主要还是取决于煤中碳和氢可燃元素的含量，因此碳氢元素含量高的煤，发热量就大。

煤的发热量常用的指标有分析基高位发热量、干燥基高位发热量、可燃基高位发热量和应用基低位发热量。其中，分析基高位发热量与干燥基高位发热量分别是以分析煤样和无水煤样测得的高位发热量，它们均是发热量测定的报出结果；可燃基高位发热量是以无水无灰煤样为基准的高位发热量，通常用于研究煤中有机质的特征和煤的分类；应用基低位发热量是以应用煤样测得的低位发热量，用于对动力用煤质量的评价。

2. 煤的黏结性和结焦性

煤的黏结性是指煤粒（直径小于0.2 mm）在隔绝空气受热后能否黏结其本身或惰性物质

形成焦块的能力；煤的结焦性是指煤粒隔绝空气受热后能否生成优质焦炭的性质。煤的黏结性是结焦的必要条件，结焦性好的煤，黏结性也好；黏结性差的煤，其结焦性一定很差。

煤的黏结性与煤的变质程度、煤岩成分、矿物质含量，以及遭受风氧化的程度有关。通常，煤的黏结性随变质程度的加深而由低到高再到低，以中变质程度的肥煤、焦煤黏结性最好，煤受风氧化后黏结性降低，甚至完全消失。煤的矿物质含量高，能使煤的黏结性降低。

3. 煤的抗碎强度

煤的抗碎强度指一定粒度的煤样自由落下后抗破碎的能力。抗碎强度与煤级、煤岩成分、矿物含量、煤的风氧化程度有关，是气化用煤质量的指标之一。

三、煤的物理性质

煤的物理性质是指煤的宏观特征，它是煤的一定化学组成和分子结构的外部表现。煤生成的原始物质以及生成过程中的环境、变质程度和风化程度等，都会对煤的物理性质产生影响。因此，根据煤的物理性质可以区分煤岩的类型，可以大致判断煤的变质程度和风化程度，初步评价煤质的优劣、煤的用途和采掘难易程度等。

煤的物理性质一般分为颜色与粉色、光泽、硬度、脆度、相对密度和视密度、断口、裂隙和导电性八个方面。

1. 煤的颜色与粉色

煤的颜色是指新鲜煤块表面的自然色彩。粉色是指煤的粉末的颜色。

2. 煤的光泽

煤的光泽是煤新鲜断面的反光能力，这个指标是肉眼鉴定煤的主要标志之一。煤常见的光泽有沥青光泽、玻璃光泽、金刚光泽、似金属光泽、油脂光泽等。

3. 煤的硬度

煤的硬度是指煤抵抗外来机械作用的能力，通常是用标准矿物刻划煤来测定其相对硬度。

4. 煤的脆度

煤的脆度是指煤受到外力作用而破碎的性质。易破碎的，脆度大；难破碎的，脆度小。与脆度相反的性质被称为韧性。

5. 煤的相对密度和视密度

煤的相对密度是指在20℃的条件下，不包含内外部孔隙的煤的质量与同体积水的质量之比。它的大小主要取决于煤岩类型、变质程度，以及煤中所含矿物杂质的成分和含量。煤的视密度又称容积密度，它是指在20℃条件下，包括孔隙在内的单位体积煤的质量。

6. 煤的断口

煤的断口是指煤在受外力打击后不沿层理面或裂隙面断裂，而形成凹凸不平的断面。根据断面的形态不同，断口可分为壳状断口、参差状断口和阶梯状断口等。

7. 煤的裂隙

煤的裂隙是指煤在受到各种自然力的作用而产生的裂开现象。煤的裂隙按成因不同可分为内生裂隙和外生裂隙。煤的裂隙发育情况与采掘生产有很大的关系。当煤的裂隙发育时，一方面落煤容易，生产效率高；另一方面会造成煤巷维护和管理上的困难。因此，研究煤的裂隙对煤矿生产有重要意义。

8. 煤的导电性

煤的导电性是指煤传导电流的能力。通常煤的电阻率随变质程度的增加而减小。

第三节　煤的分类及利用

由于煤形成的过程所受到的各种条件不同，所以煤的种类有很多，它们的组成、性质和用途各不相同。将煤进行分类，分门别类地使用，可以保证合理而有效地利用煤炭资源，综合利用，做到物尽其用。

一、我国煤的工业分类

我国煤炭资源丰富、煤种齐全。各工业部门对煤类和煤质均有特定的要求，为了正确区分煤的工业用途，充分合理地利用煤炭资源，就必须对煤进行工业分类，其依据是煤的煤化程度及工艺性能。

中国煤炭分类国家标准（GB/T 5751—2009）见表2—1，按煤的煤化程度，根据干燥无灰基、挥发分等指标将煤分成褐煤、烟煤和无烟煤三大类。再按煤化程度的深浅及工业利用的要求，将褐煤分成两个小类，无烟煤分成三个小类，烟煤分成十二类。用干燥无灰基挥发分 $V_{daf}=10\%$ 作为烟煤与无烟煤的分界值，小于该值的煤为无烟煤，大于该值的煤为烟煤；采用恒湿无灰基高位发热量 $Q_{gr,maf}=24$ MJ/kg 作为褐煤与烟煤的分界值，大于该值的煤为烟煤，小于该值的煤为褐煤。

表 2—1 中国煤炭分类国家标准（GB/T 5751—2009）

类别		符号	编码	分类指标						
				V_{daf}（%）	G	Y（mm）	b（%）	P_M（%）	H_{daf}（%）	$Q_{gr,maf}$（MJ/kg）
无烟煤	一号	WY1	01	≤3.5					≤2	
	二号	WY2	02	>3.5～6.5					>2～3	
	三号	WY3	03	>6.5～10					>3	
烟煤	贫煤	PM	11	>10～20	≤5					
	贫瘦煤	PS	12	>10～20	>5～20					
	瘦煤	SM	13	>10～20	>20～50					
			14		>50～65					
	焦煤	JM	15	>10～20	>65	≤25	（≤150）			
			24	>20～28	>50～65					
			25		>65	≤25	≤150			
	1/3焦煤	1/3JM	35	>28～37	>65	≤25	（≤220）			
	肥煤	FM	16	>10～20	（>85）	>25	（>150）			
			26	>20～28			（>150）			
			36	>28～37			（>220）			
	气肥煤	QF	46	>37	（>85）	>25	（>220）			
	气煤	QM	34	>28～37	>50～65					
			43	>37	>35～50					
			44		>50～65					
			45		>65	≤25	（≤220）			
	1/2中黏煤	1/2ZN	23	>20～28	>30～50					
			33	>28～37						
	弱黏煤	RN	22	>20～28	>5～30					
			32	>28～37						
	不黏煤	BN	21	>20～28	≤5					
			31	>28～37						
	长焰煤	CY	41	>37	≤5			>50		
			42		>5～35					
褐煤	一号	HM1	51	>37				≤30		≤24
	二号	HM2	52					>30～50		

二、各类煤的基本特征及其主要用途

1. 无烟煤（WY）

无烟煤是变质程度最高的煤，挥发分低，碳含量高，密度大，燃点高，燃烧时不冒烟。一号为年老无烟煤，二号为典型无烟煤，三号为年轻无烟煤。无烟煤主要是用于民用燃料和制造合成氨的造气原料，低灰、低硫、可磨性好的无烟煤既能作为高炉喷吹和烧结铁矿石的燃料，又能用于制造各种碳素材料。

2. 贫煤（PM）

贫煤是烟煤中变质程度最高的煤，不黏结或微黏结，燃烧时火焰短、耐烧。常用作发电的燃料和民用煤。

3. 贫瘦煤（PS）

贫瘦煤是黏结性较弱的高变质、低挥发的烟煤，黏结性位于贫煤和瘦煤之间。此煤一般也用于发电和民用。

4. 瘦煤（SM）

瘦煤是低挥发分、中等黏结性的炼焦用煤。单独炼焦时，可得到块度大、裂纹少、抗碎强度较好的焦炭，但耐磨强度稍差，一般作为配煤炼焦使用。

5. 焦煤（JM）

焦煤是中等至低挥发分的中等黏结及强黏结的烟煤。加热时，可产生热稳定性很高的胶质体。单独炼焦所获得的焦炭，块度大、裂纹少、抗碎度高，而且耐磨性也很高。但是，单独炼焦时，膨胀压力大，推焦困难，一般作为配煤炼焦使用较好。

6. 肥煤（FM）

肥煤是中等变质程度、中高挥发分的强黏结性烟煤。加热时能产生大量胶质体。单独炼焦能生成熔融性好、强度高、耐磨性也高的焦炭，但焦炭横裂纹较多，根部常有蜂焦。它是炼焦配煤的基础煤。

7. 1/3焦煤（1/3JM）

1/3焦煤是介于焦煤、肥煤和气煤之间的过渡煤，具有中高挥发分和强黏结性。单独炼焦时，能生成熔融性好、强度高的焦炭。它也是炼焦配煤的基础煤。

8. 气肥煤（QF）

气肥煤是挥发分高、胶质层厚度大的强黏结性肥煤。炼焦时，性质介于气煤和肥煤之间。最适用于高温干馏制造煤气，也可作为炼焦时的配煤。

9. 气煤（QM）

气煤是变质程度较低的炼焦煤。单独炼焦时，产生焦炭，抗碎强度和耐磨强度都较差。一般也作为炼焦时的配煤，可增加产气率和化学产品回收率，还可以用于制造城市煤气。

10. 1/2 中黏煤（1/2ZN）

1/2 中黏煤是中等黏结性的中高挥发分烟煤。一部分在单独炼焦时，能结成一定强度的焦炭，可作为炼焦时的配煤。黏结性弱的一部分，单独炼焦时结成的焦炭强度差，粉焦率较高，可用于气化或动力用煤，在炼焦时，也可作为配煤适当使用。

11. 弱黏煤（RN）

弱黏煤是一种黏结性较弱的从低变质到中等变质程度的烟煤。加热时，产生的胶质体较少；炼焦时，有的能结成强度很差的小块焦，有的只有少部分能结成碎屑焦，粉焦率很高。这种煤多用作气化原料及电厂、机车和锅炉的燃料。

12. 不黏煤（BN）

不黏煤是在成煤初期已受到相当程度氧化作用的低变质到中变质程度的烟煤。加热时，基本不会产生胶质体。煤中的水分含量大，有的还含有一定量的次生腐殖酸，含氧量也偏高。这种煤一般用作气化、发电和民用。

13. 长焰煤（CY）

长焰煤是变质程度最低的烟煤。通常作为气化、发电和机车用煤，也可用于低温干馏。

14. 褐煤（HM）

一号褐煤为年轻褐煤，二号为年老褐煤。褐煤的水分大、密度较小、不黏结，或多或少含有腐殖酸；煤中含氧量常高达15%～30%，挥发分产率高，化学反应性强；热稳定性差、发热量低。褐煤除可以作为发电、锅炉燃料外，还可以进行低温干馏和气化，提取褐煤蜡和腐殖酸等。

三、当前煤的综合利用

煤作为当今世界的主要能源，不仅能够产生大量的热量，还可以从中取得多种重要的化工、医药、化肥等工业原料，制成许多产品。如果单纯地燃烧会造成煤中许多有用的物质白白地浪费，既浪费了宝贵的资源，有时还会加剧环境的污染。因此，这就需要加强对煤进行综合利用。

当前煤的综合利用主要是炼焦、低温干馏、直接气化和加氢液化等。炼焦，也称高温干馏，是将煤在隔绝空气的条件下加热到1 000℃左右，通过热分解和结焦产生焦炭、焦炉煤气和炼焦化学产品的工艺过程。低温干馏是煤在隔绝空气的条件下受热分解产生半焦、低温煤焦油、煤气和热解水的过程。煤的气化是在高温并有氧或含氧化合物发生作用的情况下，使煤的有机质转变为可燃气体。加氢液化是将煤粉碎，在350～450℃温度和高压下，催化加氢，使煤中有机质破坏，并与氢作用，形成低分子的液态物质，进一步加工得到汽油、柴油和其他化工原料。

除了以上煤的利用方式以外，近年来对煤又有了新的利用方式，煤灰还可以从中提取稀有元素和放射性元素以及用来制造水泥等建筑材料。煤矸石还可以提取陶瓷原料、填料和涂料，可以制造水泥等建材，可以生产硅铝炭黑、硫酸、硫酸铝等化工产品等。

第四节　煤层、含煤岩系和煤田

植物遗体经过复杂的生物化学作用、地质作用，最后才转变为大家所熟知的煤。由于地质作用，煤以煤层的形式在自然条件下存在。在一定地质时期内，形成的具有成因联系且连续沉积的一套含有煤层的沉积岩系就是含煤岩系。煤田则是在同一地质历史发展过程中所形成的具有连续发育的含煤岩系分布的广大区域。煤层赋存于含煤岩系，一个煤田包括一个或多个含煤岩系。所以说，无论是煤层、含煤岩系，还是煤田，它们都是煤存在的载体，研究它们对于能够顺利开采煤炭资源具有重要的意义。

一、煤层

煤层是指在顶、底板岩石之间所夹的一套煤与矸石层。煤层的层数、厚度、产状和埋藏深度等，都受到古构造、古地理及古气候条件的影响。煤层的赋存状况是确定煤田经济价值和开发规划的重要依据。

1. 煤层的形成

煤层是由泥炭层转化而来的，泥炭沼泽可以发育于各种各样的沉积环境，形成的煤层也可以赋存于各种不同的沉积序列。泥炭的堆积必须具备下列条件：植物的大量繁殖，这是泥炭的物质来源；沼泽水位的逐步抬升，以避免有机质的氧化分解；碎屑沉积物的贫乏，以保证泥炭质量。导致泥炭沼泽水位变化的因素很多，但主要是植物遗体堆积速度与地壳沉降速度之间的关系。因此，煤层的形成也决定于这种关系，这种关系一般有：

(1) 地壳沉降速度与植物遗体堆积速度大致相等，即两者达到相对均衡补偿状态时，沼泽保持一定深度的积水，既有利于植物不断地繁殖生长，又能使植物遗体保存下来转化成泥炭，此时可导致泥炭层厚度不断加大。这种均衡状态持续的时间越久，则越能形成厚煤层。

(2) 当地壳沉降速度大于植物遗体堆积速度时，由于植物供应不足，沼泽积水深度不断加大，待至水深达到一定程度，高等植物便不能生长，使泥炭的形成失去物质来源，堆积随之停止，在原有泥炭层之上沉积了泥、沙等沉积物，最终成为煤层的顶板。这种情况有利于泥炭层的保存，但形成的煤层一般厚度不大。如果在总体相对均衡补偿的状态下，期间发生短暂的地壳沉降速度大于植物遗体堆积速度，便形成含有夹石的煤层。

(3) 当地壳沉降速度小于植物遗体堆积速度时，由于植物遗体堆积过快，造成沼泽积水变浅，常使植物遗体氧化分解，不利于泥炭的形成，甚至已形成的泥炭也会遭受侵蚀破坏，因而只能形成薄煤层或不能形成煤层。

2. 煤层的顶板、底板

顶板指在正常的沉积序列中，位于煤层上部一段距离内的岩层。底板指位于煤层之下一段距离内的岩层。根据岩层相对于煤层的位置及垮落性能的不同，顶板可分为伪顶、直接顶和老顶三种，底板可分为直接底、老底两种。

由于煤层顶、底板形成时期的沉积环境及其演变状况不同，以及河流冲蚀作用的影响等，造成不同地区及不同煤层顶、底板性质及发育程度存在差异。而煤层的顶、底板的这些差异关系到了煤矿不同的采掘生产方法，不同的巷道支护方式，不同的顶、底板管理方法等。

3. 煤层的结构

煤层的结构是指煤层中含有其他岩石夹层的情况。它往往影响着矿井的生产。根据煤层中有无夹石层的存在，常将煤层分为不含夹石层的简单结构煤层及含有夹石层的复杂结构煤层。复杂的结构煤层中含有夹石层的数量不等，有的少，有的多。煤层中夹石层的岩性种类很多，一般有炭质泥岩、泥岩和粉砂岩，其形状有薄层状、似层状、透镜状和不规则状等，厚度大小不一。

4. 煤层的形态

煤层的形态是指煤层的空间展布特征。根据煤层成层的连续性、厚度变化大小及可采情况，将煤层形态分为层状、似层状和不规则状三类。

（1）层状煤层

煤层呈连续层状，层位稳定，厚度变化不大，且有一定规律。在一个井田范围内全部或大部分可采。

（2）似层状煤层

煤层基本连续，层位比较稳定，厚度变化较大且无一定规律。煤层的可采面积可大于或小于不可采面积。

（3）不规则层状煤层

煤层层位不稳定，基本不连续，厚度变化大且无规律可循。煤层的可采面积大多小于不可采面积。常见的有鸡窝状煤层、扁豆状煤层和透镜状煤层等。

5. 煤层厚度及其变化原因

煤层的厚度指煤层顶、底板之间的垂直距离。根据煤层的结构，煤层厚度可分为总厚度、有益厚度和可采厚度，见图 2—1。煤层总厚度是煤层顶、底板之间各煤分层和夹石层厚度的总和；有益厚度是指煤层顶、底板之间各煤分层厚度的总和；可采厚度是指在现代经济技术条件下适于开采的煤层厚度。

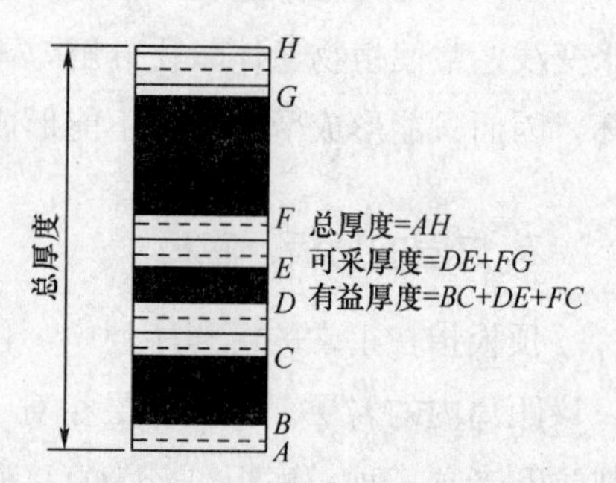

图 2—1　煤层厚度分类示意图

煤层的厚度差别很大，薄者仅数厘米，俗称煤线；厚者可达 200 余米。考虑到开采方法的不同，根据煤层的厚薄，又将煤层分为五级，厚度小于 0.51 m 的为极薄煤层，厚度在 0.51～1.3 m 的为薄煤层，厚度在 1.3～3.5 m 的为中厚煤层，厚度在 3.5～8 m 的为厚煤层，厚度大于 8 m 的为巨厚煤层。引起煤层厚度变化的原因有很多，归纳起来可分为原生变化、后生变化两类。

（1）原生变化

原生变化又称为同生变化，它是指泥炭层堆积过程中，在形成煤层顶板岩层的沉积物覆盖之前，由于各种地质因素影响而引起的煤层形态和厚度的变化。引起煤层厚度原生变化的原因有地壳不均衡沉降、沉积环境及沼泽基底不平、同生冲蚀。

（2）后生变化

后生变化是指泥炭层被形成煤层顶板岩层的沉积物覆盖后，以致煤层和含煤岩系形成后，由于各种地质因素影响而导致的煤层厚度和形态的变化。它主要包括河流的后生冲蚀、褶皱和断裂构造变动引起的煤厚变化和岩浆侵入引起的煤厚变化。

二、含煤岩系

含煤岩系指一套在成因上有共生关系并含有煤层的沉积岩系，简称“煤系”。含煤岩系是具有三维空间形态的沉积实体，是特指含有煤层的一套沉积岩系，是充填于含煤盆地的具有共生关系的沉积总体。在时间上，含煤岩系可以在某一地质年代内形成，也可跨越地质年代，因此，其界限不一定与地层划分相吻合。

了解、研究含煤岩系是煤矿基本建设和生产工作的基础，这是因为煤层赋存于含煤岩系之中，煤层的层数、层间距离、煤层厚度等是选择合理开拓方案和采煤方法的重要依据。了解含煤岩系岩石的岩性、特征、强度及含水性等，对确定岩石巷道的位置和施工方法有重要意义。尤其有些岩性特殊的岩层，常作为标志层，用于掘进工程中的层位确定、煤层对比，以及判定断层的性质和断距及寻找断失煤层等。

含煤岩系具有其独特的岩性特征。含煤岩系一般是在潮湿气候条件下沉积的，主要由灰色、灰绿色及黑色的沉积岩组成，含有一定的杂色岩石。主要的岩石类型有各种粒度的砂岩、粉砂岩、泥质岩、炭质泥岩、煤、黏土岩、石灰岩，以及少量的砾岩等，有的还含有油页岩、硅质岩、火山碎屑岩等，这些岩石一般交互出现。岩性变化较大、不同地区具有明显的差异，即不同时代、不同地区的含煤岩系，其岩性组成差异很大，这主要取决于含煤岩系沉积时的古地理和古构造。经研究和对比，含煤岩系中往往含有厚度不等的火山岩及火山碎屑岩，因为火山作用可为成煤物质繁殖提供大气及土质条件。含煤岩系中含有大量植物化石，也有的含有较丰富的动物化石及各种结核。含煤岩系一般具有较好的旋回结构。

三、煤田

煤田一般是指在同一地质发展过程中形成的含煤岩系连续分布的广大地区，虽经后期构造和侵蚀作用的分割，但基本上仍连成一片或可以追踪，常常形成大型煤炭生产基地，其面积可达数十平方公里至数千平方公里，储量可达千万吨至数百亿吨。单一地质时代的含煤盆地经历变形改造后基本保持连续分布、资源规模较小的煤田称为煤产地，在南方也称为煤田。通常一个煤田范围很大，在部署开采工程时需要进行再划分。

地球上由于成煤条件的差异性，造成聚煤作用在时间上、空间上发育的不平衡，从而出现了成煤的分区现象。根据我国各地区的地质条件、成煤时代、含煤岩系和聚煤作用的共同性，以及地理位置等，将我国的煤田划分为六个聚煤区，并分别以最主要的聚煤期来命名，包括华北石炭二叠纪聚煤区、华南二叠纪聚煤区、东北侏罗纪聚煤区、西北侏罗纪聚煤区、西藏滇西中生代及第三纪聚煤期和台湾第三纪聚煤区。

1. 华北石炭二叠纪聚煤区

华北石炭二叠纪聚煤区，北起阴山、燕山和长白山东段，南至秦岭、伏牛、大别、淮阳诸山，西以贺兰山、六盘山为界，东临渤海、黄海。包括河北、山东、山西、河南、北京、天津等省市的全部，以及甘肃和宁夏的东部、内蒙古、辽宁和吉林的南部、陕西和安徽的北部、江苏的西北部等地。

华北聚煤区是我国煤炭资源最丰富的地区，区内的聚煤期主要为石炭二叠纪、早侏罗世、中侏罗世、晚三叠世和第三纪，其储量约占全国煤炭总储量的1/2，居首位，并且勘探、开采程度高，分布着许多年产量1 000万t以上的大型矿区，是我国重要的煤炭基地。这里煤种齐全，并以炼焦煤为主，煤种的分布具有一定规律性。第三纪的煤一般为褐煤，或有少许的长焰煤；中生代三叠纪至侏罗纪的煤大多为低变质的长焰煤和气煤，只有山东坊子、北京京西和宁夏汝箕沟等地属于无烟煤。石炭二叠纪的煤变质程度较高，大致以河南焦作和山西阳泉的高变质烟煤和无烟煤为中心，向聚煤区边缘，煤的变质程度逐渐降低，依次出现中变质烟煤和低变质烟煤。

2. 华南二叠纪聚煤区

华南二叠纪聚煤区，北以秦岭、伏牛、大别、淮阳等山为界，南至南海诸岛，西起横断山脉，向东至东海。包括湖北、湖南、江西、福建、广东、广西和贵州等省区的全部，四川、云南、江苏省的大部，以及陕西南部、安徽南部等地区。

华南聚煤区分布地域广阔，成煤时代早，聚煤期多，煤层稳定性差，厚度变化大。主要聚煤期有早石炭世、早二叠世、晚二叠世和晚三叠世至早侏罗世、中侏罗世及第三纪，其中最为重要的是晚二叠世。此外，元古代的震旦纪及早古生代的寒武、奥陶、志留纪均有石煤形成；新生代第四纪有泥炭堆积。这里各种类别的煤均有分布，其中非炼焦煤占较大比重，炼焦煤多集中于滇、黔地区。通常，晚古生代的煤以高变质烟煤及无烟煤为主；中生代的煤以中、低变质程度的烟煤为主；新生代第三纪的煤多为褐煤。从地域上看，东部沿海地区，由于岩浆侵入活动影响，煤的变质程度偏高，多为高变质烟煤及无烟煤。

3. 东北侏罗纪聚煤区

东北侏罗纪聚煤区，包括黑龙江省和吉林省大部分，辽宁北部和西部，以及内蒙古的东部和东北部等地区，南部大致以北票—沈阳一线与华北石炭二叠纪聚煤区相邻。

东北聚煤区成煤时间晚，聚煤期少，含煤岩系多分布在呈北东或北北东向的中、小型盆地内，受岩浆活动影响大；煤系厚度大，岩性和相在水平方向上变化较大；巨厚煤层多且埋藏较浅，煤的变质程度低。本区的大型煤矿及露天矿较多，是我国重要的煤炭产地。聚煤期有早、中侏罗世及晚侏罗—早白垩世和第三纪，其中以晚侏罗—早白垩世最为重要。这里的煤变质程度普遍较低。侏罗纪及早白垩纪的煤，以低、中变质烟煤及褐煤为主；第三纪的煤除少数煤田外，绝大多数为褐煤。

4. 西北侏罗纪聚煤区

西北侏罗纪聚煤区，东以贺兰山、六盘山与华北聚煤区相邻，西南以昆仑山、可可西里为界与西藏滇西聚煤区毗邻，东南以秦岭为界与华南聚煤区相接。包括新疆、青海中部和西部、甘肃中部和西部及宁夏西部等地区。

本区煤炭资源丰富，储量约占全国煤炭总储量的1/3，仅次于华北聚煤区，居全国第二位，但勘探、开发程度较低。聚煤区主要为早、中侏罗世，其次是石炭纪和晚三叠纪。此外，秦岭西段、甘肃东部尚有早古生代石煤分布。这里的煤种类较多，以低变质烟煤为主。石炭纪的煤多为中、高变质烟煤；早、中侏罗世的煤主要是低变质烟煤，其次是中变质烟煤，也有少量高变质烟煤、无烟煤及褐煤。

5. 西藏滇西中生代及第三纪聚煤区

西藏滇西聚煤区是指昆仑山、秦岭以南，四川龙门山、大雪山及云南哀牢山以西的广大地区，即包括西藏、青海南部和川滇西部地区。

本区含煤程度不高，储量较少，地理和地质条件复杂，勘探研究程度低。区内分布有晚古生代、中生代和新生代的第三纪含煤岩系。其中，晚古生代和中生代的煤系均为海陆交替相沉积，第三纪煤系为内陆型沉积。根据现有资料，以中生代及第三纪聚煤作用较强。该区的聚煤期包括早石炭世、晚二叠世、晚三叠世、早白垩世、晚白垩世和第三纪。这里的煤种类较多，晚古生代煤一般为高变质烟煤；中生代的煤多为中、高变质烟煤，也有无烟煤；第三纪的煤以褐煤及低变质烟煤为主，也有中变质烟煤。

6. 台湾第三纪聚煤区

台湾第三纪聚煤区包括台湾岛、澎湖列岛及附近一些小岛屿，这些地区是我国第三纪的主要聚煤地区之一，区内主要聚煤时期为晚第三纪。早第三纪仅在局部地区有含煤沉积，且煤层不稳定，一般不具有工业价值。本区主要产褐煤及低变质烟煤，局部受岩浆侵入影响可有中变质烟煤。

第三章 煤矿开拓及开采

本章学习目标

1. 了解煤矿的基本知识和生产系统的基本情况。
2. 简单了解煤矿开拓、准备方式和采煤方法的基本内容。

我国煤层的赋存条件多种多样，煤矿基本都是井工开采，开采条件非常复杂。同时，由于我国是一个发展中国家，原有工业基础较为薄弱，从而决定了我国煤矿的建设方式、采煤方法和管理体制具有多层次、多类型的特点。煤矿的开拓是整个矿井开采的全局性战略部署。合理地布置煤矿的开拓方式、合理地选择准备方式和采煤方法，就可以综合地避免煤矿灾害事故的发生。了解了采煤方法、采区准备等局部性的内容，就容易了解全局性的开拓问题；而掌握了井田开拓巷道布置及矿井生产系统的有关知识，就能更合理地搞好采区准备，为井下采煤创造更有利的条件，提高矿井开采的技术经济效果，从而可以使煤矿拿出更多的精力和资金来发展煤矿安全，减少煤矿事故。

第一节 煤矿的基础知识

一、矿区和井田

1. 矿区

由于煤田范围很大，面积最大可达数千平方千米，储量最大可达上千亿吨。所以，要根据国民经济发展的需要和行政区域的划分，利用地质构造、自然条件或煤田沉积的不连续性，或按勘探时期的先后，将一个大煤田划分成几个矿区来开发。

一个矿区又由很多个矿井（或露天矿）组成，为了有计划、有步骤、合理地开发整个矿区，配合矿井（或露天矿）的建设和生产，还要建设一系列的辅助企业、交通运输与民用事业，以及其他有关的企业和市政建设。因此，矿区开发之前应进行周密的规划，进行可行性研究，编制矿区总体设计，作为矿区开发和矿井建设的依据。

2. 井田

划分给一个矿井（或露天矿）开采的那一部分煤田，称为井田。井田范围是指井田沿煤层走向的长度和倾向的水平投影宽度。在矿区总体设计中必须确定好每一个矿井的井田范围大小、矿井生产能力和服务年限。

虽然，井田已经是被划分之后的部分，但是一个井田的范围还是相当大的，其走向长度仍可达数千米到万余米，倾斜长度可达数千米。因此，在煤矿生产时，还需要将井田划分成更小的部分，这样才能有规律地进行开采。

在井田范围内，沿着煤层的倾向，按一定标高把煤层划分为若干个平行于走向的长条部分，每个长条部分称为一个阶段，如图 3—1 所示的 A。阶段的走向长度，为井田在该处的走向全长。

每个阶段均应有独立的运输和通风系统。如在阶段的下部边界开掘阶段运输大巷，在阶段上部边界开掘阶段回风大巷，为整个阶段服务。上一个阶段采完后，该阶段的运输大巷常作为下一个阶段的回风大巷。

水平用标高来表示，如图 3—1 中的±0 m、＋100 m、－100 m、－200 m、－300 m。在矿井生产中，为说明水平位置、顺序，相应地称为±0 m 水平、＋100 m 水平、－100 m 水平等，或称为第一水平、第二水平、第三水平等。

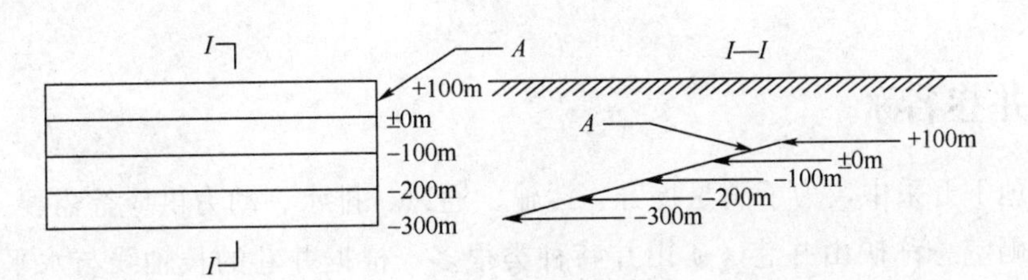

图 3—1 井田划分为阶段和水平

通常，阶段和水平的区别在于阶段表示井田的一部分范围，水平是指布置大巷的某一标高水平面。但是，广义的水平不仅表示一个水平面，有时也表示一个范围，即包括所服务的相应阶段。

井田划分为阶段后，阶段内的范围仍然较大，通常要再划分，来方便开采技术的要求。阶段内的再划分，一般有三种形式：采区式、分段式和带区式。在阶段范围内，沿走向把阶段划分为若干具有独立生产系统的块段，每一块段称为采区，这种划分称为采区式划分；在阶段范围内不划分采区，而是沿倾向将煤层划分为若干平行于走向的长条带，每个长条带称为分段，每个分段斜长布置一个采煤工作面，这种划分称为分段式划分；在阶段内沿煤层走向划分为若干个具有独立生产系统的带区，带区内又划分成若干个倾斜分带，每个分带布置一个采煤工作面，这种划分称为带区式划分。

开采倾角很小的近水平煤层，井田沿倾向的高差很小。这时，按上述方法是很难划分成若干以一定标高为界的阶段，则可将井田直接划分为盘区或带区。通常，依煤层的延展方向布置大巷，在大巷两侧划分成若干块段。划分出的具有独立生产系统的块段，称为盘区或带区。

二、地下开采与露天开采

地下开采也称井工开采，它需要开凿一系列井巷进入地下煤层，才能进行采煤。由于是地下作业，工作空间受到限制，采掘工作地点不断移动和交替，并且受到地下的水、火、瓦斯、煤尘以及煤层围岩塌落等威胁。因此，地下开采比露天开采复杂和困难。而我国大部分煤矿都是地下开采，本书针对的煤矿安全也基本都是地下开采的煤矿。

露天开采是指从敞露的地表直接采出有用矿物的方法。露天开采与地下开采在进入矿体的方式、生产组织、采掘运输工艺等都有所不同，它需要先将覆盖在矿体的岩石或表土剥离掉。露天开采一般机械化程度高、产量大、劳动效率高、成本低、工作比较安全，但受气候条件的影响较大，需采用大型设备和进行大量基建剥离，基建投资较大。因此，只能在覆盖层较薄、煤层厚度较大时才用。由于受到资源条件的限制，我国露天开采产量比重比较小。

三、矿山井巷名称

在煤矿地下开采中，为了满足提升、运输、通风、排水、动力供应等需要，开掘的井筒、巷道和硐室总称矿山井巷。矿山井巷种类很多，根据井巷的长轴线与水平面的关系，可分为直立巷道、水平巷道和倾斜巷道，如图 3—2 所示。

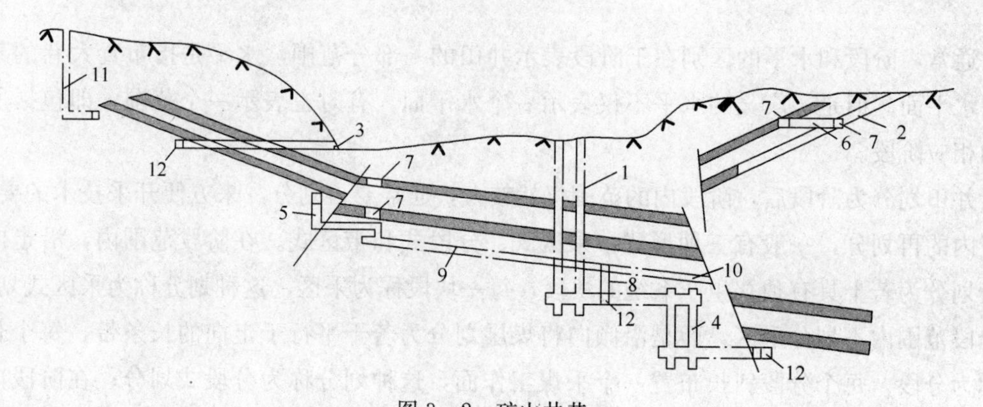

图 3—2 矿山井巷

1—立井 2—斜井 3—平硐 4—暗立井 5—溜井 6—石门 7—煤层平巷
8—煤仓 9—上山 10—下山 11—风井 12—岩石平巷

1. 直立巷道

巷道的长轴线与水平面垂直的巷道称为直立巷道，如立井、暗立井等，如图 3—2 所示。

（1）立井

立井又称竖井，为直接与地面相通的直立巷道。专门或主要用于提升煤炭的叫作主井；主要用于提升矸石、下方设备器材、升降人员等辅助提升工作的叫作副井。生产中，还经常开掘一些专门或主要用来通风、排水、充填等工作的立井，则均按其主要任务命名，如通风井、排水井、充填井等。

（2）暗立井

暗立井又称盲竖井、盲立井，为不与地面直接相通的直立巷道，其用途同立井。除此，还有一种专门用来溜放煤炭的暗立井，称为溜井。位于采区内部，高度不大、直径较小的溜井称为溜煤眼。

2. 水平巷道

巷道的长轴线与水平面近似平行的巷道称为水平巷道，如平硐、平巷、石门等，如图 3—2 所示。

（1）平硐

平硐为直接与地面相通的水平巷道。它的作用类似立井，有主平硐、副平硐、排水平硐、通风平硐等。

（2）平巷与大巷

平巷为与地面不直接相通的水平巷道。布置在煤层内的平巷称为煤层平巷，布置在岩层中的平巷称为岩石平巷。为开采水平服务的平巷称为大巷，如运输大巷。直接为采煤工作面服务的煤层平巷，称为运输或回风平巷。

（3）石门与煤门

与地面不直接相通的水平巷道，其长轴线与煤层直交或斜交的岩石平巷称为石门，为开采水平服务的石门称为主要石门，为采区服务的石门称采区石门；在厚煤层内，与煤层走向直交或斜交的水平巷道，称为煤门。

3. 倾斜巷道

巷道的长轴线与水平面有一定夹角的巷道称为倾斜巷道，如斜井、上山、下山、斜巷等，如图 3—2 所示。

（1）斜井

斜井为与地面直接相通的倾斜巷道，其作用与立井和平硐一样。不与地面直接相通的斜井称为暗斜井或者盲斜井，作用与暗立井相同。

（2）采区上、下山

服务于一个采区的倾斜巷道，也称为采区上山或下山。上山用于开采其开采水平以上的煤层；下山用于开采其水平以下的煤层。安装输送机的上、下山叫运输上、下山或输送机上、下山，其煤炭运输方向分别为由上向下或由下向上运至开采水平大巷；铺设轨道的上、下山叫轨道上、下山；用作通风和行人的上、下山叫作通风和行人上、下山；上、下山可布置在煤层或岩层中。

（3）主要上、下山

主要上、下山为服务于一个开采水平的倾斜巷道。主要适用于阶段内采用分段式划分的条件。同样可有主要运输上、下山和主要轨道上、下山。

（4）斜巷

斜巷为不直通地面且长度较短的倾斜巷道，用于行人、通风、运料等，此外，溜煤眼和联络巷有时也是倾斜巷道。

4. 硐室

硐室是为专门用途、在井下开凿和建造的断面较大或长度较短的空间构筑物，如绞车房、变电所、煤仓等。

四、矿井储量、生产能力和服务年限

1. 矿井储量

给矿井划分过井田之后，需要计算该井田的储量，这是进行矿井设计和生产建设的依据。矿井储量一般分为矿井地质储量、矿井工业储量和矿井可采储量。

（1）矿井地质储量

矿井地质储量包括能利用储量和暂不能利用储量。能利用储量是指在目前技术条件下煤层的主要质量指标（灰分含量、发热量等）和经济技术指标（煤层厚度、埋藏深度等）都符合工业要求、可供开采的储量。暂不能利用储量是指煤层的质量指标或经济指标不能满足当前的工业要求，目前暂不能开采，但今后可能利用和开采的储量。

（2）矿井工业储量

矿井工业储量是指在井田范围内，经过地质勘探，煤层厚度和质量均合乎开采要求，地质构造比较清楚，目前可供工业加工的储量。

（3）矿井可采储量

矿井可采储量是矿井设计可以采出被利用的储量。一般通过式（3—1）进行计算：

$$Z=(Z_C-P)C \qquad (3—1)$$

式中 Z——可采储量；

Z_C——工业储量；

P——保护工业场地、井筒、井田境界、河流、湖泊、建筑物等留置的永久煤柱损失；

C——采区采出率，厚煤层不低于0.75；中厚煤层不低于0.8；薄煤层不低于0.85；地方小煤矿不低于0.7。

2. 矿井生产能力

矿井生产能力是煤矿生产建设的一个重要指标，也是井田开拓的一个主要参数。我国不同煤矿的矿井生产能力差别很大，有些大的煤矿，矿井生产能力可以达到1 000～2 000万吨/年，而有些小的矿井，矿井生产能力则为几万吨/年。但是，随着生产机械化、集中化的发展，我国各个煤矿的矿井生产能力都在进一步的提高。

矿井生产能力的确定主要是根据矿井地质条件、煤层赋存情况、储量、开采条件、设备供应及国家需煤等因素确定的。对于储量丰富、地质构造简单、开采技术条件好的矿区应建设矿井生产能力大的矿井；对于储量不丰富、地质构造复杂、开采技术条件不好的矿区应建设矿井生产能力小的矿井。对于具体的矿井，应根据国家需要，结合该矿井地质和技术条件，开拓、准备和通风方式，以及机械化水平等因素，在保证生产安全、技术经济合理的条件下，综合计算开采能力和各生产环节所能保证的能力，并根据矿井储量，验算矿井和水平服务年限是否能够达到规定的要求。

3. 矿井服务年限

若矿井的可采储量和矿井的生产能力都知道了，这时可以通过式（3—2）计算出矿井的设计服务年限P：

$$P=\frac{Z}{AK} \qquad (3—2)$$

式中 Z——矿井可采储量；

A——矿井生产能力；

K——矿井储量备用系数，矿井设计一般取1.4，地质条件复杂的矿井及矿区总体设计可取1.5，地方小煤矿可取1.3。

对于井型大的矿井，装备水平高，基建工程量大，基本建设投资多，吨煤投资高。在矿井建设总投资中，矿建工程费用一般占40%左右，地面建筑费占15%左右。为了发挥这些投资的效果，矿井服务年限就应该长一些。小型矿井准备水平低，投资较少，服务年限应短一些。

五、矿井生产系统

由于各个煤矿的地质条件、井型和设备的不同，所以不同煤矿的矿井生产系统也不同。但是，大多数的矿井生产系统包括运煤系统、通风系统、运料排矸系统、排水系统，如图3—3所示。

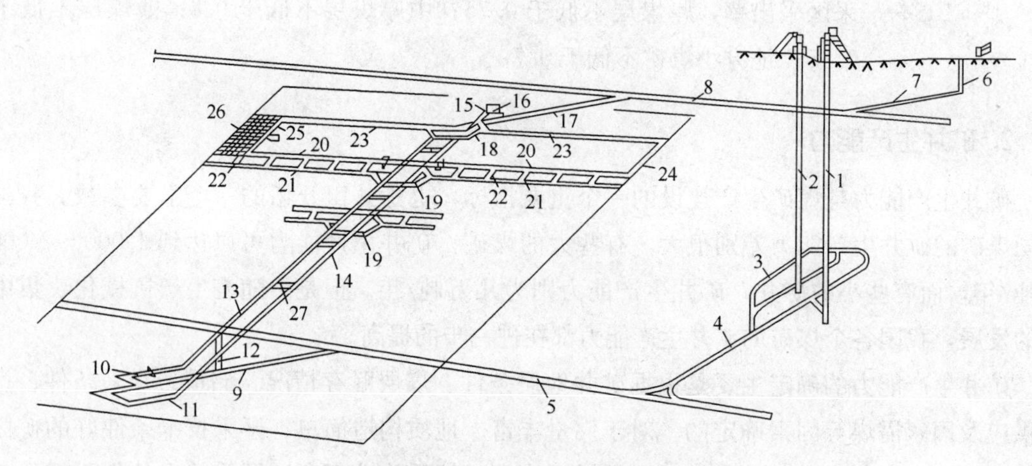

图3—3 矿井生产系统示意图

1—主井 2—副井 3—井底车场 4—主要运输石门 5—水平运输大巷
6—风井 7—阶段回风石门 8—阶段回风大巷 9—采区运输石门
10—采区下部车场 11—采区下部材料车场 12—采区煤仓 13—采区运输下山
14—采区轨道上山 15—采区绞车房 16—绞车房回风斜巷 17—采区回风石门
18—采区上部车场 19—采区中部车场 20—区段运输平巷
21—下区段回风平巷 22—联络巷 23—区段回风平巷 24—开切眼
25—采煤工作面 26—采空区 27—采区变电所

1. 运煤系统

从采煤工作面25破落下来的煤炭，经区段运输平巷20、采区运输下山13到采区煤仓12，在采区下部车场10内装车，经开采水平运输大巷5、主要运输石门4，运到井底车场3，由主井1提升到地面。

2. 通风系统

新鲜风流从地面经副井2进入井下，经井底车场3、主要运输石门4、水平运输大巷5、采区下部材料车场11、采区轨道上山14、采区中部车场19、区段运输平巷20进入采煤工作面25。清洗工作面后，污风经区段回风平巷23、采区回风石门17、阶段回风大巷8、阶段回风石门 7，从风井 6 排入大气。

3. 运料排矸系统

采煤工作面所需材料和设备，用矿车由副井 2 下放到井底车场 3，经主要运输石门 4、水平运输大巷 5、采区运输石门 9、采区下部材料车场 11，由采区轨道上山 14 升到区段回风平巷 23，再运到采煤工作面 25。采煤工作面回收的材料、设备和掘进工作面运出的矸石，用矿车经由与运料系统相反的方向运至地面。

4. 排水系统

排水系统一般与进风风流方向相反，由采煤工作面，经由区段运输平巷、采区上山、采区下部车场、开采水平运输大巷、主要运输石门等巷道一侧的水沟，自流到井底车场水仓，再由水泵房的排水泵通过副井的排水管道排至地面。

第二节 井田开拓

在一定的井田地质、开采技术条件下，矿井开拓巷道的布置方式有多种形式，开拓巷道的布置方式通称为开拓方式。一般在确定使用何种开拓方式之前，需要进行技术经济分析比较，才能够做出最后的决定。

一、我国煤矿井田开拓的概况和发展

在 20 世纪 50 年代的时候，立井开拓布置方式的能力和数量均占首位，而斜井开拓方式的能力和数量比重较小，但是是仅次于立井开拓的布置方式，综合开拓的布置方式在这个时候很少有矿井采用。之后随着矿井开拓延深和技术改造发展，尤其是胶带输送机的发展，采用斜井开拓布置方式和综合开拓布置方式的矿井数量逐渐增加。到 1995 年时，斜井开拓的能力和数量比重已分别达到了 26.04％和 39.57％；综合开拓的能力和数量比重也分别达到了 28.63％和 21.04％，特别是主斜井、副立井的综合开拓在深部开采、技术改造矿井中得到较广泛的应用；而立井开拓的能力和数量比重降到了 37.11％和 29.22％，这与 20 世纪 50 年代的 61.5％和 63.2％相比已经下降了一半左右。

平硐开拓具有明显的优越性，因此，这种开拓布置方式也一直是我国极力推荐采用的一种重要形式。但是，这种开拓布置方式要受到地形和条件的限制，因此，一直以来，在我国的数量比重都不太高，而且都没什么变化，主要集中在我国西南地区及华北、西北部分地区。

随着科学技术的进步和煤炭生产发展的要求，如今井田开拓朝着生产集中化、矿井大型化、运输联系化、系统简单化的方向发展，这将使煤矿的技术面貌发生根本性的变化。

1. 生产集中化

在现代化、高产高效矿井的建设过程中，将形成一批高产高效的一矿一井一面或二面的现代化矿井，降低开拓及生产巷道掘进率，简化生产系统，使矿井生产朝着高度集中、简单可靠的方向发展。

2. 矿井大型化

矿井大型化主要是增大矿井生产能力，以及相应加大水平垂高及采区尺寸等。我国西部的一些煤矿多为人为境界，临近井田适合旧井田开发的，可以利用老井设施建设大型矿井；东部老矿区的一些煤矿，浅部分散开发，进入深部开采以后采用集中开发，可以加大开发强度，简化生产环节。

3. 运输连续化

随着生产集中化和矿井大型化，设备功率和能力加大及日产万吨以上工作面出现，要求煤炭运输从工作面到地面实现不间断连续的胶带输送机运输，保证生产能力的充分发挥。因此，斜井开拓和主斜副立井开拓将得到进一步的发展，并推广应用各种辅助运输设备，如卡轨车、齿轨车、单轨吊等，使辅助运输实现简单化和连续化。

二、井田的开拓方式

井田开拓方式的分类方法有很多，一般按下列特征分类：按井硐形式，可分为立井开拓、斜井开拓、平硐开拓、综合开拓，这也是最常用的分类方式；按开采水平数目，可分为单水平开拓和多水平开拓；按开采准备方式，可分为上山式、下山式、混合式；按开采水平大巷布置方式，可分为分煤层大巷、集中大巷、分组集中大巷。

根据我国常用的开拓方式，其分类如图 3—4 所示。

确定开拓所要解决的问题是，在一定的矿山地质和开采技术条件下，根据矿区总体设计的原则规定，正确解决下列问题：

（1）确定井筒的形式、数目及其配置，合理选择井筒及工业场地的位置。

（2）合理地确定开采水平数目和位置。

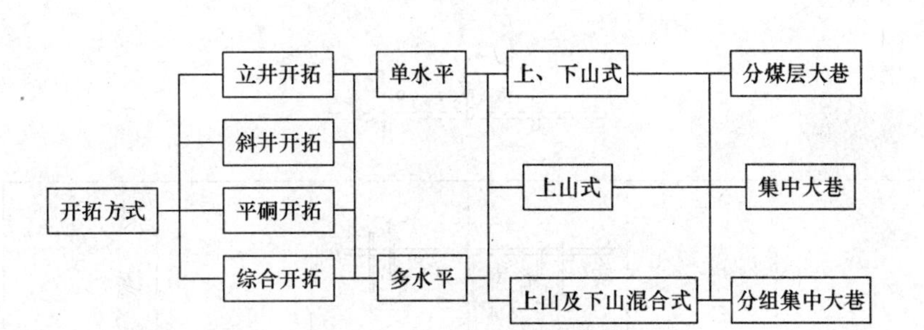

图 3—4　开拓方式分类

（3）布置大巷及井底车场。

（4）确定矿井开采程序，做好开采水平数目位置。

（5）进行矿井开拓延深、深部开拓水平的接替。

上述问题对整个矿井的开采有长远影响，它不仅关系到矿井的基本建设工程量、初期投资和建设速度，尤其重要的是矿井的生产条件和技术面貌。若这些问题解决不好，实施后，也会存在许多安全隐患，想要改变不合理的状况，需要重新进行较多的工程建设，耽误较长的时间。所以，在解决井田开拓问题时，应遵循以下原则：

（1）贯彻执行有关煤炭工业的技术政策，为多出煤、早出煤、出好煤、投资少、成本低、效率高创造条件。要使生产系统完善、有效、可靠，在保证生产可靠和安全的条件下减少开拓工程量，尤其是初期建设工程量，节约基建投资，加快矿井建设。

（2）合理集中开拓部署，简化生产系统，避免生产分散，为集中生产创造条件。

（3）合理开发国家资源，减少煤炭损失。

（4）必须贯彻执行有关煤矿安全生产的有关规定。要建立完善的通风系统，创造良好的生产条件，减少巷道维护量，使主要巷道经常保持良好状态。

（5）要适应当前国家的技术水平和设备供应情况，并为采用新技术、新工艺，发展采煤机械化、综合机械化、自动化创造条件。

（6）应照顾不同煤质、煤种的煤层分别开采，以及其他有益矿物的综合开采。

下面，具体介绍一下立井开拓、斜井开拓、平硐开拓和综合开拓。

1. 立井开拓

立井开拓是利用直通地面的垂直井巷作为主、副井的开拓方式，在我国得到广泛的应用，图 3—5 所示为一立井多水平上山式开拓布置方式。

立井开拓的适应性强，一般不受煤层倾角、厚度、瓦斯、水文等自然条件的限制。立井的井筒短、提升速度快、提升能力大，对辅助提升特别有利；对井型特大的矿井，可采用大断面的立井井筒，装备两套提升设备；井筒的断面很大，可满足大风量的要求；由于

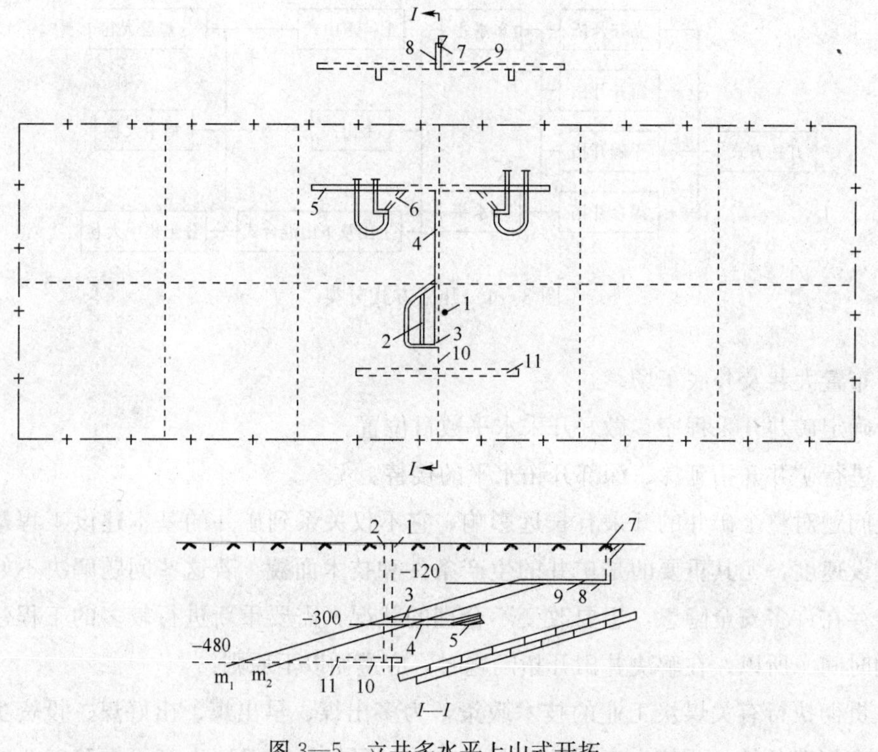

图 3—5 立井多水平上山式开拓

1—主立井 2—副立井 3—一水平井底车场 4—一水平主石门
5—一水平运输大巷 6—采区运输石门 7—回风井 8—总回风石门
9—总回风巷 10—二水平主石门 11—二水平运输大巷

井筒短，通风阻力较小，对深井更为有利。因此，当井田的地形、地质条件不利于采用平硐或斜井开拓时，都可考虑采用立井开拓。对于煤层埋藏较深，表土层厚，水文情况复杂，需要特殊施工方法或开采近水平煤层和多水平开采急倾斜煤层的矿井，一般采用立井开拓。

2. 斜井开拓

斜井开拓是利用直通地面的倾斜井巷作为主、副井的开拓方式，在我国也是应用很广的一种布置方式，有多种不同的形式。按斜井与井田内的划分方式的配合不同，可分为集中斜井和片盘斜井。集中斜井与立井一样，也有单水平、多水平和上山式、上下山式等多种开拓方式，图 3—6 所示为集中斜井多水平开拓。

斜井与立井相比，井筒掘进技术和施工设备较简单，掘进速度快，井筒装备及地面设施较简单，井底车场及硐室也较简单，因此初期投资较少，建井周期较短；在多水平开采时，斜井石门工程量少，石门运输费用少，斜井延深方便，对生产的干扰少；大运输量强

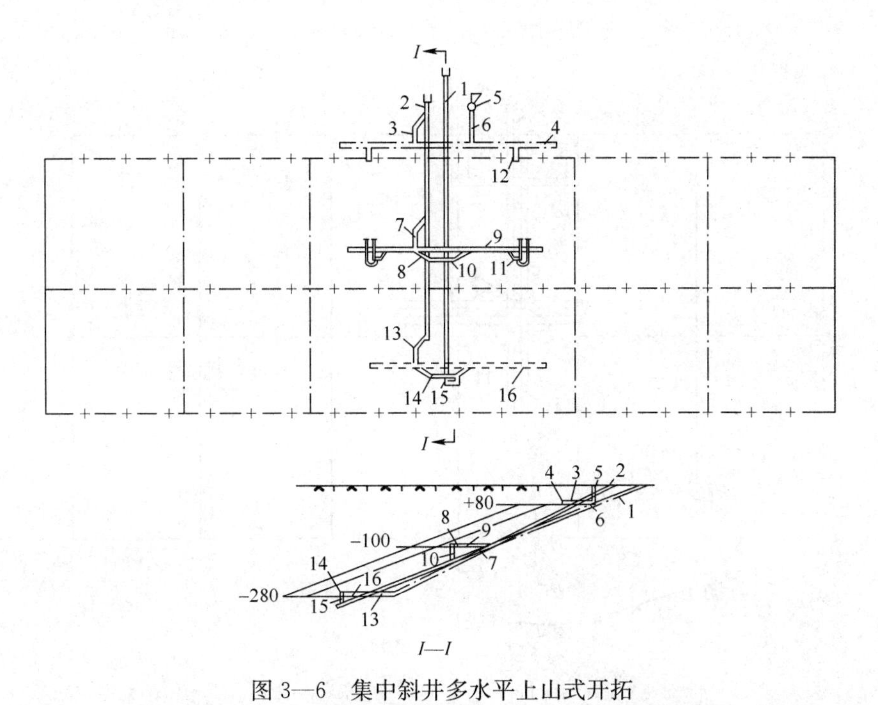

图 3—6 集中斜井多水平上山式开拓

1—主斜井 2—副斜井 3—＋80 m 辅助车场 4—＋80 m 总回风道 5—回风井
6—总回风石门 7—一水平轨道石门 8—一水平井底车场 9—一水平运输大巷
10—一水平井底煤仓 11—采区运输石门 12—采区回风石门
13—二水平轨道石门 14—二水平井底车场 15—二水平井底煤仓
16—二水平运输大巷

力带式输送机的应用，增加了斜井的优越性，扩大了斜井的应用范围。其缺点是在自然条件相同时，斜井井筒长，围岩不稳固时井筒维护困难；采用绞车提升时，提升速度低、能力小；井田斜长越大时，采用多段提升，转载环节多，系统复杂，占有设备及人员多；斜井通风路线长、断面小，通风阻力大等。

当井田内煤层埋藏不深，表土层不厚，水文地质简单，井筒不需要特殊方法施工的缓斜和倾斜煤层，一般可用斜井开拓。对采用串车或箕斗提升的斜井，提升不得超过两段。随着新型强力的和大倾角带式输送机的发展，大型斜井的开采深度大为增加，斜井应用更加广泛。

3. 平硐开拓

平硐开拓是利用直通地面的水平巷道作为矿井主要井筒的开拓方式，也是最简单最有利的开拓方式，一般在我国地形为山岭、丘陵的矿区采用比较广泛，图 3—7 所示为平硐开拓布置方式。

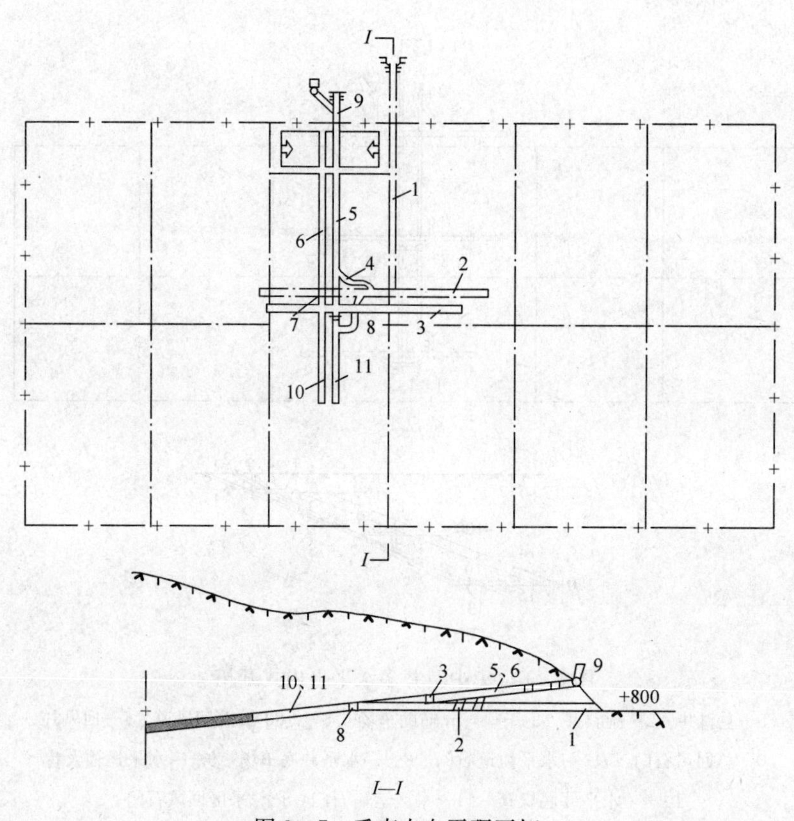

图 3—7　垂直走向平硐开拓

1—主平硐　2—主要运输大巷　3—副巷（后期回风巷）　4—盘区上山下部车场
5—盘区轨道上山　6—盘区运输上山　7—盘区煤仓　8—盘区下山上部车场
9—盘区风井　10—盘区运输下山　11—盘区轨道下山

采用平硐开拓时，一般以一条主平硐开拓井田，担负运煤、出矸、运料、通风、排水及行人等任务；而在井田上部回风水平掘回风平硐或回风井。当地形条件允许和生产建设需要，且又不增加过多的工程量时，可以在主平硐、回风平硐之外，另掘排水、排矸等专用平硐。

平硐开拓有许多优点，井下出煤不需要提升转载，运输环节少，系统简单，占用设备少，费用低，地面设施较简单，无须井架和绞车房，不需要设较大的井底车场及其硐室，工程量小，平硐施工容易，速度快，建井快，无须排水设备且有利于预防火灾等。因此，只要在地形条件合适、煤层赋存位置较高的山岭、丘陵或沟谷地区，只要上山部分储量能满足同类型矿井的水平服务年限要求时应首先考虑平硐开拓。

4. 综合开拓

在某些具体条件下，采用单一的井筒形式开拓，在技术上有困难、经济上不合理，可以采用不同井筒形式进行综合开拓，综合开拓可以避免各单一开拓的缺点，保留各单一开拓的优点。不过，在采用综合开拓的时候需要注意的是，不同形式的井筒在地面及井下的联系与配合是十分重要的。

第三节 准备方式

一、准备方式的概念

为了采煤，必须在已有开拓巷道的基础上，再开掘一系列准备巷道与回采巷道，构成完整的采准系统，以便人员通行、煤炭运输、材料设备运送、通风、排水和动力供应等正常进行。准备巷道包括采区上山、区段石门或斜巷、区段集中平巷等。

在一定的地质开采技术条件下，怎样去布置准备巷道以及在什么范围内布置，可以有多种方式，准备巷道的布置方式称为准备方式。合理的准备方式，一般要在技术可行的多种准备方式中进行技术经济分析比较后才能确定。

正确的准备方式应遵循以下几项原则：

1. 有利于矿井合理集中生产，使采准巷道系统有合理的生产能力和增产潜力。

2. 保证具备完善的生产系统，有利于充分发挥机电设备的效能，并为采用新技术、发展综合机械化和自动化创造条件。

3. 力求在技术上和经济上合理，尽量简化巷道系统，减少巷道掘进和维护工程量，减少设备占用台数和生产费用，便于采掘正常衔接。

4. 煤炭损失少，有利于提高采出率。

5. 安全生产条件好，符合《煤矿安全规程》的有关规定。

二、按煤层赋存条件分类

按煤层赋存的条件，准备方式可分为采区式、盘区式和带区式准备。

1. 采区式准备

采区式准备就是采区内主要巷道的掘进和设备安装工作，目前，我国大多采用采区式准备。主要根据各煤层的距离不同，采区式准备又被分为煤层群单层采区准备方式和煤层群采区联合布置准备方式。

（1）煤层群单层采区准备方式

煤层群单层采区准备方式就是采区石门贯穿的各煤层均独立布置采区上山、装车站和车场。对于单一薄及中厚煤层采区准备较简单，开采要解决合理确定采区走向长度、煤层合理布置上山、合理划分区段及采区车场形式等问题。对于单一厚煤层，除了上述内容以外，还要合理确定采区上山的层位。

（2）煤层群采区联合布置准备方式

开采近距离煤层群时，如果采用单层布置采区巷道的话，在技术上和经济上都不合理，这时可把相距较近的几个煤层联合在一起，设置一部分共用的采区巷道来进行开采，可减少工程量并能获得较好的经济效益。这种布置方式称为采区联合布置。

2. 盘区式准备

在近水平煤层中，由于煤层没有明显的走向，井田内标高差别小，很难沿一定走向、一定标高划分成阶段，通常，开采近水平煤层的采区习惯上被称为盘区，因而将井田直接划分为盘区。盘区巷道布置类型主要有上（下）山盘区和石门盘区。根据盘区内可采煤层数目的多少及层间距的大小，盘区式准备方式也可划分为单层布置盘区和联合布置盘区。

生产实践中石门盘区和上山盘区均广泛应用。通常近水平煤层、埋藏稳定、地质构造简单、煤层储量丰富、技术装备水平较高、有一定的岩巷施工力量、盘区生产能力较大的大中型矿井，适宜采用盘区石门的布置方式。盘区生产能力较小、技术水平不高的小矿井，一般都采用盘区煤层上山布置方式。若盘区倾斜长度较大，煤层倾角大，或在盘区有较大的走向断层，使煤层上升或下降时，整个盘区均采用石门布置，将形成部分煤仓垂高过大，造成技术经济上不合适的情况，可以采取盘区和盘区上山混合布置方式。

3. 带区式准备

将阶段或井田划分成若干个区域，在每个区域内布置两个或多个分带，组成一个统一的采准系统，该区域称为带区。一般倾角在12°以下的煤层可不划分采区，采用在大巷两侧直接布置工作面的带区式准备，若对采煤工作面设备采取有效的技术措施后，可用于12°～17°的煤层。带区式准备时，可以是相邻两个分带组成一个采准系统，同采或不同采，合用一个带区煤仓，称为相邻分带的带区准备；也可由多个分带组成一个采准系统，开掘为多分带服务的准备巷道，如带区运煤平巷及煤仓、带区运料斜巷等，称为多分带的带区准备。

相邻分带组成的带区，准备特点是：由相邻两个分带组成一个采准系统，同采或不同采，合用一个带区煤仓。这种准备方式生产系统简单，但大巷装车点多，分带斜巷与大巷的联络巷道及车场工程量较大。

多分带组成的带区，准备特点是：将阶段或井田按地质构造等因素，划分为一定范围的区域，在该区域内布置多个分带，一般为 4～6 个或以上，并组成一个统一的采准系统。

总的来说，采区式准备应用最广泛，盘区式准备应用有一定的局限性且与采区式准备有不少相似之处，带区式准备相对比较简单。

三、按开采方式分类

按开采方式分类，准备方式可分为上山（盘）采区和下山（盘）采区准备。当煤层倾角较小（一般小于 16°）时，可利用开采水平大巷来分别开采上、下采区。开采水平标高以下的采区称为下山采区，采区内布置采区下山等准备巷道，采出的煤通过下山，由下往上运至开采水平，反之则称为上山采区。当煤层倾角较大时，采用下山开采，掘进、运输、通风、排水等困难较大，一般只开采上山采区。

近水平煤层条件下，大巷照例布置在井田中部，向两侧发展布置盘区。按煤层倾斜趋向，分别分为上山盘区或下山盘区。

同样，带区式准备时，开采水平可分别开采上山式带区及下山式带区。

四、按采区上（下）山布置分类

按采区上（下）山的布置，准备方式又被分为单翼采区、双翼采区和跨多上山采区准备。双翼采区是应用最广泛的一种准备方式。其特点是采区上（下）山布置在采区中部，为采区两翼服务，相对减少了上山及车场的掘进工程量。

当采区受自然条件（如断层）及开采条件影响，走向长度较短时，可将上（下）山布置在采区一侧边界，此时采区只有一翼，称为单翼采区。上（下）山布置在采区近井田边界方向一侧称前上（下）山单翼采区；反之称后上（下）山单翼采区。采用前上（下）山时，煤炭运输有折返现象，增加了运输工作量，但工作面可跨过上山连续推进。如何选择要根据具体情况来定。如采区一侧边界为保护煤柱，则可将上（下）上布置在煤柱内，以减少煤炭损失。

跨多上山（前上山）采区准备是近几年随着机械化采煤，特别是综合化采煤的发展而产生的一种布置方式。上山一般布置在煤层底板岩层中，沿走向每 500～1 000 m 布置一组上山。采煤工作面可跨几组上山连续推进，以减少工作面搬迁。这种由若干个单翼采区组成大采区的准备方式，一般应用于地质构造较简单的条件下。连续推进几组上山要视地质开采条件确定。条件好时，也可在井田一翼连续推进。目前应用的多是跨前上山连续推进的准备方式，即采区和工作面都是由井田中部向井田边界推进。由井田边界向井田中部的跨后上山连续推进的准备方式则比较少见。总的来说，这种方式初期工程量大，占用设备较多，目前尚未广泛应用。

同样，石门盘区准备时，也有双翼和单翼盘区之分，但更多的是双翼盘区，也有跨多石门盘区准备。

五、按煤层群开采时的联系分类

按煤层群开采时的联系，准备方式分为单层准备和联合准备。单层准备即各煤层独立布置自己的准备巷道，生产系统互相独立。联合准备即几个煤层组成一个统一的采准系统。准备巷道一般为几个煤层共用，集中称为一个采区。联合准备又可分为集中上山联合准备和集中平巷联合准备两种基本形式，一般情况下后者包含前者。集中平巷联合准备方式与厚煤层采用分层同采集中平巷布置方式基本相同，只不过前者是近距离煤层的集中，后者是厚煤层各分层的集中。煤层群相邻分带组成带区时，其分带准备同样也可有分带单层准备与分带集中斜巷联合准备。

综上所述，准备方式分类如图 3—8 所示。按其不同的组合，可有数十种准备方式。例如，准备方式全称可按图中方向所示，可有下山双翼采区集中平巷准备方式、上山单翼盘区集中平巷准备方式等。

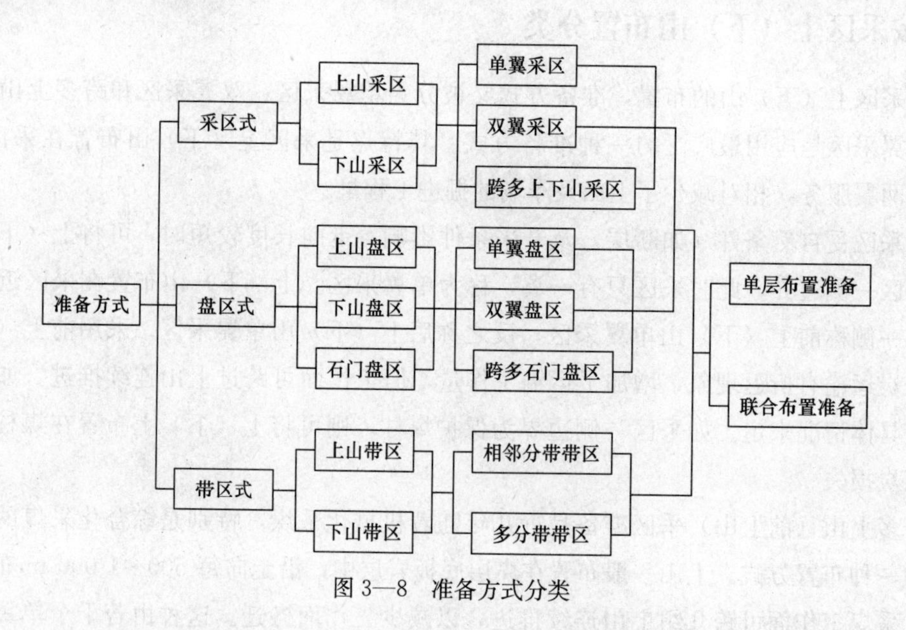

图 3—8　准备方式分类

第四节 采煤方法

一、采煤方法的概念

任何一种采煤方法，均包括采煤系统和采煤工艺两项主要内容。要正确理解采煤方法的含义，必须了解如下基本概念。

采场：用来直接大量采取煤炭的场所，称为采场。

采煤工作面：在采场内进行回采的煤壁，称为采煤工作面（也称为回采工作面）。实际工作中，采煤工作面与采场是同义语。

回采工作面：在采场内，为采区煤炭所进行的一系列工作，称为回采工作。回采工作可分为基本工序和辅助工序。把煤从整体煤层中破落下来，称为煤的破落，简称破煤。把破落下来的煤炭装入采场中的运输工具内，称为装煤。煤炭运出采场的工序，称为运煤。煤破、装、运是回采工作中的基本工序。为了使基本工序顺利进行，必须保持采场内有足够的工作空间，称为采空区。为了减轻矿山压力对采场的作用，以保证回采工作顺利进行，在大多数情况下，必须处理采空区的顶板，这项工作称为采空区处理。此外，通常还需要进行移置运输、采煤设备等工序。除了基本工序以外的这些工序，统称为辅助工序。

采煤工艺：由于煤层的自然条件和采用的机械不同，完成回采工作各工序的方法也就不同，并且在进行的顺序、时间和空间上必须有规律地加以安排和配合。这种在采煤工作面内按照一定顺序完成各项工序的方法及其配合，称为采煤工艺。在一定时间内，按照一定的顺序完成回采工作各项工序的过程，称为采煤工艺过程。

采煤系统：回采巷道的掘进一般是超前于回采工作进行的。它们之间在时间上的配合以及在空间上的相互位置关系，称为回采巷道布置系统，也即采煤系统。

采煤方法：根据不同的矿山地质及技术条件，可有不同的采煤系统与采煤工艺相配合，从而构成多种多样的采煤方法。如在不同的地质及技术条件下，可以采用长壁采煤法、柱式采煤法或其他采煤法，而长壁与柱式采煤法在采煤系统与采煤工艺方面差别很大。由此可以认为：采煤方法就是采煤系统与采煤工艺的综合及其在时间和空间上的相互配合。但两者又是互相影响和制约的。采煤工艺是最活跃的因素，采煤工具的改革，要求采煤系统随之改变，而采煤系统的改变也会要求采煤工艺做相应的改革。事实上，许多种采煤方法正是在这种相互推动的过程中得到改进和发展，甚至创造了新的采煤方法。

二、采煤方法的发展

采煤方法工艺技术在煤矿生产中占有极为重要的地位。一个煤矿企业生产指标的优劣，除资源条件外，主要决定于所采用的工艺技术的适用性和先进性。

壁式体系可实现连续采煤，具有单产高、工效高、采出率高及适用性强等优点。20世纪80年代末以来，美国、澳大利亚等国家发展应用了壁式体系采煤技术，一个矿井一个综采工作面生产，年产量达3.00 Mt以上，矿井全员工效可达70～100 t/工以上，一跃达到世界领先地位。美国煤层优越的赋存条件及壁式开采技术的发展，使得矿井平均全员工效从十多年前的10 t/工左右，提高到25 t/工以上，是西欧国家的三倍。

总的来看，在世界范围内，壁式体系呈发展趋势。我国煤层赋存条件多样，开采条件较复杂，主体将发展以壁式体系综采为主的不同类型的长壁式开采技术。

我国综采总体水平不高，平均每套年产约0.7 Mt，差距较大。改进装备及技术，提高综采总体水平，提高单产，缩小低产队和高产队的差距，是当前的重要任务。研究高效高产矿井建设的最佳模式及配套适用技术是当前一项重要任务。高产高效矿井建设是煤矿开采技术发展及提高经济效益的主导方向。我国国情不同，且开采煤层的地质条件具有多样性和复杂性，应根据不同的地质开采条件、经济条件，建设不同层次、不同类型的高产高效矿井，建立综合的评价体系及指标，以高效益为目标提高各类矿井的综合开采效益。

三、采煤方法的分类

我国的煤层赋存条件多种多样，开采技术条件各异，因而促进了采煤方法的多样化发展。我国使用的采煤方法很多，是世界上采煤方法种类最多的国家。我国常用的几种主要采煤方法及其特征见表3—1。

表3—1　　我国常用的主要采煤方法及其特征

序号	采煤方法	体系	整层与分层	推进方向	采空区处理	采煤工艺	适应煤层基本条件
1	单一走向长壁采煤法	壁式	整层	走向	垮落	综、普、炮采	薄及中厚煤层为主
2	单一倾斜长壁采煤法	壁式	整层	倾斜	垮落	综、普、炮采	缓斜薄及中厚煤层
3	刀柱式采煤	壁式	整层	走向或倾斜	刀柱	普、炮采	缓斜薄及中厚煤层、顶板坚硬
4	大采高一次采全厚采煤法	壁式	整层	走向或倾斜	垮落	综采	缓斜厚煤层（＜5 m）

续表

序号	采煤方法	体系	整层与分层	推进方向	采空区处理	采煤工艺	适应煤层基本条件
5	放顶煤采煤法	壁式	整层	走向	垮落	综采	缓斜厚煤层（>5 m）
6	倾斜分层长壁采煤法	壁式	分层	走向为主	垮落为主	综、普、炮采	缓斜、倾斜厚及特厚煤层为主
7	水平分层、斜切分层、下行垮落采煤法	壁式	分层	走向	垮落	炮采	急斜厚煤层
8	水平分段放顶煤采煤法	壁式	分层	走向	垮落	综采为主	急斜特厚煤层
9	掩护支架采煤法	壁式	整层	走向	垮落	炮采	急斜厚煤层为主
10	水力采煤法	柱式	整层	走向或倾斜	垮落	水采	不稳定煤层急斜煤层
11	柱式体系采煤法（传统）	柱式	煤层		垮落	炮采	非正规条件回收煤柱

采煤方法的分类很多，一般可按下列特征进行分类，如图 3—9 所示。

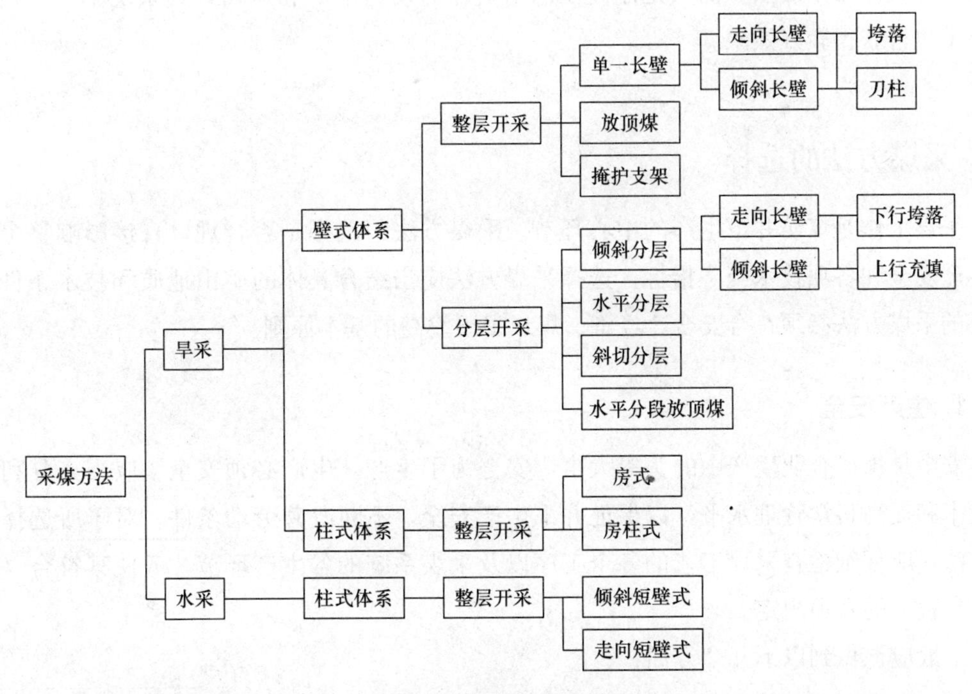

图 3—9　采煤方法分类

1. 壁式体系采煤法

一般以长工作面采煤为其主要标志，产量占我国国有重点煤矿的 95%以上。

随着煤层厚度及倾角的不同，开采技术和采煤方法会有所区别。对于薄及中厚煤层，一般都是按煤层全厚一次采出，即整层开采；对于厚煤层，可把它分为若干中等厚度（2～3 m）的分层进行开采，即分层开采。无论整层开采或分层开采，依据不同倾角，按采煤工作面推进方向，又可分为走向长壁开采和倾斜长壁开采两种类型。

2. 柱式体系采煤法

柱式体系采煤方法以短工作面采煤为其主要标志，我国国有重点煤矿中采用这类采煤法的产量比重在5%以内。

柱式体系采煤法包括房式采煤法和房柱式采煤法。根据不同的矿山地质条件和技术条件，每类采煤方法又有多种变化。

壁式采煤法较柱式采煤法煤炭损失少，回采连续性强、单产高，采煤系统较简单，对地质条件适应性较强，但采煤工艺装备比较复杂。在我国的地质和开采技术条件下，主要适宜采用壁式体系采煤法。另外，我国从20世纪50年代起采用水力采煤，这种方法实质也属于柱式体系采煤法，而只是用高压水射流作为动力落煤和运输，其系统单一，在一定条件下也可获得较好效果。

四、采煤方法的选择

采煤工作是煤矿井下生产的中心环节。采煤方法的选择是否合理，直接影响整个矿井的生产安全和各项技术经济指标。选择采煤方法应当结合具体的矿山地质和技术条件，所选择的采煤方法必须符合安全、经济、煤炭采出率高的基本原则。

1. 生产安全

安全是煤矿企业生产中的头等大事，安全为了生产，生产必须安全。应当充分利用先进技术和提高科学管理水平，以保证井下生产安全，不断改善劳动条件。对于所选择的采煤方法，应仔细检查采煤工艺的各个工序以及采煤系统的各生产环节，务使其符合《煤矿安全规程》的各项规定。

一般应该做到以下几个方面：

（1）合理布置巷道，保证巷道维护状态良好，满足采掘接替要求，建立妥善的通风、运输、行人以及防火、防尘、防瓦斯积聚、防水和处理各种灾害事故的系统和措施，并尽量创造良好的工作条件。

（2）正确确定和安排采煤工艺过程，切实防止冒顶、片帮、支架倾倒、机械事故，以及避免其他可能危及人身安全和正常生产的各种事故发生。

（3）认真编制采煤工作面作业规程，制定完整、合理的安全技术措施，并保证实施。

2. 经济合理

经济效果是评价采煤方法好坏的一个重要依据。通常适合于某一具体条件的采煤方法可以列出许多种，而每一种采煤方法的主要经济指标（如产量、效率、材料和动力消耗、巷道掘进量和维护量等）是不同的，甚至相差悬殊。因此，在选择采煤方法时不仅要列出几种方案进行技术分析，而且在经济效益上要进行比较，最后确定经济上合理的方案。一般应当符合采煤工作面单产高、劳动率高、材料消耗少、煤炭质量好、成本低这五个方面的要求。

3. 煤炭采出率高

减少煤炭损失，提高煤炭采出率，充分利用煤炭资源，是国家对煤矿企业的一项重要技术政策，同时减少煤炭损失，也是防止煤的自燃、减少井下火灾、保持和延长采煤工作面和采区的开采期限、降低掘进率、保证正常生产的重要措施。

上述提到的这三个方面，必须要紧密联系、互相制约、综合考虑，力求得到充分满足。为了满足上述基本原则，在选择和设计采煤方法时，必须充分考虑地质因素、技术发展及装备水平的影响和管理水平因素。

第四章　矿井通风

本章学习目标

1. 了解煤矿井下气候和空气的基本情况。
2. 掌握矿井通风的基本知识。
3. 明白矿井通风时，风量调节的基本方法。

在煤矿生产过程中会产生和放出大量的有毒有害气体，矿井较深时其周围的围岩温度较高会使矿井的温度升高，再加上矿井中湿度大，还有掘进和采煤时产生大量的粉尘，这些都会使矿井的作业环境变得很恶劣，给安全生产带来巨大的威胁，因此，为了保证煤矿的安全生产，就需要对井下进行通风，来改善井下的作业环境。这种把地面的新鲜空气不断地送入井下，同时将井下的污风排出的过程就被称为矿井通风。

矿井通风的基本任务主要有：供给井下充足的新风，为井下工作人员的呼吸提供保障；排出或冲淡矿井中有毒有害的气体和粉尘；调节矿井的气候。

矿井通风与矿井瓦斯、煤尘、火灾等有着直接的联系，若管理失控或处理不当就会造成灾害事故的发生，可见矿井通风对于煤矿安全生产的重要性，因此，必须加强通风管理。按规定，每一矿必须设通风区（科），由工程师、技术员和足够的通风、瓦斯监测、防火防尘的工作人员组成。在正常的煤矿生产过程中，通风区（科）要全面负责矿井“一通三防”的管理工作，所谓一通三防就是矿井通风、防治瓦斯、防治粉尘、防治矿井火灾；要管理矿井通风系统、通风设施，对于各巷道、工作面的风量进行合理配置，保证矿井有足够的风量；要制定瓦斯管理制度，监测矿井瓦斯及各种有害有毒气体的浓度；要负责全矿井防尘工作，保证防尘的达标等。

第一节　矿井空气和矿井气候

一、井下空气成分

地面新鲜空气进入井下后，由于煤岩中涌出各种气体以及可燃物的氧化，其成分将产生变化。风流在经过采掘工作面等用风地点之前，没有被污染，其成分变化不大，称为新风；风流经过采掘工作面等用风地点之后，被污染，其成分发生较大的变化，成为污风。

由于井下特殊的生产环境，造成了井下空气的主要成分有氮气、氧气、二氧化碳、甲烷、一氧化碳、二氧化氮、硫化氢、二氧化硫、氢气等。

在井下人员呼吸、煤岩氧化、火灾、瓦斯煤尘爆炸、放炮、生产中产生和涌出气体等都会使井下的氧气浓度降低。当氧气浓度降至17%时，人员工作会呼吸困难、心跳加快；当氧气浓度降低至12%时，会造成缺氧窒息甚至死亡。因此，在井下的生产过程中，为了保证工作人员正常的呼吸和健康，规定采掘工作面的进风流中氧气浓度不得低于20%，二氧化碳浓度不超过0.5%。

在井下的工作人员除了可能要面临呼吸困难的威胁以外，还可能要面临一些有毒有害气体的威胁。井下空气当中的一氧化碳、二氧化氮、二氧化硫、硫化氢、氮气、氢气都属于有毒有害气体，它们都可能给工作人员的健康带来威胁，这些有毒有害气体的主要来源及井下生产的最高允许浓度见表4—1。

表4—1　　井下主要有毒有害气体的性质

名称	主要来源	允许浓度（%）
一氧化碳	放炮、火灾、煤尘瓦斯爆炸	0.002 4
二氧化氮	放炮	0.000 25
二氧化硫	含硫矿物的氧化燃烧	0.000 5
硫化氢	有机物腐烂、含硫矿物水化、老空区积水中释放、煤体中涌出	0.000 66
氮气	爆破工作	0.004
氢气	煤层涌出、充电室充电	0.5

良好的通风和及时而准确的检测是防止气体危害的基本措施。常见的井下气体检测方法有取样分析和快速测定法。在我国，煤矿被广泛使用的方法是快速测定法。

1．瓦斯的快速检测方法

煤矿中用于检测瓦斯的仪器有光学瓦斯鉴定器、瓦斯检测报警仪、瓦斯断电仪等。这些仪器都可以对井下的瓦斯浓度进行检测。

2．CO、NO_2、H_2S、SO_2、NH_3、H_2的快速检测方法

对于以上这些气体，普遍采用比长式检测管法。检测管是一支直径4～6 mm、长150 mm左右的密封玻璃管，管内装有易与待测气体发生反应的药品。使用的时候将检测管封口打开，通过吸气泵，使含有待测气体的空气通过检测管，待测气体进入管内与药品发生反应变色，根据变色长度可确定其浓度。

二、井下气候条件

1. 井下气候条件三因素

井下的气候条件是指井下空气的温度、湿度、风速三者综合所给予人的舒适感觉程度，这三者也是影响人体热平衡的主要因素。

（1）井下空气温度

井下空气温度是影响气候条件的主要因素，温度过高或者过低都会使人感觉到不适，最适宜的井下温度是15～20℃。井下气温一般主要受到地面气温、地层岩石温度、氧化生热和水分蒸发吸热、空气压缩与膨胀、通风强度等因素影响。

（2）井下空气湿度

空气湿度是指空气中所含的水蒸气量，表示方法有两种：绝对湿度和相对湿度。绝对湿度是指单位体积的空气中所含水蒸气质量的绝对值，单位 g/m^3。相对湿度是指空气中实际含有的水蒸气量与同温同压下的饱和水蒸气量之比的百分数，通常所说的湿度都是相对湿度。相对湿度影响人体蒸发散热的效果，当气温较高时，人体主要依靠蒸发散热来维持人体的热平衡。此时若相对湿度较大，汗液就很难蒸发，不能起到蒸发散热的作用，人体就会感到闷热，因为只有在汗液蒸发过程中才能带走较多的热量。当气温较低时，若相对湿度较大，因空气潮湿增强了导热，会加剧人体的冷感。

相对湿度一般用手摇湿度计测定，它是将两支温度计装在一个金属框架上，一支为干球温度计，另一支为湿球温度计。测定时手摇摇把以 150 r/min 的速度转 1～2 min，根据干球温度和干、湿球温度的差值可查出相对湿度。

（3）井巷风速

井巷风速是指风流在单位时间内所流经的距离。风速过低时，人体热量不易散发，人感到闷热不适；风速过高时，易使人感冒，煤尘飞扬，对工人健康和安全生产极为不利。因此，井巷中的风速必须要适宜。

可见，矿井气候条件对人体热平衡的影响是一种综合的作用，各参数之间相互联系、相互影响。如果人处在气温高、湿度大、风速小的高温潮湿环境中，这三者的散热效果都很差，这时人体内产生的热量就得不到及时的散发，就会使人出现体温升高、心率加快、身体不舒服等症状，严重时可导致中暑甚至死亡。相反，如果人处在气温低、湿度小、风速大的低温干燥环境中，这三者的散热效果都很强，这时由于人体散热过快，就会使人体的体温降低，引起感冒或其他疾病。因此，调节和改善矿井气候条件是矿井通风的基本任务之一。

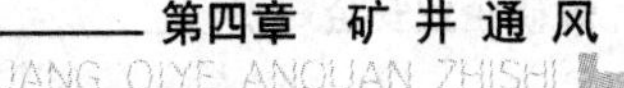

2. 衡量矿井气候条件的指标

国内外衡量矿井气候条件的指标有很多，一般的指标有干球温度、湿球温度、等效温度、同感温度和卡他度。

(1) 干球温度

干球温度是我国现行的评价矿井气候条件的指标之一。一般来说，由于矿井空气的相对湿度变化不大，所以干球温度能在一定程度上直接反映出矿井气候条件的好坏，而且这个指标比较简单，使用方便。但这个指标只反映了气温对矿井气候条件的影响，而没有反映出气候条件对人体热平衡的综合作用，因而存在较大的局限性。

(2) 湿球温度

在相同的气温（干球温度）下，若湿球温度较低，则相对湿度较小；反之，若湿球温度与气温相接近，则相对湿度较大。因此，用湿球温度这个指标可以反映空气温度和相对湿度对人体热平衡的影响，比干球温度要合理些。但这个指标仍没有反映风速对人体热平衡的影响，因而也存在一定的不足。

(3) 等效温度

等效温度定义为湿空气的焓与比热容的比值。它是一个以能量为基础来评价矿井气候条件的指标。根据分析可知，当气温在25～36℃范围内时，等效温度和湿球温度基本上呈线性关系，所以两者具有同样的意义，因而也是不完善的。

(4) 同感温度

同感温度，也称有效温度，是1923年由美国采暖工程师协会提出的。这个指标是通过实验，凭受试者对环境的感觉而得出的。实验时，他们先将三个受试者置于一个温度为 t、相对湿度为 φ、风速为 v 的已知环境里，并记下他们的感受；然后把他们请到另一个温度（用 t_1 表示）可调、相对湿度100%、风速为0的环境里，通过调节温度 t_1 使他们感受与第一个环境相同，则称 t_1 为第一个环境的同感温度。这个指标可以反映出温度、湿度和风速这三者对人体热平衡的综合作用。显然，同感温度越高，人体舒适感越差。但是，同感温度是以人的主观感受为基础确定的，研究表明该指标也同样存在着一些不足。

(5) 卡他度

卡他度是1916年由英国人L. 希尔等提出的。卡他度用卡他计测定，卡他度越低，则人体散热越不容易。卡他计是一种酒精温度计，卡他计下端有一个比普通温度计大的贮液球，上端有一个小空腔，玻璃管上只有35℃和38℃两个刻度，这两个温度的平均值恰好等于人体的正常体温36.5℃。测定时，先把贮液球置于热水中加热，当酒精柱上升至小空腔的一半时取出，擦干贮液球表面水分，然后将其悬挂于待测空气中，此时由于液球散热，酒精柱开始下降，用秒表记下从38℃降到35℃所需时间 τ，即可用式（4—1）求得干卡他

度 K_d。

$$K_d = 41.868 \frac{F}{\tau}, \ W/m^2 \quad (4—1)$$

式中　F——卡他常数，每只卡他计玻璃管上都标有 F 值。

干卡他度反映了气温和风速对气候条件的影响，但没有反映空气湿度的影响。为了测出温度、湿度和风速三者的综合作用效果，需采用湿卡他度 K_w。湿卡他度是在卡他计贮液球上包裹一层湿纱布时测得的卡他度，其实测定和计算方法完全与干卡他度相同。我国现行评价矿井气候条件的指标是干球温度，规定我国矿井空气最高容许干球温度为 28℃。

第二节　矿井风量测定

一、矿井需风量的计算

1. 矿井需风量

矿井需风量 $Q_{矿}$ 应按下列要求分别计算，并选取其中最大值。

(1) 按井下同时工作的最多人数计算

$$Q_{矿} = 4NK_{矿通} \quad (4—2)$$

式中　4——井下每个人的供风量，m^3/min；

N——井下同时工作的最多人数；

$K_{矿通}$——矿井通风系数，一般 $K_{矿通}=1.2 \sim 1.25$。

(2) 按独立通风的采煤、掘进、硐室及其他地点实际需要风量的总和计算

$$Q_{矿} = (\sum Q_{采i} + \sum Q_{掘i} + \sum Q_{硐i} + \sum Q_{其他i}) \times K_{矿通} \quad (4—3)$$

式中　$\sum Q_{采i}$——采煤工作面实际需要风量的总和，m^3/min；

$\sum Q_{掘i}$——掘进工作面实际需要风量的总和，m^3/min；

$\sum Q_{硐i}$——硐室实际需要风量的总和，m^3/min；

$\sum Q_{其他i}$——矿井除了采煤、掘进和硐室地点外的其他井巷需要进行通风的风量总和，m^3/min。

2. 采煤工作面需风量

各个采煤工作面实际需要风量，应按下列方法分别进行计算后，采取其中最大值。采

煤工作面有串联通风时，应按其中一个采煤工作面实际需要的最大风量计算。备用工作面也应按相同规定计算风量，且不得低于其采煤时的实际需要风量的50%。

（1）按瓦斯涌出量计算

$$Q_{采i}=100\times q_{瓦采i}\times K_{采通i} \quad (4—4)$$

式中 $Q_{采i}$——第 i 个采煤工作面实际需要的风量，m^3/min；

$q_{瓦采i}$——第 i 个采煤工作面的瓦斯绝对涌出量，m^3/min；

$K_{采通i}$——第 i 个采煤工作面瓦斯涌出不均衡通风系数，它是各个采煤工作面瓦斯绝对涌出量的最大值与平均值之比，该值应从实测和统计中得出，一般可取1.2～2.1。

二氧化碳涌出量的计算，可参照按瓦斯涌出量计算的方法执行。

（2）按工作面温度计算

采煤工作面应有良好的劳动气候条件，其温度和风速应符合表4—2的要求。

表4—2 采煤工作面空气温度与风速对应表

采煤工作面空气温度（℃）	采煤工作面风速 $V_{采i}$（m/s）
<15	0.3～0.5
15～18	0.5～0.8
18～20	0.8～1.0
20～23	1.0～1.5
23～26	1.5～2.0
26～28	2.0～2.5

长壁工作面实际需要风量，按下式计算：

$$Q_{采i}=60\times V_{采i}\times S_{采i} \quad (4—5)$$

式中 $V_{采i}$——第 i 个采煤工作面风速，m/s，按表4-2取值；

$S_{采i}$——第 i 个采煤工作面的平均断面积，可按最大和最小控顶断面积的平均值计算，m^2。

（3）按人数计算

$$Q_{采i}=4\times N_i \quad (4—6)$$

式中 N_i——第 i 个采煤工作面同时工作的最多人数。

（4）按炸药量计算

$$Q_{采i}=25A_i \quad (4—7)$$

式中 25——稀释炮烟时每爆破1 kg炸药的供风量，$m^3/min\cdot kg$；

A_i——第 i 个采煤工作面一次爆破的最大炸药量，kg。

(5) 按风速进行验算

$$15\times S_{采i}\leqslant Q_{采i}\leqslant 240\times S_{采i} \quad (4—8)$$

式中 15、240——采煤工作面的最低、最高风速，m/min。

3. 掘进工作面需风量

每个独立通风的掘进工作面实际需要风量，应按下列方法分别进行计算，并必须采取其中最大值。

(1) 按瓦斯涌出量计算

$$Q_{掘i}=100\times q_{瓦掘i}\times K_{掘通i} \quad (4—9)$$

式中 $Q_{掘i}$——第 i 个掘进工作面实际需要的风量，m^3/min；

$q_{瓦掘i}$——第 i 个掘进工作面的瓦斯绝对涌出量，m^3/min；

$K_{掘通i}$——第 i 个掘进工作面瓦斯涌出不均衡的风量系数，应根据实际观测的结果确定，一般可取 $K_{掘通i}=1.5\sim2.0$。

二氧化碳涌出量的计算，可参照按瓦斯涌出量计算的方法执行。

(2) 按炸药量计算

$$Q_{掘i}=25\times A_i \quad (4—10)$$

式中 A_i——第 i 个掘进工作面一次爆破的最大炸药用量，kg。

(3) 按局部通风机的实际风量计算

$$Q_{掘i}=Q_{局机i}I_i \quad (4—11)$$

式中 $Q_{局机i}$——第 i 个掘进工作面局部通风机的实际风量，m^3/min；

I_i——第 i 个掘进工作面同时通风的局部通风机台数。

为了防止局部通风机吸循环风，在安装局部通风机的巷道中，除了保证局部通风机的吸风量外，还应保证局部通风机吸入口至掘进工作面回风巷口之间的最低风速必须符合有关规定：

1) 井巷中的风流速度应符合表 4—3 要求。

2) 设有梯子间的井筒或修理中的井筒，风速不得超过 8 m/s；梯子间四周经封闭后，井筒中的最高允许风速可按表 4—3 规定执行。

3) 无瓦斯涌出的架线电机车巷道中的最低风速可低于表 4—3 的规定值，但不得低于 0.5 m/s。

4) 综合机械化采煤工作面，在采取煤层注水和采煤机喷雾降尘等措施后，其最大风速可高于表 4—3 的规定值，但不得超过 5 m/s。

表 4—3　　井巷中的允许风流速度

井巷名称	允许风速（m/s）	
	最低	最高
无提升设备的风井和风硐		15
专为升降物料的井筒		12
风桥		10
升降人员和物料的井筒		8
主要进、回风巷		8
架线电机车巷道	1.0	8
运输机巷，采区进、回风巷	0.25	6
采煤工作面、掘进中的煤巷和半煤岩巷	0.25	4
掘进中的岩巷	0.15	4
其他通风人行巷道	0.15	

（4）按人数计算

$$Q_{掘i}=4N_i \tag{4—12}$$

式中　N_i——第 i 个掘进工作面同时工作的最多人数。

（5）按风速进行验算

各个岩巷掘进工作面的风量 $Q_{岩掘i}$：

$$9\times S_{岩掘i}\leqslant Q_{岩掘i}\times 240\times S_{岩掘i} \tag{4—13}$$

式中　9——岩巷最低风速，m/min；

$S_{岩掘i}$——第 i 个岩石掘进工作面的断面积，m^2。

各个煤巷或半煤岩巷掘进工作面的风量 $Q_{煤掘i}$：

$$15\times S_{煤掘i}\leqslant Q_{煤掘i}\leqslant 240\times S_{煤掘i} \tag{4—14}$$

式中　$S_{煤掘i}$——第 i 个煤巷掘进工作面的断面积，m^2。

4. 硐室需风量

各个硐室的实际需要风量，可按经验选取：

（1）机电设备发热量大的水泵房、空气压缩机房等机电硐室温度不得超过 30℃，一般有独立回风道的机电硐室需风量可取 150～200 m^3/min。

（2）中小型爆破材料库需风量可取 60～100 m^3/min。

（3）采区绞车房及变电硐室需风量可取 60～80 m^3/min。

（4）充电室回风流中氢气浓度不超过 0.5%，需风量可取 100～200 m^3/min。

5. 其他巷道的需风量

按下列方法分别进行计算，采用其中最大值。

（1）按瓦斯涌出量计算

$$Q_{其他i}=133q_{其他瓦i}K_{其他通i} \tag{4—15}$$

式中　$q_{其他瓦i}$——第 i 个其他巷道的瓦斯绝对涌出量，m^3/min；

$K_{其他通i}$——第 i 个其他巷道瓦斯涌出不均衡的风量系数，一般可取 $K_{其他通i}=1.2\sim1.3$。

（2）按风速验算

$$Q_{其他i}\geqslant 9S_{其他i} \tag{4—16}$$

式中　$S_{其他i}$——第 i 个其他井巷断面积，m^2。

二、井巷测风

井巷风量是不可以直接测量的，它需要间接测量井巷平均风速和测风地点的井巷断面积，利用公式（4—17）计算：

$$Q=SV \tag{4—17}$$

式中　Q——井巷风量，m^3/s；

S——测风地点的井巷断面积，m^2；

V——井巷平均风速，m/s。

由于矿井通风的重要性，所以在矿井通风管理工作中，工作人员必须经常测量各个工作地点的风量是否达到要求，矿井通风系统的风量分配是否合理。我国矿井规定：矿井必须建立测风制度，每 10 天进行 1 次全面测风。对采掘工作面和其他用风地点，应根据实际需要随时测风，每次测风结果应记录并写在测风地点的记录牌上。

矿井测风时，要使用测风仪表，注意选择合理的测风地点，用正确的测风方法进行测风。

1. 测风仪表

机械翼式风表是我国煤矿常用的测风仪表。这种测风仪表根据测量的范围不同又分为高速（$>$10 m/s）、中速（0.5～10 m/s）和低速（0.3～0.5 m/s）三种。

2. 测风地点的选择

有测风站的巷道，测风工作应在测风站内进行，无测风站时，可以选择巷道中断面规整、支护良好、测风地点前后 10 m 范围内无障碍物及无拐弯分岔的地点进行，并对巷道断面进行现场实测。矿井需要测风的地点主要有：风硐、单独进回风的硐室、矿井总进回风巷、一翼或水平的进回风巷、采区进回风巷、采掘进回风巷、分区进回风巷、风景扩散塔以及其他需要测风的地点。

3. 测风方法

（1）迎面法

测风员应面向风流的方向站立，一只手持风表向正前方伸出，风表必须垂直风流，均匀移动，另一只手握秒表，风表与秒表要同时启动，测量时间为 1 min 或 2 min。由于测风员站立在风流中，降低了风表处的风速，为消除测风时人体对风速的影响，需要在所测的风速上乘以一个校正系数 $K=1.14$。

（2）侧身法

测风员在测风断面内应背靠着巷道壁面站立，同样一只手持风表，将手臂向垂直风流方向伸直，另一只手握秒表，风表和秒表同时启动，测量时间同样也是 1 min 或者 2 min。由于测风员立于巷道壁旁，因此相当于增加了巷道的断面积，故需要进行校正，校正系数 $K=(S-0.4)/S$，其中 S 为巷道断面积，0.4 为测风员阻挡风流的面积。

（3）烟雾法

当风速小于 0.1～0.2 m/s 时，用风表是难以测量的，这时，一般就会采用烟雾法，即用烟雾流经的距离 L（m）除以烟雾流经的时间 t（s），可得该巷道的平均风速。

$$V=KL/t \tag{4—18}$$

式中 K——校正系数，一般取 0.8～0.9。

4. 注意事项

在测量风速时必须注意以下几点：

（1）防风表倒转出现读数误差。

（2）风表距人不能太近。

（3）风表要均匀移动以免测量值偏大或偏小。

（4）同一断面的测风次数不少于三次，相互误差不超过 5%。

（5）所用风表与所测风速要相适应。

（6）测风时，需防触电和冒顶。

（7）严禁挤压测风工具。

第三节　矿井风流流动理论基础知识

一、矿井风流流动特征

1. 矿井风流流动的形式

（1）稳定流动

稳定流动是指矿井风流的质点流经井巷任意位置，其运动参数（风量、风压、密度等）不随时间变化，仅仅随空间位置变化的流动形式。矿井正常通风时期，矿井井巷中风流的相关参数变化不大，可视为稳定流动。

（2）不可压缩流动

不可压缩流动是指矿井风流的质点流经井巷任意位置，其密度不随时间变化，也不随空间位置变化的一种流动形式。不可压缩流动是稳定流动的一种特殊形式。

（3）非稳定流动

非稳定流动是指矿井风流的质点流经井巷任意位置，其运动参数既随时间变化又随空间位置变化的流动形式。在矿井火灾、煤与瓦斯突出、煤尘与瓦斯爆炸等灾变时期，其运动参数可能会发生较大的变化，这时的风流流动可视为非稳定流动。

2. 矿井风流流动的状态

（1）层流

层流是指风流流动时各层质点互不混合，质点流动为直线或规则的平滑曲线，且与井巷轴线基本平行。采空区等局部区域风流可能处于层流状态。

（2）紊流

紊流是指风流流动时风流各质点的运动轨迹相互交错，其速度、压力等参数在时间和空间上发生不规则脉动。矿井井巷的风流一般处于紊流状态。

（3）过渡状态

过渡状态是指风流初始状态不稳定，在外界扰动影响下，可随时转换为另一种状态的临界状态。

二、矿井风流的压力及风流的能量方程

1. 矿井风流的压力

（1）静压

由分子运动理论可知，无论空气是处于静止还是流动状态，空气的分子无时无刻不在做无秩序的热运动。这种由分子热运动产生的分子动能部分转化的能够对外做功的机械能叫作静压能。当空气分子撞击到器壁上时就有了力的效应，这种单位面积上力的效应称为静压力，简称静压，用 P 表示。

根据静压的定义，可知静压具有 3 个特点，无论静止的空气还是流动的空气都具有静压力；风流中任一点的静压各向同值，且垂直于作用面；风流静压的大小反映了单位体积风流所具有的能够对外做功的静压能的多少，比如说风流的压力为 101 332 Pa，则指 1 m^3 风流具有 101 332 J 的静压能。因此，在井巷或风硐内，同一断面上的静压一般认为是相等的，其作用是四面八方的。井巷或风硐内，只要有空气，无论是否流动，都会有静压。

静压分为绝对静压和相对静压。绝对静压是以真空零压力作为计量基准的静压值。相对静压是该点的绝对静压与同标高大气压力之差。因此，风流中的绝对静压等于相对静压和大气压的和。

（2）动压

当空气流动时，由于空气定向流动会产生动能，这部分能量所转化显现的压力叫作动压或称速压，用 h_v表示。

设某点 i 的空气密度为ρ_i（kg/m^3），其定向运动的流速即风速为 v_i（m/s），则单位体积空气所具有的动能为 E_{vi}，用下式计算：

$$E_{vi}=\frac{1}{2}\rho_i v_i^2\text{，J/m}^3 \tag{4—19}$$

E_{vi}对外所呈现的动压 h_{vi}也用上式计算，只是单位为 Pa。

由此可见，动压是单位体积空气在做宏观定向运动时所具有的能够对外做功的动能的多少。

动压的特点如下：

1）只有做定向流动的空气才具有动压，因此动压具有方向性。

2）动压总是大于零的，因为几乎没有完全静止的风流，另外，垂直流动方向的作用面所承受的动压最大。

3）在同一流动断面上，由于风速分布的不均匀性，各点的风速不相等，所以其动压值不等。

4）某断面动压即为该断面评价风速计算值。

（3）位压

物体在地球重力场中因地球引力的作用，由于位置的不同而具有的一种能量叫重力位能，简称位能。如果把质量为 M（kg）的物体从某一基准面提高 Z（m），就要对物体克服重力做功 MgZ（J），物体因而获得同样大小的重力位能。一般，在矿井通风中把某点的静压和位能之和称为势能。

位压不能用仪器直接测量，但可用公式（4—20）计算：

$$P_{位}=Z\rho g \tag{4—20}$$

式中 Z——空气距基准面的垂直高度，m；

g——重力加速度，常取 9.81 m/s^2；

ρ——风流密度，kg/m^3。

位能的特点如下：

1）位能是相对某一基准面而具有的能力，它随所选基准面的变化而变化。

2）位能是一种潜在的能量，常说某处的位能是对某一基准面而言，它在本处对外无力的效应，即不呈现压力，故不能像静压那样用仪表进行直接测量。

3）位能和静压可以相互转化，当空气由标高高的断面流至标高低的断面时位能转化为静压；反之，当空气由标高低的断面流至标高高的断面时部分静压转化为位能。在进行能量转化时遵循能量守恒定律。

井巷风流中任一断面的静压、速压、位压之和被称为该断面的总压力，也叫作该断面的总机械能。静压和动压之和被称为全压，全压分为绝对全压和相对全压。绝对静压和动压之和被称为绝对全压，相对静压和动压之和被称为相对全压。

测量空气绝对静压可采用水银气压计、空盒气压计和精密气压计；采用皮托管与 U 形压差计结合起来可以测量两点间的静压差、全压差。

2. 风流的能量方程

（1）空气流动的连续性方程

质量守恒是自然界中基本的客观规律之一。在矿井巷道中流动的风流是连续不断的介质，充满它所流经的空间。在无点源或点汇存在时，根据质量守恒定律，对于稳定流，流入某空间的流体质量必然等于流出其空间的流体质量。风流在井巷中的流动就可以看作是这样的稳定流。当空气在井巷中从一个断面 1 流向另一个断面 2，且做定常流动时（即在流动过程中不漏风又无补给），则两个过流断面的空气质量流量相等，即：

$$\rho_1 S_1 V_1=Q_1=Q_2=\rho_2 S_2 V_2 \tag{4—21}$$

式中 Q_1、Q_2——断面 1、2 的风量，m^3/s；

S_1、S_2——断面1、2的断面积，m^2；

ρ_1、ρ_2——断面1、2的空气评价密度，kg/m^3；

V_1、V_2——断面1、2的空气平均风速，m/s。

这就是空气流动的连续性方程，它适用于可压缩和不可压缩流体。空气流动的连续性方程也为井巷风量的测算提供了理论依据。

（2）风流的能量方程

能量方程表达了空气在流动过程中的静压能、动能和位能的变化规律，是能量守恒和转换定律在矿井通风中的应用。在井巷通风中，风流的能量由机械能和内能组成。机械能就是由之前介绍的静压能、动压能和位能组成的。风流的内能是风流内部储存能的简称。

如果巷道中没有通风动力，则风流从一个断面1流向另一个断面2，流经巷道时要克服通风阻力，总能量势必要减少，风流在始、末两断面上总能量之差即为巷道的通风阻力。根据能量守恒定律，可推导出巷道中的风流能量方程为：

$$(P_1-P_2)+(Z_1-Z_2)\rho_m g+\frac{\rho_1 V_1^2-\rho_2 V_2^2}{2}=h_{1-2} \tag{4—22}$$

式中 P_1、P_2——风流在始、末两端面的绝对静压，Pa；

Z_1、Z_2——始、末两端面的标高，m；

ρ_1、ρ_2、ρ_3——风流在始、末两端面的密度和该两端面间的平均密度，kg/m^3；

g——重力加速度，m/s^2；

V_1、V_2——始、末两端面的风流速度，m/s；

h_{1-2}——始、末两端面巷道的通风阻力，Pa。

如果巷道中有通风动力，则能量方程为：

$$(P_1-P_2)+(Z_1-Z_2)\rho_m g+\frac{\rho_1 V_1^2-\rho_2 V_2^2}{2}+H=h_{1-2} \tag{4—23}$$

式中 H——巷道中通风机的全压，Pa。

第四节 矿井通风阻力和风阻

一、矿井通风阻力

矿井风流在流动过程中，沿途会受到各种阻滞力的作用，风流的部分机械能会不可逆地转换为热能而引起机械能损失。矿井通风阻力分为摩擦阻力（沿程阻力）和局部阻力。

1. 摩擦阻力

摩擦阻力是矿井风流流动过程中因与井巷壁面摩擦及风流内摩擦而产生的能量损失。在矿井通风中，克服沿程阻力的能量损失，常用单位体积风流的能量损失 h_f 来表示。由流体力学可知，无论层流还是紊流，以风流压能损失来反映的摩擦阻力可用下式计算：

$$h_{\mathrm{f}}=\lambda \frac{L}{d}\times\rho \frac{v^2}{2}, \mathrm{Pa} \tag{4—24}$$

式中 L——风道长度，m；

d——圆形风道直径，或非圆形风道的当量直径，m；

v——断面平均风速，m/s；

ρ——空气密度，kg/m³；

λ——无因次系数（沿程阻力系数），其值通过实验求得。

2. 局部阻力

局部阻力是因井巷边壁条件变化，风流的均匀流动在局部地区因阻碍物（巷道断面突变、巷道弯曲、风流分合、断面阻塞等）的影响而被破坏，风流流速大小、方向或分布发生变化产生涡流而造成的能量损失。

由于局部阻力所产生的风流速度场分布的变化比较复杂，对局部阻力的计算一般采用经验公式。和摩擦阻力类似，局部阻力 h_l 一般也用动压的倍数来表示：

$$h_l=\zeta \frac{\rho}{2}v^2 \tag{4—25}$$

式中 ζ——局部阻力系数，无因次；

v——断面平均风速，m/s；

ρ——空气密度，kg/m³。

在局部摩擦中，局部阻力系数一般主要取决于局部阻力物的形状，而边壁的粗糙程度为次要因素，因此，在不同形状的巷道内，局部系数差别可能很大。

矿井的通风阻力会造成风流的能量损失，因此，有时候在井下就必须要采取一些措施来降低通风阻力。扩大巷道断面，开掘关联风路，减少风路长度，使矿井总进风早分开和总回风晚汇合，选用摩擦阻力系数小的支护方式，尽量避免关系密切巷急拐弯和风道断面突然变化，主要风道内禁止堆放木材等杂物。这些都是矿井下为降低通风阻力一般所采取的措施。

二、矿井风阻

风阻是用来表示矿井或井巷通风难易程度的指标，包括井巷风阻和矿井总风阻。

井巷风阻是描述一条或多条井巷构成的通风网络的通风难易程度的指标。

矿井总风阻则是描述一个矿井通风难易程度的指标，其大小取决于通风网络结构和各风路的风阻值。

1. 矿井风阻特性曲线

矿井通风阻力定律是指矿井通风阻力、风阻、风量之间的关系，如下：

$$h=RQ^2 \quad (4—26)$$

式中　h——矿井通风阻力，Pa；

R——矿井总风阻，$N \cdot s^2/m^8$；

Q——矿井总风量，m^3/s。

由矿井通风阻力定律可知，矿井通风阻力一定时，矿井风阻 R 与风量 Q 之间的关系可用图 4—1 所示的曲线表示，该曲线称为矿井风阻特性曲线。矿井总风阻 R 可以衡量一个矿井通风的难易程度，R 越大，通风越困难，特性曲线越靠近纵轴。

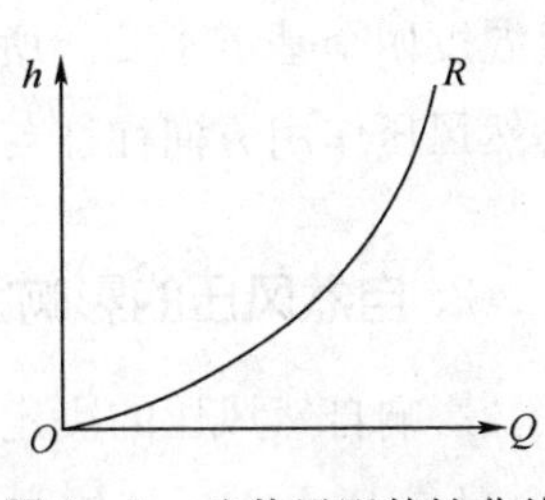

图 4—1　矿井风阻特性曲线

2. 等积孔

用矿井总风阻表示通风难易程度不够形象，所以常用等积孔表示矿井通风的状况。假定在无限空间有一薄壁，在薄壁上开一面积为 A 的孔口，当孔口通过的风量等于矿井风量，而且孔口两侧的风压差等于矿井通风阻力时，孔口的面积 A 就叫该矿井的等积孔。等积孔与矿井总风阻之间的关系为：

$$A=1.19/\sqrt{R} \quad (4—27)$$

式中　A——矿井等积孔，m^2；

R——矿井总风阻，$N \cdot s^2/m^8$。

第五节　矿井通风动力

要使空气沿井巷源源不断地流动，就必须克服空气流动时所受到的阻力，这种克服通风阻力促使空气流动的能量或压力就是通风动力，矿井通风动力包括通风机风压和自然风压。

一、自然通风

利用自然风压对矿井或井巷进行通风的方法，就是自然通风。由于自然风压通风的安全性、稳定性和可靠性很差，所以在我国煤矿中规定，每一个矿井都必须采用机械通风，不准采用自然通风。但是，自然风压却在每时每刻都影响着矿井的通风系统。

1. 自然风压的产生

自然风压是在矿井通风系统中，由于空气柱的质量不同产生的压力差。进、回风井的温差越大，矿井越深，自然风压就越大。进风井风流冬天温度低，夏天温度高，回风井风流温度四季基本不变。所以在冬天，自然风压作用方向往往与机械风压方向相同；在夏天，自然风压作用方向往往与机械风压方向相反。

2. 自然风压的影响因素

影响自然风压的决定性因素是两侧空气柱的密度差，而影响空气密度的因素又有温度 T、大气压力 P、气体常数 R 和相对湿度 φ 等。自然风压的影响因素主要有以下几点。

（1）矿井某一回路中两侧空气柱的温差是影响 H_N 的主要因素。

（2）空气成分和湿度影响空气的密度，因而对自然风压也有一定影响，但影响较小。

（3）井深，当两侧空气柱温差一定时，自然风压与矿井或回路最高与最低点间的高差 Z 成正比。

（4）主要通风机工作对自然风压的大小和方向也有一定影响，因为矿井主通风机工作决定了主风流的方向，加之风流与围岩的热交换，使冬季回风井气温高于入风井，在入风井周围形成了冷却带以后，即使风机停转或通风系统改变，这两个井筒之间在一定时间内仍有一定的气温差，从而仍有一定的自然风压起作用。

3. 自然风压的利用和控制

（1）根据自然风压随季节变化的规律，适时调整主要通风机，这样可以在满足井下所需风量的同时，达到节能的目的。

（2）注意风压的不利影响，如自然风压作用方向与机械风压相反的影响，注意个别边远区域因自然风压大于机械风压，出现风流反向、停滞和瓦斯积聚的可能，并及时采取应对措施。

二、机械通风

机械通风就是利用通风机旋转的机械能量造成进、回风井口两侧产生压力差，促使空气流动的通风方法。由于矿井主要通风机时刻不停地运转，矿井通风设备的耗电量占全矿井总电量的20%～30%，个别矿井达到50%，所以合理选择和使用通风机，不仅可以确保安全生产，还可以在降低成本上有很大的意义。

1. 通风机的分类

(1) 按服务范围分

主要通风机：服务全矿井或矿井的某一翼。

辅助通风机：服务于矿井通风网络的某一分支风路，帮助主要通风机工作，保证该分支所需风量。

局部通风机：服务于独头巷道的掘进。

(2) 按构造和工作原理分

通风机按构造和工作原理分为离心式通风机和轴流式通风机。

2. 主要通风机的附属装置

(1) 风硐

风硐是连接主要通风机和井筒的一段巷道，用于引导风流。对于压入式通风矿井，风硐是将主要通风机排出的风流引入进风井筒；对于抽出式通风矿井，风硐将回风井筒中的风流导入主要通风机。风硐内通过的风量与主要通风机的工作风量几乎相同。因风硐通过风量大，是矿井中通风阻力较大且风速最大的一段巷道。

(2) 扩散器

扩散器是内接于主要通风机出口，外端与地表相通，具有一定长度、断面逐渐扩大的构筑物，用于降低主要通风机的出口动压，回收动能，提高主要通风机的有效静压。扩散器的设计、构筑原则是阻力小，出口风速低。

(3) 防爆门（防爆井盖）

防爆门（防爆井盖）安装于装有主要通风机的回风井口，保护主要通风机在井下发生瓦斯煤尘爆炸时免受爆炸高压气浪的破坏。安装于回风立井井口的为防爆井盖，安装于回风斜井井口的为防爆门。

(4) 反风装置

反风装置是使矿井下风流反向的一种设施，用以防止矿井进风系统发生火灾时产生的有毒、有害气体进入作业地点，缩小灾害范围，并配合井下灾变时期救灾反风需要。主要的反风装置有专用反风道反风、主要通风机反转反风、利用备用主要通风机的风道反风、调整动叶安装角进行反风。

3. 通风机的联合作用

当矿井或巷道的风阻过大，一台通风机不能满足通风要求时，需要两台或两台以上通风机同时对矿井或巷道进行通风，这种方法称为通风机联合作用，分为通风机串联和通风机并联。

（1）通风机串联

通风机串联就是一个通风机吸风口直接或通过一段巷道连接到另一个通风机出口，两个通风机同时运转的工作方法。这时两台通风机的风量相等且等于风网的总风量，两台通风机的风压共同克服风网的通风阻力，即串联工作的总风压等于两台通风机的风压之和。通风机串联一般用于矿井通风阻力较大，一台通风机不能满足需要的情况。

（2）通风机并联

通风机并联就是两台通风机的吸风口（或出风口）直接或经过一段井巷连接的工作方法。它又分为集中并联和对角并联。两台通风机在同一井口（或巷道）并联工作的方式称为集中并联，如图 4—2 所示；两台通风机在不同井口并联工作的方式称为对角并联，如图 4—3 所示。通风机并联时，两台通风机静压相等，等于风网阻力，两台通风机的风量之和等于工作风网的风量。通风机并联一般用于矿井所需通风风量较大，一台通风机不能满足需要的情况。另外，通风机并联工作时，应尽可能地选用两台型号相同的通风机。

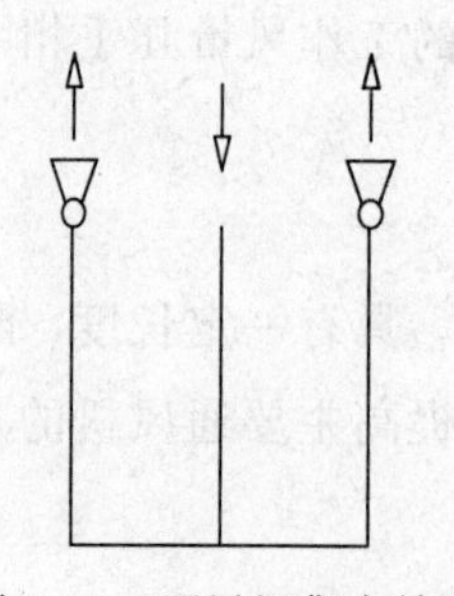
图 4—2　通风机集中并联

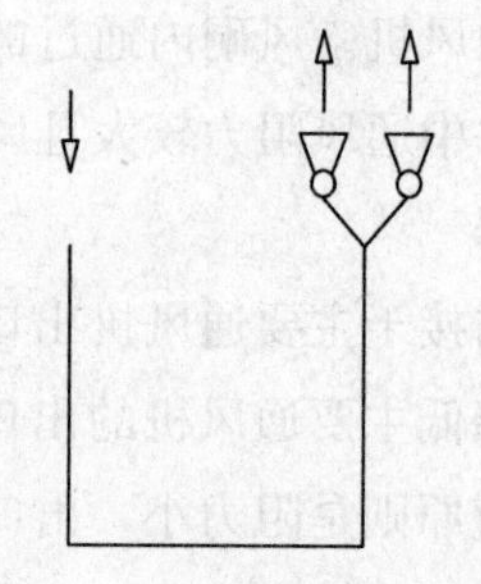
图 4—3　通风机对角并联

4. 主要通风机的工况点

当风机以某一转速 n，在风阻为 R 的管网中工作时，通过多次改变管网风阻 R，可得到一系列工况参数。将这些参数对应描绘在以风量 Q 为横坐标，以风压 H、功率 N 和效率为纵坐标的直角坐标系上，并用光滑曲线分别把同参数点连接起来，即得风压（$H—Q$）、功率（N—Q）和效率曲线。这些曲线称为通风机在转速 n 条件下的个体特性曲线。

主要通风机个体特性曲线与矿井风阻特性曲线在同一坐标图上的交点称为主要通风机工况点，即风机在某一特定转速和工作风阻条件下的工作参数：风量 Q，风压 H、轴功率 N 和效率，一般指 H 和 Q 两个参数，如图 4—4 所示。

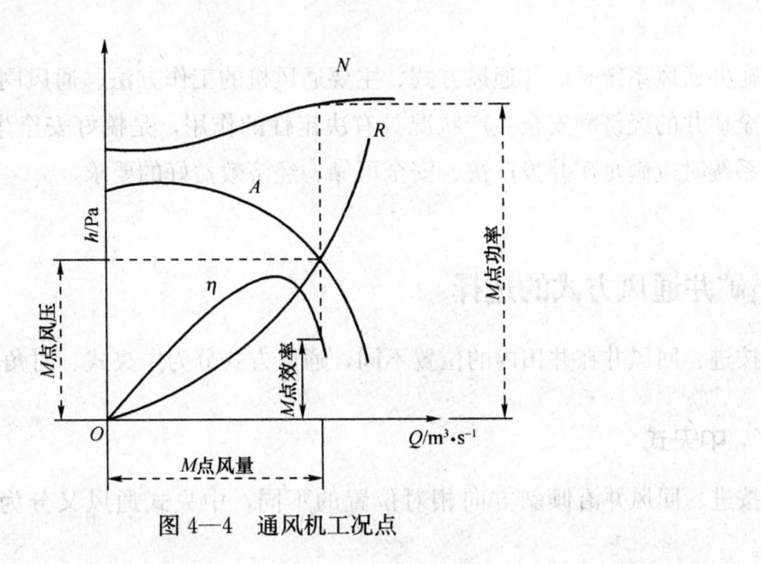

图 4—4　通风机工况点

通风机工况点既应满足矿井安全生产的需要，又应保证通风机工作稳定和效率高，并应处在合理的工作范围内。因此，在煤矿中，通风机工况点常因采掘工作面的增减和转移、瓦斯涌出量等自然条件变化和风机本身性能变化而改变。为了保证矿井的按需供风和风机经济运行，需要适时地进行工况点调节。实质上，工况点调节就是供风量的调节。由于风机的工况点是由风机和风阻两者的特性曲线决定的，所以，欲调节工况点只需改变两者之一，或同时改变即可。据此，工况点调节方法主要有以下几种。

（1）改变风阻

1）增风调节。为增加矿井风量，一般是采取一些措施减少矿井总风阻，比如缩短风路、扩刷巷道断面、更换摩擦阻力系数小的支架等；或者当地面外部漏风较大时，可以采取堵塞地面外部漏风的措施。

2）减风调节。当矿井风量过大时，必须进行减风调节。对于离心式风机，一般是利用风硐中的闸门增加风阻；对于轴流式风机，可以用增大外部漏风的方法来减小矿井风量。

（2）改变风机

1）轴流式风机可采用改变叶片安装角度的方法达到增减风量的目的。

2）装有前导器的离心式风机，可以改变前导器叶片转角进行风量调节。

3）无论是轴流式风机还是离心式风机，都可以采用改变风机转速的方法，达到改变工况点的目的。

第六节　矿井通风系统

矿井通风系统是矿井通风方式、主要通风机的工作方法、通风网络和通风设施的总称。它对全矿井的经济和安全生产状况具有决定性的作用，是搞好安全生产的基础，选择矿井通风系统时应满足矿井投产快、安全可靠、经济效益好的要求。

一、矿井通风方式的选择

按进、回风井在井田内的位置不同，通风方式分为中央式、对角式、区域式及混合式。

1. 中央式

按进、回风井沿倾斜方向相对位置的不同，中央式通风又分为中央并列式和中央分列式。

(1) 中央并列式

中央并列式通风如图 4—5 所示。进、回风井均布置在中央工业广场内，地面建筑和供电集中，建井期较短，便于贯通，初期投资少，出煤快，护井煤柱较小。矿井反风容易，便于管理。但是，风流在井下的流动路线为折返式，风流线路长，阻力大，井底车场附近漏风大，工业广场受主要通风机噪声的影响和回风风流的污染。中央并列式通风适用于煤层倾角大、埋藏深、井田走向长度小于 4 km、瓦斯与自然发火都不严重的矿井。

(2) 中央分列式（中央边界式）

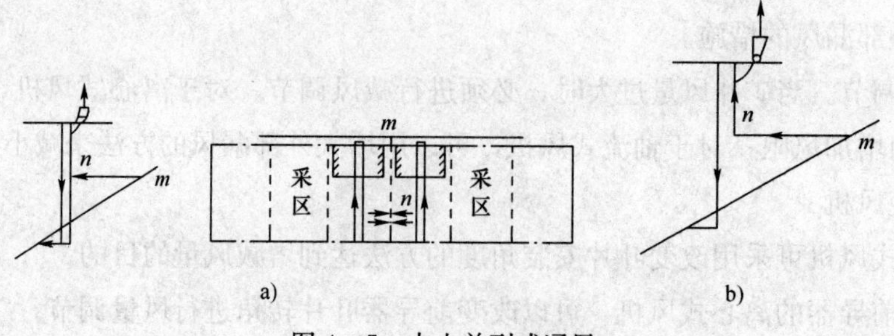

图 4—5　中央并列式通风

中央分列式通风如图 4—6 所示。其进风井位于中央工业广场内，回风井通常位于井田浅部边界。这种通风方式通风阻力较小，内部漏风较小。工业广场不受主要通风机噪声的影响及回风风流的污染。中央分列式通风适用于井田走向长度不大、瓦斯与自燃严重的矿井。

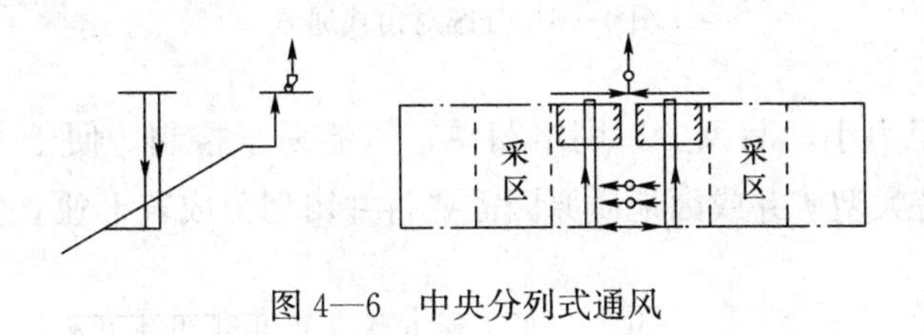

图 4—6 中央分列式通风

2. 对角式

(1) 两翼对角式

两翼对角式通风如图 4—7 所示。进风井位于井田中央，两翼各布置一个回风井。风流在井下的流动线路是直向式，风流线路短，阻力小，内部漏风少，安全出口多，抗灾能力强，便于风量调节，矿井风压比较稳定。工业广场不受回风污染和通风机噪声的危害。但是，这种通风方式的井筒安全煤柱压煤较多，初期投资大，投产较晚。两翼对角式通风适用于井田走向大于 4 km、井型较大、所需风量大、易自燃或低瓦斯矿井。

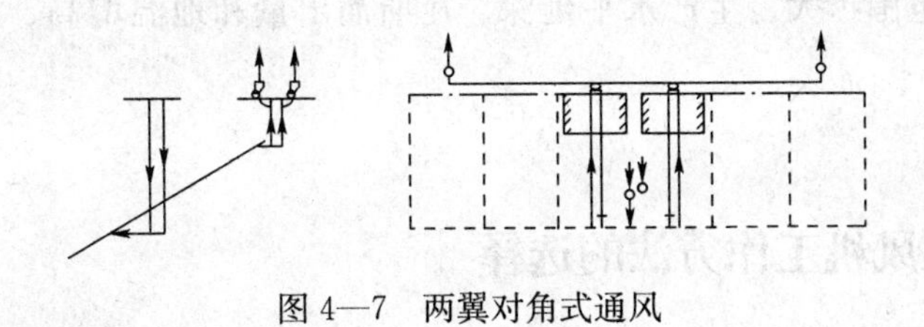

图 4—7 两翼对角式通风

(2) 分区对角式（简称分区式）

分区对角式通风如图 4—8 所示。进风井通常位于井田走向的中央，在每个采区各布置一个回风井。每个采区有独立通风路线，互不影响，便于风量调节，安全出口多，抗灾能力强，建井工期短，初期投资少，出煤快。但同时，这种通风方式占用设备多，管理分散，矿井反风困难。分区对角式通风适用于煤层赋存浅，或因地表高低起伏较大，无法开掘总回风巷的矿井。

3. 区域式

区域式通风如图 4—9 所示。在井田的每个生产区域均开凿进、回风井，分别构成独立的通风系统。这种通风方式既可改善通风条件，又能利用风井准备采区，缩短建井工期。

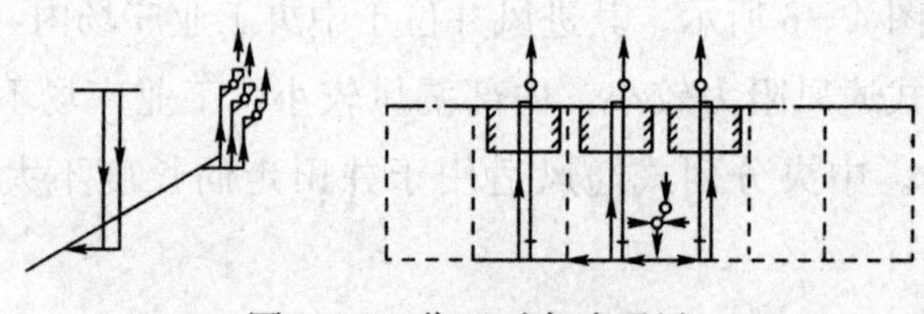

图 4—8　分区对角式通风

而且风流线路短，阻力小，漏风少，网络简单，风流易于控制，便于主要通风机的选择。区域式通风适用于特大型矿井或因地质原因需要将井田划分成若干独立生产区域的矿井。

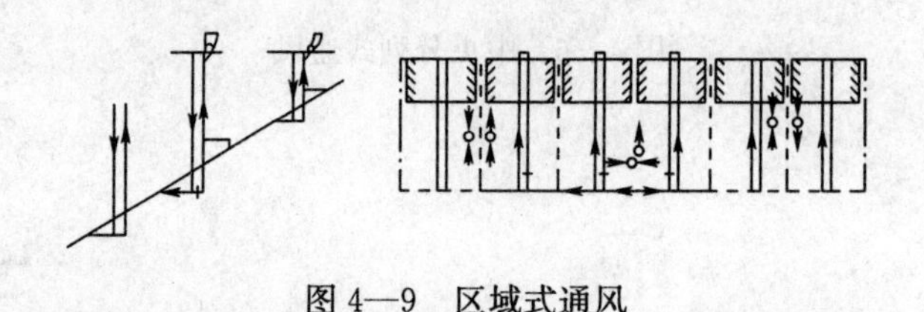

图 4—9　区域式通风

4. 混合式

混合式通风由上述诸多种通风方式混合组成。这种通风方式回风井数量较多，通风能力大，布置较灵活，适应性强。但是，通风设备很多。混合式通风适用于地质和地表地形复杂、井型和井田范围扩大、生产水平延深、瓦斯涌出量和地温增高、原有通风系统不能满足需要的矿井。

二、矿井主要通风机工作方法的选择

1. 抽出式

抽出式的主要通风机安设在回风井井口。矿井处于负压状态，当矿井与地面间存在漏风通道时，漏风从地面漏向矿内。抽出式的主要通风机一旦因故停止运转时，井下空气绝对静压提高，有利于在短时间内防止瓦斯从采空区涌出。同时，在主要进风巷无须安设风门，便于运输行人，通风管理方便，所以，抽出式是煤矿主要通风机工作的主要形式，适用于高瓦斯矿井和矿井走向长、开采面积大的矿井。

2. 压入式

压入式的主要通风机安设在入风井井口，井下处于正压状态，适用于开采水平离地表浅、小窑分布多、顶板冒落裂隙直通地表、瓦斯小的矿井。

3. 抽压混合式

抽压混合式分别在进、回风井口安设主要通风机。一般新建矿井和高瓦斯矿井不宜采用，对于老井延深或改建的低瓦斯矿井，当现有通风设备能力有限时，为了克服矿井较大的通风阻力，可采用这种方式。

三、矿井通风网络的选择

矿井风流按照生产要求在巷道中流动时，风流分岔、汇合线路的结构形式叫作通风网络，简称风网。风网中井巷的连接形式有串联、并联、角联三种形式。

1. 串联风网

由两条或两条以上的巷道彼此首尾相连而成的总风路称为串联通风网络，简称串联风网。它有下列特点：

（1）风网的总风量等于各段巷道上的风量，即：

$$Q_{串}=Q_1=Q_2=\cdots=Q_n \tag{4—28}$$

（2）串联风网的总通风阻力等于各段巷道上通风阻力之和，即：

$$h_{串}=h_1+h_2+\cdots+h_n \tag{4—29}$$

（3）串联风网的总风阻等于各巷道风阻之和，即：

$$R_{串}=R_1+R_2+\cdots+R_n \tag{4—30}$$

串联通风是井下用风地点的回风再次进入其他用风地点的通风方式，串联工作面的空气质量得不到保证，一旦前面工作面发生事故，会波及后面的工作面，扩大灾害范围。

2. 并联风网

由两条或两条以上的巷道从某一点分开，又到另一点汇合而成的总风路称为并联通风网络，简称并联风网，如图 4—10 所示，它有如下特点：

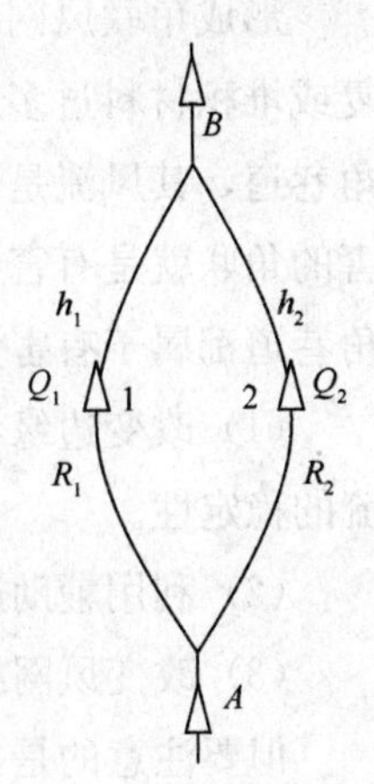

图 4—10 并联风网

（1）并联风网的总风量等于各并联巷道风量之和，即：

$$Q_{并}=Q_1+Q_2+\cdots+Q_n \tag{4—31}$$

（2）并联风网的总通风阻力等于任一并联巷道的通风阻力，即：

$$h_{并}=h_1=h_2=\cdots=h_n \tag{4—32}$$

（3）并联风网的总风阻 $R_{并}$ 与各并联巷道风阻 R_1、R_2、…、R_n 关系如下：

$$\frac{1}{\sqrt{R_{并}}}=\frac{1}{\sqrt{R_1}}+\frac{1}{\sqrt{R_2}}+\cdots\frac{1}{\sqrt{R_n}} \tag{4—33}$$

从以上可以看出，并联通风就是井下各用风地点的回风直接进入采区回风或总回风的通风方式，并联通风与串联通风相比有下列优点：

1）并联总风阻、总阻力小，耗电省。

2）并联各巷道风流都为新风。

3）若一条巷道发生事故，对其余巷道影响小。

4）并联各巷道的风量可按需调节。

3. 角联风网

在并联巷道之间还有一条或数条巷道连通的连接形式称为角联风网，如图 4—11 所示。图 4—11 中 BC 巷叫对角巷道，AB、AC、BD、CD 巷叫作边缘巷道。仅有一条对角巷道的风网叫简单角联风网，有两条或两条以上对角巷道的风网叫复杂角联风网。角联风网的特点是对角巷道中的风流不稳定，可能反向甚至无风。以简单角联为例，图 4—11 中 BC 巷的风流可以从 B 流到 C，也可以从 C 流到 B，或 BC 巷无风。对角巷道的风向变化取决于边缘巷道风阻的比例，设 $K=R_1R_4/R_2R_3$，则有 $K=1$ 时，BC 巷无风；$K>1$时，BC 巷风流从 C 流向 B；$K<1$ 时，BC 巷风流从 B 流向 C。

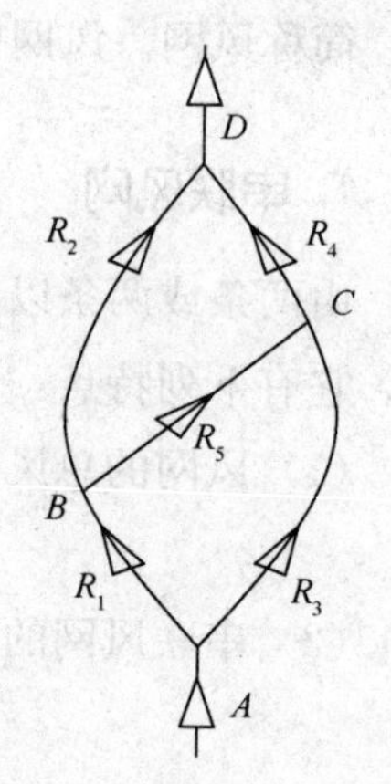

图 4—11　简单角联风网

形成角联风网的原因是：由于某一处风门未关，使风流短路；某些巷道发生垮塌未修复或堆积材料过多从而改变巷道风阻的比例，使风流紊流。处于回风之间、进风之间的对角巷道，其风流是否反向不影响安全的称为无害角联；引起工作面风流方向改变或造成灾害的角联就是有害角联。在进风巷（或回风巷）与工作面之间、工作面与工作面之间的对角巷道都属于有害角联，可采取如下防治措施：

(1) 改变边缘巷道的风阻比（如扩大断面、清理障碍、加风窗等），以保持对角巷道风流的稳定性。

(2) 利用辅助通风机扭转风流方向。

(3) 改变风网结构，变角联为并联。

但要注意的是，可利用对角巷风流不稳定的特点，在事故时期实行局部反风，以救人灭灾。

四、采煤工作面通风管理

采煤工作面是煤矿安全生产的主要地点，也是矿井通风的主要对象，搞好采煤工作面通风是井下日常生产和通风管理工作的重点内容之一。

1. 采煤工作面进风巷与回风巷布置形式的选择

采煤工作面的进、回风巷的布置形式有U型、Z型、H型、Y型、W型和双Z型等形式，如图4—12所示。U型通风形式是基本的方式，其他形式都是在U型的基础上，为了加大工作面长度、增加工作面供风量、改善工作面气候条件、预防采空区漏风和瓦斯涌出等目的而设计出来的。

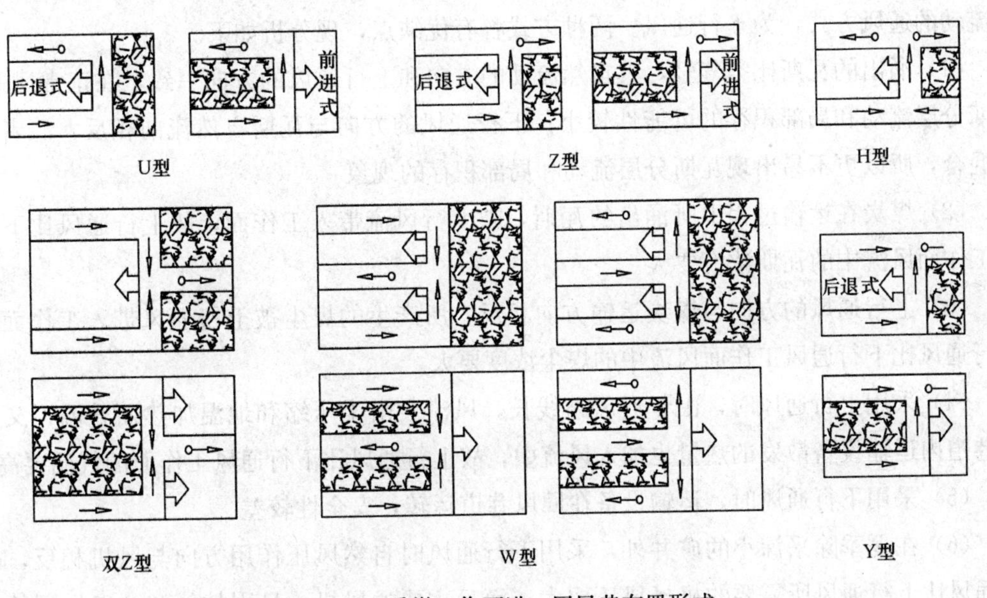

图4—12 采煤工作面进、回风巷布置形式

U型后退式的优点是简单可靠、漏风小，缺点是上隅角瓦斯易超限。U型前进式采空区瓦斯不涌向工作面，而涌向回风平巷，比后退式采空区漏风大，工作面有效风量小，且对防治自然发火不利。

Z型后退式采空区瓦斯不涌入工作面而涌向回风平巷。Z型前进式的采空区瓦斯则涌向工作面，特别是上隅角瓦斯浓度大。

Y型系统工作面两端的巷道均进风，其中一条在越过工作面后成为回风道。Y型系统使回风道风量加大，使上隅角及回风道瓦斯不易超限。

W型通风方式用于高瓦斯的长工作面或双工作面。常采用上、下平巷进风，中间平巷回风；或者由中间巷进风，上、下平巷回风，以增加风量，提高产量。W型系统的工作面风量比U型约大1倍，风流在工作面的流动距离短，温升小，有利于高温工作面降温。

双Z型通风方式中间巷与上、下平巷分别位于工作面的两侧（W型则位于工作面的同一侧）。双Z型前进式的上、下入风平巷维护在采空区时，漏风携出的瓦斯可能使工作面超限；双Z型后退式的上、下入风平巷在煤体中，漏风携出的瓦斯不进入工作面，对工作面比较安全。

H型通风方式的特点是工作面风量小，采空区瓦斯不涌向工作面。

另外，我国煤矿一般规定：采掘工作面的进风和回风不得经过采空区和冒顶。

2. 采煤工作面上行通风与下行通风的选择

风流沿采煤工作面由下向上流动的通风方式，为上行通风；风流沿采煤工作面由上向下流动的通风方式，为下行通风。两种方式各有优缺点，现分析如下。

（1）涌出的瓦斯比空气轻，其自然流动的方向和上行通风的方向一致，在正常风速下，瓦斯分层流动和局部积存的可能性较小；下行通风的方向与瓦斯自然流向相反，二者更易于混合，所以更不易出现瓦斯分层流动和局部积存的现象。

（2）煤炭在运输过程中所涌出的瓦斯，被上行风流带入工作面，故上行通风比下行通风工作面风流中的瓦斯浓度要大。

（3）上行通风的方向与煤炭运输方向相反，所产生的煤尘被上行通风带入工作面，故上行通风比下行通风工作面风流中的煤尘浓度要大。

（4）采用上行通风时，由于通风路线长，风流会由于压缩和地温加热而升温；又因运输巷道内运输设备散发的热量也加入风流中，故上行通风比下行通风工作面的气温要高。

（5）采用下行通风时，运输设备在回风巷道运转，安全性较差。

（6）在夏季除采深小的矿井外，采用下行通风时自然风压作用方向与风机相反，故下行通风比上行通风所需要的机械风压要大；而且主要通风机一旦因故停转，工作面的下行风流就可能停风或反向。

另外，在我国煤矿一般规定：有煤（岩）与瓦斯（二氧化碳）突出危险的采煤工作面不得采用下行通风。

五、井巷漏风的控制

送到各作业地点清洗烟尘、起到通风作用的风流称为有效风流。反之，未经过作业地点，而通过通风构筑物的缝隙、煤柱裂隙、采空区或地表塌陷区等直接渗透到回风道或地面的风流统称漏风。漏风主要是由于漏风区两端有压差造成的。

漏风会使工作面有效风量减少，这样既增加了通风机的电能消耗，又导致用风地点的供风量不足，达不到井下工作人员所需的新鲜空气的要求，甚至由此可能引起瓦斯爆炸、煤炭自燃等灾害。为了消除这些隐患，就要保证井下各用风地点有足够的新风，要采取一些措施，尽量减少矿井漏风。

1. 漏风的分类

矿井漏风按其地点可分为外部漏风和内部漏风。外部漏风是指地表与井巷之间的漏风，如箕斗井井口、地面主要通风机附近的井口、防爆门、反风门、风硐等处的漏风。内部漏风是指井下各处的漏风，如井下通风设施、采空区以及碎裂的煤柱等的漏风。按照漏风分布的性质可以分为局部漏风和连续分布漏风。局部漏风是局限于一个地点的漏风，井口附近、井底车场及井下经过通风设施的漏风均为局部漏风。连续分布的漏风是指在一个区段内沿风流路线上连续不断的漏风，如通过采空区、通过巷道壁的裂隙和矸石垛的漏风以及风筒壁的漏风等。

2. 衡量矿井漏风程度的指标

(1) 矿井有效风量率

矿井有效风量是矿井各独立用风地点的风量之和，矿井有效风量占矿井主要通风机风量的百分比就是矿井有效风量率。该值反应的是矿井通风的风流利用情况，是通风情况和井下通风管理好坏的重要指标，其值应不低于 85%。

(2) 矿井外部漏风率

矿井外部漏风量是矿井主要通风机风量与矿井总风量之差，矿井外部漏风量占矿井主要通风机风量的百分比就是矿井外部漏风率。矿井外部漏风率在没有提升设备的风井不得超过 5%，有提升设备的风井不得超过 15%。

(3) 矿井内部漏风率

矿井内部漏风量是矿井总风量与矿井有效风量之差，矿井内部漏风量占矿井主要通风机风量的百分比就是矿井内部漏风率。

3. 漏风的防治措施

(1) 矿井的开拓方式、通风方式和开采方法对漏风有较大影响

在进风井与出风井的布置上，对角式的漏风比中央式要小；中央分列式的漏风又比中央并列式的漏风要小；中央并列式中立井开拓的比斜井开拓的漏风要小；采用抽出式通风的进风路线上的漏风比压入式通风的漏风要小；后退式开采的漏风比前进式开采的要小；采区进风与回风道在岩层中布置比在煤层中布置的漏风要小等。

（2）减少通风设施的漏风

矿井通风设施按用途不同可分为三类：引导风流的设施（风硐、风桥、反风设施）、隔断风流的设施（防爆门、风墙、风门、防突门）和调节风流的设施（风窗）。按服务年限不同可分为临时通风设施和永久通风设施。

通风设施位置要合理；通风设施质量要符合要求；风墙应尽量设置在顶板压力小的地方；风桥在通风设计中应尽量避免使用，如需要时应用混凝土修筑严密，并注意加强管理和维修。

（3）减少井筒漏风

在立井中要加强井口盖边缘的密闭性。箕斗井兼做回风井时，井上、下卸载装置和井塔都必须有完善的封闭措施，其漏风率不应超过15％。煤仓和溜煤眼内要有一定的存煤，不得放空，以免大量漏风。

（4）减少矿井连续分布漏风

降低工作面风阻，使进风巷道和回风巷道间的压差减小，从而减少漏风。同理，采区的风窗设在靠近主要通风机且远离工作面的地方可减少采空区漏风。对于抽出式通风的矿井，要注意减少地表塌陷区或浅部老空区向井下漏风，为此，必须查明塌陷区或老空区的分布情况，及时填堵其与地表相通的裂缝或通路。无煤柱开采时，可用阻燃抗静电塑料布、电厂飞灰、化学药剂等堵塞漏风。

六、矿井通风系统图

矿井通风系统图是煤矿安全生产的必备图件，它是根据矿井开拓、开采布置及矿井通风系统绘制而成的。在我国煤矿中规定：矿井通风系统图必须标明风流方向、风量和通风设施的安装地点。必须按季绘制通风系统图，并按月补充修改。多煤层同时开采的矿井，必须绘制分层通风系统图。矿井通风系统图包括矿井通风系统立体示意图和矿井通风网络图。

1. 矿井通风系统立体示意图

矿井通风系统立体示意图是在矿井巷道布置平面图或通风系统平面图的基础上，以合适的角度将巷道空间关系投影到图纸上并加注风向、风量、通风设备和通风设施绘制而成。通风系统立体示意图要侧重于巷道之间的关系清楚、立体感强，个别巷道可不严格按比例绘制，局部可作简化，可采用双线图或单线图。

2. 矿井通风系统网络图

矿井通风系统网络图是一种由点和线组成的仅表示风路连接关系的图件。在进行通风网络解算和通风系统分析中，使用通风网络图比使用通风系统立体示意图更方便。图 4—13 所示是某矿通风系统网络图。

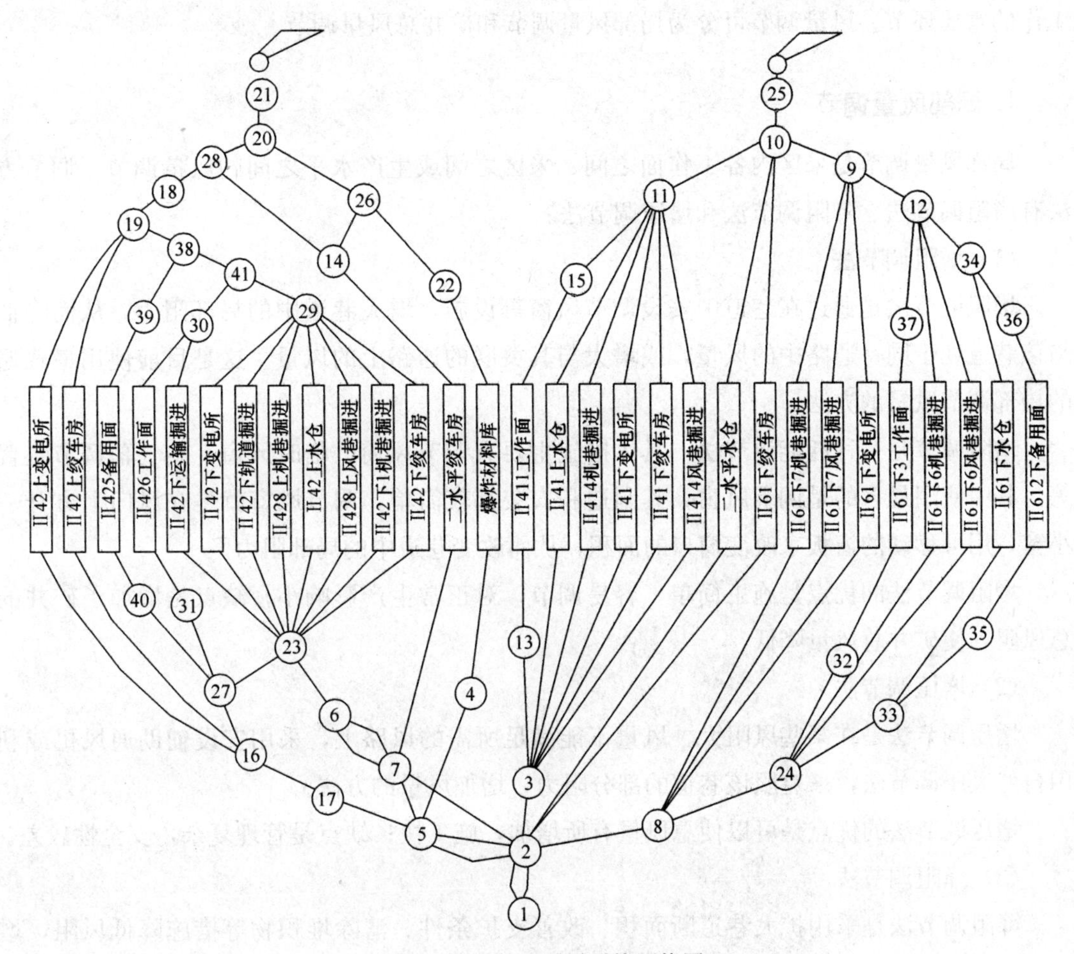

图 4—13　某矿通风系统网络图

第七节　矿井风量调节

一、风量调节

在通风网络中，风流按巷道风阻大小自然分配到各作业地点的风量在实际情况下往往不能满足要求，因此，需要采取控制与调节风量的措施。在煤矿生产中，随着开采的不断进行，工作面的推进和更替，巷道风阻、网络结构及所需要风量均在不断变化，相应地要求及时进行风量调节，使其按所需风量和预定路线流动。因此，风量调节是矿井通风管理工作的重要环节。风量调节可分为局部风量调节和矿井总风量调节。

1. 局部风量调节

局部风量调节是采区内各工作面之间、采区之间或生产水平之间的风量调节。调节方法有增阻调节法、降阻调节法和增压调节法。

（1）增阻调节法

增阻调节法是通过在巷道中安设调节风窗等设施，增大巷道中的局部阻力，从而降低与该巷道处于同一通路中的风量，或增大与其关联的通路上的风量。这是目前使用最普遍的局部调节风量的方法。

增阻调节是一种耗能调节法，具体措施主要有调节风窗、临时风窗、空气幕调节装置等。其中使用最多的是调节风窗，其制造和安装都较简单。调节风窗就是在风门上方开一小窗，用可移动的窗板来改变窗口的面积，从而改变巷道中的局部阻力。

增阻调节法的优点是施工简单，容易调节，对正常生产影响小；缺点是增加了矿井的总风阻，使矿井总风量降低。

（2）增压调节法

增压调节法是在某些风阻大、风量不能满足所需的风路上，采用安设辅助通风机或利用自然风压调节法，来克服该巷道的部分阻力，增加风量的方法。

增压调节法的优点是可以使总风量有所增加，施工快；缺点是管理复杂，安全性较差。

（3）降阻调节法

降阻调节法是采用扩大巷道断面积、改善支护条件、清除堆积物等措施降低风阻，增加风量的方法。

减阻调节的主要措施有：扩大巷道断面、降低摩擦阻力系数、清除巷道中的局部阻力物、采用并联风路和缩短风流路线的总长度等。

降阻调节法的优点是能使矿井总风阻减小，增加矿井总风量；缺点是工程量大、投资多、工期长。

2. 矿井（或一翼）总风量的调节

有时随着矿井的生产，矿井（或一翼）的总风量不足或过剩时，需调节总风量，也就是调整主要通风机的工况点。

（1）改变主要通风机工作特性

通常采用改变离心式主要通风机转速或改变轴流式主要通风机叶片安装角度的办法；

对于有前导器的通风机，可以通过改变前导器叶片角度的方法。必要时可换用性能更适合的主要通风机。

（2）改变矿井总风阻值

矿井投产初期，所需风量较少，可把矿井小风硐中的闸门关闭以增加风阻来降低风量；当需要增大风量时，可打开风硐中的闸门或增大巷道断面积等方法，使矿井总风阻降低，这样矿井主要通风机工况点右移，风量增加。

矿井总风阻不仅与矿井最大阻力路线上的井巷的风阻有关，而且与井巷所构成风网的结构有关。因此，降低矿井总风阻一方面应降低矿井最大阻力路线上的井巷的风阻，另一方面应改善风网结构，为此，应合理安排采掘接替和用风地点配风，尽量缩短最大阻力路线的长度，避免在主要风路上安装调节风窗等。

二、矿井灾变时期的通风管理

矿井一旦发生灾害事故，为便于抢险救灾，控制灾情，并防止发生新的灾害事故，必须合理进行灾变时期的通风管理，正确调度和控制井下风流。灾变时期风流控制的措施主要有：

1. 正常通风

当灾害事故发生在回风流，或通风系统复杂，改变通风方法可能会造成风流紊乱、逆转、瓦斯积聚时，就应稳定风流，保证正常通风，然后再灭灾。

2. 增减风量

如果在处理灾害过程中，发现火区和回风侧瓦斯浓度增加，就应该增加风量，使瓦斯浓度降到1%以下，然后直接灭灾；当火风压使并联巷道风流逆转时，增加风量也可使风流恢复原来方向。如果正常通风会使火灾扩大，可采用减风，但要防止瓦斯爆炸。

3. 停止主要通风机运转

在处理灾害时，为了控制火势，隔绝供氧，可采用停止主要通风机运转的方法。但同时必须注意：防止井下风流逆转，考虑局部自然风压和火风压影响，风门、反风门必须关好，瓦斯矿井停风易造成瓦斯严重积聚。

4. 风流短路

风流短路的实质是利用现有通风设施使进入火源的风量减少，或者把烟雾直接引入回风道。采取该措施时，必须将受影响的人员全部撤走。

5. 反风

反风措施主要是使用反风装置进行反风。反风前，必须将火源进风侧的所有工作人员撤出。多台通风机联合工作的矿井在反风时，要使非事故区域的主要通风机先反风，再使事故区域的主要通风机反风。

第五章　矿井瓦斯防治

本章学习目标

1. 对矿井瓦斯的基本知识有一个初步的认识。
2. 掌握矿井瓦斯涌出和爆炸的预测和预防。
3. 掌握煤与瓦斯突出的综合防治以及突出矿井的技术管理。

矿井瓦斯的主要成分是甲烷，它是煤矿安全生产中最主要的灾害源，瓦斯事故不但造成人员伤亡、财产损失，还严重影响着煤炭的正常生产。因此，防治矿井瓦斯是煤矿安全生产的首要任务。矿井瓦斯事故主要分为瓦斯爆炸、瓦斯涌出和煤与瓦斯突出，且主要防治的是这三方面事故。瓦斯涌出和煤与瓦斯突出都与瓦斯赋存和地质条件有关，掌握这些知识，有助于清楚瓦斯涌出和煤与瓦斯突出的一般规律，可以把防治工作做得更好。

第一节　矿井瓦斯的概念与性质

一、矿井瓦斯的概念及来源

矿井瓦斯是矿井环境中各种有毒有害气体的总称，其成分很复杂，含有甲烷、二氧化碳、氮和数量不等的重烃以及微量的稀有气体等。它的来源可分为四类：

● 在煤层与围岩内赋存并能涌入到矿井的气体。

● 矿井生产过程中生成的气体。

● 井下空气与煤、岩、矿物、支架和其他材料之间的化学或生物化学反应生成的气体。

● 放射性物质蜕变过程中生成的或地下水放出的放射性惰性气体氡（Rn）及惰性气体氦（He）。

这些不同成因的气体，具有不同的成分和性质。从安全的角度可分为：

● 可燃可爆炸的气体：甲烷及其同系物烷烃、环烷烃、芳香烃等。

● 有毒的气体：H_2S、SO_2、CO、NH_2、NO等。

● 窒息性气体：N_2、CH_4、CO_2、H_2等。

● 放射性的气体：氡气（Rn）。

矿井瓦斯各组分在数量上的差别是很大的，煤矿大部分瓦斯来自于煤层，而煤层中的瓦斯一般以甲烷为主（占80%以上），它是威胁矿工、矿井安全的主要危险源，所以，在煤矿中狭义的矿井瓦斯是指甲烷。

二、甲烷的性质

甲烷俗称瓦斯，是无色、无味、无臭的气体，在标准状态下，密度为0.716 kg/m^3，是空气密度的0.554倍。甲烷微溶于水，在101.3 kPa的条件下，温度为20℃时，100 L水可溶3.31 L甲烷。

甲烷还具有下列重要性质。

1. 窒息性

甲烷虽无毒，但在空气中浓度若超过50%，能使人因缺氧而窒息死亡。

2. 燃烧爆炸性

一定浓度范围的瓦斯——空气混合物遇到高温热源时能发生爆炸，这个浓度范围称为瓦斯的爆炸极限，一般为5%～15%，低于爆炸下限5%时，遇高温热源只稳定地燃烧而不发生爆炸。

3. 突出性

在煤层的开采过程中，可能发生煤与瓦斯突然喷出，产生强大的破坏作用。

4. 强扩散性

甲烷的扩散速度很强，是空气的1.34倍，所以它一经与空气均匀混合，就不会因其密度较空气小而上浮、聚积。当无瓦斯涌出时，巷道断面内甲烷的浓度是均匀的；当有瓦斯涌出时，甲烷浓度是不均匀的。

瓦斯是重要的能源之一，可做燃料和化工原料。每立方米瓦斯的燃烧热为37 022.26 kJ，相当于1～1.5 kg烟煤。随着煤炭开采事业的飞速发展和科学技术管理水平的不断提高，人们不仅掌握了瓦斯涌出积聚、爆炸、突出等自然规律，而且在防治措施方面也取得了很大成就，保证了矿井的安全生产。此外，通过技术手段，可以把瓦斯输送到地面，作为新的能源加以利用，达到化害为利的目的。

第二节　瓦斯地质

一、瓦斯的成因

瓦斯的成因有很多种假说，多数人认为，煤层瓦斯是腐殖型有机物（植物）在成煤过程中生成的。煤层瓦斯的形成大致可分为两个阶段：生物化学造气时期和煤化变质作用成气时期。

1. 生物化学造气时期

生物化学造气时期是从腐殖型有机物堆积在沼泽相和三角洲相环境中开始的，在温度不超过65℃的条件下，腐殖体经厌氧微生物分解成甲烷和二氧化碳，其模式可用下式来概括：

$$4C_6H_{10}O_5 \xrightarrow{\text{隔绝空气和微生物}} 7CH_4 + 8CO_2 + C_9H_6O + 3H_2O$$

在这个阶段生成的泥炭层埋深浅，上覆盖层的胶结固化不好，生成的瓦斯通过渗滤和扩散容易排放到古大气中，因此生化作用生成的瓦斯，一般不会保留到现在的煤层内。随着泥炭层的下沉，上覆盖层越来越厚，压力和温度也随之增高，生物化学作用逐渐减弱直至结束，在较高的压力与温度作用下泥炭转化成褐煤。

2. 煤化变质作用成气时期

褐煤层进一步沉降，压力与温度作用加剧，便进入煤化变质作用造气阶段。一般在100℃及其相应的地层压力下，煤层就会产生强烈的热力变质成气作用。煤的有机质基本结构单元是带侧键官能团并含有杂原子的缩合芳香核体系。在煤化作用过程中，侧键官能团因断裂、分解而减少，芳香核环数则不断增加，芳香核纵向堆积加厚，排列逐渐趋于有序化，从而引起有机质一系列物理和化学的变化。在芳香核缩合和侧键官能团脱落分解过程中，伴随有大量烃类气体的产生，其中主要的是甲烷。

成煤作用各阶段形成甲烷的示意反应式可描述如下：

$$4C_{15}H_{18}O_5\text{（泥炭）}\longrightarrow C_{57}H_{56}O_{10}\text{（褐煤）}+4CO_2+3CH_4+2H_2O$$

$$C_{57}H_{56}O_{10}\text{（褐煤）}\longrightarrow C_{54}H_{42}O_5\text{（烟煤）}+2CH_4+CO_2+3H_2O$$

$$C_{54}H_{42}O_5\text{（烟煤）}\longrightarrow 4C_{13}H_6\text{（无烟煤）}+2CH_4+5H_2O$$

二、煤层瓦斯的赋存

1. 煤系地层瓦斯赋存的垂向分带

在漫长的地质年代中，煤层中的瓦斯经煤层、煤层围岩和断层由地下深处向地表流动；而地表的空气、生物化学和化学作用生成的气体，则由地表向深部运动。由此形成了煤层中各种瓦斯成分由浅到深有规律地变化，这就是煤层瓦斯沿深度的带状分布。煤层瓦斯自上而下可划分为四个带：二氧化碳—氮气带、氮气带、氮气—甲烷带和甲烷带。前三个带统称为瓦斯风化带，各瓦斯带的划分标准见表 5—1。

表 5—1　　按瓦斯成分划分瓦斯带的标准

瓦斯带名称	组分含量（%）		
	CH_4	N_2	CO_2
二氧化碳—氮气带	0～10	20～80	20～80
氮气带	0～20	80～100	0～20
氮气—甲烷带	20～80	20～80	0～20
甲烷带	80～100	0～20	0～10

在瓦斯风化带开采煤层时，瓦斯对生产不构成主要威胁。我国大部分低瓦斯矿井都是在瓦斯风化带内进行生产的。在确定瓦斯风化带下部边界时，如果一些矿井缺少瓦斯成分资料，还可借助于其他一些指标。确定瓦斯风化带下部边界可以根据下列指标中的任何一项确定：

（1）煤层中所含 CH_4成分达 80%（体积比）。

（2）煤层瓦斯压力为 0.1～0.15 MPa。

（3）在同样自然条件下（水分和温度等），与煤层瓦斯压力 0.1～0.15 MPa 相当的瓦斯含量。

（4）矿井相对瓦斯涌出量为 2 m^3/t。

瓦斯风化带下界深度取决于煤层的地质条件和赋存情况，如围岩性质、煤层有无露头、断层发育情况、煤层倾角、地下水活动情况等。

确定瓦斯风化带的深度对预测瓦斯涌出量、掌握瓦斯赋存与运移规律以及搞好瓦斯管理有实际意义。在瓦斯风化带内的井区为低瓦斯井区，但是当通风不良和停风时，不但有窒息危险（CO_2、N_2），而且也会有瓦斯爆炸危险。

位于瓦斯风化带下边界以下的甲烷带，煤层的瓦斯压力、瓦斯含量随埋藏深度的增加呈有规律地增长。增长的梯度在不同煤质（煤化程度）、不同地质构造与赋存条件下有所不同，相对瓦斯涌出量也随开采深度的增加而有规律地增加。从甲烷带内某一深度起，某些矿井除有一般瓦斯涌出外，还出现了特殊瓦斯涌出—瓦斯喷出和煤与瓦斯突出。因此，在甲烷带内的矿井或区域，不仅在风量不足和停风时有窒息危险（CH_4）和瓦斯爆炸危险，而且在正常通风条件下，当出现特殊瓦斯涌出现象时，也可能发生窒息、爆炸及煤流埋人等事故。因此，只有掌握矿井瓦斯的赋存与运动规律，采取相应的措施，才能预防一般的和特殊的瓦斯涌出。

2. 瓦斯在煤层中的赋存状态

矿井瓦斯以游离和吸附两种状态存在于煤（岩）体之中。

(1) 游离状态

游离状态的瓦斯以完全自由的气体状态存在于煤层和岩层的裂缝、孔隙或空洞之中。游离瓦斯可以自由运动或从煤（岩）层的裂缝中散放出来，因此，表现出一定的压力。煤（岩）层中游离瓦斯的多少取决于储存空间的容积、瓦斯压力及围岩温度等因素。

(2) 吸附状态

按其结合形式的不同，又分为吸着状态和吸收状态两种。

1）吸着状态。由于气体（瓦斯）分子与固体（煤）分子间的引力作用（这种作用力的距离很短），瓦斯分子被吸着在煤体孔隙的内表面（煤体具有丰富的微小孔隙，其内表面积每克煤可达150～200 m^2）上而形成一层很薄的膜状附着层。吸着瓦斯量的大小取决于煤对瓦斯的吸着能力，即煤的结构、孔隙度、炭化程度及成分等，同时，与外界压力、温度也有很大的关系。

2）吸收状态。气体被“溶解”于固体，即瓦斯分子进入煤体胶粒结构内部（不是进入空隙）与煤的分子结合，类似气体溶解于液体的现象。

必须指出，游离状态与吸附状态的瓦斯，并不是固定不变的，而是处于不断变换的动态平衡状态，当条件发生变化时，这一平衡就会遭到破坏。在压力降低、温度升高或煤体结构受到破坏时，部分吸附状态的瓦斯将转化为游离状态，这种现象叫作解吸。

三、煤层瓦斯压力

煤层瓦斯压力是指煤层孔隙内由于分子自由热运动而撞击所产生的作用力，它在某一点上各方向大小相等且方向与孔隙壁垂直。煤层瓦斯压力是决定煤层瓦斯含量多少、瓦斯流动动力高低以及瓦斯动力现象潜能大小的基本参数。在研究与评价瓦斯储量、瓦斯涌出、瓦斯流动、瓦斯抽放与瓦斯突出问题中，掌握准确可靠的瓦斯压力数据最为重要。

煤层瓦斯压力不但决定着煤层的瓦斯含量，而且与瓦斯动力现象有密切的关系。我国煤矿规定，开凿有煤与瓦斯突出危险的煤层时，必须测定煤层的瓦斯压力，测定步骤可分为打钻、封孔和测压三个主要步骤。

1. 打钻

打钻前先选好测压地点，钻孔附近应无大的裂缝和破坏带。最好由煤层的顶板或底板穿过围岩向煤层打钻，围岩厚度应不小于 5 m，钻孔直径不宜过大，一般为 50～60 mm。钻机可根据钻孔深度选定。

2. 封孔

封孔前要准备好直径为 6～10 mm 的铜管或 15～20 mm 的无缝钢管，用做测压管。管的一端钻些小眼，并用铜网包裹起来，防止送入钻孔内时被钻渣堵塞。另一端装上压力表接头。钻孔打好后，立即用压气将管内钻渣吹净，送入测压管。然后塞入 1～2 个木塞，直到预定的封孔深度。再用黏土（炮泥）或水泥砂浆由里向外将钻孔严密地封闭起来。用黏土封孔时，隔 0.5～1 m 加入木塞 1～2 个，用木棒捣实，孔口段 1～2 m 用石膏或硬水泥封堵。用水泥砂浆封孔时，可用喷机将其喷入钻孔内，水泥标号应大于 400 号，并加入少量速凝剂，如水玻璃，以缩短水泥砂浆的硬结时间。国内外有些矿井采用高分子聚合物溶液封孔，它的优点是封孔快，能渗入钻孔周围的裂缝内，溶液能很快凝固，凝固后体积膨胀，严密性好。

封孔质量是保证测压结果的关键，除了选好封孔材料、除尽钻渣、做到封孔严密外，还必须有足够的封孔长度。在围岩内，封孔长度一般为 5～6 m；在煤层内，应超过巷道周围影响带深度，一般为 10～15 m。此外，为了减少封孔后的钻孔空间，还应该尽可能地增加封孔长度。

3. 测压

封好孔后，要等封孔材料固结后，才能装上压力表，否则在高压瓦斯的作用下，可能破坏封孔段的严密性。表的量程应与预计的瓦斯压力相适应。压力表接好后，起初压力上升较快，然后缓慢上升，逐渐趋于稳定，即为测定地点的瓦斯压力。在透气性好的煤层内，压力表接好后，5～7 天后压力就不再上升。在透气性低的煤层内，需要十几到几十天才能测得煤层的真正瓦斯压力。如果压力不上升或与估计值相差悬殊，应查明测压管是否堵塞或封孔是否有漏气现象。

一般情况下，未受采动影响的煤层内的瓦斯压力，随深度的增加而有规律地增加，可以大于、等于或小于静水压。通过对不同深度煤层瓦斯压力进行测定，求出该煤层的瓦斯压力的增深率，从而可以预测其他深度处的瓦斯压力。

$$\alpha_p=\frac{H_2-H_1}{P_2-P_1} \tag{5—1}$$

或

$$P=\frac{1}{\alpha_p}(H-H_1)+P_1 \tag{5—2}$$

则

$$P=\frac{1}{\alpha_p}(H-H_0)+P_0 \tag{5—3}$$

式中　P——预测的深 H 处的瓦斯压力，MPa；

α_p——瓦斯压力增深，m/MPa；

P_1，P_2——深度 H_1，H_2处的瓦斯压力，MPa；

P_0——瓦斯风化带下界处瓦斯压力，取 0.2 MPa；

H_0——瓦斯风化带下界深度，m。

煤层的个别地区，特别是地质构造附近，瓦斯压力可能出现异常。

四、煤层瓦斯含量

煤层瓦斯含量是指煤层或岩层在自然条件下单位质量或单位体积所含有的瓦斯量，一般用 m^3/t 或 m^3/m^3 表示。煤层瓦斯含量包括游离瓦斯和吸附瓦斯两部分，其中游离瓦斯占10%～20%，吸附瓦斯占 80%～90%。

1. 煤层瓦斯含量的测定与计算

煤层瓦斯含量是计算瓦斯储量及抽出率的基础。瓦斯含量的测定方法有多种，但主要和常用的方法有以下两种：

(1) 直接测定法

直接测定法是利用密闭式煤芯采取器和集气式煤芯采取器的密封钻头，钻进煤层内采取煤样，在实验室内将煤样破碎，抽出煤样中的瓦斯，测定抽出的瓦斯体积，并称出煤样重量，然后计算出单位重量煤的瓦斯含有量。直接测定法必须要有专门的仪器设备和实验室条件，并且操作技术也较复杂。因此，该法主要用于有条件的地质勘探或研究部门。

(2) 间接测定法

间接测定法利用煤对瓦斯的“吸附—解吸”的可逆性原理，将采取的新鲜煤样破碎，在实验室内高负压脱气，使瓦斯从煤样中全部释放出来；然后，用不同温度和压力下的瓦斯进行煤的再吸附实验，测定出煤的等值吸附曲线，求出吸附常数；最后，再结合煤层瓦斯压力加以计算，求出该煤层的瓦斯含量。其公式如下：

$$W_{含}=W_{吸}+W_{游}=\frac{abP}{1+bP}+K_{空}P \tag{5—4}$$

式中 $W_{含}$——煤层瓦斯含量，m^3/t；

$W_{吸}$——吸附瓦斯量，m^3/t；

$W_{游}$——游离瓦斯量，m^3/t；

a，b——吸附常数，实验室取得；

P——煤层瓦斯压力，kPa；

$K_{空}$——煤的空隙率，%。

为方便和简化计算，可采用下面的近似公式：

$$w'_{含}=a\sqrt{P} \tag{5—5}$$

式中 $w'_{含}$——煤层瓦斯量，m^3/m^3；

P——煤层瓦斯压力，kPa；

a——瓦斯含量系数，$m^3/(m^3 \cdot kPa^{1/2})$。

每吨煤的瓦斯含量为：

$$w_{含}=\frac{w'_{含}}{\gamma} \tag{5—6}$$

式中 γ——煤的密度，t/m^3。

2. 影响煤尘瓦斯含量的因素

煤矿开采的实践表明，不同煤田的瓦斯含量差别往往很大，即使同一煤田，甚至同一煤层的不同地区，瓦斯含量也会有明显的差异。这是由于瓦斯在生成和储存的过程中受到多方面因素的影响所致。影响煤层瓦斯含量的主要因素有以下7个方面：

（1）煤层的埋藏深度

煤层埋藏深度的增加不仅加大了地应力，使煤层与岩层的透气性变差，而且增加了瓦斯向地表运移的距离，有利于瓦斯的赋存。在不受地质构造影响的区域，当深度不大时，煤层的瓦斯含量随深度增加而成线性增加。

（2）煤层与围岩的透气性

煤层与围岩的透气性对煤层瓦斯含量有很大影响，其围岩的透气性越大，煤层瓦斯越易流失，瓦斯含量越低；反之，瓦斯易于保存，煤层瓦斯含量高。通常泥岩、页岩、砂页岩、粉砂岩和致密灰岩等透气性差，易于形成高瓦斯压力，瓦斯含量大；若地层中岩石以中砂岩、粗砂岩、砾岩和裂隙或溶洞发育的灰岩为主时，其透气性好，煤层瓦斯含量低。

（3）煤层倾角和露头

煤层倾角大时，瓦斯可沿着一些透气性好的地层向上运移和排放，瓦斯含量低；反之，煤层倾角小时，一些透气性差的地层就起到封存瓦斯的作用，使煤层瓦斯含量升高。煤层露头是瓦斯向地面排放的出口，露头存在时间越长，瓦斯排放越多；反之，地表无煤层露头时，瓦斯含量较高。

（4）地质构造

地质构造是影响瓦斯储存的重要条件。煤系地层为沉积地层，各种岩石的透气性有很大差别，在地层与地质构造的共同作用下，可能形成封闭型地质构造或开放型地质构造。封闭型地质构造有利于瓦斯储存，开放型地质构造则有利于瓦斯排放。

闭合而完整的背斜或穹窿又覆盖有不透气的地层，是良好的储存瓦斯构造，其轴部煤层内往往积存高压瓦斯，形成“气顶”。在倾伏背斜的轴部，瓦斯浓度通常也高于翼部。但是，当背斜轴的顶部因张力而形成连通地表的裂隙时，瓦斯易于流失，轴部瓦斯含量反而低于翼部。向斜构造，一种情况下由于轴部受到强力挤压，透气性差，使轴部的瓦斯含量高于翼部；另一种情况下，由于向轴部瓦斯补给区域缩小，当轴部裂隙发育，透气性好时，有利于瓦斯流失，开采至向斜轴部时，相对瓦斯涌出量反而减少。受构造影响形成局部变厚的大煤包时，也会出现瓦斯含量增高的现象。这是因为煤包在构造应力作用下，周围煤层被压薄，上下透气性差的岩层形成对大煤包的封闭条件。

断层对瓦斯含量的影响，一方面要看断层的封闭性，另一方面要看与煤层接触的对盘岩层的透气性。开放性断层（张性、张扭性、导水性）不论是否与地表直接相通，都会引起附近煤层瓦斯含量的降低；封闭性断层（压性、压扭性、不导水性）与煤层接触的对盘岩层透气性差时，可以阻止瓦斯排放，可能形成高瓦斯区域。

（5）煤的吸附特性

煤是天然的吸附体，其变质程度越高，存储瓦斯的能力就越强，在其他条件相同时，高变质煤比低变质煤的瓦斯含量高。

（6）地层地质史

成煤有机物沉积后到现今经历了漫长的地质年代。其间地层多次下降或上升，覆盖层加厚或受剥蚀，陆相与海相交替变化，遭受地质构造运动破坏等，这些地质过程的不同使瓦斯流失排放的过程也不同，对现今的煤层瓦斯含量有很大影响。从沉积环境看，海陆交替相含煤系，往往岩性与岩相在横向上比较稳定，沉积物粒度细，煤系地层的透气性差，这种煤层的瓦斯含量可能很高。陆相沉积与此相反，煤层瓦斯含量一般较低。

（7）水文地质条件

煤层和岩层的水文地质条件是影响瓦斯排放条件的另一个重要因素。地下水活跃的地区通常瓦斯含量小，这是因为一方面这些地区的天然裂隙比较多，煤、岩层有较好的透气性，瓦斯易于排放；另一方面地下水的长期活动可以带走一定数量的溶解瓦斯。

第三节　矿井瓦斯涌出及其预测

一、矿井瓦斯涌出

1. 瓦斯涌出量及其主要影响因素

瓦斯涌出量是指矿井建设和生产过程中从煤与岩石内以普通涌出形式涌出的瓦斯量。其表达方法有绝对瓦斯涌出量和相对瓦斯涌出量两种。

绝对瓦斯涌出量指在单位时间内涌出的瓦斯量，单位为 m^3/min 或 m^3/d。

相对瓦斯涌出量指在正常生产情况下，平均日产 1 t 煤同期所涌出的瓦斯量，单位为 m^3/t。

瓦斯涌出形式是指在时间上与空间上的分布形式，可分为普通瓦斯涌出和特殊瓦斯涌出两种。

普通瓦斯涌出是指在时间上与空间上比较均匀、普遍发生的不间断涌出。

特殊瓦斯涌出是指在时间上与空间上突然、集中发生，涌出量很不均匀地间断涌出，包括瓦斯喷出和煤与瓦斯突出。

影响瓦斯涌出量的主要因素可分为自然因素和开采技术因素。

(1) 自然因素

1) 煤层和围岩的瓦斯含量是影响瓦斯涌出量大小的决定性因素。煤层瓦斯含量高，一般采掘过程中瓦斯涌出量也就大。

2) 瓦斯涌出量随着煤层埋藏度的增大而增加。

3) 开采近距离煤层群时，工作面瓦斯涌出量随开采煤层上部小煤层总厚度的增加而增加。

4) 地面大气压力变化，对矿井瓦斯涌出量有一定影响。气压下降，瓦斯涌出量增加；气压上升，则瓦斯涌出量减小。大气压所引起的瓦斯涌出量变化，应在日常瓦斯管理中引起足够的重视。

(2) 开采技术因素

1) 多煤层开采顺序对瓦斯涌出量影响显著。

2) 矿井瓦斯涌出量随着产量的提高而增加。

3) 落煤方式不同，采煤工作面瓦斯涌出量也不一样。

4) 顶板压力增大，瓦斯涌出量增加。

2. 矿井瓦斯涌出来源规律

矿井瓦斯来源可大致按采煤、掘进、已采区和其他四个部分进行统计。在矿井投产初期、生产昌盛期及产量衰减期，上述四个部分的矿井瓦斯涌出量所占的比重是不同的。

矿井投产初期，采煤产量低，掘进开拓巷道多，掘进瓦斯涌出量占的比重较大；矿井产量达到设计产量后，回采煤量逐渐增多，进入生产昌盛期，采煤瓦斯涌出量增多，占矿井总瓦斯涌出量的比重明显增大；矿井产量进入衰减期，已采区面积占据了井田面积的大部分，因而，已采区的瓦斯涌出成为矿井瓦斯的主要来源。

分析瓦斯来源及各自所占的比重，可有针对性地治理瓦斯，对矿井生产有重要意义。瓦斯来源可按水平、翼、采区来划分；采区内的瓦斯涌出又可进一步划分为采煤工作面瓦斯涌出和掘进工作面瓦斯涌出；对于开采煤层群的采煤工作面，受采动影响，顶板冒落，上覆岩层产生裂隙，可能与邻近煤层沟通，其瓦斯来源又有本煤层瓦斯涌出和邻近层瓦斯涌出之分。

（1）采煤工作面瓦斯来源分析

采煤工作面瓦斯的涌出来源于两部分：本开采层和受采动影响的邻近煤层与围岩。本开采层的涌出量因开采工序的不同在时间上有很大变化，当放顶或爆破时，瓦斯涌出量会急剧增大，风流中瓦斯浓度相应升高，当采煤机落煤时，瓦斯涌出比修整工作时明显增大，但其变化幅度比放顶和爆破要小。来自邻近层的瓦斯涌出量主要取决于邻近层的原始瓦斯含量、距开采层的距离、顶板管理方法和工作面推进速度等。开采近距离高瓦斯邻近层且工作面采用全部垮落法管理顶板、工作面推进速度较快时，瓦斯涌出量大。开采近距离煤层群时，首采煤层的瓦斯涌出量将超过本煤层瓦斯含量的若干倍。厚煤层分层开采时也会出现类似于邻近层瓦斯涌出的现象，先开采的第一分层的瓦斯涌出不仅有本分层的瓦斯涌出，而且有尚未开采分层的瓦斯涌出，后采分层由于其原含有的瓦斯已预先排出一部分，瓦斯涌出明显减少，根据具体开采条件，第二分层的涌出量比第一分层要小一倍左右。以后各分层的涌出量逐层减少。

（2）掘进工作面瓦斯来源分析

掘进工作面的瓦斯涌出包括3部分：巷道壁、迎头煤壁和采落煤炭的瓦斯涌出。由于巷道各处的暴露时间不同，所以，离迎头的距离不同，单位面积巷道壁的瓦斯涌出量也不同。掘进工作面瓦斯涌出在时间和空间上的变化与掘进速度、落煤工艺和地质条件等有关。例如，炮采工作面刚爆破后，瓦斯涌出最快，回风流中瓦斯浓度最高，随着时间的推移，同一巷道断面上瓦斯浓度逐渐降低；一般在地质变化带、卸压带掘进时的瓦斯涌出量比在正常煤层中掘进时大，而在卸压后的稳定带内掘进时的瓦斯涌出量比正常煤层内小。在同一时刻，各个巷道断面上的瓦斯浓度不同，对于压入式通风，越远离工作面，瓦斯浓度越高而且上升的速度越来越小，这是由于越是处于风流的下游越是汇集了更多从煤壁涌出的瓦斯。

普通瓦斯涌出中，在时间和空间上存在着瓦斯涌出浓度的不均匀性。这是一种潜在的危险，值得重视。某一地点日最大瓦斯浓度与日平均浓度之比称为瓦斯涌出不均匀系数，采掘工作面的瓦斯涌出不均匀系数一般可达 1.4 或更大。瓦斯涌出不均匀系数通常是工作面的大于采区的，采区的一般大于一翼的，一翼的大于全矿井的。应根据矿井的具体情况，测定和选用恰当的瓦斯涌出不均匀系数，才能保证瓦斯浓度不超限。

实际上影响矿井瓦斯涌出量的因素是多方面的，在不同条件下，各因素的影响程度差别很大，要针对具体情况实地考察和分析，找出其主要影响因素及变化规律，有针对性地采取措施，才能做好瓦斯治理工作。

二、矿井瓦斯涌出预测

从目前国内外研究现状来看，矿井瓦斯涌出量预测方法可分为两类，一类是建立在数理统计基础上的矿山统计法，这种方法依据矿井瓦斯涌出量随开采深度变化的统计规律，外推到预测的新区；另一类是以煤层瓦斯含量为基本预测参数的瓦斯含量法，这种方法通过计算井下各涌出源的瓦斯涌出量，得到矿井或某一预测范围的涌出量预测值。

1. 矿山统计法

矿山统计法又可分为瓦斯梯度法和一元回归法两种。

(1) 瓦斯梯度法

瓦斯梯度是指相对瓦斯涌出量每增加 1 m^3/t 时深度增加的米数，即：

$$\alpha=\frac{H_2-H_1}{q_2-q_1} \tag{5—7}$$

式中 H_1、H_2——瓦斯风化带以下两次测定的涌出量的深度（$H_2>H_1$），m；

q_1、q_2——对应于 H_1、H_2深度的相对瓦斯涌出量，m^3/t。

利用求得的瓦斯梯度，可对深部的瓦斯涌出量进行预测：

$$q=q_1+\frac{H-H_1}{a} \tag{5—8}$$

式中 q——待求深度的相对瓦斯涌出量，m^3/t；

H——对应于 q 的深度，m。

(2) 一元回归法

如果在已采区域测定多个点的瓦斯涌出量，那么利用回归分析方法可得到更高的预测精度。假定根据某矿已采区的瓦斯涌出量的实测数据可作散点图，如图 5—1 所示。

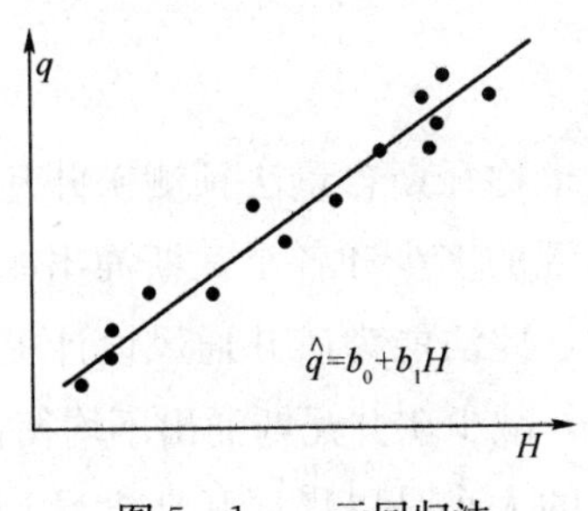

图 5—1 一元回归法

回归方程：

$$q=b_0+b_1H \tag{5—9}$$

式中 $$b_1=\frac{\sum Hq-(\sum H)(\sum q)/n}{\sum H^2-(\sum H)^2/n}$$

$$b_0=\bar{q}-b_1H$$

统计检验：如果数据点的散点图如图 5—2 所示，建立的直线回归方程是没有意义的，因此，对所建立的回归方程应进行统计检验。

相关系数：

$$r=\frac{\sum Hq-(\sum H)(\sum q)/n}{\sqrt{[\sum H^2-(\sum H)^2/n][\sum q^2-(\sum q)^2/n]}},\ 0\leqslant r\leqslant 1 \tag{5—10}$$

曲线回归：如果数据点呈曲线分布，需要根据曲线类型建立曲线回归方程。图 5—3 所示的曲线回归方程为：

$$q=b_0H^{b_1} \tag{5—11}$$

两边取对数：$\lg q=\lg b_0+b_1\lg H$。令 $q'=\lg q$、$b'_0=\lg b_0$、$H'=\lg H$，则 $q'=b'_0+b_1H'$，即可按一元线性回归方法求解。

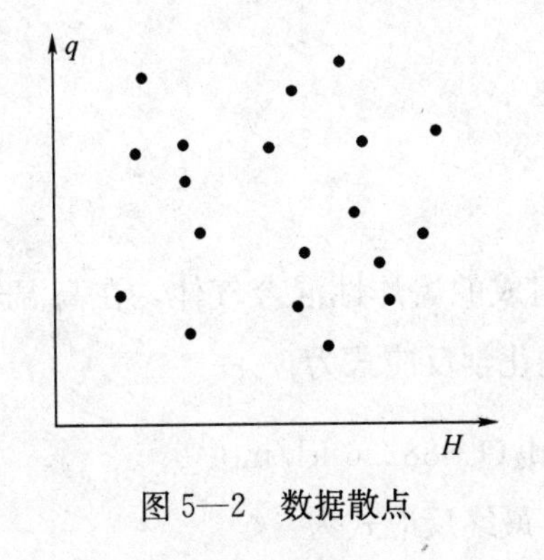

图 5—2 数据散点

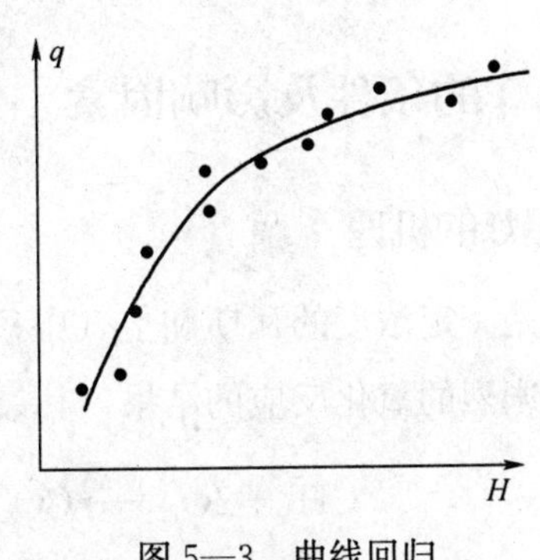

图 5—3 曲线回归

2. 分源法

分源法预测矿井瓦斯涌出量也称瓦斯含量法预测矿井瓦斯涌出量。该预测方法的实质是按照矿井生产过程中瓦斯涌出源的多少和各个瓦斯涌出源涌出瓦斯量的大小，来预计矿井各个时期的瓦斯涌出量。因此，此法能为矿井通风设计提供更合理的矿井瓦斯涌出量基础资料，并为煤层如何合理配采，减少矿井瓦斯涌出不均衡提供科学依据。

各个瓦斯涌出源涌出瓦斯量的大小是以煤层瓦斯含量、瓦斯涌出规律及煤层开采技术条件为基础进行计算确定的。矿井瓦斯涌出的源、汇关系如图 5—4 所示。

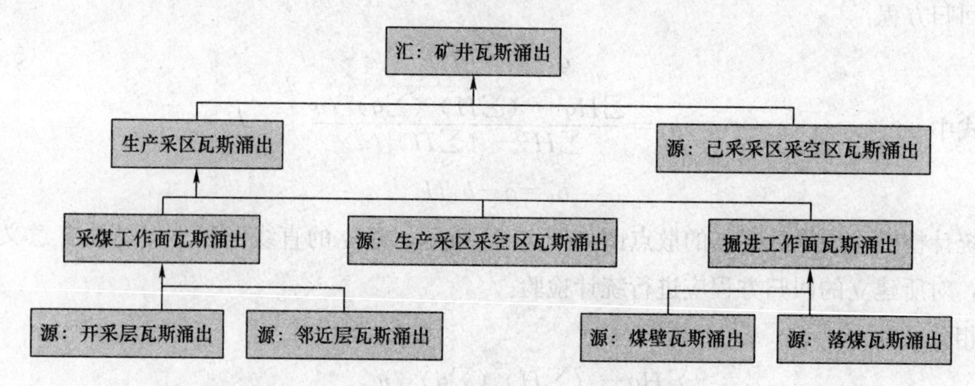

图 5—4　矿井瓦斯涌出源、汇关系图

第四节　矿井瓦斯爆炸及其防治

一、瓦斯爆炸的条件及影响因素

1. 瓦斯爆炸的机理

瓦斯爆炸是一定浓度的瓦斯和空气中氧气组成的爆炸性混合气体，在高温热源的作用下发生复杂的剧烈的氧化反应的结果，其最终的化学反应式为：

$$CH_4+2O_2 \xrightarrow{\text{高温}} CO_2+2H_2O+882.6\ \text{kJ/mol}$$

当空气中的氧气不足或反应进行不完全时，最终反应式为：

$$CH_4+O_2 \longrightarrow CO+H_2+H_2O$$

从以上两式可知：瓦斯在高温作用下，与氧气发生化学反应，生成二氧化碳或者一氧化碳和水，并放出大量的热，这些热量能够使反应迅速向外冲击而产生动力现象，这就是瓦斯爆炸。

矿井瓦斯爆炸是一种热—链式反应。当爆炸混合物吸收一定能量（通常是引火源给予的热能）后，反应分子的链即断链，分解成两个或两个以上的游离基（也叫自由基）。这类游离基具有很大的化学性，成为反应连续进行的活化中心。在适当的条件下，每一个游离基又可以进一步分解，再产生两个或两个以上的游离基。这样循环不已，游离基越来越多，化学反应速度也越来越快，最后就可以发展为燃烧或爆炸式的氧化反应。根据爆炸的传播速度，可燃混合气体的爆炸又可分为爆燃和爆轰两种状态，表 5—2 为爆燃和爆轰的有关指标，可见爆轰比爆燃要猛烈得多。

表 5—2　可燃可爆气爆燃与爆轰间的定性判断

项目	数值范围		备注
	爆轰	爆燃	
U_b/C_0	5～10	0.0001～0.03	C_0是未燃混合气体中的音速，U是燃烧速度，p是压力，T是绝对温度，ρ是密度。下标 b 表示燃烧后状态，0 表示初始状态
U_b/U_0	0.4～0.7	4～6	
P_b/p_0	13～55	0.976～0.98	
T_b/T_0	8～21	4～16	
ρ_b/ρ_0	1.4～2.6	0.06～0.25	

2. 瓦斯爆炸的条件

瓦斯爆炸必须具备 3 个条件，即一定浓度的瓦斯、足够的氧气和一定温度的引爆火源且存在时间大于瓦斯的引火感应期，三者缺一不可。

（1）瓦斯浓度

矿井瓦斯能否爆炸，首先取决于矿井瓦斯浓度。大量科学试验和研究表明，瓦斯爆炸具有一定的浓度范围，只有在这个浓度范围内，瓦斯才能够爆炸，这个范围称为瓦斯爆炸的极限。最低爆炸浓度叫爆炸下限，最高爆炸浓度叫爆炸上限。在新鲜空气中，瓦斯爆炸的界限一般认为是 5%～16%。必须说明的是，瓦斯爆炸的界限不是固定不变的，它受到许多因素的影响。

当瓦斯浓度低于 5%时，由于参加化学反应的瓦斯较少，不能形成热量积聚，因此，不能爆炸，只能燃烧。燃烧时，在火焰周围形成比较稳定的、呈现蓝色或淡青色的燃烧层。当瓦斯浓度达到 5%时，瓦斯就能爆炸；浓度由 5%升至 9.5%时，爆炸威力逐渐增强；在浓度为 9.5%时，因为空气中的全部瓦斯和氧气都能参加反应，所以，这时的爆炸威力最强（这是地面条件下的理论计算，而在煤矿井下，通过实验和现场测定，爆炸威力最强烈的实际瓦斯浓度为 8.5%左右。这是因为井下空气湿度较大，含有较多的水蒸气，氧化反应不可能进行得十分充分)；瓦斯浓度由 9.5%升至 16%时，爆炸威力呈逐渐减弱的趋势；当高于 16.5%时，由于空气中的氧气不足，满足不了氧化反应的全部需要，只能有部分的瓦斯与氧气发生反应，所生成的热量被多余的瓦斯和周围介质吸收而降温，所以也就不能燃烧或爆炸，但如果有新鲜空气供入，在混合气体与新鲜空气的接触面上可进行燃烧。

(2) 氧气含量

大量实验表明，瓦斯爆炸界限随着混合气体中氧气浓度的降低而缩小。氧气浓度降低时，瓦斯爆炸下限缓慢地增高，而瓦斯爆炸的上限则迅速下降；当氧气浓度降到 12%时，混合气体中的瓦斯就失去了爆炸性，遇火也不会爆炸。

由于氧气含量低于 12%时，短时间内就能导致人窒息死亡。因此，我国煤矿规定，井下工作地点氧气含量不得低于 20%。因此，在正常生产的矿井中，采用降低空气中的氧气含量来防止瓦斯爆炸是没有实际意义的。但是，对于已封闭的火区，采取降低氧气含量的措施，却有十分重要的意义，因为火区内往往积存有大量瓦斯，且有火源存在，如果不按规定启封火区或火区封闭不严造成大量漏风，一旦氧气浓度达到 12%时，就有发生爆炸的可能。

(3) 高温火源

瓦斯爆炸的第三个基本条件是高温火源的存在。点燃瓦斯所需的最低温度，称为引火温度。瓦斯的引火温度一般认为是 650～750℃，最小能量为 0.28 mJ 和持续时间大于爆炸感应期。明火、煤炭自燃、电气火花、炽热的金属表面、吸烟、爆破、架线火花以及撞击和摩擦产生的火花等都足以引燃瓦斯。因此，消灭井下一切火源是预防瓦斯爆炸的重要措施之一。应当指出，瓦斯爆炸的引火温度也并不是固定不变的，它同样受很多因素的影响。

3. 瓦斯爆炸的影响因素

瓦斯爆炸的基本条件受很多因素的影响，以下就爆炸界限和引火温度两个方面进行介绍。

(1) 影响爆炸界限的因素

影响瓦斯爆炸界限的主要因素有可燃性气体、煤尘、惰性气体及混合气体的初始温度等。

1) 可燃气体混入。在瓦斯和空气混合气体中，如果有一些可燃性气体（如硫化氢、乙烷等）混入，则由于这些气体本身具有爆炸性，不仅增加了爆炸气体的总浓度，而且会使瓦斯爆炸下限降低，从而扩大了瓦斯爆炸的界限。多种可燃气体同时存在时，可根据下式求出混合气体的爆炸界限：

$$C=\frac{x}{\frac{x_1}{C_1}+\frac{x_2}{C_2}+\cdots+\frac{x_n}{C_n}} \qquad (5—12)$$

式中　C——混合气体的爆炸上、下限，%；

C_1、C_2、…、C_n——混合气体中各种可燃气体的爆炸上、下限（见表5—3），%；

x_1、x_2、…、x_n——混合气体中各种可燃气体的含量（体积百分比），%；

x——可燃气体的总含量，$x=x_1+x_2+\cdots+x_n$，%。

表5—3　几种可燃气体的爆炸界限（按体积）

气体名称	下限（%）	上限（%）	气体名称	下限（%）	上限（%）
甲烷 CH_4	5.0	16.0	乙烯 C_2H_4	3.0	16.0
乙烷 C_2H_6	3.2	12.5	乙炔 C_2H_2	2.3	82.0
丙烷 C_3H_8	2.4	9.5	氢 H_2	15.7	27.0
丁烷 C_4H_{10}	1.9	8.5	硫化氢 H_2S	4.3	45.5
戊烷 C_5H_{12}	1.4	8.0	一氧化碳 CO	12.5	75.0
己烷 C_6H_{14}	1.2	7.0	氨 NH_3	15.7	27.4

2）爆炸性煤尘的混入。多数矿井的煤尘本身就具有爆炸性。当瓦斯和空气的混合气体中混入有爆炸危险的煤尘时，由于煤尘本身遇到火源会放出可燃性气体，因而会使瓦斯爆炸下限降低。根据实验可知，空气中煤尘含量为5g/m^{3}时，瓦斯的爆炸下限降低到3%；煤尘含量为8g/m^{3}时，瓦斯爆炸下限降低到2.5%。显然，正常情况下，空气中的煤尘含量达到这样高的程度是不可能的，但当沉积煤尘被爆炸风流吹起时，却十分容易达到这样高的煤尘含量。因此，对于有煤尘爆炸危险的矿井做好防尘工作，从防止瓦斯爆炸的角度来讲也是十分重要的。

3）惰性气体的混入。惰性气体是指不太容易与其他气体分子结合、化学性质不太活泼的气体，如氮气、二氧化碳等。在瓦斯和空气的混合气体中，混入惰性气体将使氧气的含量降低，可以缩小瓦斯爆炸的浓度范围，降低瓦斯爆炸的危险性。

4）混合气体的初始温度。混合气体的初始温度是指爆炸之前混合气体的温度。试验表明，初始温度越高，瓦斯爆炸界限就越大，即初始温度增高，瓦斯爆炸下限将下降、上限上升。当初始温度为20℃时，瓦斯爆炸界限为6.0%～13.4%；初始温度为700℃时，瓦斯爆炸界限为3.25%～18.75%，见表5—4。所以，井下发生火灾或爆炸时，产生的高温会使原来并未达到爆炸浓度的瓦斯发生爆炸，在救灾时应特别注意这一点。

表5—4　初始温度与瓦斯爆炸界限的关系

初始温度（℃）	20	100	700
爆炸界限 CH_4（%）	6～13.4	5.45～13.5	3.25～18.75

（2）影响引火温度的因素

影响瓦斯爆炸引火温度的主要因素有瓦斯浓度、混合气体压力及火源性质等。

1）瓦斯浓度。不同的瓦斯浓度所需要的引火温度（引起爆炸的最低温度）也不同。一般情况下，瓦斯浓度为7%～8%时，其引火温度最低。也就是说，瓦斯最容易引爆的浓度是7%～8%。高于这个浓度，所需引火温度也就增高，这是因为瓦斯热容量较大，吸收的热量较多；当瓦斯浓度过低时，也不易引燃，所需引火温度也比较高。

2）混合气体压力。混合气体的压力越大，引火温度就越低。例如，当瓦斯与空气混合气体的压力为9.8 kPa时，引火温度为700℃；压力为274 kPa时，引火温度为460 ℃。当混合气体瞬间被压缩到原来体积的1/20时，由于混合气体被压缩而自身产生的热量就能使其自行爆炸。引火温度随着混合气体压力的增高而降低，这对加强爆破管理有很大的指导意义。因为爆破时能产生很大的气体压力，大大降低了引火温度，因而就比较容易发生爆炸事故。

3）火源性质。火源有多种，不同的火源有不同的性质，它们的温度、存在时间及表面积等也都不同，而这些都能对瓦斯爆炸的引火温度产生很大影响。

二、瓦斯爆炸的危害及原因分析

1. 瓦斯爆炸的危害

瓦斯爆炸的危害主要表现在以下4个方面：

（1）高温

试验研究表明，当瓦斯浓度为5%时，爆炸产生的瞬时温度在自由空间内可达1850℃。由于井下巷道是半封闭空间，其内的瓦斯爆炸温度在1850～2650℃之间，这么高的温度，不仅会烧伤人员、烧坏设备，还可能引起井下火灾，扩大灾情。

（2）高压

瓦斯爆炸产生的高温，会使气体突然膨胀而引起气体压力的骤然增大，对周围物体产生极大的破坏作用。

瓦斯爆炸后的气体压力可用下式计算：

$$P_1 = P_0 \frac{273 + t_1}{273 + t_0} \tag{5—13}$$

式中 P_0、t_0——爆炸前混合气体的压力（Pa）和温度（℃）；

P_1、t_1——爆炸后混合气体的压力（Pa）和温度（℃）。

瓦斯爆炸前、后气体压力大小之比可用下式计算：

$$\frac{P_1}{P_0}=\frac{P_0\,\frac{273+t_1}{273+t_0}}{P_0}=\frac{273+t_1}{273+t_0} \tag{5—14}$$

当发生瓦斯连续爆炸时，由于叠加作用，爆炸产生的冲击压力会越来越高，其破坏威力也就越来越大。在高温、高压作用下，爆源处的气体和火焰以极高的速度（每秒几米至几千米）向前冲击时，会造成人员伤亡、设备和巷道的破坏。

瓦斯爆炸时，常常伴随产生两种冲击：正向冲击和反向冲击。

1）正向冲击（也称直接冲击）。在爆炸产生的高温、高压作用条件下，爆源附近的气体以极高的速度向四周扩散，在所经过的路程形成威力巨大的冲击波的现象，称为正向冲击。

2）反向冲击（也称回程冲击）。瓦斯爆炸后由于附近爆源气体以极高的速度向外冲击，爆炸生成的一些水蒸气随着温度的下降很快凝结成水，在爆源附近形成空气稀薄的负压区，致使周围被冲击的气体又高速返回爆源地点，形成反向冲击，其破坏性更为严重。当回冲气流中有足够的瓦斯和氧气时，遇到尚未熄灭的爆炸火源，将会引起二次爆炸，造成更大的灾害破坏，加剧事故损失。

（3）火焰锋面

伴随高压冲击波产生的另一危害是火焰锋面，火焰锋面是瓦斯爆炸时沿巷道运动的化学反应和高温气体的总称。其传播速度可在宽阔的范围内变化，从正常的燃烧速度 1～2.5 m/s到爆轰波传播速度 2 500 m/s，火焰锋面温度可达 2 150～2 650℃。火焰锋面所经过的地方，可以造成人体大面积皮肤烧伤或呼吸器官及食道、胃等黏膜烧伤，可烧坏井下的电气设备、电缆，并可能引燃井巷中的可燃物，产生新的火源。

（4）有毒有害气体

瓦斯爆炸后，将产生大量有害气体。据分析，瓦斯爆炸后的气体成分为：氧气（O_2）6%～10%、氮气（N_2）82%～88%、二氧化碳（CO_2）4%～8%、一氧化碳（CO）4%～2%。显然，爆炸后有害气体生成量会更大，危害就更为严重。统计资料表明，在发生的瓦斯、煤尘爆炸事故中，死于一氧化碳中毒的人数占总死亡人数的70%以上。因此，强调入井人员必须佩戴自救器是非常必要的。

2. 瓦斯爆炸的一般规律

国内外煤矿瓦斯爆炸的统计资料表明：

（1）煤矿内的任何地点都有发生瓦斯爆炸的可能性。

（2）大部分瓦斯爆炸发生在含瓦斯煤层的采掘工作面，其中又以掘进工作面占多数。

（3）采煤工作面容易发生瓦斯爆炸的地点是上隅角及其附近。

掘进工作面容易发生爆炸的原因：一方面是局部通风管理比较复杂，容易出现失误或管理不善，如局部通风机任意关闭而临时停风、风筒损坏或接口不严而漏风、风筒末端距工作面太远而造成工作面风量不足和风速过低等，不能将瓦斯及时冲淡、排出而导致瓦斯积聚，达到爆炸浓度；另一方面，煤巷掘进多用电钻打眼、爆破，机电设备防爆性能会出现不良、爆破会出现不合规定，因而产生引爆火源的可能性就较大。

采煤工作面上隅角容易发生瓦斯爆炸的原因：一方面，上隅角容易出现瓦斯积聚；另一方面，由于上隅角附近往往设置有回柱绞车等机电设备，且上隅角附近的煤体在集中应力作用下变得疏松，自由面较多，爆破时容易产生虚炮，产生引爆火源的机会较多。

3. 瓦斯爆炸的原因

一般来说，瓦斯爆炸由三个方面的因素促成，分别是瓦斯积累、引爆火源和某些人员的违章或失职。瓦斯积聚和引爆火源是造成瓦斯爆炸的基本条件，但是瓦斯爆炸大多又是因为某些人员的违章和失职而导致的，因为，如果没有某些人员的违章或失职，瓦斯积聚和引爆火源就不会出现，即使出现也将大大减少且能得到及时妥善处理，瓦斯爆炸事故就能被控制和杜绝。而大量事实确实也表明了，多数瓦斯爆炸事故的发生是由于一些人员违反三大规程，尤其是瓦检员、爆破工、电钳工及班组长等不能尽职尽责，麻痹大意，甚至违章违纪造成的。

（1）瓦斯积聚的原因

矿井局部空间的瓦斯浓度达到 2%，其体积超过 0.5 m^3 的现象，就被称为瓦斯积聚。瓦斯积聚是造成瓦斯爆炸事故的根源。如果对井下瓦斯状况不了解、矿井通风系统布置不合理、毁坏通风设施等，都容易造成瓦斯积聚。瓦斯积聚的直接原因主要分为如下 7 种：

1）局部通风机停止运转引起瓦斯积聚。这种现象导致瓦斯爆炸的比例最大，有的是设备检修，有计划停电、停风；有的是机电故障，工作面临时停工而停风；还有的是局部通风机管理混乱、任意开停等。

2）风筒断开或严重漏风引起瓦斯积聚。主要是施工人员不爱护通风设施，将风筒掐断、压扁、刮坏等，而通风人员又不能及时发现，并进行维护、修补，造成掘进工作面风量不足而导致瓦斯积聚。

3）采掘工作面风量不足引起瓦斯积聚。瓦斯积聚多因风量不足引起，而造成风量不足的原因是多种多样的。不按需要风量配风、通风巷道冒顶堵塞、风流短路、单台局部通风机供多头、风筒出口距掘进工作面太远等，都可能造成采掘工作面风量小、风速低，不能稀释、带走涌出的瓦斯而导致积聚。

4）风流短路引起瓦斯积聚。造成风流短路的主要原因是打开风门而不关闭，其次是巷道贯通后不及时调整通风系统。

5）通风系统不合理、不完善引起瓦斯积聚。自然通风、串联通风、扩散通风、无回风道的独眼井及局部通风机循环风等都是不合理通风。由于通风系统不正规、不完善而引起瓦斯积聚导致爆炸的事例很多，也很严重。

6）采空区或盲巷瓦斯积聚。采空区或盲巷没有风流通过，往往积存有大量高浓度瓦斯，由于气压变化使其涌出或因冒顶突然压出而导致爆炸事故。

7）瓦斯涌出异常引起积聚。断层、褶曲或地质破碎地带等是瓦斯的富集区域，在接近或通过这些地带时，瓦斯涌出可能突然增大，或者忽小忽大变化无常，而且容易冒顶造成瓦斯积聚，如若不倍加小心和特别注意，也很容易发生爆炸事故。

（2）引爆火源的产生

有点火源出现在瓦斯积聚并达到爆炸界限的区域才能引起瓦斯爆炸事故。在正常生产时期，存在许多足以引爆瓦斯的火源，主要是以下 4 种：

1）电火花。由于管理不善或操作不当而由井下照明设备的电源、电器装置产生的电火花，是引起瓦斯爆炸的主要火源之一。

2）爆破火花。爆破是采煤过程的一道主要工序，而由爆破产生火花而引起的瓦斯爆炸事故一直都没有得到有效控制。爆破火花是引爆瓦斯事故的另一主要火源。其主要原因是使用了不符合安全要求的炸药或炸药已经超过安全有效期限；充填炮泥不合格，造成爆破火焰或炸药已经超过安全有效期限；爆破炮眼布置不合理，抵抗线过低，或放明炮、糊炮等；爆破电路连线不合格，产生电火花；爆破器不合格或使用明电爆破等引起的。

3）撞击摩擦火花。井下因撞击和摩擦产生火花的情形多种多样，机械设备之间的撞击、截齿与坚硬夹石之间的摩擦、坚硬顶板冒落时的撞击、金属表面之间的摩擦等，都可能产生火花而引爆瓦斯。随着机械化程度的提高，因机电设备撞击出现摩擦火花而引起的爆炸事故也在逐渐增多，其仅次于电火花和爆破火花的引爆次数。

4）明火。井下是绝对不准出现明火的。但由于种种因素的影响，井下明火未能杜绝而由此引爆瓦斯的事故也时有发生。井下明火的主要来源有煤炭自然发火及形成的火区、井下电焊、吸烟等。

（3）人为因素

从引爆火源产生的原因和瓦斯积聚的原因分析中，不难看出电火花产生的主要原因是机电部门及有关人员没有尽职尽责、管理不善，是机电部门的责任；而爆破产生火花则多是因爆破工失职，甚至违章操作造成的，是爆破工的责任；瓦斯积聚、处理不力而引起的瓦斯爆炸事故，通风部门尤其是瓦检员有着不可推卸的责任。所以，所有在井下工作的人员，尤其是某些特殊岗位的工作人员绝不能麻痹大意、违章违纪。

三、预防瓦斯爆炸的措施

瓦斯爆炸的原因是复杂的，危害是严重的，但并不是不可预防的。防治煤矿瓦斯爆炸事故，必须从技术上、管理上消除引发瓦斯爆炸的基本条件，主要应从以下三个方面着手：一是防止瓦斯积聚；二是防止引爆瓦斯；三是防止瓦斯爆炸灾害扩大。

1. 防止瓦斯积聚的措施

（1）加强通风管理

防止瓦斯积聚最主要的措施是加强通风，使井下各采面和巷道中空气的瓦斯浓度不超过《煤矿安全规程》规定。

1）建立完善合理的通风系统。要做到稳定、连续地向井下所有用风地点供风，保持足够的风量，以保证及时排出和冲淡矿井瓦斯和其他有害气体，使井下各处的瓦斯浓度及其他有害气体的浓度均符合《煤矿安全规程》的要求。

2）实行分区通风。各水平、各采区要有单独的回风巷道，使通过采掘工作面的污浊风流直接进入采区回风巷或矿井的总回风巷，不得串联通风。

3）建筑通风构筑物。为保证矿井正常通风，应在井下适当位置设置控制风流的设施和设备，如风门、风桥、挡风墙、调节风窗、局部通风机和风筒等。这些通风设施要及时建筑与安设，并要确保规格、质量，经常检查维修，保持完好，及时调节有效风量。所有风门都要能自动关闭，通行电车及斜运输巷的风门要能自动开关，不能自动开关的隔绝风门应安设闭锁装置，应保证两道风门不能同时打开，以避免风流短路。

4）巷道贯通后应及时调整通风系统。掘进巷道与其他巷道贯通前必须编制专门安全打桩措施，包括调整通风系统的安全措施，并做好充分的准备工作。被贯通的巷道要保持正常通风，且瓦斯含量符合规定。贯通前每放一次炮都要检查瓦斯和通风情况，确保已符合《煤矿安全规程》要求时，方可放下一次炮，直至贯通。贯通后，必须立即调整通风系统，保证有足够风量，防止瓦斯积聚，待通风系统稳定、正常、可靠，瓦斯浓度在1%以下后，方可恢复其他工作。

（2）及时处理局部积聚的瓦斯

井下任何地点，瓦斯浓度超过2%，体积大于0.5 m^3时，为局部瓦斯积聚。局部瓦斯积聚是重大安全隐患，必须尽力避免和及时处理。为加强局部通风管理，防止瓦斯积聚，应做到以下几点：

1）局部通风机及启动装置必须安设在新鲜风流中，距回风口不得小于10 m。

2）风筒吊挂要平直，拐弯处应设弯头或缓慢拐弯，不能拐死弯。风筒应无破口，接头应严密不漏风，异径风筒要设过渡节，先大后小，不能花接。

3）严格执行风筒“三个末端”管理，即风筒末端距掘进工作面的距离必须符合作业规程要求，风筒末端出口风量要大于40 m^3/min，风筒末端回风瓦斯浓度必须符合《煤矿安全规程》规定。

4）高、突矿井（区域或掘进工作面）的局部通风机和掘进工作面的电气设备要实现“三专（专用变压器、专用开关、专用线路）”“两闭锁（风电闭锁和瓦斯电闭锁）”。低瓦斯矿井的采掘工作面的供电要分开。

5）局部通风机要挂牌并指定专人管理或派专人看管。

6）局部通风机不准任意开停。有计划停电、停风要编制安全措施，履行审批手续，并严格执行。试验低压检漏装置而关停局部通风机时，必须有电工、瓦检员和专检员、局部通风机的管理人员或掘进班组长在场，方可进行工作。停风、停电前，必须先撤出人员并切断电源，恢复通风前，必须检查瓦斯，符合规定后，方可人工开动局部通风机。

7）一台局部通风机只准给一个掘进工作面供风，严禁单台局部通风机供多头的通风方式。

8）通风距离长且瓦斯涌出量较大的掘进工作面要推广双风机、双电源、自动换机、自动分风装置，以保证运转的局部通风机发生故障时，备用局部通风机能自动启动，确保掘进工作面不间断连续供风。

9）安设局部通风机的进风巷道所通过的风量，要大于局部通风机风量的1.43倍，以保证局部通风机不发生循环风。

10）由于机电故障等无计划停风或节假日检查等有计划停风的掘进工作面，都必须进行排放瓦斯工作，只有在排放后，恢复正常通风、瓦斯符合规定的情况下，方可入内进行生产活动。

11）临时停工的掘进工作面不准停风，并设栅栏、切断电源、加强检查。长期停工的掘进工作面要在24 h内封闭完好，并定期检查。

（3）加强瓦斯检查与监测

瓦斯矿井，尤其是高瓦斯矿井必须加强瓦斯检查的管理工作和建立完善的瓦斯监测系统。加强瓦斯检查必须要做到建立健全瓦斯检查制度；配备足够的瓦检人员；瓦检员要尽职尽责；严格按规定次数检查；加强爆破时的瓦斯检查；加强恢复通风时的瓦斯检查；加强高顶、盲巷和机电设备附近的瓦斯检查；严格控制风流瓦斯浓度。而建立完善的瓦斯监测系统则需要加大对预防瓦斯爆炸事故的经济投入，要依附于科学技术的进步与发展，发明和生产新的安全监测仪器和设备。

（4）抽放煤层瓦斯

抽放煤层瓦斯，提高抽放效果，是防止瓦斯积聚、杜绝瓦斯事故的“治本”措施。有条件的矿井或区域，都应积极采取这一措施。

2. 防止引燃瓦斯的措施

防止瓦斯引燃的基本原则是：禁止一切非生产火源，对生产中可能出现的火源进行严格控制和管理。井下可能引燃瓦斯的火源主要有电火花、爆破火焰、摩擦火花及明火等，对这些火源的管理与控制可采取以下措施。

（1）防止明火

1）禁止在井口房、通风机房、瓦斯机房周围 20 m 以内使用明火、吸烟或用火炉取暖。

2）严禁携带香烟（烟草）、火柴入井，严禁携带易燃品入井，必须带入井下的易燃品要经矿总工程师批准。

3）井下禁止使用电炉或灯泡取暖。

4）不得在井下和井口房内从事施焊作业，如必须在井下主要硐室、主要进风巷和井口房内从事电焊、气焊和使用喷灯焊接时，每次都必须制定安全措施，报矿长批准，并遵守《煤矿安全规程》有关规定，回风巷不准进行施焊作业。

5）严禁在井下存放煤油、变压器油等，井下使用的棉纱、布头、润滑油等，必须放在有盖的铁桶内，严禁乱扔乱放和抛洒在巷道、硐室或采空区内。

6）防止煤炭氧化自燃，加强火区检查与管理，定期采气分析，防止复燃。

（2）防止炮火

1）严格执行火药、爆破管理，井下严禁使用产生火焰的爆破器材和爆破工艺。

2）瓦斯矿井要使用安全炸药，不合格或变质的炸药不准使用。

3）炮眼深度和装药量要符合作业规程规定，炮泥装填要满、要实，防止爆破打筒产生火花，坚持推广使用水炮泥。

4）禁止使用明接头或裸露的爆破母线，爆破母线与发爆器的连接要牢固，防止产生电火花，爆破工尽量在入风流中启动发爆器。

5）禁止放明炮、糊炮。

6）严格执行“一炮三检”和“三人连锁放炮”制。

（3）防止电火

1）瓦斯矿井必须采用矿用安全型、防爆型和安全火花型的电气设备，对电气设备的防爆性能要定期、经常检查，不符合要求的要及时更换或修理，否则，不准使用。

2）井口和井下的电气设备必须有防雷和防短路保护装置。

3）所有电缆接头不准有“鸡爪子”“羊尾巴”和明接头。

4）修理开关、接线盒等不准带电作业。

5）局部通风机开关要设风电闭锁装置、检漏装置等。

6）发放的矿灯要符合要求，严禁在井下拆开、敲打和撞击灯头和灯盒。

3. 防止瓦斯爆炸灾害扩大

防止瓦斯积聚和防止瓦斯引燃，都是预防瓦斯爆炸的措施，目的是阻止和消灭瓦斯爆炸事故的发生。但井下条件比较复杂，而且经常变化，所以，还要考虑一旦发生瓦斯爆炸，如何使爆炸波及的范围和灾害损失的程度缩减到最低限度。为此，应采取以下防止灾害扩大的措施。

（1）技术措施

1）实行分区通风。各水平、各采区都要有各自的独立的通风系统，互不干扰；高、突瓦斯矿井严禁采用任何形式的串联通风，严防瓦斯爆炸时有害气体窜入其他区域。

2）简化通风系统。通风巷道越短、越少越好，力求简单；总进风巷和总回风巷之间的距离不能太近；通风设施和巷道状态保持良好，风流稳定可靠；清除废巷、盲巷，尤其回风系统中更不允许存在盲巷，以防瓦斯积聚而引起连续爆炸。

3）搞好综合防尘。特别要注重沉积煤尘的治理，如采取清洗、扫除、撒布岩粉等措施，防止或减少煤尘参与爆炸的可能性。

4）编制救灾计划。各矿井每年初都要编制有针对性的、切合实际的《矿井灾害预防与处理计划》；每季度根据矿井的变化情况，进行修订和补充，并且组织所有入井职工认真学习、贯彻执行，使每个入井人员都能了解和熟悉一旦发生瓦斯爆炸时撤出和躲避的路线与地点；每年由矿长组织一次实战演习。

5）救灾要迅速、无误。抢救受灾人员时，首先要迅速搞清灾区和遇难人员的情况，尽快选择抢救路线，以最有效的方法迅速把人救出；其次要镇定、冷静，严防急中出错而扩大不必要的灾情。

（2）安全装置

1）防爆门。安有主要通风机的出风井口，必须装设防爆门或防爆井，以便在井下发生瓦斯爆炸时，冲击波将防爆门（或井盖）冲开，释放巨大能量，防止通风机受到破坏。

2）反风装置。主要通风机必须装有反风设备，并做到每季度至少检查一次，一年至少进行一次反风演习，操作时间和反风风量必须达到《煤矿安全规程》规定要求，保证在处理事故、需要紧急反风时能灵活使用。

3）隔爆设施。隔爆设备是根据瓦斯或煤尘爆炸时所产生的冲击波与火焰的速度差的原理设计的。爆炸时首先会产生冲击波，冲击波可使隔爆设施打开，将随后而来的火焰扑灭、隔住，从而使爆炸灾害范围不再扩大。隔爆设施分为被动式和自动式，我国目前采用的多为被动式，如水棚、岩粉棚等。

4）自救器。据统计，在瓦斯或煤尘爆炸事故中，死于一氧化碳中毒的人员占死亡总数的70％以上，因此，入井人员必须佩带自救器。每个入井人员不仅要做到随身携带自救器，而且要懂原理、会使用，在发生瓦斯爆炸或其他灾害时，能安全逃生。

第五节　煤与瓦斯突出

一、煤与瓦斯突出的概念

煤矿地下采掘过程中，在地应力和瓦斯的共同作用下，破碎的煤岩和瓦斯由煤（岩）体突然向采掘空间抛出的异常动力现象，称为煤（岩）与瓦斯突出，简称突出。它是矿井瓦斯涌出的一种特殊形式，是煤层开采过程中严重的自然灾害之一。煤与瓦斯突出时，能在几秒至几十秒的时间内将几吨到上万吨的煤和几百立方米到几百万立方米的瓦斯抛射到采掘空间。煤与瓦斯突出的危害极为严重，主要表现在如下五个方面：

1. 危及井下作业人员生命安全。
2. 破坏矿井正常的生产秩序。
3. 破坏井下设备和建筑物，如摧毁支架、推倒矿车、破坏通风设施等。
4. 诱发其他灾害事故，如瓦斯煤尘爆炸、瓦斯燃烧等。
5. 严重影响矿井的经济效益。

二、煤与瓦斯突出的分类及特征

在开采瓦斯煤层时，经常会发生一些瓦斯动力现象，有时还会造成一定的动力效应。这些事先没有预计到而突然发生的瓦斯动力现象外表很相似，然而其本质并不相同。目前，在我国按成因和特征将煤与瓦斯突出分为三类：煤与瓦斯突出、煤与瓦斯压出、煤与瓦斯倾出。

1. 煤与瓦斯突出

煤与瓦斯突出是在地应力和瓦斯的共同参与下发生的，而应力是发生突出的主要动力，其特征如下：

（1）突出的煤向外抛出距离较远，具有明显的分选性。

（2）抛出的煤堆积角小于煤的自然安息角。

（3）抛出的煤破碎程度较高，含有大量的煤块和手捻无粒感的煤粉。

（4）有明显的动力效应，破坏支架、推倒矿车、破坏和抛出安装在巷道内的设施。

（5）有大量的瓦斯涌出，瓦斯涌出量远远大于突出煤的瓦斯含量，有时会使风流逆转。

（6）突出孔洞呈口小腔大的梨形、舌形、倒瓶形以及其他分岔形等。

2. 煤与瓦斯压出

煤与瓦斯压出是由应力或开采层集中压力引起的，瓦斯只起次要作用。伴随着煤的突然压出，使回风流中瓦斯浓度增高，但一般不会引起巷道瓦斯超限。其特征表现如下：

（1）压出有两种形式，即煤的整体位移和煤有一定距离的抛出，但位移和抛出的距离都较小。

（2）压出后，在煤层与顶板之间的裂隙中，常留有细煤粉，整体位移的煤体上有大量的裂隙。

（3）压出的煤呈块状，无分选现象。

（4）巷道瓦斯涌出量增大。

（5）压出可能是无孔洞或呈口大腔小的楔形孔洞。

（6）压出时常伴随巷道底鼓。

3. 煤与瓦斯倾出

煤与瓦斯倾出是煤矿中常见的瓦斯动力现象。煤与瓦斯倾出主要是由重力引起的，而瓦斯在一定程度上也参与了倾出过程。这是由于瓦斯的存在进一步降低了煤的机械强度，瓦斯压力还促进了重力作用的显现。由于这种关系，煤的倾出能引起或转化为煤与瓦斯突出。在急倾斜煤层中，煤与瓦斯突出又多以煤与瓦斯倾出开始，最终转化为煤与瓦斯突出。其所具有的特征如下：

（1）倾出的煤就地按自然安息角堆积，并无分选现象。

（2）倾出的孔洞口大腔小，孔洞轴线压风沿煤层倾斜或铅垂方向（厚煤层）发展。

（3）无明显动力效应。

（4）倾出常发生在煤质松软的急倾斜厚煤层中。

（5）巷道瓦斯涌出量明显增大。

三、煤与瓦斯突出的机理

煤与瓦斯突出机理是解释突出原因和描述突出发生、发展过程的理论。对于开展瓦斯突出预测预报和正确地采取有效防突措施均具有重要的理论和实际意义。突出发生的突然性和危险性，使直接观测突出的发生和发展极为困难。

1. 煤与瓦斯突出的假说

根据对矿井发生突出事例的分析以及实验室和现场的观测研究，对煤与瓦斯突出发生的原因提出过许多假说。概括起来，突出假说大致有以下几类：

（1）瓦斯假说

瓦斯假说认为，引起突出并促使其发展的主要因素是煤中所含的高压瓦斯。在这类假说中，“瓦斯包”假说占有重要的地位。这种假说的支持者认为，在原始煤体中，存在着瓦斯压力比邻近区域高得多的“瓦斯包”，“瓦斯包”中的煤松软、揉皱、裂隙发育，周围煤体的透气性极小，使包中的高压瓦斯得以保存。当采掘工作面接近“瓦斯包”时，高压瓦斯则连同碎煤一起突出。至于“瓦斯包”如何形成，一般认为是地质构造破坏的结果，也有人认为与火成岩活动有关。一些研究者认为，在“瓦斯包”中并不一定有高压瓦斯，而是强调在煤层以及与其相邻的围岩中有空隙、裂隙异常发育的地段，由于在这些地段煤层与围岩中有裂隙网连通，使游离瓦斯大量增加。

（2）地压主导作用假说

地压主导作用假说是以地压为主导作用的假说。在这类假说中，构造应力说占有重要的地位，构造应力说又可分为残余构造应力说和现代应力说两种。地层中产生地质构造需要有庞大的力量，即构造应力。残余构造应力说认为，尽管在久远的年代地质构造已经形成，但在地质构造带煤层坚硬的围岩中，仍残存着部分构造应力，即残余构造应力，其值远大于自重应力。当巷道接近这些含有残余构造应力的岩层时，残余构造应力会像弹簧一样张开，释放其储存的大量弹性潜能，引起突出。但在漫长的地质变化过程中，残余构造应力是否能保存下来，引起了较大的争议，所以又有人提出了现代构造应力说，即现代构造应力大的区域即为突出危险区域。

（3）综合作用假说

综合作用假说认为：煤与瓦斯突出是由地应力、包含在煤体中的瓦斯以及煤体自身物理力学性质三者综合作用的结果。煤与瓦斯突出是一种力学现象，综合假说全面考虑了突出动力（地应力、瓦斯）和阻力（煤强度）两个方面的主要自然因素，因此，该假说得到了国内外突出研究者的普遍认可。

突出的发生与否取决于上述三因素的一定组合。对突出发生的区域条件来说，该区域的地应力越大，煤层瓦斯压力（含量）越高，煤越松软，则该区域的突出危险性就越大。对采掘工作面发生的一次突出来说，除与上述三因素的各个参数的原始值有关外，在很大程度上还取决于工作面附近的应力、瓦斯压力的分布状况和煤强度性质的变化。工作面前方应力和瓦斯压力梯度越大，煤强度越不均匀，则工作面的突出危险性也就越大。

2. 煤与瓦斯突出的发展过程

煤与瓦斯突出并非瞬间完成的，它有一个发生、发展的过程。各类巷道发生的强度各异的突出，其发生、发展过程可能不尽相同。根据地压观测和突出堆积物情况可以看出，有些突出不是一次完成的，而是有多个循环过程。根据当前对突出的理论认识和为数不多的现场和试验室对突出过程的观测，可把典型突出过程归结为准备、激发、发展和终止4个阶段。

(1) 准备阶段

准备阶段指突出发生前工作面前方煤体及围岩中能量的局部积聚过程。该阶段，在工作面前方形成较大的应力集中区，应力增大使煤体透气性降低，从而使瓦斯压力梯度升高，工作面前方煤体由三向应力状态转化为两向甚至单向应力状态，煤中产生新的裂隙。当石门工作面逐渐靠近煤层，在非均质煤层中的工作面逐渐接近坚硬的岩体，坚硬顶板条件下的采煤工作面悬顶面积逐渐加大以及工作面逐渐靠近地质破坏带时，都能使工作面前方煤层和围岩中积聚的能量逐渐增大。准备阶段形成的结果将使工作面处于突出危险状态，这时的工作面能显现有声和无声的各种突出预兆，此时如果停止工作面作业，那么突出将不会发生。

(2) 激发阶段

突出的激发阶段即为发动阶段。该阶段的特征是工作面附近的煤、岩体应力状态突然变化，使煤体突然破坏、移位，形成贯穿裂隙，发出巨响和冲击。这是由于顶、底板的震动，煤层所受应力呈波动变化，煤体中瓦斯压力忽高忽低也呈波动变化；由于煤体中贯穿裂隙的形成，使瓦斯压力的作用面积增大几倍至十几倍；由于煤孔隙率增大，部分解吸瓦斯转化为游离瓦斯。开采突出煤层的实践表明，下列几种情形容易引起应力状态突然变化而诱发突出。

1) 石门揭煤。

2) 工作面迅速推进到煤层，如爆破作业、快速打钻。

3) 工作面由硬煤区进入软煤区。

4) 工作面靠近和进入地质构造带。

5) 采煤工作面周期来压或初次来压。

6) 急倾斜煤层煤突然冒落。

(3) 发展阶段

突出发展阶段的持续时间一般为数十秒钟。该阶段的特征是煤体发生连续性的破碎，形成破碎波，破碎的煤在高速瓦斯的携带下向巷道抛出。

应力状态突然变化后，形成了新的暴露面，使地应力和瓦斯压力重新分布，当这些力不足以使煤体继续破坏时，突出将停留在激发阶段。只有当激发阶段的煤突然破坏的范围较大，使煤体暴露面进入高地应力和高瓦斯压力区时，才会使煤体连续破碎。突出模拟试验表明，煤体连续破碎是逐层进行的，煤体破碎是地应力和瓦斯压力共同作用的结果。

突出的发展有赖于形成足以抛出破碎煤的瓦斯流，即必须实现煤的抛出，否则，已破碎的煤将原地堆积、逐渐堵塞，使瓦斯突出不能发展。形成瓦斯流的瓦斯来自已破碎的煤和周围已破坏的煤体。已破碎的煤由于撞击与摩擦而进一步破碎，并且还会由于煤块内外瓦斯压差的作用而粉碎成更小的粒度。煤的粉碎加快了煤中吸附瓦斯的解吸，更有助于瓦斯流的形成。

突出发展过程可大致描述如下：当应力状态突然改变使瓦斯压力较大且瓦斯解吸初速度较快的煤体破碎时，瓦斯涌出增大，形成了足以携带碎煤的瓦斯流，瓦斯—煤流从已破碎煤区段喷出，从而在煤层中形成最初的突出孔洞。煤抛出后，孔洞周围煤体的破碎向煤体深部发展，由于结构破坏的软煤分层容易破碎，且在重力作用下，煤自上向下垮落，故破碎多沿软煤分层向上发展。当煤层强度非均质时，孔洞沿软煤发展，突出孔洞形成带有分岔的奇异形状，这是瓦斯压力参与煤破碎的良好证明。随着煤体破坏范围的增大和瓦斯涌出加剧，已形成的孔洞内再次聚集大量的瓦斯，在一次形成瓦斯—煤流向巷道喷出后，这种煤破碎和喷出可能循环多次。当抛入巷道的煤足够多、瓦斯量足够大时，有可能在整个巷道形成足以携带大量碎煤的瓦斯流（也称为瓦斯风暴），它可以将煤搬运几十或上百米的距离，这是在我国发生的特大型突出中常见的。

（4）停止阶段

通常认为突出停止有两个原因，一是破碎发展遇到硬煤段，地应力和瓦斯压力不足以继续破坏煤体；二是突出的煤将孔洞堵塞，在充满碎煤的孔洞中形成了较高的瓦斯压力，降低了煤体前沿的瓦斯压力梯度，使煤不能继续破碎和抛出。突出停止后，从抛出煤、孔洞残留煤和孔洞周围已松动煤体中，还会不断涌出瓦斯，时间可能持续几小时或几天。

根据以上对突出发展过程的分析，发生突出必须同时满足以下三个条件：

1）诱发因素（爆破落煤、石门揭煤、进入构造带、打钻等）使工作面附近煤（岩）体应力状态突然改变，并导致煤体局部的突然破坏，这是突出的激发条件。

2）突出激发后，煤的暴露面处于高地应力和高瓦斯压力区，使煤体能产生自发的连续破碎，这是突出的发展条件。

3）煤体和已破碎的煤能快速涌出瓦斯，足以形成能抛出已破碎煤的瓦斯流，这是突出能发展的必要条件。

四、煤与瓦斯突出的预兆和一般规律

1. 煤与瓦斯突出的一般规律

根据之前我国煤矿发生的煤与瓦斯突出事故统计和分析，发现了煤与瓦斯突出的一些规律如下：

（1）煤层突出危险性随煤厚增加而加大。

（2）煤层突出危险性随采深增加而增大。

（3）绝大多数突出发生在煤巷掘进工作面。

（4）绝大多数突出发生在地质构造带。

（5）绝大多数突出发生前有作业方式诱导。

（6）绝大多数突出发生前都有预兆。

（7）煤体破坏程度越高，突出危险性越大。

（8）石门突出危险性最大。

（9）煤层突出危险区常呈条带状分布。

2. 煤与瓦斯突出的预兆

大多数突出发生前会有预兆，突出预兆主要有声响预兆、瓦斯预兆、煤结构预兆、矿压显现预兆等。

（1）声响预兆

响煤炮是煤与瓦斯突出发生前最常见的声响预兆，它是煤体断裂破坏时所发出的声响，有的像闷雷声、有的似爆竹声、有的如机枪声。如果在施工预测钻孔和措施效果检验钻孔时出现响煤炮预兆，工作面应预测或检验为突出危险工作面。

（2）瓦斯预兆

瓦斯预兆主要表现为瓦斯涌出异常、瓦斯浓度忽大忽小、打钻喷孔及出现哨叫声、蜂鸣声等。

（3）煤体结构预兆

煤体结构预兆包括煤体层理紊乱、干燥、松软、色泽变暗、失去光泽、软煤分层变厚和煤层产状急剧变化（煤层波状隆起、层理逆转等）。尤其应引起高度重视的是软煤分层变厚的情形。

（4）矿压显现预兆

矿压显现预兆包括支架来压、煤壁开裂、掉渣、片帮、工作面煤墙外倾、巷道底鼓、打钻时顶（夹）钻、钻孔严重变形以及炮眼装不进炸药等现象。

（5）其他预兆

突出发生前，可能会出现一些其他预兆，如工作面温度降低、煤墙发凉、气味特殊等预兆。上述预兆，有时同时出现，有时单独出现。在采掘工作面施工作业中，当出现上述一种或几种预兆时，应立即停止作业，待采取措施、预兆消失后方可恢复作业。

第六节　煤与瓦斯突出的综合防治

我国矿井防治煤与瓦斯突出主要采用的是“四位一体”综合防治方法，所谓的“四位”分别指的是突出危险性预测、防治突出措施、防治突出措施的效果检验和安全防护措施。而“四位一体”的综合防治方法又被分为区域性的和局部性的综合防突方法。

一、煤与瓦斯突出危险性预测

1. 煤与瓦斯突出危险性预测方法分类

根据突出预测的范围和精度，煤层突出危险性预测分为区域突出危险性预测（简称为区域预测）和工作面突出危险性预测（简称为工作面预测）。区域预测应预测煤层和煤层区域的突出危险性，并应在地质勘探、新井建设、新水平和新采区开拓或准备时进行。工作面预测是预测工作面附近煤体的突出危险性，应在工作面推进过程中进行。

在地质勘探、新井建设、矿井生产时期应进行区域预测，把煤层划分为突出煤层和非突出煤层。突出煤层经区域预测后可划分为突出危险区、突出威胁区和无突出危险区。在突出危险区域内，采掘工作面应进行工作面预测。采掘工作面经预测后，可划分为突出危险工作面和无突出危险工作面。

突出煤层在开采过程中，如果已确切掌握煤层突出危险区域的分布规律，并且有可靠的预测资料，在确认的无突出危险区内可不采取防治突出措施，而是直接采取安全防护措施进行采掘作业。在突出威胁区内，根据煤层突出危险程度，采掘工作面每推进 30～100 m，应用工作面预测方法连续进行不少于两次区域预测验证，其中任何一次验证为有突出危险时，该区域应改划为突出危险区。只有连续两次验证都为无突出危险时，该区域才能继续定为突出威胁区域。

2. 区域突出危险性预测

区域预测也称长期预测，其任务是确定井田、煤层和煤层区域的突出危险性，即预测上述区域的煤层是否具有发生突出的必要条件，有无发生突出的可能性。煤层区域是指开采水平、采区等。区域预测的最终结果是将煤层划分为突出煤层或非突出煤层，将煤层区域划分为突出危险区、突出威胁区和无突出危险区。目前，区域预测方法主要有瓦斯地质统计法和单项指标法。

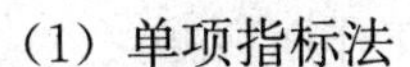

（1）单项指标法

区域预测煤层突出危险性的单项指标包括煤的破坏类型、瓦斯放散初速度指标（ΔP）、煤的坚固性系数（f）和煤层瓦斯压力（P）。

上述各突出危险性预测指标的临界值应根据矿井实测资料确定，若无实测资料，《防治煤与瓦斯突出规定》给出了参考临界值，见表5—5。需要特别强调的是，只有全部单项指标达到或超过表5—5中的临界值时，方可将其预测为突出危险煤层（危险区域）。新井建设时期，应由施工单位测定煤层瓦斯压力P、瓦斯放散初速度ΔP、煤的坚固性系数f，并根据揭穿各煤层的实际情况重新验证煤层的突出危险性。

表5—5　　预测煤层突出危险性单项指标法临界值

煤层突出危险性	煤的破坏类型	瓦斯放散初速度ΔP	煤的坚固性系数f	煤层瓦斯压力P（MPa）
突出危险	Ⅲ、Ⅳ、Ⅴ	$\geqslant 10$	$\leqslant 0.5$	$\geqslant 0.74$

（2）瓦斯地质统计法

瓦斯地质分析的区域预测方法应当按照下列要求进行：

1）煤层瓦斯风化带为无突出危险区域。

2）根据已开采区域确切掌握的煤层赋存特征、地质构造条件、突出分布的规律和对预测区域煤层地质构造的探测、预测结果，采用瓦斯地质分析的方法划分出突出危险区域。当突出点及具有明显突出预兆的位置分布与构造带有直接关系时，则根据上部区域突出点及具有明显突出预兆的位置分布与地质构造的关系确定构造线两侧突出危险区边缘到构造线的最远距离，并结合下部区域的地质构造分布划分出下部区域构造线两侧的突出危险区。否则，在同一地质单元内，突出点及具有明显突出预兆的位置以上20 m（埋深）及以下的范围为突出危险区。

3）在上述1）、2）项划分出的无突出危险区和突出危险区以外的区域，应当根据煤层瓦斯压力P进行预测。如果没有或者缺少煤层瓦斯压力资料，也可根据煤层瓦斯含量V进行预测。预测所依据的临界值应根据试验考察确定，在确定前可暂按表5—6预测。

表5—6　　根据煤层瓦斯压力或瓦斯含量进行区域预测的临界值

瓦斯压力P（MPa）	瓦斯含量W（m^3/t）	区域类别
$P<0.74$	$W<8$	无突出危险区
其他情况		突出危险区

3. 工作面突出危险性预测

工作面突出危险性预测的任务应在采掘工作面采掘作业前，预先确定工作面附近煤体的突出危险性，即预报工作面继续向前推进时，有无发生煤与瓦斯突出的危险。按作业场所的不同，又分为石门揭煤工作面预测、煤巷掘进工作面预测和采煤工作面预测。

（1）石门揭煤工作面突出危险性预测

1）综合指标法。采用综合指标法预测石门揭煤工作面突出危险性时，应由工作面向煤层的适当位置至少打 3 个钻孔测定煤层瓦斯压力 P。近距离煤层群的层间距小于 5 m 或层间岩石破碎时，应测定各煤层的综合瓦斯压力。

在每米煤孔采一个煤样测定煤的坚固性系数 f，把每个钻孔中坚固性系数最小的煤样混合后测定煤的瓦斯放散初速度 ΔP，则以此值及所有钻孔中测定的最小坚固性系数 f 值作为软分层煤的瓦斯放散初速度和坚固性系数参数值。综合指标 D、K 的计算公式为：

$$D=\left(\frac{0.0075H}{f}-3\right)\times(P-0.74) \tag{5—15}$$

$$K=\frac{\Delta p}{f} \tag{5—16}$$

式中 D——工作面突出危险性的综合指标；

K——工作面突出危险性的综合指标；

H——煤层埋藏深度，m；

P——煤层瓦斯压力，取各个测压钻孔实测瓦斯压力的最大值，MPa；

Δp——软分层煤的瓦斯放散初速度；

f——软分层煤的坚固性系数。

各煤层石门揭煤工作面突出预测综合指标的临界值应根据试验考察确定，在确定前可暂按表 5—7 所列的临界值进行预测。

表 5—7　石门揭煤工作面突出危险性预测综合指标 D、K 参考临界值

综合指标 D	综合指标 K	
	无烟煤	其他煤中
0.25	20	15

当测定的综合指标 D、K 都小于临界值，或者指标 K 小于临界值且式（5－15）中两括号内的计算值都为负值时，若未发现其他异常情况，该工作面即为无突出危险工作面；否则，判定为突出危险工作面。

2）钻屑瓦斯解吸指标法。采用钻屑瓦斯解吸指标法预测石门揭煤工作面突出危险性时，由工作面向煤层的适当位置至少打 3 个钻孔，在钻孔钻进到煤层时每钻进 1 m 采集一次孔口排出的粒径 1～3 mm 的煤钻屑，测定其瓦斯解吸指标 K_1 或 Δh_2 值。测定时，应考虑不同钻进工艺条件下的排渣速度。

各煤层石门揭煤工作面钻屑瓦斯解吸指标的临界值应根据试验考察确定，在确定前可暂按表 5—8 中所列的指标临界值预测突出危险性。

表 5—8　　钻屑瓦斯解吸指标法预测石门揭煤工作面突出危险性的参考临界值

煤样	指标临界值 Δh_2（Pa）	指标临界值 K_1 [mL/（g·min$^{1/2}$）]
干煤样	200	0.5
湿煤样	160	0.4

如果所有实测的指标值均小于临界值，并且未发现其他异常情况，则该工作面为无突出危险工作面；否则，为突出危险工作面。

（2）煤巷掘进工作面突出危险性预测

在突出煤层突出危险区掘进煤巷时，应进行突出危险性预测。煤巷掘进工作面预测方法主要有复合指标法、R 值指标法和钻屑指标法。

1）复合指标法。采用复合指标法预测煤巷掘进工作面突出危险性时，在近水平、缓倾斜煤层工作面应向前方煤体至少施工 3 个钻孔，在倾斜或急倾斜煤层至少施工 2 个直径 42 mm、孔深 8～10 m 的钻孔，测定钻孔瓦斯涌出初速度和钻屑量指标。

钻孔应尽量布置在软分层中，一个钻孔位于掘进巷道断面中部，并平行于掘进方向，其他钻孔开孔口靠近巷道两帮 0.5 m 处，终孔点应位于巷道断面两侧轮廓线外 2～4 m 处。

钻孔每钻进 1 m 测定该 1 m 段的全部钻屑量 S，并在暂停钻进后 2 min 内测定钻孔瓦斯涌出初速度 q。测定钻孔瓦斯涌出初速度时，测量室的长度为 1.0 m。

各煤层采用复合指标法预测煤巷掘进工作面突出危险性的指标临界值应根据试验考察确定，在确定前可暂按表 5—9 的临界值进行预测。

表 5—9　　复合指标法预测煤巷掘进工作面突出危险性的参考临界值

钻孔瓦斯涌出初速度 q（L/min）	钻屑量 S	
	kg/m	L/m
5	6	5.4

如果实测得到的指标 q、S 的所有测定值均小于临界值，并且未发现其他异常情况，则该工作面预测为无突出危险工作面；否则，为突出危险工作面。

2）R 值指标法。采用 R 值指标法预测煤巷掘进工作面突出危险性时，在近水平、缓倾斜煤层工作面应向前方煤体至少施工 3 个钻孔，在倾斜或急倾斜煤层至少施工 2 个直径 42 mm、孔深 8～10 m 的钻孔，测定钻孔瓦斯涌出初速度和钻屑量指标。

钻孔应尽可能布置在软分层中，一个钻孔位于掘进巷道断面中部，并平行于掘进方向，其他钻孔的终孔点应位于巷道断面两侧轮廓线外 2～4 m 处。

钻孔每钻进 1 m 收集并测定该 1 m 段的全部钻屑量 S，并在暂停钻进后 2 min 内测定钻孔瓦斯涌出初速度 q。测定钻孔瓦斯涌出初速度时，测量室的长度为 1.0 m。

根据每个钻孔的最大钻屑量 S_{max} 和最大钻孔瓦斯涌出初速度，按式（5—17）计算各孔的 R 值：

$$R=(S_{max}-1.8)(q_{max}-4) \quad (5—17)$$

式中 S_{max}——每个钻孔沿孔长的最大钻屑量，L/min；

q_{max}——每个钻孔的最大钻孔瓦斯涌出初速度，L/min。

判定各煤层煤巷掘进工作面突出危险性的临界值应根据试验考察确定，在确定前可暂按以下指标进行预测：当所有钻孔的 R 值小于 6 且未发现其他异常情况时，该工作面可预测为无突出危险工作面；否则，可判定为突出危险工作面。

3）钻屑指标法。采用钻屑指标法预测煤巷掘进工作面突出危险性时，在近水平、缓倾斜煤层工作面应向前方煤体至少施工 3 个钻孔，在倾斜或急倾斜煤层至少施工 2 个直径 42 mm、孔深 8～10 m 的钻孔，测定钻屑瓦斯解吸指标和钻屑量。

钻孔应尽可能布置在软分层中，一个钻孔位于掘进巷道断面中部，并平行于掘进方向，其他钻孔的终孔点应位于巷道断面两侧轮廓线外 2～4 m 处。

钻孔每钻进 1 m 测定该 1 m 段的全部钻屑量 S，每钻进 2 m 至少测定一次钻屑瓦斯解吸指标 K_1 或 Δh_2 值。

各煤层采用钻屑指标法预测煤巷掘进工作面突出危险性的指标临界值应根据试验考察确定，在确定前可暂按表 5—10 的临界值确定工作面的突出危险性。

表 5—10　钻屑指标法预测煤巷掘进工作面突出危险性的参考临界值

钻屑瓦斯解吸指标 Δh_2（Pa）	钻屑瓦斯解吸指标 K_1 [mL/(g·min$^{1/2}$)]	钻屑量 S	
		kg/m	L/m
200	0.5	6	5.4

如果实测得到的 S、K_1 或 Δh_2 的所有测定值均小于临界值，并且未发现其他异常情况，则该工作面预测为无突出危险工作面；否则，为突出危险工作面。

（3）采煤工作面突出危险性预测

对采煤工作面的突出危险性预测，可参照煤巷掘进工作面的预测方法进行。但应沿采煤工作面每隔 10～15 m 布置一个预测钻孔，孔深根据工作面条件选定，但不得小于3.5 m。当预测为无突出危险工作面时，每预测循环应留 2 m 预测超前距。采煤工作面的预测比巷道预测相对方便，在采煤工作面预测中可以在利用煤巷工程中的瓦斯地质资料基础上，补充重点区域的瓦斯地质资料。

判定采煤工作面突出危险性的各指标临界值应根据试验考察确定，在确定前可参照煤巷掘进工作面突出危险性预测的临界值。

除此之外，煤矿井下的工作面只要在突出煤层的构造破坏带，包括断层、褶曲、火成岩侵入，和煤层赋存条件急剧变化的区域以及采掘应力的叠加区域，或者是工作面预测过程中出现喷孔、顶钻等动力现象和出现明显突出预兆的时候，该工作面都被预测为突出危险工作面。

二、煤与瓦斯突出的防治措施

1. 制定防突措施的原则

防突措施要根据具体的煤层赋存条件来制定。在制定防突措施时，应遵守以下基本原则：

（1）部分卸除煤层或采掘工作面前方煤体的应力，将集中应力区推延至煤体深处。

（2）部分排除煤层或采掘工作面前方煤体中的瓦斯，降低瓦斯压力，减小工作面前方瓦斯压力梯度。

（3）增大工作面附近煤体的承载能力和稳定性。

（4）改变煤体的力学性质，使其不易发生突出，如煤层注水后，煤体湿润，弹性减小，塑性增大，使突出不易发生。

（5）改变采掘工艺条件，使采掘工作面前方煤体应力和瓦斯动力学状态平缓变化，达到工作面本身自我卸压，如水平分层开采、浅截深机组采煤、间歇作业等。

2. 防突措施的分类

防突措施一般分为区域防突措施和局部防突措施两类。

区域防突措施的作用在于使煤层一定区域（如一个采区）消除突出危险性。属于该类措施的有开采保护层、预抽煤层瓦斯和煤层注水等。区域性防突措施的优点是在突出煤层采掘工作开展前，预先采取防突措施，措施施工与采掘作业互不干扰，且其防突效果较好。故在采用防治突出措施时，应优先选用区域性防突措施。

局部防突措施的作用在于使工作面前方小范围煤体丧失突出危险性。属于该类措施的有超前钻孔、水力冲孔、松动爆破、金属骨架等。根据局部措施的应用巷道类别，可将局部措施分为石门措施、煤巷措施和采煤工作面措施等。

局部防突措施的缺点是：措施施工与采掘工艺相互干扰，且防突效果受地质开采条件变化影响较大。因此，在局部防突措施执行后，要对防突效果进行检验。局部措施仅在没有条件采用区域防突措施时才应采用。

3. 区域性防突措施

（1）保护层开采

开采具有突出危险的煤层群时，预先开采一个煤层，对其他煤层起到消除突出危险的作用，则先采的煤层称为保护层，受到保护作用而消除了突出危险的煤层称为被保护层。

开采保护层是防止煤与瓦斯突出最有效的措施，具有经济、简单等优点，是国内外公认的主要防突措施。

由于受先采煤层（保护层）的采动影响，其相邻的突出危险煤层（即被保护层）的应力状态、瓦斯动力参数和煤的力学性质都将发生显著变化。现场和实验室的试验结果证明，被保护层各参数的典型变化规律如图 5—5 所示。从图中可看出，保护层开采后，在突出危险煤层的对应区域（被保护区）内煤体发生膨胀变形，地应力和瓦斯压力降低，煤层透气性系数增大，煤层瓦斯排出，煤体强度加大。

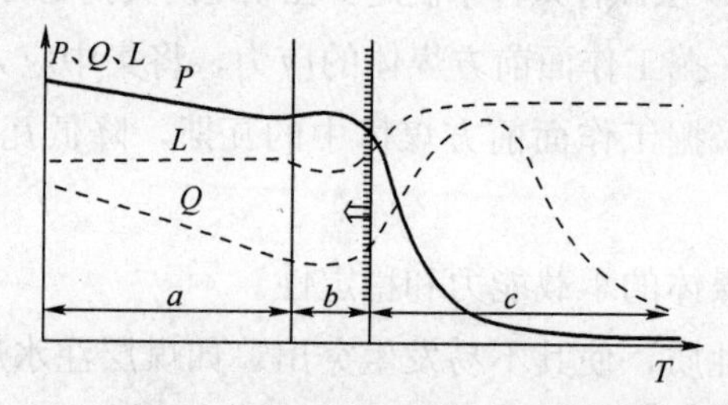

图 5—5　保护层开采后被保护层各参数变化情况

P—煤层瓦斯压力　Q—钻孔瓦斯流量　L—煤层变形　a—正常应力区

b—集中应力区　c—卸压区

这说明保护层的开采，既降低了突出煤层的突出能量，同时又增强了煤层抵抗破碎的能力，而且还降低了突出煤层工作面前方的应力梯度和瓦斯压力梯度，因此可以有效地防治突出事故的发生。

（2）预抽煤层瓦斯

1）应用原则。对于单一煤层或无保护层开采的突出危险煤层，煤层透气性系数等于或大于 0.009 24 m^2/（MPa・天），都可以采用预抽煤层瓦斯作为区域性防突措施。由于大多数的突出煤层属于低透气性煤层，预抽煤层瓦斯的措施需要做大量的工作，要求预抽的时间也相当长，一般要求一年以上，所以预抽煤层瓦斯作为区域性防突措施，主要适用于不具备开采保护层条件的严重突出危险煤层，具有一般突出危险的煤层可考虑局部防突措施。

2）预抽煤层瓦斯措施的防突机理，如图 5—6 所示。在大面积区域内，通过对突出危险煤层采前预抽瓦斯，可以降低突出煤层的瓦斯潜能。由于瓦斯的排放，煤体发生收缩，可以缓和煤体的应力紧张状态，从而部分地释放煤体的弹性潜能。此外，煤体瓦斯的排出能提高煤的强度，增大了突出的阻力，降低了激发和发展突出的作用力，因此可以达到消除突出危险性的目的。

3）预抽煤层瓦斯措施的钻孔布置方式。预抽煤层瓦斯措施的钻孔布置方式一般是两种，一种是沿层布孔方式，此种布孔方式一般适用于无围岩巷道的巷道布置方式，如图 5—7 所示；另一种是穿层布孔方式，此种布孔方式适用于有围岩巷道的巷道布置方式，如图 5—8 所示。

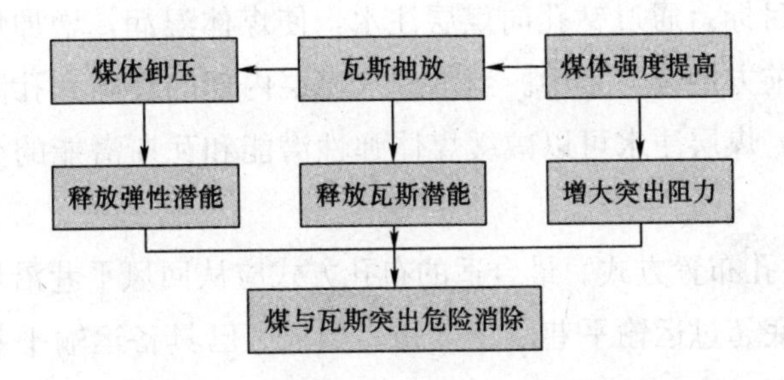

图 5—6　预抽煤层瓦斯措施的防突机理

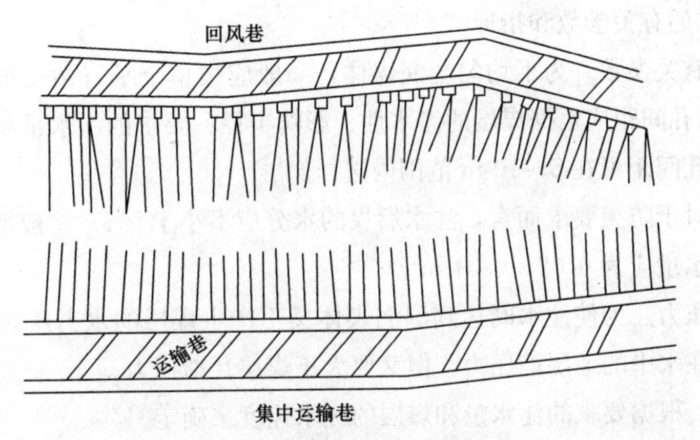

图 5—7　预抽煤层瓦斯措施的沿层布孔方式

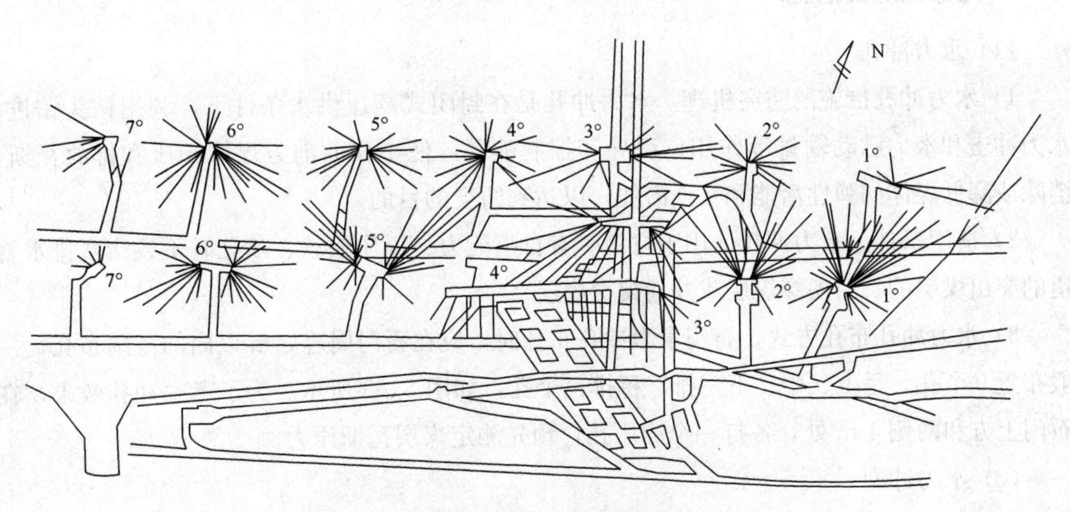

图 5—8　预抽煤层瓦斯措施的穿层布孔方式

（3）煤层注水

1）煤层注水的防突机理。作为区域性防突的煤层注水措施，应在大面积范围内均匀布置长钻孔来实现防突目标。通过钻孔向煤层注水，使煤体湿润，增加煤的可塑性，随后开采时，可减小工作面前方的应力集中。当水进入煤层内部的裂隙和孔隙后，可使煤体瓦斯放散速度减慢，因此，煤层注水可以减缓煤体弹性潜能和瓦斯潜能的突然释放，降低或消除煤层的突出危险性。

2）煤层注水的钻孔布置方式。最合适的布孔方式应从回风平巷沿煤层倾斜打全阶段长的钻孔，一般应使孔底超过运输平巷以下 5 m。当采区已具备运输平巷，为防止采煤工作面的突出，可以采取回风巷和运输平巷同时布孔的方式。对于薄及中厚煤层可以仅布置一排钻孔；对于厚煤层，应考虑布置多排钻孔。

3）煤层注水的有关参数和指标。

①注水钻孔有关参数。为了均匀湿润煤体，一般应按单个平行钻孔布孔，钻孔直径为 50～100 mm，钻孔间距应根据煤层的渗水性、影响半径、要求的注水量和允许的注水时间来确定。一般钻孔间距可在 5～10 m 范围内选择。

②注水量。对于防突要求而言，注水后煤的水分应不小于5%。一般情况下，控制区域内的煤层平均注水量应为 0.02～0.04 m^3/t。

③煤层注水压力。为使注水既达到湿润煤体又不产生煤层的水力压裂的目的，注水压力应小于钻孔所在水平的地层静压力，但又要大于煤层瓦斯压力。

④注水时间。根据要求的注水量和煤层的吸水速度来确定。

4. 局部性防突措施

（1）水力冲孔

1）水力冲孔措施的防突机理。水力冲孔是在封闭式高压供水条件下，利用钻头钻进、水力冲击和水力脉动输排等作用，诱导和控制喷孔，使工作面前方煤体卸压和排放瓦斯，消除或降低煤体的弹性潜能和瓦斯潜能，以达到防突的目的。

2）适用条件。水力冲孔适用于打钻时有自喷能力、煤质松软、喷孔时不致堵塞排水管道的突出煤层的石门揭穿煤层或井巷揭穿煤层。

3）水力冲孔布孔方式。石门水力冲孔布孔时，应在石门周边 3 m 以内的范围布孔，一般布置 9 个孔，呈上、中、下三排，每排三个孔，如图 5—9 所示。为了考察冲孔效果，在石门上方和两侧 4 m 处，各打一个测压孔，预先测定煤层瓦斯压力。

（2）水力冲刷

水力冲刷是在有岩柱的条件下，利用高压水射流破碎和冲出石门前方煤体，使煤（岩）体卸压并排放瓦斯，降低煤（岩）体中的弹性潜能和瓦斯潜能，以达到防突的目的。

采用该方法时，应在石门工作面距煤层 3～5 m 处停止掘进，施工直径为 130～150 mm 的冲刷孔 1～3 个，并在冲刷孔的上方约 1 m 处打三个直径为 50～75 mm 的观测孔，以考

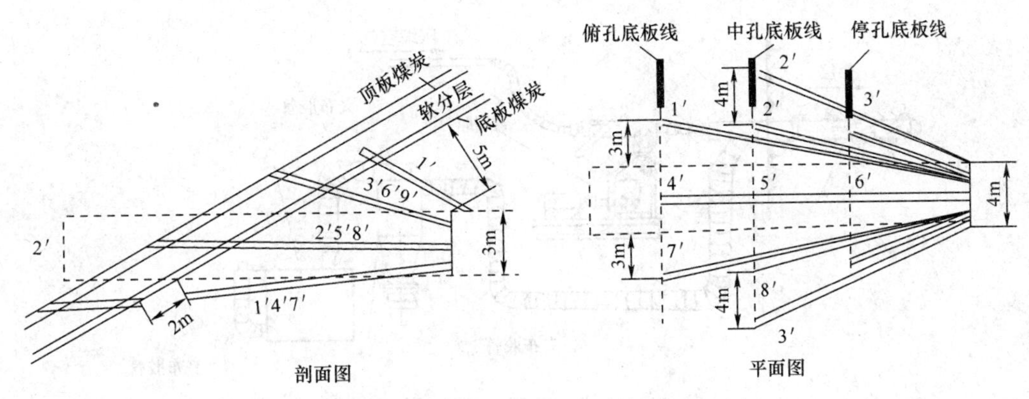

图 5—9　水力冲孔钻孔布置示意图

察冲刷孔的准确发展位置及冲刷孔灌水、充填情况。

（3）超前钻孔措施

1）超前钻孔措施的防突机理。超前钻孔是在工作面向前方煤体打一定数量的钻孔，并始终保持有一定超前距离，使工作面前方煤体卸压、排放瓦斯，以达到减弱和防止突出的目的。超前钻孔是煤巷掘进工作面和采煤工作面最常见的一种局部防突措施。

2）实施超前钻孔措施的要求。在实施超前钻孔措施时，是必须要满足一些要求的，首先，超前钻孔的孔径一般应为 75～300 mm，孔长一般不小于 10 m；其次，超前钻孔的控制范围应包括巷道断面和上方及两侧距巷道轮廓线不小于 2 m 的范围；再次，煤层能明显分出软、硬分层时，钻孔应打在软分层中；最后，超前钻孔数目应根据钻孔有效影响半径和需要控制的范围确定。

3）特殊煤层中超前钻孔的施工。当煤层特别软或突出危险性特别严重，且打超前钻孔卡钻、喷孔、塌孔或钻孔突出现象非常频繁时，可以采用图 5—10 所示的干式钻孔风力排渣工艺技术施工超前钻孔。

（4）扩孔钻卸煤措施

扩孔钻卸煤措施是利用可伸缩钻头，将工作前方煤体部分掏出，使煤体尽可能多地卸压和排放瓦斯，从而达到防突的目的。该措施既可用于石门揭煤工作面，也可用于煤巷掘进工作面。当用于石门揭煤工作面时，可以配合金属骨架措施一起使用。

BKZ - 2 型扩孔钻具是在我国煤矿中常见的用于扩孔钻卸煤的钻具，它在收缩状态下的最小直径为 135 mm，扩张状态下的最大直径为 500 mm。

（5）松动爆破措施

1）松动爆破措施的防突机理。通过打钻孔实施爆破的方式，松动工作面前方的应力集中带内的煤体，使工作面前方煤体卸压和排放瓦斯，来达到减弱和消除突出的目的。该措施适用于煤质坚硬、突出强度较小的煤层，它既可用于石门揭煤工作面，也可用于煤巷掘

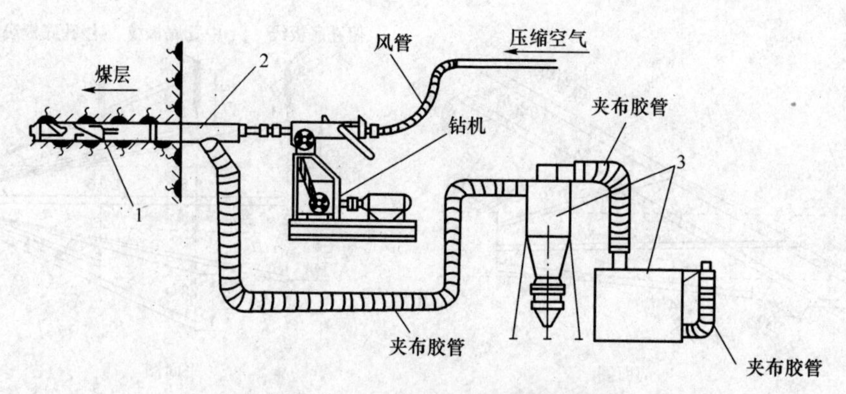

图 5—10　干式钻孔风力排渣系统示意图

1—钻具　2—空口密封器　3—孔外除尘器

进工作面和采煤工作面。

2）松动爆破措施的类型。根据钻孔的长短，松动爆破可分为浅孔松动爆破和深孔松动爆破。两者的不同之处在于浅孔松动爆破的钻孔长度一般为 8～10 m，深孔松动爆破钻孔长度一般为 20～25 m；浅孔松动爆破的爆破孔附近不打控制孔，而深孔松动爆破的爆破孔附近必须打控制孔；深孔松动爆破的消突范围和消突效果比浅孔松动爆破更显著。

3）实施松动爆破措施的要求：

①浅孔松动爆破的孔径一般为 42 mm；深孔松动爆破的爆破孔孔径一般为 50 mm，控制孔孔径为 125 mm 或 150 mm。用于巷道掘进工作面防突时，除中心孔沿掘进方向布孔外，其他孔的终孔位置应位于巷道轮廓线以外 1.5 m。

②松动爆破的爆破孔孔数应根据实测有效半径确定。

③松动爆破的装药长度为孔长减去 5.5～6 m，每个药卷长度为 1～1.5 m，每个药卷装入一个雷管。

④药卷要装到孔底，装药后，实施浅孔松动爆破的钻孔应装入长度不小于 0.4 m 的水炮泥，水炮泥外还应充填长度不小于 2 m 的炮泥；实施深孔松动爆破的爆破孔封孔长度应不小于 5 m。

⑤在掘进工作面实施松动爆破措施前，必须采用超前钻孔或其他措施处理工作面前方 5 m范围内的煤体，以免留下未被松动的“门坎”。

⑥松动爆破时必须采取远距离爆破，并严格遵守炮后 30 min 才能进工作面的制度。

4）深孔松动爆破钻孔布置如图 5—11 所示。

三、防治煤与瓦斯突出措施效果检验

任何措施只有在一定的矿山地质条件下是有效的，当条件变化时（如遇到构造破坏）

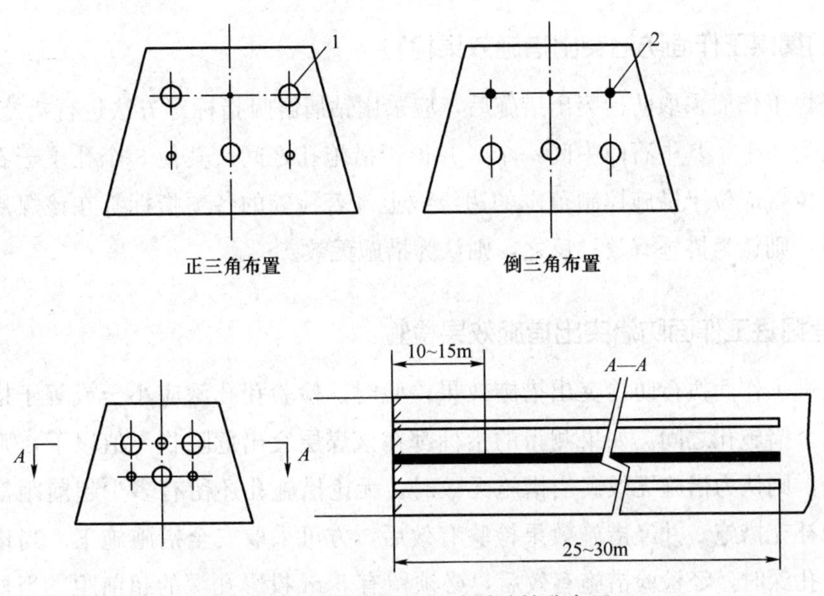

图 5—11　煤巷深孔松动爆破钻孔布置

就可能无效。大多数情况下破坏不能事先预测出来，只有在突出后才能被发现。此外，各种措施的参数都是根据一定的地质、开采条件决定的，当条件改变而措施参数未相应改变时，同样会影响措施实施的有效性。因此，必须对所运用的防突措施的有效性进行不断检验，以便事先就能确定参数并及时采取补救措施。任何一种措施，只要它能卸压和排放瓦斯，就可以防止突出的发生。因此，检验防突措施效果，首先应检验工作前方煤体的应力或瓦斯状态的改变程度，以判断是否已消除了突出危险。因此，原则上所有突出预测方法都适用于防突措施效果检验。

1. 远距离保护层和极薄保护层的保护效果检验

当保护层的开采厚度等于或小于 0.5 m、上保护层与突出煤层的间距大于 50 m 或下保护层与突出煤层的间距大于 80 m 时，都必须对保护层的保护效果进行检验。

检验应在保护层中掘进巷道时进行。检验方法可采用钻孔瓦斯涌出初速度法、*R* 值指标法和钻屑解吸指标法。如果各项检验指标都降到该检验方法的突出危险临界值以下，则认为保护层开采有效；反之，则认为无效。

2. 预抽煤层瓦斯防治突出措施效果检验

预抽煤层瓦斯后，应对预抽瓦斯防治突出效果进行检验。检验应在煤巷掘进时进行，检验方法可采用钻孔瓦斯涌出初速度法、*R* 值指标法和钻屑解吸指标法或其他经验证有效的方法。

3. 石门揭煤工作面防治突出措施效果检验

石门揭煤工作面采取防治突出措施后，应采用钻屑解吸指标等方法进行措施效果检验。检验钻孔数为 4 个，其中石门中间一个，并位于措施孔之间；其他 3 个孔位于石门上部和两侧，终孔位置应位于措施控制范围的边缘线上。若检验的各项指标都在该煤层突出危险临界值以下，则认为措施有效；反之，则认为措施无效。

4. 煤巷掘进工作面防治突出措施效果检验

煤巷掘进工作面执行防治突出措施效果检验时，检验孔孔深应小于或等于措施孔，并应布置在两个措施孔之间。如果测得的指标都在该煤层突出危险临界值以下，则认为措施有效；反之，则认为措施无效。当措施无效时，无论措施孔还留有多少超前距都必须采取防治突出的补充措施，并经措施效果检验有效后，方可采取安全措施施工。当检验孔孔深等于措施孔孔深时，经检验措施有效后，必须留有 5 m 投影孔深的超前距。当检验孔孔深小于措施孔孔深，且两孔投影孔深的差值不小于 3 m 时，经检验措施有效后，可采用 2 m 投影孔深的超前距。

四、煤与瓦斯突出的安全防护措施

安全防护措施是为了预防防突措施失效，而采取的保障职工生命安全的防护措施。

1. 反向风门和风筒逆止阀

反向风门是防止突出时瓦斯逆流进入进风道而安设的风门。反向风门必须设在石门掘进工作面的进风侧，以控制突出时的瓦斯能沿回风道流入回风系统。

一组反向风门需设两道，其间距不小于 4 m。反向风门距工作面的距离和反向风门的组数，应根据掘进工作面的通风系统和石门揭穿突出煤层时预计的突出强度确定。

反向风门由墙垛、门框、风门和安设在穿过墙垛铁风筒中的防逆流装置组成。风门墙垛可用砖或混凝土砌筑，嵌入巷道周边岩石的深度可根据岩石的性质确定，但不得小于 0.2 m，墙垛厚度不得小于 0.8 m。门框和门可采用坚实的木质结构，门框厚度不得小于 100 mm，风门厚度不得小于 50 mm。对通过门垛的风筒，设有隔断装置，在逆流时防止瓦斯逆流铁板可隔断风筒，防止逆流的瓦斯进入进风侧。

2. 远距离爆破

经预测有突出危险的石门工作面，采取防突措施并经效果检验有效后，可用远距离爆破或震动爆破揭开煤层。在有突出危险的采掘工作面采用爆破作业时，必须采用远距离爆破。

爆破地点应设在进风侧反向风门之外的全风压通风的新鲜风流中或避难硐室内，距工作面的距离应根据爆破突出后可能波及的范围而确定，并在措施中明确规定。

远距离爆破时，回风系统必须停电撤人。爆破后，进入工作面检查的时间应在措施中明确规定，不得小于 30 min。

3. 井下硐室

为了防止突出时涌出的大量瓦斯和喷出煤粉的危害，必须设置避难硐室。避难硐室的设置要求如下：

(1) 避难硐室设在采掘工作面附近和爆破员爆破地点，避难硐室的数量及其距采掘工作面的距离，应根据具体条件确定。

(2) 避难硐室必须设置向外开启的隔离门，室内净高不得低于 2 m，长度和宽度应根据同时避难的最多人数确定，每人使用面积不得小于 0.5 m^2。避难硐室内支护必须保持良好，并设有与矿（井）调度室直通的电话。

(3) 避难硐室内必须设有供给空气的设施，每人供风量不少于 0.3 m^3/min。如果用压缩空气供风，应有减压装置和带有阀门控制的呼吸嘴。

(4) 避难所内应根据避难最多人数，配备足够数量的自救器。

4. 压风自救系统

(1) 压风自救供风能力的确定。根据压风自救安装区域工作人员数量，考虑输气管路的漏风量，并保持一定的富余量来确定供风量，供风量按式 5—18 及式 5—19 确定。

$$Q_{源} \geqslant Q_{常} \tag{5—18}$$

$$Q_{需} = KK_1 \sum N_{总}\, q_{自} \tag{5—19}$$

式中 $Q_{源}$——气源的供风能力，m^3/min；

$Q_{需}$——受灾区的所需风量，m^3/min；

K——压风管路漏气系数，取 1.2；

K_1——压风自救安装区域工作人员不均衡系数，取 1.2；

$\sum N_{总}$——压风自救安装区域工作的最多人数；

$q_{自}$——压缩空气供给量，每人按 0.1 m^3/min 计。

(2) 供气源的风压为 0.3～0.7 MPa。

(3) 安装位置及数量

1) 压风自救的安装原则：井下发生煤与瓦斯突出时有害气体波及的区域，在此区域内有人工作的地方都必须安装压风自救装置。

2）突出危险掘进工作面：自巷道回风口开始，每隔 50 m 设置一组（不少于 5 个）压风自救器，靠近工作面一组压风自救器不少于 15 个，并且随工作面掘进往前移动，保持距工作面 25～40 m 的距离。

3）突出危险采煤工作面：风巷距采面上出口 25～40 m 范围内设置一组压风自救器；机巷在采面下出口以外 50～100 m 爆破地点安装一组压风自救器，以上两处压风自救器的数量分别按工作面最多工作人数确定。

4）突出威胁掘进工作面：掘进工作面安装压风自救系统的位置与危险工作面相同，压风自救系统之间的距离按 100 m 一组设置。

5）压风自救器要安装在地点宽敞、支护良好、没有杂物堆积的人行道侧，其人行道宽度保持在 0.8 m 以上。

6）避难硐室内必须安装一组压风自救器，压风自救系统的数量按工作面最多工作人数确定。

5. 隔离式自救器和避灾路线

矿井发生煤与瓦斯突出事故时，由于事故发生的比较突然，矿山专业救护队员难以及时到达现场抢救，灾区职工如何及时地开展救灾和避灾，对保护矿工自身安全和控制灾情的扩大具有重要的意义。

（1）隔离式自救器

通常，所有在煤矿井下工作的人员，入井时均须随身携带隔离式自救器，这在我国《煤矿安全规程》里都有相关规定。国外的许多矿井在井下还有自救器更换站。

突出矿井必须使用隔离式自救器，该仪器可保证突出危险工作面发生瓦斯事故时进行快速自救，是保障职工生命安全的防护仪器。因此，在自救器使用方面，要加大对矿工的培训力度，健全自救器的使用管理制度，使矿工真正掌握自救器的正确使用方法。

（2）避灾路线

避灾路线指工作面一旦发生煤与瓦斯突出事故或其他瓦斯事故，保障职工按预定的安全线路迅速撤离灾区，到达安全地点的路线。因此，在编制矿井灾害事故预防及防突技术措施时，必须明确突出区域各工作地点的避灾路线，建立避灾路线演习制度，并定期进行演习。

发生灾变时，灾区职工要及时佩戴好隔离式自救器保护自己，并按避灾路线撤离。在撤退途中，如果退路被堵，可到最近的避难硐室暂避，也可寻找有压缩空气或铁风管的巷道、硐室躲避。这时要把管子的螺纹接头卸开，形成正压通风，延长避难时间，并设法与外界保持联系。

第七节 突出矿井的技术管理

为了有效地防止突出、杜绝突出造成的人员伤亡事故，除严格执行“四位一体”的综合防突技术措施外，加强突出矿井的管理是防止突出事故发生的重要保证。突出矿井的管理工作主要从组织管理、技术管理和现场管理三个方面进行，当然还包括制定并严格执行计划、技术、财务、器材供应、监督检查等方面的各种有关防治突出的管理制度。

一、组织管理

防治突出工作涉及生产计划、采掘接替、劳动组织和经济效益等，不可避免地会出现突出防治和生产之间的矛盾。因此，突出矿井必须落实各级领导、各部门、各生产单位以及个人的责任制。

1. 有突出矿井的矿务局局长及突出矿井的矿长对防突管理工作负全面责任，应定期检查、平衡防治突出工作，解决防突所需的劳动力、财力、物力，保证防突工作的实施；集团公司总工程师、矿总工程师对防治突出工作负技术责任，负责组织编制、审批、实施、检查防突工作规划、计划和措施；副局长、副矿长负责落实所分管的防突工作；安监局、矿监察处和矿安监科负责监督检查；区、队、班组长对管辖区内的防突工作负直接责任。

2. 开采突出煤层的局、矿都应设置专门机构，负责掌握突出的动态规律、填写突出卡片、积累资料、总结经验教训，以制定防突措施。

集团公司、煤矿防突机构应定期检查防突措施的实施情况，并将检查结果向上级汇报，发现问题，立即解决。在突出煤层中工作的区（井）长、队长、班组长应由从事突出煤层采掘工作不少于3年的人员担任。

3. 有突出矿井的矿务局和有突出煤层的矿井在编制年度、季度、月度生产计划的同时，必须编制年度、季度、月度防治突出措施计划，计划内容包括：

（1）保护层开采计划。

（2）抽放煤层瓦斯计划。

（3）石门（岩石井巷）揭穿突出煤层计划，包括揭煤时间、地点和防治突出措施等。

（4）采掘工作面局部防突措施计划。

（5）防突措施的工程量、完成时间以及所需的设备、材料、资金和劳动力。年度防突计划由矿务局、矿的总工程师负责组织编制，矿务局局长、矿长负责审定，分管副局长、副矿长组织实施。

矿务局、矿的计划部门必须把年度、季度、月度的防治突出措施计划列入年度、季度、月度的生产建设计划。矿务局及矿的财务、器材供应、劳资部门都必须把年度、季度、月度防突措施计划所需的资金、设备、劳动力相应地纳入供应、劳动力计划。

4. 突出矿井和有突出矿井的矿务局，必须将防治煤与瓦斯突出作为安全技术培训的主要内容。突出矿井井下工作人员，必须接受防突知识培训，熟悉突出的预兆和防治突出的基本知识，经考试合格后，方准上岗，培训时间不得少于一个月。矿务局和矿井要对防突人员进行年审考核，不合格者不能上岗。对各类人员的培训要求是：

(1) 突出矿井的井下工人，培训的主要内容包括突出的规章制度，防治突出的基本知识（突出预兆、防治突出措施和安全防护措施）。

(2) 在突出矿井中工作的区（井）长、队长、班组长、防突人员和有关职能部门的工作人员，培训的主要内容包括有关突出的规章制度、突出发生的规律、突出危险性预测、防突技术措施、措施效果检验方法和安全防护措施等。

(3) 矿长、矿总工程师培训的主要内容为防治突出的理论知识和实践知识、突出发生的规律以及防治突出的规章制度。

5. 突出矿井为实施防治突出综合措施，必须制定并严格执行包括计划、技术、财务、器材供应、监督检查等方面有关防治突出的各种管理制度。

二、技术管理

1. 突出煤层必须采取综合防突措施

开采突出煤层时，必须采取包括突出危险性预测、防治突出措施、措施效果检验、安全防护措施的“四位一体”的综合防突措施。采取防治突出措施时，应优先采用区域防突措施；如果不具备采取区域防突措施的条件，必须采取局部防突措施。

2. 编制防突的专门设计

在突出矿井的初步设计或突出矿井的新水平、新采区的设计中，对突出煤层都必须编制防突专门设计。专门设计应包括开拓方式、煤层开采顺序、采煤方法、通风方式、支护形式、突出危险性预测方法、保护层的选择或预排煤层瓦斯、局部防突措施等内容，并报矿务局总工程师审批。突出矿井的新水平、新采区移交生产前，应由矿务局对防突专门设计部分组织验收，在验收中若发现防突专门设计中规定的工程、设备和安全设施不符合相关规定时不得移交生产。

3. 编制完善的防治突出措施

（1）防治突出专门机构负责编制防突措施，并由矿总工程师负责组织生产、技术、通风、供应、安全检查等部门对其进行审查，签署意见后，由矿务局总工程师审批。

（2）防治突出措施的内容，必须有地质资料、突出危险性预测方法、防治突出技术措施、措施效果检验方法和安全防护措施以及贯彻防突措施的责任制，并附上钻孔的设计图表。

（3）实施防突措施的区队，在施工前应由技术人员负责向本区干部、工人贯彻已批准的防突措施，贯彻后必须进行考核，合格者方可上岗作业。

（4）采掘工作中，必须严格执行防突措施，并有准确的记录。如果由于地质条件或其他原因不能执行所制定的防突措施时，施工区队必须立即停止作业，并报矿调度室，由矿总工程师组织有关部门到现场调查，然后由原措施制定单位修改或补充措施，经矿总工程师批准后方可继续执行修改后的措施。

（5）矿务局局长和局总工程师每季度至少一次，矿长、矿总工每月至少一次组织检查防突措施的实施情况，并协调解决存在的问题。

（6）矿务局、矿防突专门机构每月检查一次防突措施的实施情况，并将检查结果向矿务局汇报，发现问题，立即解决。

（7）矿务局、煤矿在进行安全大检查时，必须检查防治突出措施的编制、审批和贯彻执行情况，发现问题，及时解决。

4. 合理布置采掘巷道

突出矿井的巷道布置应符合下列要求：

（1）主要巷道要布置在岩层或非突出煤层中。

（2）煤层巷道应尽可能布置在已卸压范围内，如沿空留巷或沿空送巷。

（3）应尽可能减少井巷揭穿突出煤层的次数。

（4）井巷揭穿突出煤层的地点应尽可能避开地质构造破坏带。

（5）突出煤层中的掘进工程量应尽可能减少。

（6）开采保护层的矿井，应充分利用保护层的保护范围。

（7）井巷揭穿突出煤层前，必须具有独立而可靠的通风系统。

（8）在突出煤层中，严禁任何两个采掘工作面之间串联通风。

5. 可靠的通风系统

在突出矿井中应有防止突出物破坏通风构筑物和通风系统的可靠设施（如反向风门），

严禁任何两个工作面串联通风，以防止突出发生时灾害扩大。

6. 加强地测工作

地测工作是防突工作的基础。防突措施选择正确与否，取决于对煤层赋存状况、瓦斯状况和地质构造等自然因素的了解程度。

（1）矿井地测部门必须与防突专门机构、通风部门共同编制矿井瓦斯地质图，图中应标明采掘进度、被保护范围、煤层赋存条件、地质构造、突出点分布、突出强度、瓦斯基础参数等资料，作为突出危险性区域预测和制定防突措施的依据。

（2）采掘工作面推进至距保护区边缘 30 m 前，矿井地测部门必须向有关采掘区队提交采掘工作面临近保护区通知单，并报告矿总工程师。采掘区队负责人接到通知单后必须签收，并按有关规定执行。

（3）在突出煤层顶、底板岩巷掘进时，地测部门必须定期验证提供的地质资料，掌握施工动态和围岩变化情况，防止误穿突出煤层。

7. 积累突出资料，掌握突出规律

（1）每次突出后，煤矿防突机构必须指定专人进行现场调查，做好详细记录，收集资料，并填写突出卡片。突出卡片的数据必须准确，附图清晰，并注明主要尺寸。

（2）强度大于 1 000 t 的特大型突出发生后，除填写突出卡片外，还必须编写专题调查报告，分析突出发生的原因，总结经验教训。

（3）每年应对全年的突出记录卡片进行系统的分析总结，由矿务局（煤矿）写出报告，于次年第一季度内，将填写好的矿井基本情况调查表和矿井突出现象汇总表连同总结报告一起报省（区）煤矿安全监察局审查。

8. 加强瓦斯检查工作

突出矿井中每个采掘工作面都应设专职瓦斯检查员，专职瓦斯检查员必须随时检查瓦斯情况，掌握突出预兆。当发现有突出危险时，有权命令停止作业，并协助班组长立即组织人员按避灾路线撤出，同时报矿调度室。

9. 开展区域预测，实现突出煤层分区管理

在一般突出危险矿井，尤其是刚开始发生突出的矿井，在突出煤层开采过程中，应进行煤层突出危险性区域性预测，划分出突出危险区和突出威胁区，将突出威胁区解放出来。这样不仅可以节省大量的人力和物力、提高劳动生产率和矿井经济效益，而且还有利于加强突出危险区的管理，提高防突措施的针对性。

三、现场管理

在突出矿井中，有时在实施措施的过程中发生突出，其原因可能是措施不得力或是未按规定措施实施。因此，即使是在采取了防突措施的工作面作业，也必须加强作业过程中的现场管理。

1. 采掘工作面所有施工人员都必须掌握措施的内容和要求，有专人负责并制定责任分工制度。施工现场应设置突出预测和防突措施牌板，预测牌板应包括预测钻孔数、指标大小、预测结论、允许进尺距离等；措施牌板包括施工地点的煤层剖面、钻孔布置、措施内容、工艺要求、进度记录等。对措施的每个环节都必须层层落实，建立钻孔验收制度，确保防突措施实施效果。

2. 采掘工作必须紧密配合防突措施的实施，工作面的支护形式，采掘机械的使用、推进进度等必须严格按措施执行，不得超采、超掘；必须和施工阶段的煤层瓦斯涌出状况和动力征兆相适应，避免由于采掘工作的盲目进行而诱导突出事故的发生。

3. 加强爆破管理，突出煤层的采掘工作面必须实施远距离爆破措施，严禁放“大炮”；严禁超进尺爆破；爆破后开始生产的间隔时间应足够长，防止发生延时突出事故而造成人员伤亡。

第六章　矿井粉尘防治

本章学习目标

1. 了解矿井粉尘的产生、性质及其危害。
2. 掌握矿井粉尘的测定技术和矿井防尘的各种技术手段。

随着矿井生产过程中机械化程度的提高，生产强度的加大，在矿井生产过程中产生的粉尘量也越来越大。粉尘不仅严重危害作业人员的身体健康，引起尘肺病，而且许多粉尘在一定的条件下还具有燃烧爆炸性，容易导致人员伤亡、财产损失。因此，根治粉尘危害，预防煤尘爆炸事故，是保障职工生命安全、身体健康和我国煤矿行业健康快速发展的一个重要前提。在煤矿井下，主要产尘点是工作面，这里的煤尘浓度最大，因此，要格外注意降低这里的粉尘浓度。一般除尘防尘技术有通风除尘、湿式除尘、密闭抽尘、净化风流、个体防护等。

第一节　矿井粉尘的产生及其性质

一、矿井粉尘的产生

一般说来，粉尘是指能够较长时间呈悬浮状态存在于空气中的固体小颗粒。从胶体化学观点来看，含尘空气是一种气溶胶，悬浮粉尘散布在空气中与空气共同组成一个分散体系。

1. 矿井产生粉尘的主要工序

在生产过程中产生并形成的，能够较长时间呈悬浮状态存在于空气中的固体微粒称为生产性粉尘。矿井粉尘属于这类粉尘。矿尘是指在采矿过程中所产生的细小矿物颗粒。它是煤矿在建设和生产过程中所产生的煤尘、岩层和其他有毒有害粉尘的总称。煤尘一般指粒径在 1 mm 以下的煤炭微粒；岩尘一般指粒径在 45 μm 以下的岩粉尘粒。矿井产尘的主要作业工序有：

（1）各类钻眼作业，如风钻或煤电钻打眼，打锚杆眼、注水孔等。

（2）炸药爆破。

（3）采煤机割煤、装煤和掘进机掘进。

（4）采场支护、顶板冒落或冲击地压。

（5）各类巷道支护，特别是锚喷支护。

（6）各种方式的装载、运输、转载、卸载和提升。

（7）通风安全设施的构筑等。

2. 矿尘生成量的决定因素

不同矿井由于煤、岩地质条件和物理性质的不同，以及采掘方法、作业方式、通风状况和机械化程度的不同，矿尘的生产量有很大的差异。即使在同一矿井里，产尘的多少也因地因时发生着变化。矿尘生成量的多少主要取决于下列因素：

（1）地质构造及煤层赋存条件

在地质构造复杂、断层褶曲发育并且受地质构造破坏强烈的地区开采时，矿尘产生量较大；反之则较小。井田内如有火成岩侵入，煤体变脆变酥，产尘量也将增加。一般说来，开采急倾斜煤层比开采缓倾斜煤层的产尘量要大，开采厚煤层比开采薄煤层的产尘量要高。

（2）煤岩的物理性质

通常节理发育且脆性大的煤易碎，结构疏松而又干燥坚硬的煤岩在采掘工艺相近的条件下产尘既细微又量大。

（3）环境的温度和湿度

煤岩本身水分低、煤帮岩壁干燥且环境相对湿度低时，作业时产尘量会相对增大；若煤岩本身潮湿，矿井空气湿度又大，虽然作业时产尘较多，但由于水蒸气和水滴的吸湿作用，矿尘悬浮性减弱，空气中矿尘含量会相对减少。

（4）采煤方法

不同的采煤方法，产尘量差异很大。例如，急倾斜煤层采用倒台阶开采比水平分层开采产尘量要大，全部冒落采煤法比水砂充填法的产尘量要大。就减少产尘量而言，旱采又远不及水采。

（5）产尘点的通风状况

矿尘浓度的大小和作业地点的通风方式、风速及风量密切相关。当井下实行分区通风、风量充足且风速适宜时，矿尘浓度就会降低；如采用串联通风，含尘污风再次进入下一个作业地点，或工作面风量不足、风速偏低时，矿尘浓度就会逐渐增高。保持产尘点的良好通风状况，关键在于选择最佳排尘风速。

（6）采掘机械化程度和生产强度

煤矿采掘工作面的产尘量随着采掘机械化程度的提高和生产强度的加大而急剧上升。

在地质条件和通风状况基本相同的情况下，炮采工作面干放炮时矿尘浓度一般为300～500 mg/m³，机采干割煤时矿尘浓度为1 000～3 000 mg/m³，而综采干割煤时矿尘浓度则高达4 000～8 000 mg/m³，有的甚至更高。在采取煤层注水和喷雾洒水防尘措施后，炮采的矿尘浓度一般为40～80 mg/m³，机采为30～100 mg/m³，而综采为20～120 mg/m³。采用的采掘机械及其作业方式不同，产尘强度也随之发生变化。如综采工作面使用双滚筒采煤机组时，产尘量与截割机构的结构参数和采煤机的工作参数密切相关。

煤矿井下粉尘主要来源采掘、运输和装载、锚喷等作业场所。采掘工作面产生的浮游粉尘占矿井全部粉尘的80%以上。其次是运输系统中的各转载点，由于煤岩遭到进一步破碎，也产生相对数量的粉尘。因此，在煤矿粉尘防治时，必须要采取一些措施重点降低这些场所的粉尘浓度。

二、煤矿粉尘的分类

矿尘除按其成分分为煤尘和岩尘外，还可以有其他多种不同的分类方法。

1. 按矿尘粒径划分

(1) 粗尘：粒径大于40 μm，相当于一般筛分的最小粒径，在空气中极易沉降。

(2) 细尘：粒径为10～40 μm，在明亮的光线下，肉眼可以看到，在静止空气中做加速沉降运动。

(3) 微尘：粒径为0.25 μm～10 μm，用光学显微镜可以观察到，在静止空气中做等速沉降运动。

(4) 超微尘：粒径小于0.25 μm，要用电子显微镜才能观察到，在空气中做扩散运动。

2. 按矿尘成因划分

(1) 原生矿尘：在开采之前因地质作用和地质变化等原因而生成的矿尘。原生矿尘存在于煤体和岩体的层理、节理和裂隙之中。

(2) 次生矿尘：在采掘、装载、转运等生产过程中，因破碎煤岩而产生的矿尘。次生矿尘是煤矿井下矿尘的主要来源。

3. 按矿尘的存在状态划分

(1) 浮游矿尘：悬浮于矿井空气中的矿尘，简称浮尘。

(2) 沉积矿尘：从矿井空气中沉降下来的矿尘，简称落尘。

浮尘和落尘在不同环境下可以相互转化。浮沉在空气中飞扬的时间不仅与尘粒的大小、质量、形式等有关，还与空气的湿度、风速等大气参数有关。矿山防治的对象是浮尘，通常所说的矿尘也是指浮尘。

4. 按矿尘的粒径组成范围划分

（1）全尘（总粉尘）：粉尘采样时获得的包括各种粒径在内的矿尘的总和。

（2）呼吸性粉尘：主要指粒径在 5 μm 以下的微细尘粒。它能通过人体上呼吸道进入肺泡区，是导致尘肺病的主要病因，对人体威胁极大。

全尘和呼吸性粉尘是粉尘检测中常用的术语。显然，全尘包括呼吸性粉尘，它们都是粉尘的物理参数。在一定条件下，两者有一定比例关系，其比值大小与矿物性质及生产条件有关，可以通过多次测定粉尘粒径分布获得。

5. 按矿尘中游离 SiO_2 含量划分

（1）硅尘：游离 SiO_2 含量在 10%以上的矿尘。它是引起矿工硅肺病的主要因素。煤矿中的岩尘一般多为硅尘。

（2）非硅尘：游离 SiO_2 含量在 10%以下的矿尘。煤矿中的煤尘一般均为非硅尘。

国内外矿山粉尘浓度标准的确定，均是以矿尘中 SiO_2 的含量多少为依据的。

6. 按矿尘有无爆炸性划分

（1）有爆炸性煤尘：经过煤尘爆炸性鉴定，确定悬浮在空气中的煤尘，在一定浓度和有引爆热源的条件下，本身能发生爆炸或传播爆炸的煤尘。

（2）无爆炸性煤尘：经过爆炸性鉴定，不能发生爆炸或传播爆炸的煤尘。

（3）惰性粉尘：能够减弱和阻止有爆炸性粉尘爆炸的粉尘，如岩粉等。

三、矿井粉尘的性质

了解矿尘的性质是做好防尘工作的基础。矿尘的性质取决于矿尘构成的成分和存在的状态，矿尘与形成它的矿物在性质上有很大的差异，这些差异隐藏着巨大的危害，同时也决定着矿井防尘技术的选择（如除尘系统的设计和运行操作等），充分利用对除尘有利的矿尘物性或采取某些措施改变对除尘不利的矿尘物性，可以大大提高除尘效果。

1. 矿尘中游离 SiO_2 的含量

煤岩尘粒本身具有复杂的矿物成分和化学成分。矿尘中游离 SiO_2 的含量是危害人体的决定因素，其含量越高，危害越大。游离 SiO_2 是许多矿岩的组成成分，如煤矿上常见的页岩、砂岩、砾岩和石灰岩等中游离 SiO_2 的含量通常在 20%～50%之间，煤尘中的含量一般不超过 5%。

2. 矿尘的密度和比重

单位体积矿尘的质量称矿尘密度，单位为 kg/m^3 或 g/cm^3。排除矿尘间空隙以纯矿尘的体积计量的密度称为真密度，用包括矿尘间空隙在内的体积计量的密度称为表观密度或堆积密度。

矿尘真密度是一定的，而堆积密度则与堆积状态有关，其值小于真密度。

矿尘的真密度，对拟定含尘分流净化的技术途径（如除尘器选型）有重要价值。

矿尘的比重是指粉尘的质量与同体积标准物质的质量之比，因而是无量纲的。通常采用标准大气压（1.031×10^5 Pa）和温度为 4℃的纯水作为标准物质。由于在这种状态下 1 cm^3 的水质量为 1g，因而粉尘的比重在数值上就等于其密度（g/cm^3）。但是比重和密度应是两个不同的概念。

矿尘颗粒比重的大小影响其在空气中的稳定程度，尘粒大小相同时比重大者沉降速度快，稳定程度低。

3. 矿尘的粒度与比表面积

矿尘粒度是指矿尘颗粒的平均直径，单位为 μm。

矿尘的比表面积是指单位质量矿尘的总表面积，单位为 m^2/kg 或 cm^2/g。

矿尘的比表面积与粒度成反比，粒度越小，比表面积越大，煤岩破碎成微细的尘粒后，其表面积增加，因而这两个指标都可以用来衡量矿尘颗粒的大小。煤岩破碎成微细的尘粒后，其比表面积增加，因而化学活性、溶解性和吸附能力明显增加；其次更容易悬浮于空气中，在静止空气中不同粒度的尘粒从 1 m 高处降落到底板所需时间见表 6—1。另外，粒度减小容易使其进入人体呼吸系统，据研究，只有 5 μm 以下粒径的矿尘才能进入人的肺内，是矿井防尘的重点对象。

表 6—1　　尘粒沉降时间

粒度（μm）	100	10	1	0.5	0.2
沉降时间（min）	0.043	4.0	420	1 320	5 520

4. 矿尘的分散度

矿尘分散度是指矿尘整体组成中各种粒级尘粒所占的百分比。它表征岩矿被粉碎的程度，通常所说高分散度矿尘，即表示矿尘总量中微细尘粒多，所占比例大；低分散度矿尘，即表示矿尘中粗大的尘粒多，所占比例大。

（1）矿尘分散度一般有两种表示方法，分别是质量百分比和数量百分比。

质量百分比：各粒级尘粒的质量占总质量的百分比称为质量百分比。按下式计算：

$$P_{wi}=w_i/\sum w_i\times 100\% \tag{6—1}$$

式中　P_{wi}——某粒级尘粒的质量百分比，%；

w_i——某粒级尘粒的质量。

数量百分比：各粒级尘粒的颗粒数占总颗粒数的百分比称为数量百分比。按下式计算：

$$P_{ni}=n_i/\sum n_i\times 100\% \tag{6—2}$$

式中　P_{ni}——某粒级尘粒的数量百分比，%；

n_i——某粒级尘粒的颗粒数。

由于表示的基准不同，同一种矿尘的质量百分比和数量百分比的数值不尽相同。如果矿尘是均质的，则两者可以按下式换算：

$$P_{wi}=n_i d_i^3/\sum n_i d_i^3\times 100\% \tag{6—3}$$

式中　d_i——某粒级粒径的代表粒径。

粒级的划分是根据粒度大小和测试目的确定的，我国工矿企业将矿尘粒级分为四级：$<2\ \mu m$，$2\sim5\ \mu m$，$5\sim10\ \mu m$，$>10\ \mu m$。

根据一些实测资料，矿井中矿尘的数量分散度大致分为：$<2\ \mu m$ 的占 46.5%～60%，$2\sim5\ \mu m$ 的占 25.5%～35%，$5\sim10\ \mu m$ 的占 4%～11.5%，$>10\ \mu m$ 的占 2.5%～7%。一般情况下，$<5\ \mu m$ 的矿尘（即呼吸性粉尘）占 90%以上。

（2）矿尘分散度是衡量矿尘颗粒大小组成的一个重要指标，是研究矿尘性质与危害的一个重要参数。

矿尘的分散度直接影响着它的比表面积的大小，矿尘分散度越高，其比表面积越大，矿尘的溶解性、化学活性和吸附能力等也越强。如石英粒子的大小由 75 μm 减小到 50 μm 时，它在碱溶液中的含量由 2.3%上升到 6.7%，这对尘肺的发病机理起着重要作用。另外，煤尘比表面积越大，与空气中的氧气反应就越剧烈，成为引起煤尘自燃和爆炸的因素之一。

随着粉尘颗粒比表面积的增大，微细尘粒的吸附能力增强。一方面，井下爆破后，尘粒表面积能吸附诸如 CO、氮氧化物等有毒有害气体；另一方面，由于充分吸附周围介质，微细尘粒表面形成气膜的现象随着增强，从而大大提高了微细尘粒的悬浮性。而尘粒周围气膜的存在，阻碍了微细尘粒间的相互结合，尘粒的凝聚性和吸湿性明显下降，不利于粉尘的沉积。

矿尘分散度对尘粒的沉降速度有显著的影响。矿尘在空气中的沉降速度主要取决于它的分散度、密度及空气的密度和黏度。矿尘的分散度越高，其沉降速度越慢，在空气中的悬浮时间越长。如静止空气中的岩尘和煤尘，粒径为10 μm时，沉降速度分别为7.86 mm/s和3.98 mm/s；而粒径为1 μm时，沉降速度则仅为0.078 6 mm/s和0.039 8 mm/s；粒径小于1 μm时，沉降速度几乎为零。在实际的生产条件下，由于风流、热源、机械设备运转及人员操作等因素的影响，微细尘粒的沉降速度更慢。微细尘粒难以沉降，给降尘工作带来了不利因素。

矿尘分散度对尘粒在呼吸道中的阻留有直接影响。空气中悬浮的矿尘，随着气流吸进呼吸道。尘粒通过惯性碰撞、重力沉降、拦截和扩散等几种运动方式，进入并阻留在呼吸道和肺泡里。矿尘分散度的高低和被吸入人体后在呼吸道中各部位的阻留有着密切关系。

不同粒径的尘粒可达呼吸系统各部位的情况大致为：30 μm的尘粒可达气管分歧部；10 μm的可达终末支气管；3 μm的可达肺泡管；1 μm的可达肺泡道和肺泡囊腔；1 μm以下的，部分沉着在肺泡上，部分再呼出。

综上所述，矿尘分散度越高，危害性越大，而且越难捕获。

5. 矿尘的湿润性

矿尘的湿润性是指矿尘与液体亲和的能力。矿尘的湿润性是决定液体除尘效果的重要因素。容易被水湿润的矿尘称为亲水性矿尘，不容易被水湿润的矿尘称为疏水性矿尘。对于亲水性矿尘，当尘粒被湿润后，尘粒间相互凝聚，尘粒逐渐增大、增重，其沉降速度加快，矿尘能从气流中分离出来，可达到除尘的目的。矿井常用的喷雾洒水和湿式除尘器就是利用矿尘的湿润性使其沉降的。对于疏水性矿尘，一般不宜采用湿式除尘器，而多采用通过在水中添加湿润剂和增加水滴的动能等方法进行湿式除尘。

6. 矿尘的荷电性

悬浮于空气中的尘粒，因空气的电离作用和尘粒之间或尘粒与其他物体碰撞、摩擦、吸附而带有电荷。尘粒的荷电性与电荷符号对防尘工作有重要意义。

煤尘的电荷符号主要取决于煤的变质程度、灰分组分和破碎方式，可能带正电荷，也可能带负电荷。尘粒带有相同电荷时，互相排斥，不易凝集下沉；带有异电荷时，则可相互吸引、凝聚而加速沉降。因此，有效利用矿尘的这种荷电性，不仅能提高对粉尘的捕集能力，而且能有效降低矿尘浓度，例如，设计和使用电除尘器、袋式除尘器、湿式除尘器。

7. 矿尘的光学特性

矿尘的光学特性包括矿尘对光的反射、吸收和透光强度等性能。在测尘技术中，常利用矿尘的光学特性来测定它的浓度和分散度。

8. 矿尘的燃烧性和爆炸性

有些矿尘在空气中达到一定浓度时，在高温热源的作用下，能发生燃烧和爆炸。矿尘爆炸时产生高温、高压，以及大量的有毒有害气体，对矿井安全生产威胁极大。

一般认为，含硫大于10%的硫化矿尘即有爆炸性，发生爆炸的粉尘浓度范围为250～1 500 g/m³，引燃温度为435～450℃。

第二节 矿井粉尘的危害及其防治

一、矿井粉尘的危害

矿尘的危害主要表现在两个方面：一方面是对人体健康的危害；另一方面的表现是燃烧和爆炸。但是，无论哪个方面都会给井下工作人员的健康带来巨大的威胁，给煤矿安全生产带来巨大的隐患。

1. 矿尘对人体的危害

矿尘会对井下工作人员的身体健康带来很多危害，当粉尘落于鼻、咽、喉、气管、支气管时，常能损伤呼吸道黏膜，随后细菌通过损伤的黏膜侵入呼吸道组织造成感染，即使不造成损伤也往往会引起黏膜充血肿胀、分泌亢进，引起卡他性炎症，有些粉尘还具有毒性。总的来说，粉尘可以引起人类身体某些气管的癌变，可以引起人类全身的中毒作用，可以破坏人类的呼吸系统。但是，矿尘对于人类最大的危害还是其对人体肺部的破坏。在煤矿井下工作的煤矿工人经常因此得尘肺病，这也是全世界煤矿工人最常见的职业病。

2. 矿尘的爆炸和燃烧

煤尘爆炸产生的高温、高压和大量有毒有害气体，既破坏井巷，毁坏设备，又会造成人员伤亡，甚至导致整个矿井毁坏，严重地威胁安全生产和人员的健康。

二、煤矿尘肺病及其防治

尘肺病是指工人长期大量吸入作业环境中悬浮粉尘而引起的肺部组织纤维性病变的总称。煤矿尘肺病一般按吸入矿尘的成分不同，被分为硅肺病（也称为矽肺病）、煤硅肺病和煤肺病三种。在这些尘肺病中，以硅肺病的危害性最大，它的发病期短，发病率高，病情发展快，久患不愈，所以建井时期和生产时期的开拓掘进的防尘工作尤为重要。但是，我国煤矿工人工种变化较大，长期固定从事单一工种的情况很少，因此，煤矿尘肺病中以煤硅肺病比重最大，约占80％，单纯的硅肺病和煤肺病很少。当然，不是所有接触粉尘的工作人员都会发病，通常把尘肺病患者占接触粉尘的总人数的百分比称为发病率。由于矿井、工种和劳动条件等不同，发病率差别也会很大。按井下工种划分，各工种的尘肺病发病率见表6—2。

表6—2　　不同工种的尘肺病发病率

接尘工种	发病率（％）	尘肺病类型	接尘性质
岩巷掘进工人	4.22	硅肺病	硅尘
岩掘及采煤工	2.35	煤硅肺病	硅尘、煤尘
采煤机司机	0.30	煤肺病	煤尘

1. 尘肺病的发病因素

尘肺病的发病因素有很多，总结如下：

（1）矿尘的成分

能够引起肺部纤维病变的矿尘，多半含有游离SiO_2，其含量越高，发病工龄越短，病变的发展程度越快。所以，《煤矿安全规程》根据不同游离SiO_2的含量，规定了不同矿尘的最高允许浓度。对于煤尘，引起煤肺病主要是它的有机质（及挥发分）含量。根据试验，煤化作用程度越低，危害越大，因为煤尘的危害和肺内的积尘量都与煤化作用程度有关。

（2）矿尘粒度及分散度

尘肺病变主要是发生在肺脏的最基本单元肺泡内。矿尘粒度不同，能被人体吸入的深度和在呼吸系统内滞留的情况也不同，因而它对尘肺病的产生作用也不尽相同。一般说来，5 μm以上的矿尘对尘肺病的发生影响不大；5 μm以下的矿尘可以进入下呼吸道并沉积在肺泡中，最危险的是粒度2 μm左右的矿尘。

（3）矿尘浓度和接尘时间

尘肺病的发生与进入肺部的矿尘量有直接关系。空气中含有的矿尘越多，即矿尘浓度越大，工人吸入的矿尘量越多，越易患病；从事井下作业的工龄越长，接触粉尘作业的时间越长，越易发病。国外的统计资料表明，在高矿尘浓度的场所工作时，平均5～10年就有可能导致硅肺病，如果矿尘中游离SiO_2的含量达80％～90％，甚至1.5～2年即可发病。若空气中的矿尘浓度降低到《煤矿安全规程》规定的标准以下，那么工作几十年，肺部吸入的矿尘总量可能仍不会达到致病的程度。

（4）矿尘的形状和硬度

矿尘粒子形状与尘肺的发病速度有着密切的关系。比如圆球形粒子吸入人体后容易排出，而非球形粒子吸入人体后难以从人体内排出，所以，当矿尘中含非球形粒子较多时，肺部沉积量增加，从而导致尘肺病发病率和检出率高，发病期短。矿尘硬度对尘肺病发病的影响，主要表现在坚硬而锐利的尘粒作用于上呼吸道、黏膜时能引起较大的损伤。

（5）个体方面的因素

矿尘引起尘肺病是通过人体而进行的，所以人的机体条件，如年龄、营养、健康状况、生活习性、卫生条件等，对尘肺病的发生、发展有一定的影响。

2. 尘肺病的发病机理

尘肺病的发病机理，至今尚未完全研究清楚。一般认为，进入人体呼吸系统的粉尘大体上经历了以下四个过程：

（1）在呼吸道的咽喉、气管内，含尘气流由于沿程的惯性碰撞作用使大于 10 μm 的尘粒首先沉降在其内。经过鼻腔和气管黏膜分泌物黏结后形成痰排出体外。

（2）在呼吸道的较大支气管内，通过惯性碰撞及少量的重力沉降作用，使 5～10 μm 的尘粒沉积下来，经气管、支气管上皮的纤毛运动，咳嗽随痰排出体外。因此，真正进入下呼吸道的粉尘，其粒度均小于 5 μm，目前比较一致的看法是空气中 5 μm 以下的矿尘是引起尘肺病的主要粉尘。

（3）在下呼吸道的细小支气管内，由于支气管分支增多，气流速度减慢，使部分 2～5 μm的尘粒依靠重力沉降的作用沉积下来，通过纤毛运动逐渐排出体外。

（4）粒度 2 μm 左右的粉尘进入呼吸道支气管和肺后，一部分可随呼气排出体外；另一部分沉积在肺泡壁上或进入肺内，残留在肺内的粉尘仅占总吸入量的 1%～2%。残留在肺内的尘粒可杀死肺泡，使肺泡组织形成纤维病变出现网眼，逐步失去弹性而硬化，无法担负呼吸作用，使肺功能受到损害，降低了人体抵抗能力，并容易诱发其他疾病，如肺结核、肺心病等。在发病过程中，由于游离的 SiO_2 表面活性很强，加速了肺泡组织的死亡。因此，硅肺病是各种尘肺病中发病期最短、病情发展最快也最为严重的一种。

3. 尘肺病的预防

尘肺病是严重危害工人身体健康的一种慢性职业病，但是，就目前的医学技术水平而言，这种病是很难治愈的，不过在一些尘肺病高发的工作场所是可以采取一些措施对其进行预防的。

预防尘肺病的关键在于防尘。新中国成立以来，我国矿山总结出了以“八字”经验为内容的综合防尘措施，即风、水、密、护、革、管、教、查。“风”是通风除尘；“水”是湿式作业；“密”是密闭尘源；“护”是个体防护；“革”是改革生产技术和工艺，减少产尘强度；

“管”是加强技术与组织管理工作；“教”是宣传教育工作；“查”是测尘和健康检查工作。

三、煤层爆炸及其预防

1. 煤层爆炸的特征及效应

煤尘是一种特殊的可燃性粉尘，我国大多数煤矿的煤尘都具有爆炸性，煤尘爆炸与瓦斯爆炸具有相似的特点，总结如下：

（1）形成高温、高压、冲击波

煤尘爆炸能产生很高的温度，煤尘的火焰温度为 1 600～1 900℃，爆源的温度达到 2 000℃以上。煤尘爆炸使爆源周围气体浓度骤然上升，从而使气体压力突然增大，产生冲击波。在爆炸扩展过程中，如果遇到障碍物或巷道断面突然变化以及拐弯时，则爆炸压力将增加更大。这一特点，也是煤尘爆炸破坏性的体现之一，它能够破坏巷道、破坏机械装备、造成人员伤亡等。

（2）煤尘爆炸具有连续性

由于煤尘爆炸具有很高的冲击波速，能将巷道中落尘扬起，甚至使煤体破碎形成新的煤尘，导致新的爆炸，有时可如此反复多次，形成连续爆炸，这是煤尘爆炸的重要特征。

（3）煤尘爆炸的感应期

煤尘爆炸要有一个感应期，即煤尘受热分解产生足够数量的可燃气体形成爆炸所需的时间。根据试验，煤尘爆炸的感应期主要决定于煤的挥发分含量，一般为 40～280 ms，挥发分越高，感应期越短。

（4）产生焦皮渣和黏块

对于结焦煤尘（气煤、肥煤及焦煤的煤尘），在煤尘爆炸时，只有一部分煤尘完全烧成灰烬，其余的仅仅表面烧焦，形成一种独特的、烧焦的皮渣或黏块，黏附在支护棚架、煤壁岩帮或顶板等上面。焦皮渣是烧焦到某种程度的煤尘的聚合体，其形状呈椭圆形，黏块的断面形式呈三角形，其厚度有时达几厘米。焦皮渣和黏块是煤尘爆炸或瓦斯煤尘爆炸区别于瓦斯爆炸的主要特征。

（5）生成大量的有毒有害气体

如果反应充分，主要是产生有害的二氧化碳气体，当反应不充分时，就会产生相对较多的一氧化碳气体。据测定，煤尘爆炸生成的一氧化碳浓度可达 2%～3%，甚至高达到 8%左右。所以，煤尘爆炸事故中受害者的大多数是由于 CO 中毒造成的。

2. 煤层爆炸的条件

任何事故的发生都是需要具备一定条件的，煤尘爆炸也不例外，它的发生必须满足四个条件：

（1）煤尘具有爆炸性

煤尘具有爆炸性是煤尘爆炸的基本条件。在矿井，矿尘分为爆炸性矿尘和无爆炸性矿尘。煤尘有无爆炸性，须经过爆炸性鉴定才能确定。我国煤矿规定：新建矿井或生产矿井每延深一个新水平，应进行1次煤尘爆炸性鉴定工作。煤尘的爆炸性应由具备相关资质的单位进行鉴定，鉴定结果必须报省级煤炭行业管理部门和煤矿安全监察机构备案。煤矿企业应根据鉴定结果采取相应的安全措施。

（2）浮游煤尘的浓度

井下空气中只有悬浮的煤尘达到一定浓度时，才可能引起爆炸，单位体积中能够发生煤尘爆炸的最低和最高煤尘浓度称为下限和上限浓度。低于下限浓度或高于上限浓度的煤尘都不会发生爆炸。煤尘爆炸的浓度范围与煤的成分、粒度、引火源的种类和温度等有关。一般说来，煤尘爆炸的下限浓度为30～50 g/m^3，上限浓度为1 000～2 000 g/m^3。其中爆炸力最强的浓度范围为300～500 g/m^3。一般情况下，浮游煤尘达到爆炸下限浓度的情况是不常有的，但是爆破、爆炸和其他震动冲击都能使大量落尘飞扬，在短时间内使浮尘量增加，达到爆炸浓度。因此，确定煤尘爆炸浓度时，必须考虑落尘这一因素。

（3）引爆热源

煤尘的引燃温度变化范围较大，它随着煤尘性质、浓度及试验条件的不同而变化。我国煤尘爆炸的引燃温度在610～1 050℃，一般为700～800℃。煤尘爆炸的最小点火能为4.5～40 mJ。这样的温度条件，几乎一切火源均可达到，如爆破火焰、电气火花、机械摩擦火花、瓦斯燃烧或爆炸、井下火灾等。

（4）充足的氧气含量

足够的氧含量是煤尘燃烧与爆炸的先决条件。实验证明，氧气浓度低于12%～16%时，煤尘的燃烧速度将会大大下降，甚至会自动熄灭，不会引起爆炸。但我国煤矿规定：采掘工作面的进风流中，氧气浓度不得低于20%。所以，在采掘工作面和其他有人作业的地方，不能用控制氧含量的办法来防治煤尘燃烧与爆炸。

3. 影响煤尘爆炸的主要因素

煤尘爆炸受诸多因素的影响，有些因素能提高其爆炸危险性，而有些因素则能抑制和减弱其爆炸危险性。认识并掌握这些影响因素，对于预防和避免煤尘爆炸事故的发生有着很重要的作用。

（1）煤尘的可燃挥发分

这是煤尘爆炸性的重要影响因素。一般情况下，挥发分越高，煤尘越易发生爆炸，爆炸的强度也越高。煤尘中的挥发分主要取决于煤的变质程度，变质程度越低，挥发分含量越高；变质程度越高，挥发分含量越低。

(2) 煤尘的水分

煤尘中的水分对尘粒起着黏结作用，使颗粒变大，从而降低了煤尘的飞扬能力。同时，水分起着吸热降温作用，降低了煤尘的燃烧和爆炸性，因此，煤尘的水分在煤尘起爆时起抑制作用。

(3) 煤尘的灰分

煤尘中的灰分是不可燃物质。灰分能吸收热量起到降温阻燃的作用，并能阻止煤尘飞扬，使其迅速沉降，以及对煤尘爆炸的传播起到隔爆作用。

(4) 煤尘粒度

一般情况下，煤尘分散度越高，粒径越小，接触空气的表面积越大，煤尘对空气分子的吸收性越强，就越容易受热和氧化，也加快了煤尘释放可燃气体的速度。所以说，煤尘粒度越小，爆炸性越强。

(5) 煤尘浓度

煤尘浓度超过 30～45 g/m^3（煤尘的下限浓度），则随着煤尘浓度增加，爆炸强度也增大；当浓度达 300 g/m^3（煤尘爆炸威力最强的浓度）时，随着煤尘浓度增加，爆炸强度将减弱；当煤尘浓度超过 1 500 g/m^3时，就不会发生爆炸了。

(6) 空气中氧气含量

空气中氧的含量高时，点燃煤尘的温度可以降低；氧的含量低时，点燃煤尘困难，当氧含量低于 12%时，煤尘就不再爆炸。煤尘的爆炸压力也随空气中含氧的多少而不同。含氧高，爆炸压力高；含氧低，爆炸压力低。

(7) 引爆热源

点燃煤尘造成煤尘爆炸，必须有一个达到或超过最低点燃温度和能量的引爆热源。引爆热源的温度越高，能量越大，越容易点燃煤尘，而且煤尘初爆的强度也越大；反之温度越低，能量越小，越难以点燃煤尘，且即使引起爆炸，初始爆炸的强度也越小。

4. 煤尘爆炸的预防

预防煤尘爆炸的措施，概括起来有三个方面，分别是：防止浮游煤尘飞扬；防止沉降煤尘重新飞扬并参与爆炸；防止产生引爆火源。防止浮游煤尘飞扬时，一般可以采取湿式作业、喷雾洒水、煤层注水预湿煤体等降尘措施，此外还可以合理地分配巷道风速，有利于浮游粉尘的沉降；防止沉降煤尘再次扬起时，可以及时清扫和冲洗已沉降的煤层，在巷道内定期撒布岩粉和刷石灰浆；对于防止引爆火源的产生，必须要及时地消除井下火源、防止电气设备失爆等。

第三节 矿井粉尘测定

一、粉尘浓度测定

测尘是防尘的基础，无论是了解矿尘的危害情况，从而正确评价作业地点的劳动卫生条件；还是为了指导降尘工作，制定防尘措施，选择除尘设备，以及验证防尘措施和防尘系统的防尘效果，都需要对煤矿粉尘进行测定。

1. 粉尘浓度测定的目的

（1）对井下各作业地点的粉尘浓度进行测定，以检查是否达到国家卫生标准。

（2）测定作业点粉尘的粒度分布及其矿物组成的化学、物理性质。

（3）研究各种不同采掘工序的产尘状况，提出解决办法。

（4）评价各种降尘措施的效果。

2. 粉尘浓度表示方法

粉尘浓度表示方法有两种：一种以单位体积空气中粉尘的颗粒数（颗/cm^3）表示，即计算表示法；另一种以单位体积空气中粉尘的质量表示，即计重表示法。

20世纪50年代初，英国医学界通过流行病学对尘肺病的研究认识到尘肺病的缘由，它不仅与吸入的粉尘质量、暴露时间、粉尘成分有关，而且在很大程度上与尘粒的大小有关。此后，英国医学研究协会（BMRC）在1952年提出呼吸性粉尘的定义，即进入肺泡的粉尘，同时给出BMRC采样标准曲线，后来美国工业卫生学家协会（ACGIH）给出ACGIH采样标准曲线，这一定义和两种呼吸性粉尘采样标准曲线于1959年在南非召开的国际尘肺会议上得到承认，同时确定了以计重法表示粉尘浓度。

3. 采样器种类

（1）全尘浓度采样器

将一定体积的含尘空气通过采样头，全部大小不同的粉尘粒子被阻留于夹在采样头内的滤膜表面，根据滤膜的增重和通过采样头的空气体积，计算出空气中的粉尘浓度，采样方式如图6—1所示。

（2）呼吸性粉尘采样器

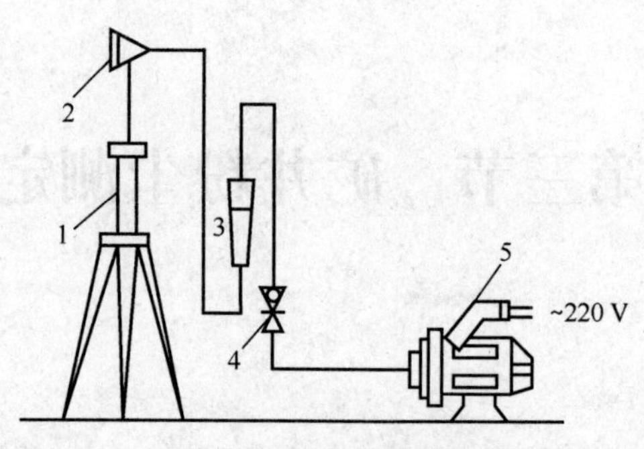

图 6—1　滤膜测尘系统

1—三角支架　2—滤膜采样头　3—转子流量计　4—调节流量螺旋夹　5—抽气泵

呼吸性粉尘采样器的设计，按照分离过滤原理，在采杆头部加设前置装置，对进入含尘气流中的大颗粒尘粒进行淘析，所以前置装置也称淘析器。按淘析器分离原理，分为以下三种类型：

1）平板淘析器：按重力沉降原理设计。

2）离心淘析器：按离心分离原理设计。

3）冲击分离器：按惯性冲击原理设计。

以上三种呼吸性粉尘采样器分离原理如图 6—2 所示。

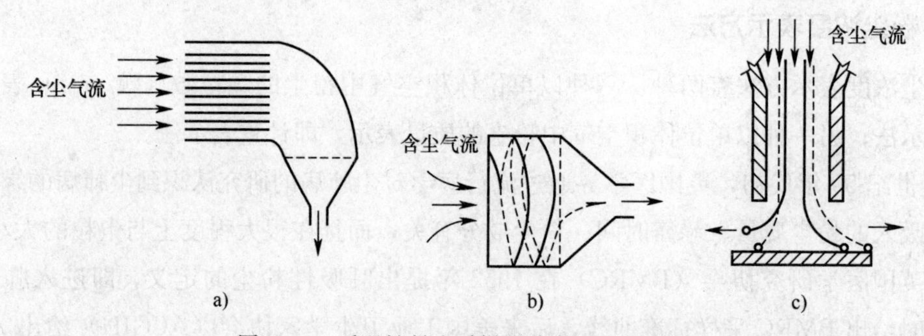

图 6—2　呼吸性粉尘采样器分离原理示意图

a）平板淘析器分离采样器　b）离心淘析器分离采样器　c）冲击分离器分离采样器

（3）两级计重粉尘采样器

两级计重粉尘采样器也是采用惯性冲击原理设计的。

4. 测尘仪器的种类

（1）按检测原理分类

1）光电法：按光线通过含尘气流使光强变化。检测原理包括白炽灯透射、红外光透射、光散射、激光散射。

2）滤膜增重法。

3）β射线吸收法。

（2）按测尘浓度类型分类

1）全尘粉尘测尘仪。

2）呼吸性粉尘测尘仪。

3）两段分段计重粉尘测尘仪。

（3）按测尘仪工作方式分类

1）长周期、定点、连续测尘仪。

2）短周期、定点、连续测尘仪。

3）便携式测尘仪。

测尘仪种类繁多，除上述分类外，还有按不同行业的粉尘性质、测量的浓度范围、精度要求、环境条件的要求进行的分类，有大量程、小量程，防爆型、非防爆型等区别。

5. 测定工作

（1）作业场所测点的选择和布置

1）对井下各生产作业地点空气中含尘量每十天测点一次，地面作业场所每月测定一次，以评价作业场所劳动卫生条件。

2）当新矿井、新水平、新工作面投产，工艺发生变化或新的开采技术、新的防尘手段投入使用时，要在新条件下工作后5天内对粉尘的发生情况进行评价。

3）选择粉尘测定位置的总原则是，把测点布置在尘源的回风侧粉尘扩散较均匀地区的呼吸带。

4）呼吸带是指作业场所距巷道底板高1.5 m左右、接近作业人员呼吸的地带，在薄煤层及其他特殊情况下，呼吸带高度应根据实际情况随之改变。

5）对井上下作业场所测点的选择和布置见表6—3。

表6—3　　对井上下作业场所测点的选择和布置

类别	生产工艺	测尘点布置
采煤工作面	1. 缓斜及中斜煤层采煤机落煤	采煤机回风侧10～15 m
	2. 采煤机司机操作采煤机	司机工作地点
	3. 液压支架司机移架	司机工作地点
	4. 风镐落煤	一人作业，在其回风侧3～5 m处；多人作业，在最后一人回风侧3～5 m处
	5. 工作面平巷钻机钻孔	打钻地点回风侧3～5 m处
	6. 电煤钻打眼	作业人员回风侧3～5 m处
	7. 回柱放顶移刮板输送机	作业人员工作范围

续表

类别	生产工艺	测尘点布置
采煤工作面	8. 薄煤层刨煤机落煤	工作面上作业人员回风侧 3～5 m 处
	9. 刨煤机司机操作刨煤机	司机工作地点
	10. 工作面多工序同时作业	回风巷内距工作面端头 10～15 m 处
	11. 工作面爆破作业	爆破后工人已进入工作面开始作业前，在工人作业的地点
掘进工作面	1. 掘进机作业	机组后 4～5 m 处回风侧
	2. 掘进机司机操作掘进机	司机工作地点
	3. 机械装岩	在未安风筒的巷道一侧，距装岩机 4～5 m 处的回风流中
	4. 人工装岩	在未安设风筒的巷道一侧，距矿车 4～5 m 处的回风流中
	5. 风钻、电煤钻打眼	距作业地点 4～5 m 处巷道中部
	6. 打眼与装岩机同时作业	装岩机回风侧 3～5 m 处巷道中部
	7. 砌碹	在作业人员活动范围内
	8. 抽出式通风	在工作面产尘点与除尘器吸捕罩之间粉尘扩散得较均匀地区的呼吸带范围内
	9. 切割联络眼	在作业人员活动范围内
	10. 刷帮	距作业地点回风侧 4～5 m 处
	11. 挑顶	距作业地点回风侧 4～5 m 处
	12. 拉底	距作业地点回风侧 4～5 m 处
	13. 工作面爆破作业	爆破后工人已进入工作面开始作业前，在工人作业的地点
锚喷	1. 打眼	工人作业地点回风侧 5～10 m 处
	2. 打锚杆	工人作业地点回风侧 5～10 m 处
	3. 喷浆	工人作业地点回风侧 5～10 m 处
	4. 搅拌上料	工人作业地点回风侧 5～10 m 处
	5. 装卸料	工人作业地点回风侧 5～10 m 处
转载点	1. 刮板输送机作业	距两台输送机转载点回风侧 5～10 m 处
	2. 带式输送机作业	工人作业地点回风侧 5～10 m 处
	3. 装煤（岩）点及翻罐笼	尘源回风侧 5～10 m 处
	4. 翻罐笼司机和放煤工人作业	司机和放煤工人的工作地点
	5. 人工装卸材料	作业人员工作地点
井下其他工作场所	1. 地质刻槽	作业人员回风侧 3～5 m 处
	2. 维修巷道	作业人员回风侧 3～5 m 处
	3. 材料库、配电室、水泵房、机修硐室等处工人作业	作业人员活动范围内
露天矿	1. 钻机打眼	钻机下风侧 3～5 m 处
	2. 钻机司机操作钻机	司机室内
	3. 电铲作业	电铲作业地点下风侧 4～5 m 处
	4. 电铲司机操作电铲	司机室内
地面作业场所	地面煤仓、选煤厂、建材厂、机械厂及火药制造厂等处进行生产作业	作业人员活动范围内

（2）准备滤膜

1）干燥。待用滤膜存放于玻璃干燥器中。

2）称重。用感量为万分之一克的分析天平进行滤膜称重，记录质量并进行编号，为初重。因滤膜荷电有引力作用，应注意环境清洁。

3）装滤膜。将滤膜装入滤膜夹，并将直径 40 mm 的滤膜铺平，直径 75 mm 的滤膜折成漏斗形安装，装好后要检测有无不牢、漏缝现象，完好时，装入样品盒备用。

（3）采样

1）应在工人的呼吸带高度采样，距底板约 1.5 m。采样位置应在工作面附近下风侧风流较稳定区域选取。

2）采样头方向，一般情况下应迎向风流。

3）采样开始时间，连续产尘点应在作业开始后 20 min 采样，阵发型产尘与工人操作同时采样。

4）应使所采粉尘量不少于 1 mg，对于小号滤膜不大于 20 mg。一般采样流量为 10～30 L/min，采样时间不少于 20 min。

（4）粉尘浓度计算和统计分析

1）称重。采样后的滤膜连同夹具一起放在干燥器中，称重时取出，受尘面朝上，用镊子取下滤膜，向内对折 2～3 次，用原先称重的天平称出初重。如测点水雾大，滤膜表面有小水珠，必须干燥 30 min 后再称重，称重后再干燥 30 min，直到前后两次质量差不大于 0.2 mg 为止，作为恒重，取其值为末重。

2）计算粉尘浓度。按式 6—4 计算，取值到小数点后一位即可。

$$S=\frac{W_2-W_1}{Q_N} \tag{6—4}$$

式中　S——工作面粉尘浓度，mg/m^3；

W_1，W_2——采用前后的滤膜质量，mg；

Q_N——标准状态下的采气量，m^3。

3）流量计刻度一般是在 $t_0=20℃$，$p_0=1.013\times10^5$ Pa 条件下标定的，如测定时的气体状态与标定状态相差较大，流量计的读数必须进行修正，修正后的数值为实际流量。流量计的读数按式 6—5 进行修正：

$$Q=\sqrt{\frac{\rho_0}{\rho}}=Q_0\sqrt{\frac{Tp_0}{T_0p}} \tag{6—5}$$

式中　Q——实际流量，L/min；

Q_0——标定状态下流量计读数，L/min；

ρ——测定状态下空气密度，mg/m^3；

ρ_0——标定状态下空气密度，mg/m³；

T——测定状态空气温度，K；

T_0——标定状态空气温度，K；

p_0——标定状态空气压力，$p_0=1.013\times10^5$ Pa；

p——测定状态空气压力，Pa。

（5）采样时的空气状态可能互相差别很大，为了互相对比，有时需要把采样的流量一律换算为标准状态下的空气流量。标准状态空气体积的换算按式6—6计算：

$$Q_N=Q\cdot\frac{273}{1.013\times10^5}\cdot\frac{p}{T} \tag{6—6}$$

式中 Q_N——标准状态（273 K，1.013×10^5 Pa）下空气流量，L/min；

Q——采样状态下实际流量，L/min。

统计分析采样时，应记录现场生产条件、作业装备、通风防尘、降尘措施等情况，逐月将测定结果统计分析，上报有关单位。

二、粉尘粒度分布的测定

1. 测定目的和测定方法

了解粉尘粒径分布情况，对全面衡量粉尘的危害性，评价工作地点的劳动卫生条件，正确选择防尘装备和措施，并检验其实际效果，具有重要意义。

从宏观意义上看，粉尘粒径分布的测定手段是分级，即把粉尘按一定的粒径范围划分成若干个部分来计量，而不是针对某一个具体的粉尘颗粒，去测定这个尘粒直径大小。

测定粉尘粒径分布时，要根据测定目的来选择测定方法。粉尘粒径分布的测定方法很多，质量粒径分布多用沉降法，数量粒径分布常用显微镜观测法，也有利用尘粒的散射光量而制作的计数测定仪器，如光电粒子计数器、粒谱仪等。测定方法不同，测得的结果也不同。目前，普遍使用的显微镜观测法。

2. 光学显微镜观测法

利用滤膜可溶于有机溶剂而矿尘不被溶解的原理，将采后的滤膜放于瓷坩埚（或其他器皿）中，加1～2 mL醋酸丁溶剂，使滤膜溶解并搅拌均匀，然后取一滴加在载物玻璃片的一端，再用另一玻璃片推片制成样品，一分钟后即可在载物玻璃片上形成一粉尘薄膜，然后可用显微镜观测。

（1）显微镜放大倍数选择

显微镜放大倍数的选择以粉尘粒径分布范围宽窄来确定。若范围较窄，则一般选用物镜的放大倍数为 40 倍，目镜的放大倍数为 10～15 倍，总放大倍数为 400～600 倍。对微细粉尘可选用更高的放大倍数。

(2) 目镜测微尺的标定

目镜测微尺是用以测量尘粒大小的，它的每一分格所度量尺寸的大小与目镜和物镜大小的放大倍数有关，使用前应用标准尺标定。

物镜测微尺是一标准尺度，如图 6—3 所示，一小刻度为 10 μm。标定时，将物镜测微尺放在显微镜载物台上，选好目镜并装好目镜测微尺，先用低倍数物镜，将物镜测微尺调到视野正中，再换成选用的物镜，调好焦距。操作时，先将物镜调到低处，注意不碰到测微尺，以防损坏镜头，然后目视目镜观察，慢慢向上调整，直至物象清晰。

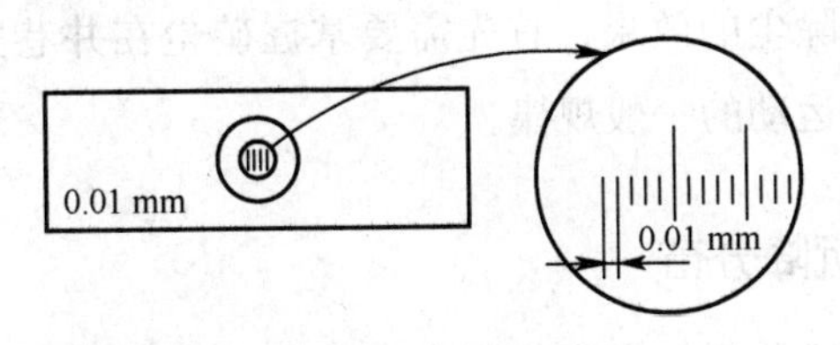

图 6—3　物镜测微尺

然后徐徐调整载物台，使物镜测微尺的刻度和目镜测微尺的刻度一端相互对齐，再找出另一相互对齐的刻度，根据两者数值算出目镜测微尺一个刻度尺寸。如图 6—4 所示，两端测微尺的 0 点相互对齐，另一侧，目镜测微尺的 32 与物镜测微尺的 14 相对，即目镜测微尺每一个刻度的长度为：(10×14) /32≈4.4 μm。若更换物镜或者目镜时，要重新标定。

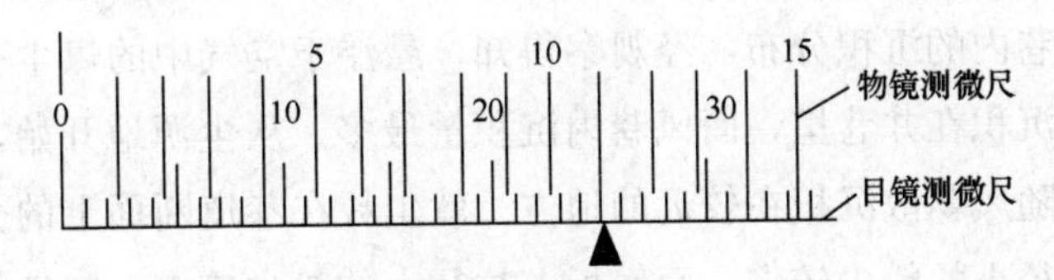

图 6—4　目镜测微尺标定示意图

(3) 测定

将准备好的样品放于显微镜的载物台上，用选定的目镜和物镜，调整好焦距，然后用目镜测微尺度量粉尘，如图 6—5 所示。

观测时样品的移动方向应保持一致，测量尘粒的定向粒径（指尘粒的最大投影尺寸，它由测微尺的垂线与尘粒投影轮廓线相切的两条平行线间的距离来表示），按粒径分布的分级计数。测定时对尘粒不应有选择，每一样品计测 200 粒以上，可用血球计数器分档计数。

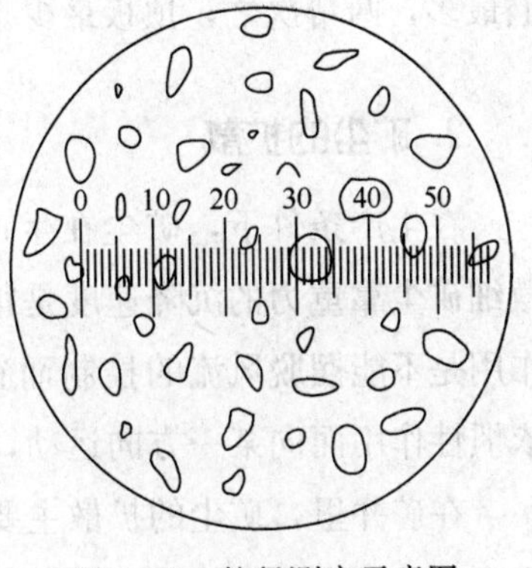

图 6—5　粒径测定示意图

第四节　综合防尘技术

一、通风除尘

通风除尘是稀释和排出作业地点悬浮粉尘，防止其过量积聚的有效措施。许多矿井的经验证明，搞好通风工作，是取得良好防尘效果的重要环节。

为了充分发挥通风对除尘的效果，首先需要掌握矿尘在井巷空气中沉降、扩散和随同风流一起流动等有关矿尘运动的一般规律。

1. 矿尘在井巷中的沉降分布

在静止空气中，尘粒所受到的主要作用力有尘粒本身的重力、分散介质的浮力和尘粒运动时分散介质的阻力。上述三种力综合作用的结果决定了尘粒在静止空气中的运动状态。通常，较大的尘粒能较快地沉降，而细微尘粒则能长时间地悬浮于空气中，有赖于风流将之稀释排出。

井巷中，流动的空气除了平均风速以外，还存在着脉动风速。脉动风速一方面促进尘粒扩散下沉，另一方面又能阻止尘粒的重力沉降。所以，风流中的尘粒沉降比在静止空气中复杂。粉尘在井巷内的沉积分布，经观察得知，悬浮于空气中的煤尘一部分随风流带出矿井，而大部分却沉积在井巷里，回风巷内沉积量最多。从尘源地开始，粒径大的先沉积下来，粒径小的则随风飘散沉积在较远的地方。就尘粒在巷道断面上的分布来看，沉积在巷道顶板和两帮粒径小的粉尘较多，而底板上粒径大的粉尘较多，它们的质量分布：底板上最多，两帮次之，顶板最少。

2. 矿尘的扩散

在生产条件下，矿尘在生产和扩散过程中所受的作用力主要有重力、机械力和风力。微细矿尘靠重力的沉降速度是很小的，与矿内一般风速相比相差很大，所以，矿尘因重力作用是不能摆脱风流的控制而独立运动的。矿尘受到机械力的作用可获得较高的初速度，依惯性作用而向某一方向运动，但速度的衰减非常快。

在矿井里，矿尘的扩散主要受控于风流。矿内风流速度一般在 0.15 m/s 以上，远大于重力和机械力所能给予矿尘的速度，能完全控制矿尘的扩散和运动。从这点出发，控制矿尘的扩散和运动主要是要控制含尘空气的流动。

使矿尘扩散和扬起粉尘的气流，大体可分为一次尘化气流和二次尘化气流。所谓一次尘化气流即是在产尘过程中同时产生的气流，如车辆运行、煤岩垮落、割煤机滚筒旋转诱导的气流和爆破冲击波等。一次尘化气流是使矿尘飞扬扩散于作业空间的主要动力，但作用范围是有限的。二次尘化气流是指由外部进入产尘空间的气流，主要指井下风流，其他如凿岩机的排气、风筒漏风等也属于此类。二次尘化气流使飞扬于空气中的矿尘向更大范围扩散和蔓延，要控制它所造成的污染必须采取合理的通风措施。

3. 排尘风速

排除井巷中的浮尘是需要有一定风速的。能促使对人体最有危害的微小粉尘（5 μm 以下）保持悬浮状态并随风流运动而排出的最低风速，称为最低排尘风速。我国煤矿规定，掘进中的岩巷最低风速不得低于 0.15 m/s，采煤工作面、掘进中的煤巷和半煤岩巷不得低于 0.25 m/s。

提高排尘风速，粒径稍大的尘粒也能悬浮并被排走，同时增强了稀释作用。在产尘量一定的条件下，矿尘浓度随之降低。当风速增加到一定值时，作业地点的矿尘浓度将降到最低值，此时风速称最优排尘风速。风速再增高时，将扬起沉降的矿尘，使风流中含尘浓度增高。一般说来，掘进工作面的最优风速为 0.4～0.7 m/s，机械化采煤工作面的最优风速为 1.5～2.5 m/s。

扬起落尘的风速取决于粉尘粒径、重率、形状、湿润程度、附着情况等许多因素。根据试验观测，一般在矿井条件下，风速大于 1.5～2 m/s 时，就具有二次扬起矿尘的作用。风速越高，扬起矿尘的作用越强，矿尘二次扬起能严重污染矿井空气。所以，在我国煤矿规定采掘工作面的最高允许风速为 4 m/s，这不仅考虑了工作面供风量的要求，同时也充分考虑到煤、岩的二次飞扬问题。

二、湿式除尘

湿式除尘是利用水或其他液体，使之与尘粒相接触而捕集矿尘的方法。它是矿井综合防尘的主要技术措施之一，具有所需设备简单，使用方便，费用较低和除尘效果较好等优点。缺点是增加了工作场所的湿度，恶化了工作环境，会影响原煤质量，除缺水和严寒地区外，一般煤矿应用较为广泛。我国煤矿较成熟的经验是采取以湿式凿岩为主，并配合喷雾洒水、水泡泥、水封爆破以及煤层注水等防尘技术措施。

水能湿润矿尘，增加尘粒重力，并能将细散尘粒聚结为较大的颗粒，使浮尘加速沉降，落尘不易飞扬。因此，按除尘作用可将湿式除尘分为两种方式：用水湿润、冲洗初生或沉积的矿尘；用水捕捉悬浮于空气中的矿尘。

用水湿润、冲洗初生矿尘，常见于湿式凿岩、湿式钻眼等作业。用水湿润、冲击沉积矿尘，俗称洒水降尘，多用于煤岩的装运作业和井巷的防爆措施。

用水捕捉悬浮于空气中的矿尘，目前多采用喷雾捕捉浮尘，俗称喷雾洒水，主要用于采掘机械的内、外喷雾洒水和井巷定点喷雾降尘。

1. 洒水降尘

洒水降尘是用水湿润沉积于煤堆、岩堆、巷道周壁、支架等处的矿尘。当矿尘被水湿润后，尘粒间互相附着凝集成较大的颗粒。同时，因矿尘湿润后增强了附着性，而能黏结在巷道周壁、支架煤岩表面上，这样在煤岩装运等生产过程中或受到高速风流时，矿尘不易飞起。

在炮采炮掘工作面爆破前后洒水，不仅有降尘作用，而且还能消除炮烟、缩短通风时间。

煤矿井下洒水，可采用人工洒水或喷雾器洒水。对于生产强度高、产尘量大的设备和地点，要设自动洒水装置。

实践证明，一般的洒水降尘（即低压洒水，水压＜2 943 kPa）存在着喷雾易于堵塞，除尘效率难以提高，特别是对呼吸性粉尘的降尘效果差、耗水量大（某些场合厌水）等技术问题，因而出现了高压洒水（水压＞9 810 kPa）的新工艺，使洒水降尘措施更加完善。

2. 喷雾洒水

（1）喷雾洒水的作用

喷雾洒水是将压力水通过喷雾器（又称喷嘴）在旋转或（及）冲击作用下，使水流雾化成细微的水滴喷射于空气中。它的捕尘作用有以下 3 点：

1）在雾体作用范围内，高速流动的水滴与浮尘碰撞接触后，尘粒被润湿，在重力作用下下沉。

2）高速流动的雾体将其周围的含尘空气吸引到雾体内湿润下沉。

3）将已经沉落的尘粒湿润黏结，使之不易飞扬。

（2）影响喷雾洒水捕尘效率的主要因素

1）雾体分散度。雾体的分散度（即水粒的大小与比值）是影响捕尘效率的重要因素。低分散度雾体水粒大，水粒数量少，尘粒与大水滴相遇时，会因旋流作用而从水滴边绕过，不被捕获。过高分散度的雾体，水粒十分细小，容易气化，捕尘率也不高。据实验，用 0.5 mm的水粒喷洒粒径为 10 μm 以上的粉尘时，捕尘率为 60%；当尘粒直径为 5 μm 时，捕尘率为 23%；当尘粒直径为 1 μm 时，捕尘率只有 1%。将水粒直径减少到 0.1 mm，雾体速度提高到 30 m/s 时，对 2 μm 尘粒的捕尘率可提高到 55%。因此，矿尘的分散度越高，要求水粒的直径越小。一般说来，水粒直径为 10～15 μm 时的捕尘效果最好。

2）水滴与尘粒的相对速度。相对速度越高，两者碰撞时的动量越大，有利于克服水的表面张力而将尘粒湿润捕获。但因风流速度高，尘粒与水滴接触时间缩短，也降低了捕尘效率。

3）水压。喷雾洒水降尘的过程，是尘粒与水滴不断发生碰撞、湿润、凝聚、增重而不断沉降的过程。当提高供水压力（如采用高压洒水）时，由于在很大程度上提高了雾化程度，增加了雾滴密度和雾滴的运动速度，以及增加了射体涡流段的长度，无疑大大增加了尘粒与雾粒之间的碰撞机会和碰撞能量，使微细粉尘易于捕捉。同时，高压洒水能使射体雾滴增加带电性，产生静电凝聚的效果。这一综合作用，加速了尘粒与雾滴碰撞、湿润、凝聚的效果而提高了降尘效率。前苏联的研究表明，在掘进机上采用低压洒水时降尘率为43%～78%，采用高压喷雾时降尘率达到 75%～95%；在炮掘工作面采用低压洒水时降尘率为 51%，而采用高压喷雾时降尘率达到 72%，且对微细粉尘的抑制效果明显。

高压喷雾产生的雾粒粒度的大小，与高压喷雾方法有关。喷雾方法有脉冲洒水和恒压洒水两种。所谓脉冲洒水是指洒水压力的变化不小于最大压力的 20%～30%；恒压洒水的压力变化不超过 5%。通常，脉冲洒水的雾滴粒度比恒压洒水时的粒度小得多，其降尘效果比恒压洒水好。测定各种喷嘴直径和各种洒水压力所产生的雾粒粒度可参考如下关系式：

恒压洒水时，

$$d_k = k(1.79\,D_H - 1)/(D_H\,p^{1.26}) \tag{6—7}$$

式中 d_k——雾粒直径，μm；

k——比例系数，$k=34\ 530$；

D_H——喷嘴直径，mm；

P——水压，kgf/cm^2。

脉冲洒水时，

$$d_k = k\ (1.85\,D_H - 1)\ /p \tag{6—8}$$

式中 d_k——雾粒直径，μm；

k——比例系数，$k=2\ 166$；

D_H——喷嘴直径，mm；

P——水压，kgf/cm^2。

4）单位体积空气的耗水量越多，捕尘效率越高，但所用动力也随之增加。使用循环水时，需采取净化措施，如水中微细离子增加，将使水的黏性增加，且使分散水滴粒径加大，降低效率。

5）粉尘的密度大则易于捕集，空气中含尘浓度越高，总捕集效率越高，但排出的粉尘浓度也随之增高。

6）粉尘的湿润性是影响喷雾洒水降尘效果的一个重要因素。不易湿润的粉尘与水滴碰撞时，能产生反弹现象，虽然碰撞也难于捕获。尘粒表面吸附空气形成气膜或覆盖油层时，都难被水滴捕获。向水中添加表面活性剂降低水的表面张力或使之荷电，均可提高湿润效果。

（3）喷雾器

把水雾化成微细水滴一般是通过喷雾器实现的。雾体的雾化程度、作用范围和水粒运动速度，取决于喷雾器的构造、水压和安装位置。因此，为了达到较好的除尘效果，应根据不同生产过程中产生的矿尘分散度选用合适的喷雾器。喷雾器的技术性能可用喷雾体结构、雾粒的分散度、雾滴密度和耗水量等指标来表示。

1）喷雾体结构是指喷射出的雾体的几何形状。图6—6所示为水平喷雾体的几何结构形式，压力水从喷雾器中喷出后，雾粒开始做高速直线运动，直线运动的距离叫射程（L_a），此间水滴稠密并具有较大的动能，还能吸引周围的含尘空气进入雾体中，这个射程内的捕尘效果较好。此后，因动能减少和重力作用，水滴速度减慢，水滴开始以抛物线做下落运动，其密度也逐渐降低，捕尘作用减弱。水滴运动的最大距离称为作用长度（L_b）。喷射面积用喷雾体的扩张角（α）表示，α 值越大，喷雾体的截面积也越大，水粒的密集程度则越小。喷雾体内的水雾密度与喷雾器的构造、水压、耗水量有关。

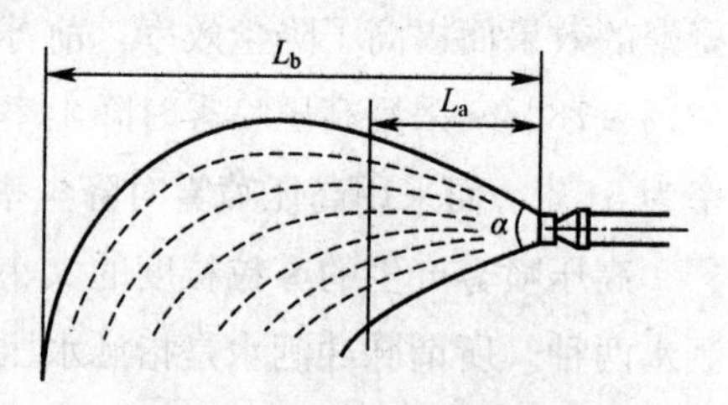

图6—6　喷雾体结构图

L_a—射程　L_b—作用长度　α—扩张角

2）喷雾器的类型。我国煤矿采用的喷雾器，按其动力可分为水喷雾器和气水喷雾器两大类。水喷雾器的工作原理是压力水经过喷雾器，靠旋转的冲击作用，使之形成水雾喷出。水喷雾器结构简单、轻便，具有雾粒较细、耗水量少、扩张角大的特点。但射程较小，适于向固定尘源喷雾，如在采掘工作面运输机接头、翻罐笼、煤仓、装车站等喷雾降尘。气水喷雾器的原理是根据压气雾化液体的原理设计的，在压力不高耗水量不大的情况下，也能达到较高的喷雾速度与喷雾密度。我国掘进工作面使用较多的是鸭嘴形喷雾器。

喷雾捕尘是最常用的降尘措施。在喷雾控制技术上，我国开展了大量的研究工作，研制了适用于采掘机械、炮掘工作面、装载卸载点、风流净化等各种场合的各类型的喷嘴及喷雾泵等配套设备，具有机械式、自动式、液压式、光电式、声控式等多种自动喷雾系统，为实现采煤机内外喷雾、液压支架移架喷雾和转载点喷雾降尘创造了条件。近年来，又研究了含尘气流控制技术，这种新的喷雾方法较好地解决了采煤机内外喷雾时在滚筒附近产生涡流，使粉尘向人行道扩散的问题，并提高了外喷雾的降尘效果。

三、密闭抽尘

密闭抽尘是把局部产尘点首先密闭起来，防止矿尘飞扬扩散，然后再将矿尘抽到集尘器内，含尘空气通过集尘器将尘粒阻留，使空气净化。

1. 孔口捕尘。在炮眼孔口利用捕尘罩和捕尘塞密封孔口，再用压气引射器产生的负压将凿岩时产生的矿尘吸进捕尘罩、捕尘塞，经吸尘管至滤尘筒。矿尘经过两级过滤，第一级是滤尘筒，第二级是滤尘袋。含尘空气在负压吸引下进入滤尘筒，沿筒壁旋转，由于离心力的作用，大于 10 μm 的尘粒落入筒内，而经滤尘筒排出的含尘空气再进入滤尘袋。在压气的推动下，经滤尘袋过滤，小于 10 μm 的尘粒绝大部分被阻留在滤尘袋内。

捕尘器使用效果良好。实测数据表明，不用捕尘器干打眼时，矿尘浓度为 509.0 mg/m³，使用捕尘器后则降到 25.2 mg/m³，捕尘率达 95.0%，缺点是引射器耗风量较大。

2. 利用抽尘净化设备，将孔底产生的矿尘经钎杆中心孔抽出净化。凿岩机有中心抽尘与旁侧抽尘两种形式。该系统是借压气引射器作用将孔底矿尘经钎杆中心孔或旁侧孔，通过导尘管吸到除尘器内，经净化后排出。

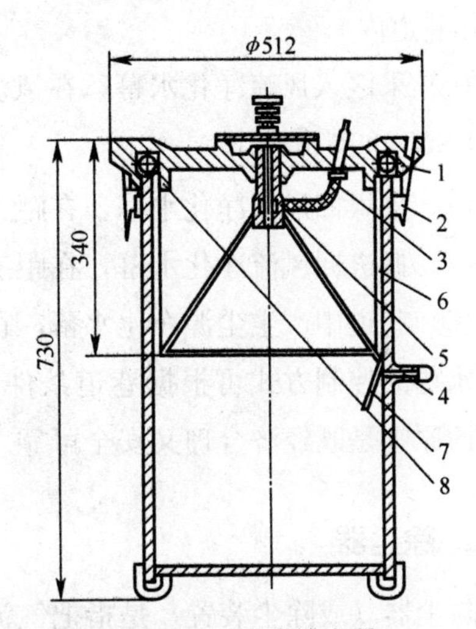

图 6—7　干式捕尘器

1—捕尘器盖　2—扣紧手把　3—压气进气口　4—含尘空气进气口　5—引射器　6—滤尘袋　7—除尘板　8—密封胶圈

干式捕尘器种类很多，图 6—7 所示为其中的一种。它是以压气为吸尘动力，压气由进气口 3 进入引射器 5，造成负压，将含尘空气从进气口 4 吸入，与除尘板 7 碰撞后，粗粒矿尘落到桶底，细粒矿尘随气流上升，至滤尘袋 6 时被阻留，净化后的空气由捕尘器上方排出。引射器的气压为 0.5 MPa 时，耗气量为 1.06 m³/min，负压可达 29.3 kPa。

干式捕尘凿岩时，工作场所无水雾，空气较干燥，但钎杆中心空槽增大，容易折断，捕尘效果差，压气消耗量大。

四、净化风流

净化风流是使井巷中含尘的空气通过一定的设施或设备，将矿尘捕获、净化风流的技术措施。目前使用较多的是水幕和湿式除尘器。

1. 水幕净化风流

在含尘浓度较高的风流所通过的巷道中设置水幕，就是在敷设于巷道顶部或两帮的水管上间隔地安上数个喷雾器，通过喷雾达到净化风流的目的，巷道水幕布置如图 6—8 所示。

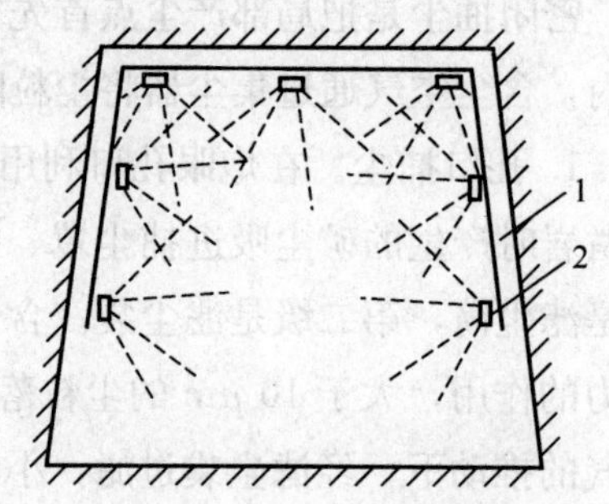

图 6—8　巷道水幕示意图

1—水管　2—喷雾器

喷雾器的布置应以水雾布满巷道断面，并尽可能靠近尘源，缩小含尘空气的弥漫范围为原则。净化水幕应安设在支护完好、壁面平整、无断裂破碎的巷道段内。常见的净化水幕有以下几种：

（1）矿井总入风流净化水幕，在距井口 20～100 m巷道内。

（2）采区入风流净化水幕，在风流分岔口支流内侧 20～50 m 巷道内。

（3）采煤回风流净化水幕，在距工作面回风口 10～20 m 回风巷。

（4）掘进回风流净化水幕，在距工作面 30～50 m 巷道内。

（5）巷道中产生尘源净化水幕，在尘源下风侧 5～10 m 巷道内。

水幕的控制方式可根据巷道条件，选用光电式、触控式或各种机型传动的控制方式。选用的原则是既经济合理又安全可靠。

2. 除尘器

除尘器（或除尘装置）是指把气流或空气中含有的固体粒子分离并捕集起来的装置，又称集尘器或捕尘器。矿山常用除尘器通常可分为 4 大类：机械除尘器、过滤除尘器、电除尘器和湿式除尘器。

（1）机械除尘器

机械除尘器包括重力沉降室、惯性除尘器、旋风除尘器等，是利用重力、惯性力、离心力等作业原理分离捕集矿尘的，这类除尘器结构简单、造价低、维护方便，但除尘效率低，占用空间较大，多作前级预除尘用。

（2）过滤除尘器

过滤除尘器包括袋式除尘器、纤维层除尘器等。袋式除尘器应用广泛，属于高效除尘器。过滤除尘器如果工作环境有淋水或矿尘含湿量大时，容易在过滤层上黏结，影响过滤性能。

（3）电除尘器

电除尘器是利用静电力分离捕集矿尘，除尘效率高，阻力较低，但设备比较复杂，费用较高。电除尘器不适于在有爆炸危险性气体或过于潮湿的工作环境中应用。

(4) 湿式除尘器

通常，根据是否利用水或其他液体将含尘空气中的粉尘分离出来或净化含尘空气，除尘器可分为干式和湿式两大类。煤矿一般采用湿式除尘器，包括湿式过滤除尘器、湿式旋流除尘风机、MAD系列风流净化器、SCF系列湿式除尘机和文丘里除尘器等，其除尘机理主要是以水作为除尘介质，利用粉尘与水滴或水膜的拦截、惯性碰撞和扩散等作用原理分离捕集矿尘。一般说来，湿式除尘器结构比较简单，体积比较紧凑，除尘效率较高。矿井的供水与排水系统比较方便，因此，湿式除尘器选用得比较广泛。

3. 除尘装置的除尘效率

除尘装置的除尘效率主要是全效率和分级除尘效率。

(1) 全效率

全效率指除尘装置捕集下来的矿尘质量与进入的矿尘质量的百分比，是表示除尘装置性能的重要指标。可按下式计算：

$$\eta=(Q_0C_0-Q_1C_1)/Q_0C_0\times100\%=(1-Q_1C_1/Q_0C_0)\times100\% \tag{6—9}$$

式中　η——全效率，%；

Q_0——进入除尘装置的风量，m^3/min；

C_0——进入除尘装置的矿尘浓度，mg/m^3；

Q_1——由除尘装置排出的风量，m^3/min；

C_1——由除尘装置排出的矿尘浓度，mg/m^3。

如果进入除尘装置的风量等于排出的风量，即除尘装置结构严密、没有漏风，$Q_0=Q_1$。则：

$$\eta=(1-C_1/C_0)\times100\% \tag{6—10}$$

(2) 分级除尘效率

分级除尘效率指除尘装置对不同粒度的矿尘所具有的除尘效率。分级除尘效率是表明除尘装置适用范围的一个重要技术指标。按浓度法测定除尘器的分级除尘效率，可用下式计算：

$$\Delta\eta_d=(M_{d0}C_0-M_{d1}C_1)/M_{d0}C_0\times100\% \tag{6—11}$$

式中　$\Delta\eta_d$——除尘器对粒径为 d 的粉尘的分级除尘效率，%；

M_{d0}——入口处粉尘粒径为 d 的分散度，%；

M_{d1}——出口处粉尘粒径为 d 的分散度，%；

C_0——除尘器进口粉尘浓度，mg/m^3；

C_1——除尘器出口粉尘浓度，mg/m^3。

按质量法测定除尘器的分级除尘效率，可用下式计算：

$$\Delta\eta_d = M_{d1} G_1 / M_{d0} G_0 \times 100\% \qquad (6\text{—}12)$$

式中　G_1——除尘器捕集的粉尘质量，g；

G_0——进入除尘器的粉尘质量，g。

当知道了分级除尘效率，可按下式求出该除尘器的全效率：

$$\eta = \sum M_{di} \Delta\eta_{di} = M_{0-5} \Delta\eta_{0-5} + M_{5-10} \Delta\eta_{5-10} + \cdots + M_{>60} \Delta\eta_{>60} \qquad (6\text{—}13)$$

式中　M_{0-5}、M_{5-10}、…、$M_{>60}$——除尘器入口处粉尘粒径分别为0～5、5～10、…、>60 μm的粉尘的分散度。

4. 除尘器的选择

选择除尘器要从生产特点与排放标准出发，结合除尘器的除尘效率、设备的阻力、处理能力、运转可靠性、操作工作繁简、一次投资及维护管理等诸因素加以全面考虑。

（1）首先应考虑矿山的特点和要求。矿用除尘器的体积要小而紧凑、便于迁移，结构简单，设备要耐用，防爆、防潮性能好。如KGC－Ⅰ型、KGC－Ⅱ型、KGC－Ⅱ（A）型除尘器与掘进机配合使用，可有效地控制机掘工作面的粉尘，使粉尘浓度下降85%左右。

（2）选用的除尘器必须满足排放标准规定的排尘浓度。要求除尘器的容量能适应生产量的变化而除尘效率不会下降，含尘浓度变化对除尘效率的变化要小。当气体的含尘浓度较高时，考虑在除尘器前设置低阻力的初净化设备，去除粗大尘粒，有利于除尘器更好地发挥作用。对于运行工况不太稳定的除尘系统，要注意风量变化对除尘器效率和阻力的影响。

（3）应考虑粉尘的性质和粒度分布。粉尘的性质对除尘器的性能发挥影响较大，黏性大的粉尘容易黏结在除尘器表面，不宜采用干式除尘；水硬性或疏水性粉尘不宜采用湿式除尘器。此外，不同除尘器对不同粒径的粉尘除尘效率是完全不同的，选择除尘器时必须了解处理粉尘的粒度分布和各种除尘器的分级除尘效率。

（4）除尘器排出的粉尘或泥浆等要易于处理。

（5）容易操作与维修。

（6）费用。除考虑除尘器本身费用外，还要考虑除尘装置的整体费用，包括初建投资、安装、运行和维修费用等。

五、个体防护

井下各生产环节采取防尘措施后，仍有少量微细矿尘悬浮于空气中，甚至个别地点不能达到卫生标准，所以，加强个体防护是综合防尘措施的一个重要方面。我国煤矿使用的个体防尘用具主要有防尘口罩、防尘安全帽和隔绝式压风呼吸器，其目的是使佩戴者既能呼吸到净化后的清洁空气，又不影响正常操作。

1. 防尘口罩

矿井要求所有接触粉尘作业人员必须佩戴防尘口罩。对防尘口罩的基本要求是阻尘率高，呼吸阻力和有害空间小，佩戴舒适，不妨碍视野广度。

防尘口罩按其工作原理可分为自吸过滤式防尘口罩和送风式防尘口罩两种。自吸过滤式防尘口罩可分为简易式防尘口罩和复式防尘口罩两种。

(1) 简易式防尘口罩

简易式防尘口罩结构简单，滤料可采用氯纶起绒布、无纺布、合成超细纤维无纺滤料等。为使口罩与颜面密合并形成一定空间，应有一定造型的缝合制品。在缝合时，外表面可增加纱布层或带气眼的人造革层，内部加塑料支架，以改善吸气时的糊气感；热压成型制品由无纺滤料在模具中热压而成，表面有数条凸起的沟槽，接触鼻梁处有软金属（铝）条，佩戴后用手指按压与颜面密合。

简易式防尘口罩适用于氧气浓度不低于18%且无其他有害气体的作业环境，长时间使用时，由于呼吸气中水汽沾湿滤料，会使呼吸阻力增加。该产品虽佩戴方便但不易清洗或更换，故多为一次性产品。武安－3型即为此类防尘口罩。

(2) 复式防尘口罩

复式防尘口罩结构较复杂，主要由面具、过滤盒和呼气阀组成。面具是用橡皮模压制而成的，边缘包有泡沫塑料，能较严密地紧贴面部；口罩下部两侧各有一个进气口朝下的过滤盒，盒里装有滤布或滤纸，用以截住粉尘；口罩下部中央为呼气阀。吸气阀和呼气阀均为单向阀，吸气时呼气阀关闭，新鲜空气经吸气口、滤布或滤纸进入体内；呼气时吸气阀关闭，呼出的气体经呼气阀排出，武安-302型即属此类。该防尘口罩的阻尘率为91.2%～99.5%，呼吸时阻力较小（不超过29.42Pa），轻便耐用，使用范围较广，可在潮湿和淋水条件下佩戴使用。

复式防尘口罩对作业环境空气的要求与简易式防尘口罩相同，复式防尘口罩佩戴舒适、便于清洗，更换滤料后可重复使用。我国目前使用的几种防尘口罩，其技术性能见表6—4。

表6—4　几种防尘口罩的技术性能

名称	滤料	阻尘率 (%)	呼气阻力 (Pa)	吸气阻力 (Pa)	质量 (g)	有害空间 (cm^3)	妨碍视野 (°)
武安-3	聚氯乙烯布	96-98	11.8	11.8	34	195	1
上劳-3	羊毛毡	95.2	27.4	25.9	128	157	8
武安-1	超细纤维桑皮棉纸	99	25.5	22.5～29.4	142	108	5
武安-2	超细纤维	99	29.4	16.7～22.5	126	131	1

在粉尘浓度高而又无法采取防尘措施时，可用防尘安全帽或隔绝式压风呼吸器来防止粉尘危害。

2. 防尘安全帽

近年来，煤科总院重庆分院研制出 AFM－1 型防尘安全帽或称送风头盔。AFM－1 型送风头盔与 LKS－7.5 型两用矿灯匹配，在该头盔间隔中，安装有微型轴流风机、主过滤器、预过滤器，面罩可自由开启，由透明有机玻璃制成。送风头盔进入工作状态时，环境含尘空气被微型风机吸入，预过滤器可截留 80％～90％的粉尘，主过滤器可截留 99％以上的粉尘。主过滤器排出的清洁空气，一部分供呼吸，剩余的气流带走使用者头部散发的部分热量，由出口排出。

3. AYH 系列压风呼吸器

AYH 系列压风呼吸器是一种隔绝式的新型个人和集体呼吸防尘装置。它利用矿井压缩空气经离心脱去油渍、活性炭吸附等净化过程，再经减压阀同时向多人均衡配气供呼吸。

压风式防尘呼吸器的特点是气源来自作业环境以外的空气，与作业环境隔绝，不受环境空气的影响，因而可满足各种防尘、防毒、缺氧供气作业环境的需要。劳动者可直接吸入新鲜空气，感觉凉爽清新，既防尘又防毒，但佩戴者需拖一根送风管，作业活动受到一定限制，要有专人配合使用以防发生意外。目前生产的 AYH 系列压风呼吸器有 AYH－1 型、AYH－2 型和 AYH－3 型三种型号。该系列产品安装简便，可直接就近安装在压风管路上，而不需另设供气装置和管路。现场可根据作业地点、环境条件进行选用。

最后，需要指出的是个体防护不可以也不能完全代替其他防尘技术措施。防尘是首位的，鉴于目前绝大部分矿井尚未达到国家规定的卫生标准的情况，采取一定的个体防护措施是很有必要的。

六、其他防尘措施

除了一般的防尘措施，国内外还在探讨水湿润粉尘的机理和研究粉尘理化性质的基础上，进行了诸如磁化水防尘、水中添加湿润剂除尘、泡沫剂除尘及荷电水雾降尘等方面的降尘试验，均取得了一定的进展和成效。

1. 磁化水防尘

磁化水是指经过磁化器处理的水，其物理化学性质发生了暂时的变化，这种暂时改变水性质的过程叫磁化。其变化的大小与磁化器磁场强度、水中杂质性质、水温及水在磁化器内的流动速度有关。磁化处理后，水的电导率、黏度降低，水的晶体结构改变，因而使水的表面张力、吸附能力、溶解能力、渗透能力以及湿润性增加。使水珠变细变小，提高了雾化程度，因此与粉尘的接触机遇增加，特别是对呼吸性粉尘的捕捉能力加强。因为磁化水湿润性强，吸附能力大，使粉尘降落速度加快，所以降尘效果好。

2. 降尘剂的使用技术

(1) 湿润剂除尘

以水为主体的湿式综合防尘，因粉尘具有一定的疏水性，水的表面张力又较大，对2 μm粒径粉尘捕获率只有1%～28%，2 μm粒径以下的粉尘捕获率更低。湿润剂是由亲水基和疏水基两种不同性质基团组成的化合物，湿润剂溶于水中时，其分子完全被水分子包围，亲水基一端被水分子吸引，疏水基一端被水分子排斥，亲水基一端被水分子引入水中，疏水基一端则被排斥伸向空气中，于是湿润剂物质的分子会在水溶液表面形成紧密的定向排列层，即界面吸附层。由于存在界面吸附层，使水的表层分子与空气的接触状态发生变化，接触面积大大缩小，导致水的表面张力降低，同时朝向空气的疏水基与粉尘粒子之间的吸附作用把尘粒带入水中，得到充分湿润。

若把添加有湿润剂的水溶液用于煤层注水，提高其毛细管渗透能力，可提高降尘率，特别是提高呼吸性粉尘的降尘率。在湿式打眼、湿式除尘器及其他湿式作业的用水中添加湿润剂均能提高除尘效率。

(2) 泡沫剂除尘

泡沫剂与水按一定比例混合在一起，通过发泡器产生大量高倍数泡沫状的液滴，喷洒到尘源或空气中。喷洒在矿石等物体上的无空隙的泡沫液体覆盖和隔断了尘源，使粉尘得以湿润和抑制；而喷射到含尘空气中的泡沫液则形成大量总体积和总面积很大的泡沫粒子群，大大增加了雾液与尘粒的接触面积和附着力，提高了水雾的除尘效果。泡沫剂起到拦截、湿润、黏附、沉降粉尘的作用，可以捕集所有与泡沫相接触的粉尘，尤其对呼吸性粉尘有很强的凝聚能力。泡沫剂可以用于许多地方的除尘，如胶带转载点或卸料口，以及爆破、凿岩等作业场所。

3. 荷电水雾降尘

水雾带上电荷就称为荷电水雾。荷电水雾降尘是用人为的方法使水雾带上与尘粒电荷符号相反的电荷，使雾滴与尘粒之间增加了另外一种作用力——静电吸引力或叫库伦力。这种作用力大大增强雾滴与尘粒之间的附着效果和凝聚效果，因而能大幅度地提高水雾降尘的效率，提高对微细粉尘的捕捉率。

荷电水雾降尘效率的高低，主要取决于水雾的荷电方法、粉尘的带电性及喷雾量等因素。水雾受控荷电通常有三种方法：电晕荷电法、感应荷电法及喷射荷电法。水雾荷电方法不同，水雾带电极性及荷电量也不相同。

粉尘的带电性主要指粉尘极性和荷电量。由库仑定律可知，当粉尘所带电荷与水雾所带电荷相异时，荷电水雾才能较有力地吸引粉尘；当粉尘不带电时，荷电水雾对粉尘的吸力是因粉尘在电场中被极化后由电场梯度力而引起的，此力的大小在很大程度上取决于尘粒的长短轴之比，以及极化的难易程度；当粉尘所带电荷与水雾的极性相同时，粉尘将受到斥力，其捕尘效果甚至低于清水水雾。因此，尽管生产过程中产生的微细粉尘大多数都带电荷，但当使用荷电水雾降尘时，要注意粉尘本身的带电极性和荷电量。

荷电水雾降尘用于井下风流净化，降尘效果较好。荷电水雾装置的安设位置视产尘点、产尘量及含尘风流状况确定。对于含尘空气为非定向流动的场所，可在产尘点适当位置安设，只要它的有效面积能覆盖整个产尘面，即可获得良好的降尘效果。对于含尘空气做定向流动的场所，则可在含尘空气通过的地段设置荷电水雾装置，或用若干喷嘴组成适当的荷电水幕，效果更好。

第五节　采煤工作面综合防尘技术

一、炮采工作面防尘

炮采工作面主要产尘工序是爆破落煤、打眼及攉煤。其中，爆破落煤的产尘量占整个采煤工作面正规循环过程总产尘量的60％～75％。爆破瞬间粉尘浓度较打眼工序常高达几十倍甚至几百倍，当采煤工作面干燥，有煤尘堆积或瓦斯积聚时，易导致瓦斯、煤尘爆炸，潜伏着严重的事故隐患。打眼、攉煤也是采煤工作面产生粉尘的主要环节，特别是在干打眼、干攉煤时，不但产尘量大而且飞扬的粉尘量也大。为降低粉尘浓度，在炮采工作面的生产过程中，除采用煤尘注水、通风排尘等降尘措施外，还要采取湿式煤电钻打眼，水炮泥填塞炮眼或水封爆破落煤防尘，爆破前冲洗煤壁和顶底板，爆破时自动喷雾，爆破后再次冲洗煤壁和顶板，出煤洒水，运煤喷雾，回柱放顶喷雾等综合防尘措施。

1. 湿式煤电钻打眼

湿式煤电钻是实施湿式打眼的专用设备，与其配套的用具是中空麻花钻杆及湿式煤钻头。

(1) 供水参数

供水压力：供水压力要求为 0.2～1 MPa。

耗水量：耗水量应达 5～10 L/min，使排出的煤粉成糊状为宜。

采煤工作面湿式打眼的供水管路可从机巷、风巷设专用供水管。当采煤工作面敷设有高压供水管路时，可每隔 10～15 m 设一个三通阀门，煤电钻设供水支管及快速接头与采煤工作面供水主管连接，避免从机巷、风巷长距离拉水管的麻烦。

(2) 降尘效果

一般情况下的降尘率可达 95%～99%，最低为 90%，而且免除了掏干炮眼工序，避免了煤尘的飞扬。所以，通常使用湿式煤电钻打眼，都能保持空气含尘量在 10 mg/m³ 以下。

2. 爆破使用水炮泥

炮眼内水炮泥的填装方式多采用外封式，即在孔口一端，紧贴药卷装填 1～2 个水炮泥，然后用水炮泥封满。

3. 水封爆破落煤

水封爆破落煤，是在炮眼底部装入炸药后，用木塞、黄泥封严孔口，然后向孔内注水，再进行爆破。水封爆破和水炮泥的作用相同，能降低煤尘与瓦斯的产生量，减弱爆破时的火焰强度，提高爆破的安全性和爆破效率，还能提高爆破后落煤的块度。

(1) 短炮眼水封爆破

短炮眼水封爆破有两种布置方式：一种为无底槽炮采工作面采用的无底槽式炮眼布置方式；另一种为有底槽炮采工作面采用的有底槽式炮眼布置方式。短炮眼无底槽式水封爆破的钻孔长度为 1.2～2.3 m，裂隙不发育煤层孔距取 0.9～1.8 m；裂隙发育煤层孔距取 3～3.6 m。向钻孔内注水可分两次进行，也可只注一次；若两次注水，则第一次注水在装填炸药前进行，第二次注水在装填炸药后进行。水压为 0.7～2.1 MPa，流量为 13.6～22.7 L/min，每孔注水 60～120 L，钻孔引爆时，应使水在孔内呈承压状态。

注水爆破的降尘效果良好，爆破时降尘率可达 83%，装煤时浮尘也可以大大降低。短炮眼有底槽式水封爆破，其技术条件与无底槽式炮眼布置方式相同，只是增加底槽后，能够提高爆破效率。

(2) 长炮眼水封爆破

长炮眼水封爆破的炮眼布置，如图 6—9 所示。长炮眼水封爆破落煤的最大特点，就是在煤能自溜或水力冲运的条件下，大大改善了作业环境。长炮眼水封爆破先在炮眼装药，再将炮眼两端用炮泥、木塞堵严，然后通过注水管注水，最终爆破。

4. 爆破喷雾

采煤工作应敷设供水软管，每 10—15 m 设一组架间水幕，爆破时打开水幕进行爆破喷

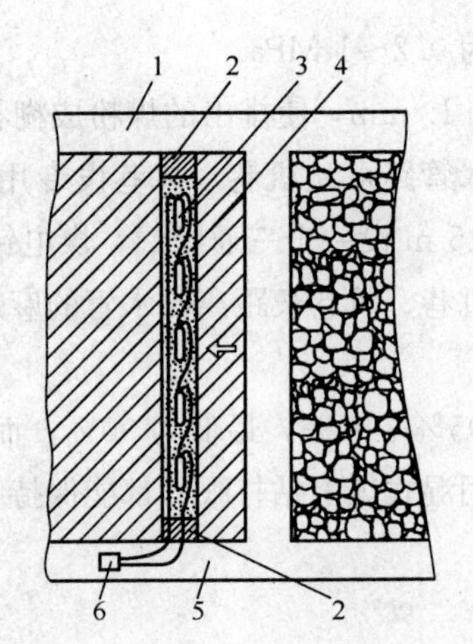

图 6—9　长炮眼水封爆破的炮眼布置

1—回风巷　2—炮眼和木塞　3—炸药　4—水　5—运输巷　6—发爆器

雾；也可采用冲击波自动喷雾，爆破时自动喷雾降尘。

5. 工作面爆破前后洒水及运煤洒水

冲洗工作面煤壁和顶板以及向落煤进行洒水应采用射程较远、水滴较粗的扁头喷雾。爆破前冲洗一次煤壁顶板，爆破后出煤前再冲洗一次，并洒湿落煤的表面。在出煤过程中边出煤边洒水，洒水量控制在使煤的含水量达到 5%～6%为宜。

工作面的运输一般采用刮板输送机，可在机头及转载点处设手动或自动喷雾。

二、机采工作面防尘

一般说来，普采工作面粉尘浓度高于炮采工作面几倍至十几倍，而综采工作面粉尘浓度又高于普采工作面几至几十倍。造成如此高的粉尘浓度的主要原因是进风流的污染、采煤机的切割和装载、周期性移架（包括降柱、支架前移和升柱）、运输机的载运和转载，以及工作面片帮和顶板冒落等几个方面的产尘。

在机采工作面，采煤机作业（包括割煤和清底）是生产的主要工序，但也是最主要的尘源。一般割煤工序的粉尘产生量占整个采煤工作面循环产尘量的 70%～80%。煤体高速破碎产生的粉尘在风流作用下飘浮于空气中，污染着整个采煤工作面，尤其是在采煤机司机部位及采煤机下风流 30 m 范围内污染更为严重，粉尘浓度可高达每立方米数千毫克。工作面移架尽管发生在一个短时间内，但由于移架随采煤机沿工作面纵向推进和整个工作面横向推进周期性地进行，所以其产尘量仍居第二位。工作面移架放顶时，煤体上方的岩层在开采后以岩块的形式冒落于采空区内，少量的粉尘从支架的空隙间飘落到采煤空间内，综采工作面自移式支架的移架要比单体支架放顶产尘量大得多，有时可高达每立方米上千毫克。机采工作面割煤清底、移架放顶的作业时间长，煤尘产生量大，严重污染采煤作业场所，危害着工人的身体健康。所以，采煤机割煤、移架放顶是机采工作面防尘的重点。

机采工作面是煤矿井下的主要尘源，必须采取综合防尘措施。除采用煤层注水或采空区灌水预湿煤体的技术外，还必须通过以下 7 个方面的技术途径减少粉尘的产生量，降低空气中的粉尘浓度：

（1）对采煤机的截割机构应选择合理的结构参数及工作参数。

（2）对采煤机需设置合理的喷雾系统与供水系统。

（3）为液压支架设置移架自动喷雾系统。

（4）采用合理的通风技术及抽尘净化技术。

（5）选择适宜的生产工艺。

（6）工作面运输巷破碎机破煤、煤炭的输送及转载等生产环节的防尘。

（7）其他降尘措施。

1. 采煤机喷雾洒水

滚筒采煤机的喷雾冷却系统由喷雾系统和冷却系统组成。喷雾系统分为内喷雾和外喷雾两种方式。采用内喷雾时，水由安装在截割滚筒上的喷嘴直接向截齿的切割点喷射，形成“湿式截割”；采用外喷雾时，水由安装在截割部的固定箱上、摇臂上或挡煤板上的喷嘴喷出，形成水雾覆盖尘源，从而使粉尘湿润沉降。

在整个喷雾冷却系统当中，喷嘴是决定降尘效果好坏的主要部件。用于滚筒采煤机降尘的喷嘴，按喷出的雾流形状分为锥形、扇形、伞形和束形 4 种类型。喷嘴的布置原则是使喷嘴喷出的水雾能充分覆盖和湿润尘源或悬浮起来的粉尘。雾流的喷射目标包括：向截齿面及其周围的截割区喷雾，湿润煤体，抑制煤尘的产生；向刚截割下来和已采落下来的煤喷雾，黏结其中所含的煤尘；向已悬浮起来的粉尘喷雾，将粉尘捕集下来。

（1）内喷雾喷嘴的布置方式及喷射方向，如图 6—10 所示，有以下几种：

1）喷嘴安装在螺旋叶片上，一齿一嘴或两三齿一嘴，对着齿面喷射或一个喷嘴对着齿面喷射，下一个喷嘴对着齿背喷射，或者在两齿之间径向喷射。

2）喷嘴安装在叶片侧面的导管上，在两齿中间径向喷射，或略偏一个角度。

3）喷嘴安装在滚筒两排叶片之间的轮毂上喷射。

4）喷嘴安装在齿座上，对着齿面（尖）喷射。

5）在截齿上钻孔，向齿面（尖）前后喷射。

目前，一般都采用一齿一嘴向齿面喷射的形式，但有向齿背喷雾的发展趋势。

（2）外喷雾喷嘴的布置方式及喷射方向有以下 3 种：

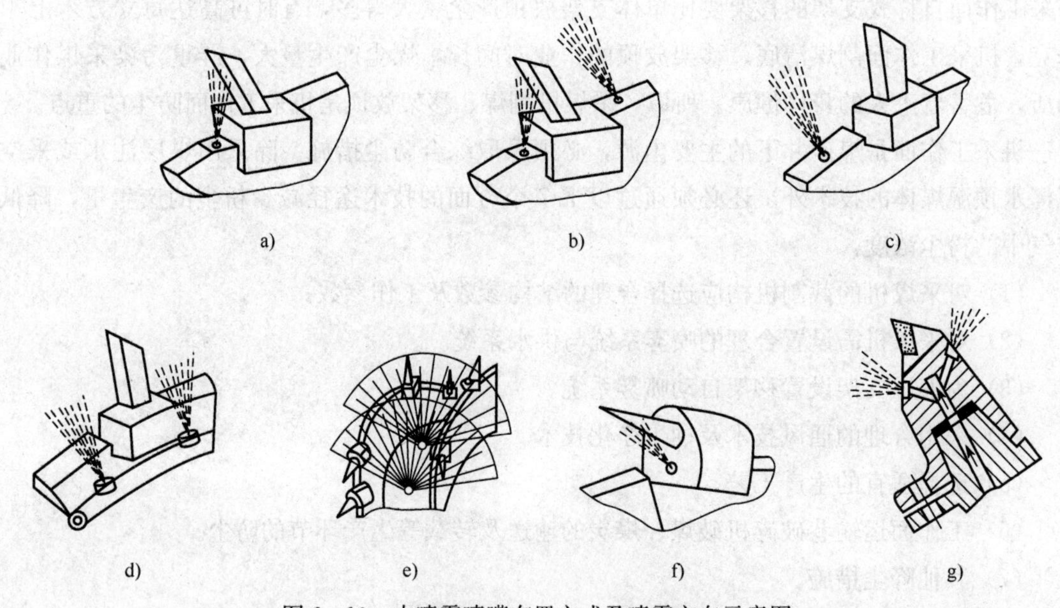

图 6—10　内喷雾喷嘴布置方式及喷雾方向示意图

a）安在叶片上喷向齿尖　b）安在叶片上喷向齿尖和齿背

c）安在叶片上喷向两齿之间　d）安在叶片侧面的导管上

e）安在两排叶片间的轮毂上　f）安在齿座上喷向齿间　g）安在截齿上

1）喷嘴安装在截割部固定箱上，位于煤壁一侧、靠采空区一侧的端面上及箱体顶部。

2）喷嘴安装在摇臂上，位于摇臂的顶面上、靠煤壁的侧面上及靠采空区一侧的端面上。

3）喷嘴安装在挡板上。

喷射方向要对准截割区及扬尘点，如图 6—11 所示。如有条件，还应兼顾有利于将煤尘移向煤壁。

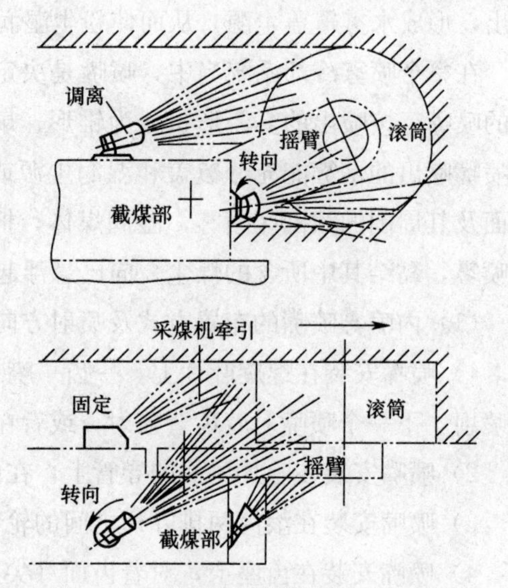

图 6—11　外喷雾喷嘴布置方式示意图

另外，供水压力和供水流量必须满足喷嘴要求，两者相匹配是取得良好的喷雾降尘效果的重要保证。滚筒采煤机喷雾冷却的水，虽然可以利用从地面送至井下的静压水，但各矿井基本上还是利用井下喷雾泵站供给喷雾用水。喷雾泵站的主要设备是两台喷雾泵，一台使用，一台备用，配套设备是一台过滤器组。

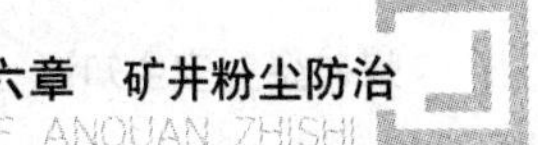

2. 通风排尘

通风排尘是采煤工作面综合防尘措施中的重要一项。它是通过选择工作面的通风系统和最佳通风参数以及安装简易的通风设施来实现的。

（1）选择最佳通风参数，保证通风排尘效果

回采工作面浮游粉尘的形成和扩散，受工作面风速和运动形式主宰。决定通风除尘效果的主要因素是风速。当采煤机组及与其配套的液压支架以及工作面通风系统确定之后，工作面的断面和相应的风速即确定了下来，此时如果风速过低，微细矿尘不易排除，过高则落尘会被吹起，将增大空气中的矿尘浓度。因此，从工作面防尘角度出发，有一最佳排尘风速，其值的大小随开采煤体的水分、采煤机的能力和采取的其他防尘措施的不同而不同。例如，煤层注水后煤体水分增加 1%时，最优排尘风速要增加 0.1～0.15 m/s；采煤机能力每分钟增加 1 t 时，最优排尘风速应平均增加 0.065 m/s；当采取其他防尘措施的降尘效果达到 98%～99%时，风速可增加到 3～4 m/s；由于受上述各种因素的影响，各国或各矿的最佳排尘风速值不尽相同，而且不可能是一个恒定值。目前，我国一般认为采煤工作面最佳排尘风速为 1.4～1.6 m/s。

（2）改变工作面通风系统或风流方向

我国现行的长壁工作面通风系统，一般为 U 型、Y 型、W 型、E 型及 Z 型等，其中 U 型应用最为普遍。从排尘效果来看，以 W 型和 E 型这类三条巷道的二进一排通风系统为佳。

在尘源分布相近的条件下，工作面的风流方向与粉尘浓度关系极为密切。通常，工作面风流方向与运煤方向相反，因而风流和运煤的相对速度较高。当煤由工作面输送机运出，到破煤机处破碎及转载点卸载时，煤尘（特别是干燥的煤尘）将被重新扬起，致使工作面进风流及工作面区域的粉尘量普遍增加。在这种情况下，可以考虑改变工作面的风流方向，采用顺煤流方向通风（或称下行通风），即由回风巷经工作面向运输巷通风，实践证明能极大地减少工作面区域的粉尘浓度，有时可减少 90%。

3. 选择适宜的生产工艺

工人作业时遭遇的粉尘危害严重程度，往往和生产工艺有关。以采煤机割煤方式为例，采用单向割煤和双向（穿梭）割煤时产尘强度大不相同。

（1）改进型单向割煤方式

为了减少采煤机司机的接尘量，单向割煤通常由运输巷向回风巷方向割煤，前滚筒切割顶煤，后滚筒切割底煤（俗称前顶后底方式），此时割煤方向与工作面风流方向一致，前、后滚筒司机附近的粉尘浓度均低于由回风巷向运输巷的单向割煤。尽管如此，后滚筒

割底煤时仍有粉尘危害司机，因此提出了改进型单向割煤方式。

所谓改进型单向割煤方式，是指当两端可调高滚筒采煤机由运输巷向回风巷方向割煤时（割煤行程），前滚筒切割整个采高，后滚筒空载运行或只切割少量底煤，底煤由后滚筒在采煤机从回风巷向运输巷方向回程时（清底行程）切割。采用这种方式，除采煤机在运输巷口进刀外，通常可保证在其余作业时间内前、后滚筒司机在新鲜风流中工作。这种方式的缺点是对移架工不利，因为移架必须在采煤机由回风巷向运输巷行驶时，以一定距离追机进行，致使移架工总是处于采煤机回风侧的含尘风流中。因此，改进型单向割煤方式更适合于单端可调高滚筒采煤机。

（2）加强型双向割煤方式

采用双滚筒采煤机时，为提高单产和缩短控顶时间，一般采用双向割煤方式。但随着出煤量的增加，产尘量也将显著增加。为此，美国采用加强型双向割煤方式，采煤机使用直径分别为 152 cm 和 119 cm 的两个滚筒。当采煤机顺风割煤时，靠近回风巷侧的大直径（前）滚筒切割整个采高，靠近进风巷侧的小直径（后）滚筒空行；在逆风向割煤行程中，小滚筒切割煤层中间部分煤体，大滚筒切割顶煤和底煤。采用这种割煤方式，由于小滚筒截割速度较慢而且不装挡煤板，所以产尘较少，采煤机司机遭受尘害也较轻。

（3）采煤机回采工艺产尘控制的计算机化

为了减少机采工作面呼吸性粉尘的产生量，美国对回采工艺采用了计算机控制。即在收集有关回采工艺大批数据资料的基础上，编制出一种能同时估算采煤机参数、煤层参数和操作人员控制参数对粉尘相对产生量的影响的程序。该程序是人—机对话式的，用户对他们的切割系统一次作一个或多个参数变更，便可了解这些参数的变更对产尘影响的结果，由此找出在所采煤层条件及所用设备情况下产尘最少的最佳切割系统的部署。用户可选择的参数包括截齿数、转速、工作面推进速度、生产率、每班割煤所占时间的百分比及工作面风速等。计算机最后将以吨煤（相对）产尘量输出结果。

4. 抽尘净化

最有前途的空气除尘方法是吸尘，其主要优点是可以防止各种粉尘尤其是最细的浮游粉尘的扩散和传播。吸入含尘空气，然后在空气净化装置中捕尘；倘若辅以喷雾，则除尘效果将更为显著。

（1）抽尘式滚筒

为减少采煤工作面粉尘和稀释切割区瓦斯，进而降低摩擦发火的发生率，英国于 20 世纪 70 年代初研制成功并推广应用了抽尘式滚筒，如图 6—12 所示。它是在直径为 1.0～2.0 m的滚筒体内安装数个（一般为 9～16 个）外径为 100 mm 的水力集尘管，管子与滚筒轴平行，管内设置有空锥形耐磨喷嘴。吸尘的位置在滚筒的煤壁侧，背离喷嘴喷雾的方向。当压力水由喷嘴喷出时，利用喷嘴附近形成的负压，将含尘空气从截割区吸入，在捕尘管内净化，并从滚筒的人行道侧吹出，经安装在传动头上的折流板阻挡，部分空气绕滚筒循环流动，水滴全部保持在截割区中，水滴和粉尘混合在一起，从而达到除尘的目的。英国1986—1990年的实践表明，吸尘滚筒的应用使采煤工作面的每台班产量提高40%。粉尘含量高的工作面所占比例和摩擦发火发生率都有明显减小。

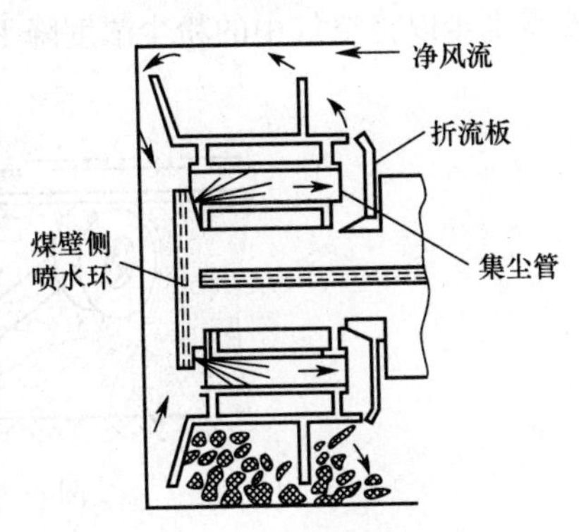

图6—12　抽尘式滚筒剖面图

(2) 微型旋流集尘器

美国研制和使用的微型旋流集尘器由多个微型旋流集尘管和喷雾器组成。它可安装在采煤机上，与通风机串联使用，如图6—13所示。当含尘风流由位于采煤机底托架和采煤机两端的集尘器入口抽入时，空气和煤尘与喷雾器形成的水雾相混合，煤尘遇水后落在各旋流管的内壁上，变成煤泥排出，从而使空气得到净化。

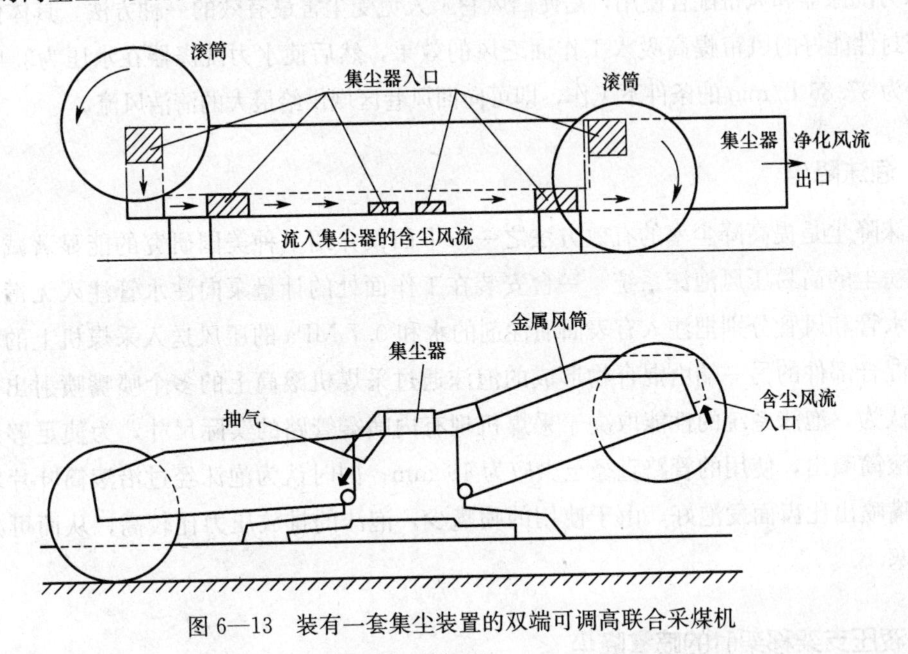

图6—13　装有一套集尘装置的双端可调高联合采煤机

(3) 过滤除尘器

英国诺顿煤矿机采工作面采用的过滤除尘器，如图6—14所示。煤尘被吸入带网罩的导流筒中，然后经纤维过滤器过滤，煤尘沉积在除尘装置中，可随时清除。这种除尘器用于某些特殊场合，例如截割断层和偶然地截顶板，因这时即使对采煤机截割部采取内、外喷雾也难以将空气中的粉尘浓度降下来，此时可采用过滤除尘装置。

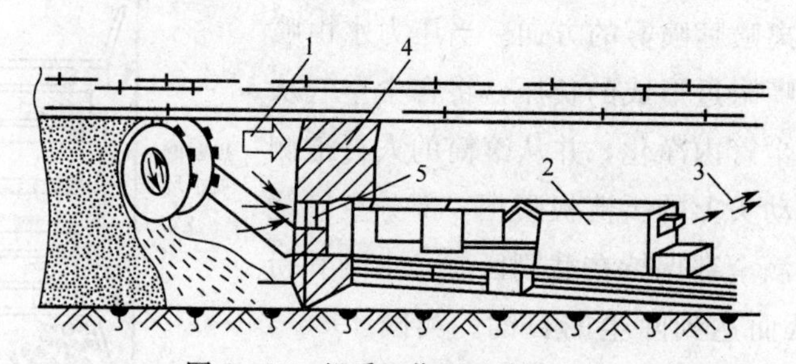

图 6—14　机采工作面过滤除尘器

1—主风流　2—除尘装置　3—净化后风流　4—防尘罩　5—导流筒

（4）水力洗涤器

洗涤器是湿式除尘器和各种气液吸收设备的总称。水力洗涤器的作用原理：当含尘空气由洗涤器一端进入后，在该端安装的喷嘴喷雾驱使下，风流流向洗涤器的另一端；另一端装有由波状叶片组成的消雾器，能够吸收载尘水滴并且净化空气。这种洗涤器可用于破碎机除尘，使用时，将洗涤器用法兰盘固定在破碎机的出口管上。

水力洗涤器和风帘配合使用，是使回风巷工人免受尘害最有效的一种方法。具体做法是，利用密封性能好的风帘提高吸入工作面乏风的效果，然后使水力洗涤器在水压为3.45 MPa、水流量为 37.85 L/min 的条件下工作，即可向回风巷区域供给最大的清洁风流。

5. 泡沫降尘

泡沫降尘是提高降尘率的有效方法之一。下面仅介绍一种美国研究的能显著减少长壁工作面粉尘的简易压风泡沫系统。一台安装在工作面处的计量泵向注水管注入无毒表面活性剂。水管和风管分别把注入有表面活性剂的水和 0.7 MPa 的压风送入采煤机上的混合部件。在混合部件的另一端由混合物形成的泡沫通过采煤机滚筒上的多个喷嘴喷射出去。研究人员认为，泡沫系统的性能取决于采煤机现有内喷雾管路的实际尺寸，为使足够量的泡沫能经滚筒喷出，使用的管路直径至少应为 19 mm；同时认为泡沫经过沿滚筒叶片均匀分布的喷嘴喷出比齿面发泡好，由于使用的喷嘴少，泡沫的排放压力比较高，从而可减少喷嘴的堵塞。

6. 液压支架移架时的喷雾降尘

机采液压支架移架时，能产生大量的粉尘，因通风断面小，风速大，来自采空区的尘量增大。为了有效地抑制移架时的产尘，可针对不同架型采用自动喷雾防尘措施。移架的喷雾系统分为支撑式液压支架的喷雾系统和支撑掩护式支架的喷雾系统。对喷雾系统及用水的基本要求：

（1）设置喷雾系统各部件时，应能确保部件不被砸坏。

（2）喷雾系统各部件不应造成大的压力损失。

（3）喷雾系统的结构和设置位置，应能从工作面一侧对各部件进行安装、维修和便于更换。

（4）喷雾系统中应安装移架时能自动开关供水的自动阀。

（5）进入喷雾系统的水，必须先经过过滤器净化，并符合防尘供水水质要求。

已投入使用而无喷雾系统的自移式液压支架，可在控顶区内，每 10 m 左右安装 2 个伞形喷嘴，移架时手动打开控制下风流侧喷嘴的阀门进行喷雾，形成水幕，捕集移架时产生的浮游粉尘；同时可在相邻支架间设置塑料（或其他材料）制成的挡矸帘，以减少移架时矸石及粉尘沿支架间隙窜入工作面空间。

7. 采煤工作面进、回风巷防尘

（1）转载点喷雾降尘

转载点通常是进风巷内的主要产尘点。特别是综放工作面，由于煤炭运输量大增且连续，因而增加了运煤在工作面及运输巷中运输和转载时的产尘量。

转载点降尘的有效方法是封闭加喷雾。通常在转载点（即回采工作面输送机与巷道输送机连接处）加设半密封罩，罩内安装喷嘴，以消除飞扬的浮尘，降低进入回采工作面的风流含尘量。为了保证密封效果，密封罩进、出煤口安装半遮式软风帘，软风帘可用风筒布制作。

（2）转载机——破碎机降尘装置

转载机——破碎机通常是运输巷内主要产尘点，也是采煤工作面进风流污染的主要原因。封闭转载机——破碎机，并在该区域一定地点安装若干喷雾器，可以显著降低粉尘。除破碎机配备的 1 支装有 4 个空心锥形喷嘴的主分流管外，可再安装 3 支辅助喷雾分流管：第 1 支分流管装 2 个喷嘴，安在破碎机入口；第 2 支分流管装 3 个喷嘴安在破碎机出口侧；第 3 支分流管装 3 个喷嘴，安在紧靠转载机向带式输送机卸载点处，喷嘴均采用空心锥形喷嘴。总耗水量为 90 L/min，其中，辅助喷嘴耗水量占 50%。

8. 其他防尘措施

机采工作面其他防尘措施，这里主要提及避开粉尘，即操作人员远离尘源，或使粉尘远离操作人员。

三、综放工作面防尘

放顶煤综合机械化开采自问世以来，以其产量高、安全好、材料和动力消耗少、经济效益显著等突出优点，受到国内外普遍重视，至今已经发展成为采矿界公认的开采厚煤层的一种有效方法。但是，和普通综采相比，放顶煤综采工作面，除具有一般综采工作面的产尘特点之外，独有的放煤工艺使其具有以下特点：

（1）综放工作面煤尘浓度均高于一般综采工作面，仅以放顶煤支架选型不同有所差异。

（2）多数综放工作面采用 1.2 m 的放煤步距和双人间隔多循环的放煤程序，因而放煤产尘在整个作业期间持续的时间长。

（3）就整个工作面而言，综放面变普通综采工作面的单一煤流为机采、放顶煤两个煤流，增加了煤炭在工作面运输过程中的产尘。

（4）移架时产尘发生了变化，即普通综采工作面架间漏矸，在综放工作面转化为架间漏煤。

因此，综放工作面产尘具有尘源多、产尘强度高、持续时间长等特点，它比普采工作面的防尘难度要大。为了有效地降低综放工作面产尘量，除了实施煤层注水和采用低位放顶煤支架外，重点要抓好对各产尘点的喷雾洒水。下面仅就放煤口和移架时的喷雾降尘以及采用支架间加设防尘罩作一讨论。

1. 放煤口喷雾

放顶煤支架一般在放煤口都装备有控制放煤产尘的喷雾器，但由于喷嘴布置和喷雾形式不当，降尘效果不佳。为此，可改进放煤口喷雾器结构，布置为双向多喷头喷嘴，扩大降尘范围；选用新型喷嘴，改善雾化参数；有条件时，水中添加湿润剂，或在放煤口处设置半遮蔽式软质密封罩，控制煤尘扩散飞扬，提高水雾捕尘效果。

2. 移架时的自动喷雾降尘

支架在降柱、前移和升柱过程中产生大量的粉尘，同时由于通风断面小、风速大，来自采空区的矿尘量增大，因此，采用喷雾降尘时，必须根据支架的架型和移架产尘的特点，合理确定喷嘴的布置方式和喷嘴型号。某综放工作面支掩式支架喷嘴位置的设置如图 6—15 所示。前喷雾点设有两个喷嘴，移架时可以对支架前半部空间（靠工作面侧）的粉尘加以控制，同时还可以作为随机水幕（即随采煤机移动，开启回风侧支架喷雾，同样起引风和扑灭机组产尘的作用）；后喷雾点设有两个喷嘴，分别设于支架两前连杆上，位于前连杆中部，控制支架后侧空间的粉尘。喷嘴选用煤科总院重庆分院研制的锥形实心 S 系列喷嘴。为实现移架时的自动喷雾，可采用放顶煤支架自动喷雾降尘装置。

3. 支架间加设机械式防尘罩

放顶煤支架属掩护式或支撑掩护式支架。前苏联和德国合作，曾专门进行了掩护支架

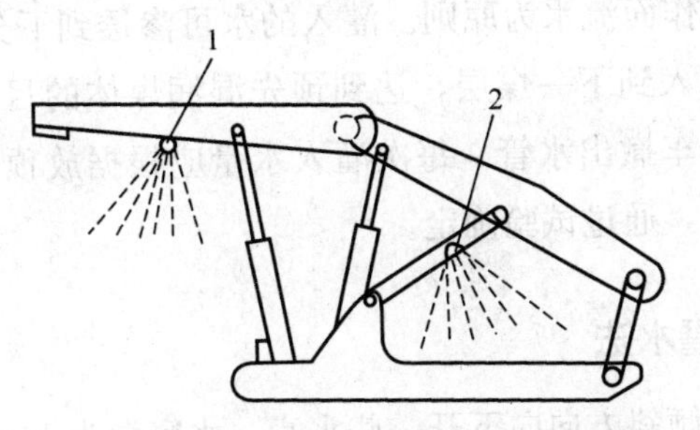

图 6—15 液压支架自动喷雾喷嘴布置图

1—前喷雾点 2—后喷雾点

移动时的除尘研究。研究认为，在各节支架间加防尘罩是合理的，其结构可以做成由弹性挡板和用金属丝加固的遮蔽各节架间空间的合成薄膜组成的机械防尘罩。

四、采空区灌水预湿煤体

当厚煤层采用倾斜或水平、斜切分层以人工顶板或用夹矸层作分层顶板下行陷落法开采以及近距离煤层群开采时，在上一分层或上邻近煤层的采空区灌水，依靠水的自重及煤体或夹矸层内孔隙的毛细作用力缓慢渗入下一分层或下邻近煤层的煤体，使之在开采前预先湿润，达到防尘的目的。这种方法称为采空区灌水预湿煤体防尘法。

1. 倾斜分层超前钻孔采空区灌水

在下分层的回风巷中，超前工作面向上分层采空区打短钻孔或长钻孔，通过钻孔向采空区内灌水。钻孔长度以钻入采空区为准，短钻孔一般为 2～5 m，孔间距为 5～7 m；长钻孔视具体情况而定，以辅助短钻孔之不足。灌水时孔口如不返水，可不封孔。采用静压注水，一次可灌多孔，每孔注水流量控制在 300～700 L 范围内。运输巷见水便停灌。每隔 3～7 天反复进行灌水，直到煤体湿润为止。

2. 水平分层采空区灌水

在上分层回采过程中，边采边向采空区灌水，使水渗透到下分层。灌水以下分层工作面煤体得到湿润为准。流量过小达不到预湿下分层煤体的目的，流量过大会造成跑水，影响生产。一般灌水流量采用 0.5～2 m^3/h。

3. 采空区埋管灌水法

在采煤工作面回风巷中铺设灌水管路，直接向放顶后的采空区灌水。水管前部埋入采空区 5～10 m，以不向工作面流水为原则。灌入的水可渗透到下分层，如果是近距离煤层，灌入的水通过层间岩石渗入到下一煤层，达到预先湿润煤体的目的。随工作面的推进，不断向工作面一侧用慢速绞车撤出水管。每次灌入水量应根据放顶面积、煤层倾角、煤层或层间岩石的透水性等因素，通过试验确定。

4. 缓倾斜煤层水窝灌水法

在下层风巷内沿煤层倾斜方向向下开一些水窝，水窝深为 1 m、宽为 2 m、走向间距为 7～10 m。提前灌入充足的水量，水可自流到采空区内，也可直接渗入煤层内。水窝参数可根据具体情况确定。

第七章　矿井火灾事故防治

本章学习目标

1. 了解学习煤自燃的特性。
2. 掌握内因火灾和外因火灾预防的技术手段。
3. 了解矿井火灾的预测与预报以及火灾的治理。

矿井火灾也是煤矿安全生产的主要灾害之一。一旦矿井火灾事故发生，就会威胁井下工作人员的生命安全，摧毁矿井设施，影响正常生产，造成财产损失。但不同的是，它还会造成煤炭资源的损失，甚至很有可能引起瓦斯、矿井粉尘的爆炸等二次事故，加重灾害，造成巨大的损失。因此，为了保证井下的安全，减少煤矿事故，就必须要预防矿井火灾的发生。矿井火灾主要分为外因火灾和内因火灾。预防外因火灾就必须要严格限制井下明火。内因火灾的主要原因是煤在一定条件下可能发生自燃现象，而这种火灾的隐蔽性高，不易发现，是预防矿井火灾的重中之重。

第一节　矿井火灾概述

一、矿井火灾发生的因素

矿井火灾是煤矿的主要灾害之一，矿井火灾一旦发生，轻则影响生产，烧毁煤炭资源和矿井设备，重则可能引起瓦斯煤尘爆炸，酿成人员伤亡等。而矿井火灾的发生必须同时具备可燃物、热源、氧气三个方面的条件，以上三个条件也就是人们通常所说的火三角。

1. 可燃物

在煤矿井下，煤炭本身就是一种大量而且普遍存在的可燃物，另外在进行生产的过程中产生的大量煤尘，涌出的瓦斯等可燃性气体，使用的坑木、炸药、机电设备，柴油、液压油、润滑油、变压器油、油漆及其他油脂等各种油料，皮带、胶质风筒、橡胶电缆等橡胶制品，易燃的浸油棉纱、布头等擦拭材料也都是可燃性物质。

2. 热源

它是煤矿火灾发生的必要因素，只有具备足够热量的热源才能引起可燃物质的燃烧。在煤矿井下，煤炭的自燃，瓦斯、煤尘燃烧与爆炸，放炮，机械摩擦产生的热量，电流短路、电气设备运转不良产生的过热，吸烟、焊接及其他明火都可能引起火灾。

3. 氧气

燃烧是一种发热、发光，同时伴有烟雾产生的剧烈的氧化反应。任何可燃物尽管有足够热量的热源，但如果缺乏足够浓度的氧气，那么燃烧是难以持续的。所以，氧气的供给是燃烧形成必不可少的基本条件。实验证明：在氧气浓度为3%的空气环境里，任何可燃物的燃烧都不能维持；在氧气浓度低于12%的空气中，瓦斯失去爆炸性。所以氧气也是矿井火灾发生必不可少的因素之一。

二、矿井火灾的分类

为了正确地分析火灾发生的原因、发生的规律和有针对性地制定防灭火的对策，将井下火灾予以分类是必要的。由于矿井火灾发生、发展演变过程所处的特殊和复杂环境，很难根据一条既定的原则对其进行分类。现在，一般是根据它的某些主要特征和防灭火技术的需要，把它归纳成若干类型。

1. 根据火灾地点的不同

（1）地面火灾

发生在矿井工业广场范围内地面上的火灾称为地面火灾。地面火灾可以发生在行政办公楼、福利楼、井口楼、选煤楼以及坑木场、贮煤场、矸石山等地点。地面火灾的外部征兆明显，易于发现，空气供给充分，燃烧完全，有毒气体发生量较少，地面空间宽阔，烟雾易于扩散，与火灾斗争回旋余地大。

（2）井下火灾

发生在井下的火灾以及发生在井口附近而威胁到井下安全，影响生产的火灾统称为井下火灾。井下火灾可以发生在井筒、井底车场、机电硐室、火药库、进回风大巷、采区变电硐室、掘进和回采工作面、采空区、煤柱等地点。井下火灾一般很难及时发现，井下空气供给有限，难以完全燃烧，有毒有害烟雾大量发生，随风流到处扩散，毒化矿井空气，威胁工人的生命安全，在瓦斯和煤尘爆炸危险矿井中，还可能引起爆炸，酿成重大恶性事故。

2. 根据引火源的不同

（1）外因火灾

它是指由于外来热源如瓦斯煤尘爆炸、放炮作业、机械摩擦、电气设备运转不良、电源短路以及其他明火、吸烟、烧焊等引起的火灾。外因火灾大多容易发生在井底车场、机电硐室、运输及回采巷道等机械、电气设备比较集中，而且风流比较畅通的地点。这类火灾一般发生得比较突然，发展速度快，火势可能蔓延扩大到很大的范围。如果发现不及时，处理方法不当，或是行动措施不果断，就会给矿井带来严重损失以至发生惨痛的人身伤亡事故。

一般来说，在电气化程度较低的中、小型煤矿，大多数外因火灾是由于使用明火或违章爆破等引起的。在机械化、电气化程度较高的矿井，则大多是由于机电设备管理维护不善、操作使用不当、设备运转故障等原因所引起的。而且随着矿井电气化程度的不断提高，机电设备引起的外因火灾的比重也有增长的趋势。在井下吸烟、取暖、违章放炮、电焊及其他原因引起的外因火灾，也时有发生。近年来，由于矿井电气化、机械化的发展，因电源和油类造成的火灾比例有所增加。因此，外因火灾的比例有所上升。

（2）内因火灾

它是指煤在一定的条件下，如破裂的煤柱、煤壁、集中堆积的浮煤在一定外部（适量通风供氧）条件下，自身发生物理化学变化、吸氧、氧化、发热、热量积聚，使其温度升高，达到自燃点而形成的火灾。内因火灾主要发生在采空区、冒顶处和压碎的煤柱中。采空区中，尤其采用回采率低的采煤方法时，采空区中遗留的煤炭多，最容易引起煤的自燃。采空区中的自然发火占全矿井自燃火灾总数的80%左右，所以对于有自然发火危险的矿井，应及时封闭采空区，防止漏风，并采取黄泥灌浆或洒阻化剂等方法来防止采空区中煤的自燃。

内因火灾的发生，往往伴有一个孕育的过程，根据预兆能够在早期予以发现。但自燃火灾多发生在煤柱或采空区中，没有明显火焰，燃烧过程缓慢，不易被人们发现，也不容易找到火源的准确位置，一经察觉，已成火灾，只好进行封闭。所以这种火灾延续时间长，可达几个月、几年甚至几十年，有时燃烧的范围逐渐蔓延扩大，烧毁大量煤炭，冻结大量资源。

3. 根据发火地点对矿井通风的影响

（1）上行风流火灾

上行风流是指沿倾斜或垂直井巷、回采工作面自下而上流动的风流，即风流从标高的低点向高点流动。发生在这种风流中的火灾，称为上行风流火灾。当上行风流中发生火灾时，因热力作用而产生的火风压，其作用方向与风流方向一致，即与矿井主扇风压作用方向一致。在这种情况下，它对矿井通风的影响的主要特征是：主干风路（从进风井流经火源到回风井）的风流方向一般是稳定的，即具有与原风流相同的方向，烟流将随之排出，而所有其他与主干风路并联或者在主干风路火源后部汇入的旁侧支路风流，其方向是不稳定的，甚至可能发生逆转，形成风流紊乱事故。因此，所采取的防火措施应力求避免发生旁侧支路风流逆转。

（2）下行风流火灾

下行风流是指沿着倾斜或垂直井巷、回采工作面（如进风井、进风下山以及下行通风的工作面）自上而下流动的风流，即风流由标高的高点向低点流动。发生在这种风流中的火灾，称为下行风流火灾。在下行风流中发生火灾时，火风压的作用方向与矿井主扇风压的作用方向相反。因此，随火势的发展，主干风路中的风流很难保持其正常的原有流向。当火风压增大到一定程度时，主干风路的风流将会发生反向，烟流随之逆退，从而酿成又一种形式的风流紊乱事故。在下行风流中发生火灾时，通风系统的风流由于火风压作用所发生的再分配和流动状态的变化，要比上行风流火灾时复杂得多，因此，需要采用特殊的救灾灭火技术措施。

（3）进风流火灾

发生在进风井、进风大巷或采区进风风路内的火灾，称为进风流火灾。之所以要区别出这种类别的火灾，主要是由于其发展的特征、对井下职工的危害以及可能采取的灭火技术措施，在更大程度上有别于上、下行风流火灾。发生在进风流内的煤的自燃火灾，一般不容易在早期发现，发生后又因供氧充分，发展迅猛，不易控制。而井下采掘人员又大都处于下风流中，极易遭受高温火烟的危害，造成中毒伤亡事故。在很多情况下，即使矿井有所准备，如给工人配备自救器等，在这种火灾中也还是不时发生大量的人员伤亡事故。对于这种火灾，除了根据发火风路的结构特性——上行还是下行，使用相应的控制技术措施外，更应根据风流是进风流的特点，使用适宜这种火灾防治的技术措施，如全矿、区域性或局部反风等。

4. 根据燃烧时燃料的相对富裕程度

英国学者A·罗伯特在20世纪60年代根据大量燃烧实验和一些矿井火灾实例分析，提出了矿井火灾根据燃烧过程中燃料的相对富裕程度，可分为富氧燃烧和富燃料燃烧，并分析了两类燃烧的特性、转化条件和富燃料燃烧的危险性。介绍这种分类以及富燃料、富氧燃烧的特性，相互转化的条件，富燃料燃烧的危害，以及防止火灾转变为富燃料燃烧的方法和控制手段，旨在为矿井火灾防治和救灾提供参考。

（1）富氧燃烧

它与地面火灾有相似的燃烧和蔓延机理，称为非受限燃烧。火源燃烧产生的挥发性气体在燃烧中已基本耗尽，无多余炽热挥发性气体与主风流汇合并预热下风侧更大范围内的可燃物。燃烧产生的火焰以热对流和热辐射的形式加热邻近可燃物至燃点，保持燃烧的持续和发展。其火源范围小，火势强度小，蔓延速度较低，耗氧量少，致使相当数量的氧剩余。下风侧氧浓度一般保持在15%（体积浓度）以上，故称为富氧燃烧。

（2）富燃料燃烧

火源燃烧时，火势大、温度高，火源产生大量炽热挥发性气体，不仅供给燃烧带消耗，还能与被高温火源加热的主风流汇合形成炽热烟流并预热火源下风侧较大范围的可燃物，使其继续生成大量挥发性气体；另一方面，燃烧位置的火焰通过热对流和热辐射加热紧邻可燃物使其温升至燃点。由于保持燃烧的两种因素的持续存在和发展，此类火灾使燃烧在更大范围内进行，并以更大速度蔓延致使主风流中氧气几乎全部耗尽，剩余氧浓度低于2%。所以，此类火灾蔓延受限于主风流供氧量。在地面火灾中，由于此类火灾仅发生在一些空间受限制或通道断面较小的情况下，故也称为受限火灾。基于其下风侧烟气氧浓度接近于零的特征，一般称之为富燃料类火灾或贫氧类火灾。这种燃烧的下风侧烟流常为高温预混可燃气体，与旁侧新鲜风流交汇后，易形成新的火源点，这种形成多个再生火源的现象称为火源发展的“跳蛙”现象。

5. 矿井火灾的其他分类方法

为了更深入地做好矿井火灾的调查统计工作，有时也根据矿井火灾的发生地点、燃烧物及引火性质进行分类。根据火灾发火的地点不同，可以将矿井火灾分为井筒火灾、巷道火灾、煤柱火灾、采面火灾、采空区火灾、硐室火灾等；根据燃烧物不同，也可以将矿井火灾分为机电设备火灾、火药燃烧火灾、油料火灾、坑木火灾、瓦斯燃烧火灾、煤尘燃烧火灾以及煤的自燃火灾；根据引火性质不同，可分为：原生火灾与次生（再生）火灾。次生火灾是指由原生火灾而引起的火灾。在原生火灾的燃烧过程中，含有尚未燃尽可燃物的高温烟流，在排烟的通道上，一旦与风流汇合，获得氧气的供给就很可能再次燃烧。特别是汇合点位于干燥的木支护区时，更易发生次生火灾而扩大火区范围。

三、矿井火灾的危害

矿井火灾事故，特别是矿井自然发火事故，是煤矿的重大灾害事故之一。它对煤矿安全生产的危害，从某种意义来说不亚于瓦斯、煤尘爆炸事故。在煤矿矿井内的自然发火事故和外因火灾事故的不同点：一是火源点隐蔽，多发生在采空区、煤柱的受压破裂区；其次是发火初期并不产生大量的烟与明显的火焰，但都能生成大量的有毒有害气体，如一氧化碳、二氧化碳、煤的干馏气等气体；另外，其发展过程是比较缓慢的，而且多数都发生在矿内通风不良的地点。发生在采空区或远离现用巷道的自然发火，有时凭感官很难觉察到，即使有时发现了自然发火征兆，也不容易找到真正的火源点，加之在自然发火的初期，矿内空气温度、气体成分和湿度的变化都比较小，就更难以发现。由于自然发火不像外因火灾那样容易从外部表征觉察，因此它对煤矿安全生产和矿工的生命有更大的危险性。矿井火灾的危害主要有以下几个方面。

1. 产生有毒有害气体

矿井煤层自燃在发生过程中，会产生大量的有毒有害气体。煤炭的氧化、燃烧会生成CO、CO_2、SO_2等气体；坑木、橡胶、聚氯乙烯制品的燃烧，也会生成大量的CO、醇类、醛类以及其他复杂的有机化合物。这些有毒有害气体和物质随风扩散，有时可能波及相当大的区域甚至全矿井，直接威胁矿工的身体健康和生命安全。据统计，矿井火灾事故中直接引火烧死者是少数，大多数是因有毒有害气体窒息而死亡的。相关资料表明，矿井火灾事故中95％以上的遇难者死于烟雾中毒，瓦斯、煤尘爆炸中80％～90％的遇难者也是死于烟雾中毒。《煤矿安全规程》中严格规定了各有毒有害气体的最高允许浓度。

2. 引起瓦斯、煤尘爆炸

矿井煤层自燃不仅直接为矿井的瓦斯、煤尘爆炸提供了热源，而且煤和矿井的木支护材料在干馏作用下，会产生氢气、再生瓦斯和其他碳氢化合物等爆炸性气体，因此矿井煤层自燃往往会造成瓦斯、煤尘爆炸。

3. 烧毁和冻结煤炭资源

煤矿井下发生煤层自燃火灾后，会使大量的煤炭资源被烧毁和冻结。据不完全统计，我国每年由于火灾而封闭工作面或采区被冻结的煤炭资源大约有6 000万吨，同时也严重地影响矿井的寿命和造成采（盘）区、工作面以至矿井的接替紧张。

4. 使设备和财产遭受损失

煤矿井下煤层自燃使昂贵的机电设备被封闭在火区内，在灭火时还要耗费大量的人力、物力和财力，同时造成的停产或减产损失也是巨大的。

5. 破坏了井下作业环境

煤层自燃使下部煤层工作面作业环境受高温烘烤，造成工作人员从事体力劳动困难，直至无法工作而被迫放弃对下部煤层的开采。

第二节　煤的自燃

一、煤的自燃学说

关于煤炭自燃机理的研究，从 17 世纪开始各国学者对此做了许多卓有成效的研究工作。但由于对煤的物理特征、化学性质至今没有得出统一的结论，因此关于煤自燃的原因仍然未得到圆满的解答。在长期的沸沸扬扬的争论中，人们提出了一系列学说来解释煤自燃，主要有黄铁矿作用学说、细菌作用学说、酚基作用学说、煤氧复合作用学说等。上述煤炭自然发火的种种学说对于人们认识煤炭自燃起到了很好的作用，尤其是煤氧复合作用学说已被大多数学者所接受，并且在实践中也逐渐得到了证实。

1. 黄铁矿作用学说

黄铁矿作用学说最早由英国人 Plott 和 Berzelius 于 17 世纪提出，19 世纪下半叶曾广为流传，是试图回答煤为什么会自燃的第一个学说。它认为煤自燃是由于煤层中的黄铁矿（FeS_2）暴露于空气中后，与水和氧相互作用，发生放热反应的结果，其反应的化学式如下：

$$2FeS_2+2H_2O+7O_2 \longrightarrow 2FeSO_4+2H_2O+Q_1$$

另外，硫酸亚铁（$FeSO_4$）在井下潮湿的环境中可能被氧化变为硫酸铁（$Fe_2(SO_4)_3$），反应式如下：

$$12FeSO_4+6H_2O+3O_2 \longrightarrow 4Fe_2(SO_4)_3+4Fe(OH)_3+Q_2$$

其中硫酸铁［$Fe_2(SO_4)_3$］在潮湿的环境中作为氧化剂又和黄铁矿发生如下反应：

$$FeS_2+Fe_2(SO_4)_3+3O_2+2H_2O \longrightarrow 3FeSO_4+2H_2SO_4+Q_3$$

以上的化学反应都是放热反应（Q_1、Q_2、Q_3代表一定的热量）。再者，黄铁矿在井下潮湿的环境里被氧化产生 SO_2、CO_2、CO、H_2S 等气体，也都是放热反应。因此在散热环境不良时，必然导致煤的自热与自燃。

波兰学者 W. Olpinski 对波兰烟煤的考查表明：只有当煤中硫铁矿含量大于 1.5%时，才具有自燃倾向性，且只有煤化程度较低的煤才会如此，因为在波兰自然发火较多的煤均是煤化程度较低而硫化铁含量较高的煤。摩卡（Muck）认为属于斜方晶系的硫化铁变态——白铁矿在煤的自燃过程中起着主要的作用。英国人温米尔（Winmill）通过实验证实，在不自燃的煤中加入 30%的黄铁矿即可使其变为具有自燃倾向性的煤。不可忽视的事实是黄铁矿氧化时放出的热量比煤氧化放出的热量高两倍。黄铁矿的另一个促使煤体氧化的物理作用是当其氧化时体积增大，对煤体具有胀裂作用，能够使煤体裂隙扩大和增多，与空气的接触面积增加，因而导致氧气渗入，促使煤的氧化。

但是，黄铁矿作用学说的反对者举出了在许多矿区不含硫的煤也发生自燃的反例。黄铁矿作用学说曾在19世纪下半叶广为流传，但随后大量的煤炭自燃实践证明，大多数的煤层自燃是在完全不含或极少含有黄铁矿的情况下发生的。该学说无法对此做出解释，因而具有自身的局限性。

2. 细菌作用学说

细菌作用学说认为煤在细菌作用下，导致煤的发酵并放热所致，这对煤在70℃以前的自热起了决定性的作用。这一学说是英国学者 M. C. Potter 于1927年提出的。后来有的学者认为煤的自燃是细菌与黄铁矿共同作用的结果。1951年波兰学者杜博依斯（Dubois）等人在考察泥煤的自热与自燃时指出：当微生物极度增长时，一般都伴有一个生化的放热过程。在30℃以下是亲氧的真菌和放线菌起主导作用。使泥煤的自热提高到60～70℃是由于放线菌作用的结果。在60～65℃时，亲氧真菌死亡，嗜热细菌开始发展。在72～75℃时所有生化过程均将消亡。

但也有不少学者对细菌作用学说持否定观点。英国人温米尔和格瑞哈姆曾做过如下实验，将具有自燃倾向性的煤放置在温度为100℃的真空烘箱中，经过20h的烘烤，应该说所有细菌类均已死亡，但事后测试其自燃倾向性依然如故。1947年苏联学者斯阔琴斯基提出：在煤的自热过程中即使细菌起了什么作用，也绝不是导致自燃的主要原因。1956年苏联学者札娃尔齐通过实验后指出：在煤的自燃现象中，细菌不起任何作用。他认为煤的自燃是化学基链反应过程，而不是细菌作用。

3. 酚基作用学说

酚基作用学说则认为，煤自燃是由于空气中的氧与煤体本身含有的不饱和酚基化合物强烈作用放出热量的结果。这一学说是前苏联学者特龙诺夫于1940年提出的。这个学说提出的基点是建立在对各种煤体中的有机化合物进行实验后，发现分子中的芳香结构首先被氧化生成酚基，再经过醌基后，发生芳香环破裂，生成羧基。酚基类是最易氧化的，不仅在纯氧中可以氧化，而且与其他氧化剂接触时也可发生作用。所以他认为正是空气中的氧与煤体内的酚基类化合物作用而导致自燃，此假说的实质实际上是煤与氧的作用问题，因此，可认为是煤氧复合作用学说的补充。

4. 煤氧复合作用学说

煤氧复合作用学说认为，煤自燃的根本原因在于煤具有吸附氧的能力和与此相联系的放热作用。1951年苏联学者维索沃夫斯基等人在进行大量的煤氧化自热过程的研究后指出：煤自燃是氧化过程自身加速的最后阶段，并非任何一种煤的氧化都能导致自燃，只有在稳定的低温绝热条件下，氧化过程自身加速才能导致自燃。这种氧化反应的特点是分子的基链反应，也就是参加反应的团粒或者在链上的原子团首先产生一个或多个新的活化团粒（活化链），然后又引起相邻团粒活化并参加反应。这个过程在低温条件下，从开始要持续地进行一段时间，人们称之为“煤的自燃潜伏期”。煤的低温氧化特点是在其表面进行的，化学组分无任何变化。他们通过实验还发现，烟煤低温氧化的结果是使着火点降低，以致活化易于点燃。低温氧化过程的持续发展使得反应过程的自身加速作用增大，最后如果生成的热量不能及时散发，就会进入煤自热阶段。

上述关于煤自燃机理的种种学说虽不能作为解释煤自燃的完美学说，可对于人们认识研究煤自燃起到了很好的作用，对于某一地区、某一矿井的内因火灾防治也具有指导意义。尤其是煤氧复合作用学说已被大多数学者所接受，并且在实践中也逐渐得到了证实。这是因为煤自燃的主要参与物一个是煤，而另一个是氧，煤对氧的吸附是经实验完全证实的。煤表面对氧气的吸附即所谓的物理吸附虽然产生的热量微不足道，然而化学吸附及伴随而存在的化学反应则可以放出大量的热量，热量的产生与聚集是导致煤炭自燃必不可少的因素。此外，现已提出的某些学说从某种程度上说其实质也是煤与氧的作用问题，也可以说是煤氧复合作用学说的补充，如自由基作用学说，其实质就是把易于氧化的自由基作为导致煤自燃的原因。

二、煤的自燃过程

煤的自燃是指煤在常温下与空气中的氧气通过物理吸附、化学吸附和化学反应，且在一定条件下氧化产热速率大于向环境的散热速率，产生热量积聚使得煤体温度缓慢而持续地上升，当达到煤的临界自热温度后，氧化升温速率加快，最后达到煤的着火点温度而燃烧。煤的自燃过程涉及物质结构变化（内部结构及物质性质和变化）、化学热力学（表面现象、热效应、相平衡等）、化学动力学（反应速度与反应机理）。

煤炭自燃必须具备以下四个条件：

第一，有自燃倾向性的煤被开采后呈破碎状态，堆积厚度一般要大于0.4 m。

第二，有较好的蓄热条件。

第三，有适量的通风供氧。（通风是维持较高氧浓度的必要条件，是保证氧化反应自动加速的前提。实验表明，氧浓度大于15%时，煤炭氧化方可较快进行。）

第四，上述三个条件共存的时间大于煤的自然发火期。

上述四个条件缺一不可，前三个条件是煤炭自燃的必要条件，最后一个条件是充分条件。第一个条件为煤的内部特性，它取决于成煤物质和成煤条件，表示煤与氧相互作用的能力。后三个条件为外因。缺少上述任何一个条件，煤的自燃过程都是无法进行的。煤的自燃过程按其温度和物理化学变化特征，大体划分为潜伏期（或准备期）、自热期、燃烧期三个阶段，如图 7—1 所示，图中虚线为风化进程线。

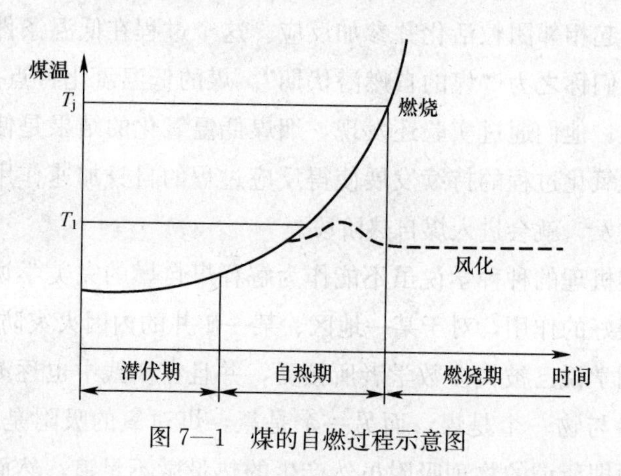

图 7—1　煤的自燃过程示意图

1. 潜伏期

自煤层被开采、接触空气起至煤温开始升高止的时间区间称为潜伏期。在潜伏期，煤与氧的作用是以物理吸附为主，吸氧后煤的重量略微有所增加，煤的表面形成不稳定的氧化物或含氧的游离基等，煤的氧化过程平缓而缓慢，放热很小，释放出微量的 CO。经过潜伏期后，煤的化学活泼性增强，着火温度降低，表面的颜色变暗。潜伏期长短取决于煤的变质程度、物化性质。煤的破碎和堆积状态、散热、通风供氧条件及围岩温度等对潜伏期的长短也有一定影响。

2. 自热期

氧化产生的热量使煤温开始升高，超过煤自热的临界温度（一般为 60～80℃）后，煤的氧化速度加快，煤温急剧加速上升，至其温度达到燃点的过程称为自热期。自热过程是煤氧化反应自动加速、氧化生成热量逐渐积累、温度自动升高的过程。其特点是：氧化放热较大，煤温及其环境（风、水、煤壁）温度升高；煤开始出现干馏，产生一氧化碳（CO）、二氧化碳（CO_2）、氢气（H_2）和碳氢化合物（C_mH_n）类气体，并散发出煤油味和其他芳香气味；有水蒸气放出，煤中内在水分也开始蒸发，火源附近出现雾气，遇冷会在巷道壁面上凝结成水珠，即出现所谓“挂汗”现象；煤微观结构发生变化，耗氧量较潜伏期有明显增加，煤温每升温 10℃，耗氧量平均增加 1.8×10^{-3} mL/（g・min）。

临界温度是指能使煤自发升温的最低温度。一旦达到了该温度点，煤氧化产生的热量大于向所处环境散失的热量，致使煤体温度上升，从而加速了煤的氧化速度并又产生更多的热量，直至煤自燃起来。煤的自热温度与煤的产热能力和蓄热环境有关，对于具有相同产热能力的煤，煤的自热温度也是不同的，主要取决于煤所在的散热环境，如浮煤堆积量越大，散热环境越差，煤的最低自热温度就越低。因此，应注意即使是同一种煤，其自热温度也不是一个常量，受散热（蓄热）环境影响很大。

在自热阶段煤的热反应比较明显，使用常规的检测仪表就能检测到各种自燃产生的化学反应物质，甚至被人的感官感觉到，其对于自燃火灾的防治是极为重要的阶段，因而可以有针对性地采取各种措施使由准备期产生的热量能够充分地释放出来，有效地遏制煤由自热期向燃烧期的过渡。自热阶段的发展可能会因外界条件的变化，使散热大于生热；或限制供风，使氧浓度降低至不能满足氧化需要，则自热的煤温度降低到常温，称为风化。如图 7—1 中虚线所示，风化后煤的物理化学性质发生变化，失去活性，一般不会再发生自燃。

3. 燃烧期

自热期的发展有可能使煤温上升到着火温度（T_2），此时若能得到充分的供氧（风），则发生燃烧，出现明火。煤的着火温度由于煤种不同而变化，无烟煤一般为 400℃，烟煤为 320～380℃，褐煤为 210～350℃。这时会生成大量的高温烟雾和水蒸气，其中含有 CO、CO_2以及碳氢类化合物。若煤温达到自燃点，但供风不足，则只有烟雾而无明火，此即为干馏或阴燃。煤炭干馏或阴燃与明火燃烧稍有不同，CO 多于 CO_2，温度也较明火燃烧要低。

三、煤自燃的影响因素

煤自燃是煤的氧化产热与向环境散热的矛盾发展的结果。因此，只要与煤自燃过程产热和热量向环境散失相关的因素都能影响煤的自然发火过程，可以将影响煤自燃的因素分为内在因素和外在因素。

1. 煤自燃的内在因素

煤要自燃，首先必须要有自燃倾向性，但不同的煤其发生自燃的能力（煤的自燃倾向性）却不相同。这是因为不同的煤的氧化能力不一样，而其自身氧化能力是由煤本身的物理化学特征所决定的，即内在影响因素，主要有煤的变质程度、煤中的水分、煤岩成分、煤中的含硫量、煤的孔隙率和脆性、煤中的瓦斯含量等。

（1）煤的变质程度

煤的变质程度是指在温度、压力等因素作用下，煤的物理、化学性质的变化程度。根据煤变质程度的不同，煤可划分为泥煤、褐煤、烟煤、无烟煤四大类。煤的变质程度是影响煤自燃倾向性的决定性因素，就整体而言，煤的变质程度越低，挥发分就越高，其自燃危险性就越大，即自燃倾向性从泥煤、褐煤、烟煤至无烟煤逐渐减小。这主要是因为随着煤化程度的增加，结构单元中的芳香环数增加，对气态氧较活泼的侧链和含氧官能团减少甚至消失，煤的抗氧化作用的能力增加。低煤化程度的泥煤及褐煤，其煤分子结构中活泼的侧链及含氧官能团较高，芳香环数少，芳香化程度低，因而其抗氧化作用能力较弱，易于氧化自燃；而高煤化程度的无烟煤，因其煤分子结构中活泼的侧链及含氧官能团减少甚至消失，芳香化程度高，因而抗氧化作用能力强，难以自燃。局部而言，煤层的自燃倾向性与煤化程度之间表现出复杂的关系，即煤化程度相同的煤在不同的地区和不同的矿井中的自燃倾向性可能有较大的差异，有的具有自燃特性，有的就不自燃，自燃的难易程度也不同。例如，同一牌号的煤若含硫量较高，则吸氧能力强，因此易于自燃。

（2）煤中的水分

根据煤中的水分赋存的特点，煤中的水分分为内在水分和外在水分。一般来说，煤的内在水分在 100℃以上的温度才能完全蒸发于周围空气中，煤的外在水分在常温状态下就能不断蒸发于周围空气中，在 40～50℃温度下，经过一定时间，煤的外在水分会完全蒸发。

煤中的水分对其氧化进程的影响表现在两个方面：既有加速煤氧化自燃的一面，也有阻滞煤氧化自燃的一面。在煤自热的初始阶段，由于水分的生成与蒸发必然要消耗大量的热量，煤体中外在的水分没有全部蒸发之前温度很难上升到 100℃，这就是水分大的煤炭难以自燃的原因。但是，煤中的水分又能填充于煤体微小的空隙中，把氮气、二氧化碳、甲烷等气体排除，当干燥以后对煤的吸附能力起到活化作用。所以，煤中水分足够大时会抑制煤的自燃，但失去水分后，其自燃危险性将会增大。因此，在开采过程中经常保持煤层中的含水率大于 4%，这对减少煤的自然发火次数是有利的。

（3）煤岩成分

煤岩成分是煤中宏观可见的基本单位。宏观煤岩成分包括镜煤、亮煤、暗煤和丝炭，其中镜煤和丝炭是简单的宏观煤岩成分，亮煤和暗煤是复杂的宏观煤岩成分。煤岩成分对煤的自燃倾向性表现出一定的影响，各种单一的煤岩成分具有不同的氧化活性，其氧化趋势按下列顺序降低：镜煤、亮煤、暗煤、丝炭。在低温下，丝炭吸氧最多，但随着温度的升高，镜煤吸氧能力最强，其次是亮煤，暗煤最难自燃。丝炭吸氧量强主要是因为其结构松散，着火温度低，仅为 190～270℃。相关实验表明：在常温条件下，15℃时丝炭吸附氧的数量较其他煤种要多 1.5～2.0 倍；50℃时为 5 倍；100℃时则下降，仅为 7%。所以人们认为，在常温条件下，丝炭是自燃中心，起着引火物的作用。

（4）煤中的含硫量

煤中硫的存在形式有有机硫和无机硫之分，对煤自燃起主导作用的是无机硫，即硫酸盐类。煤中含硫矿物一般来说会加速煤的氧化过程。同牌号的煤中，含硫矿物（如黄铁矿、水绿矾）越多，越易自燃。这是由于煤中所含的黄铁矿在低温氧化时生成硫酸铁和硫酸亚铁，体积增大，对煤产生胀裂作用，使煤体裂隙扩大和增多，从而增加了煤与空气的接触面积，同时黄铁矿氧化时放出来的热量也促进了煤炭自燃。重庆煤科分院在煤样中人为掺入5%的黄铁矿进行恒温（60℃）吸氧8 h试验证明，含黄铁矿的煤样随水分增加，吸氧量增大。当煤的水分为10%～15%时，吸氧量最大，自燃危险性最高。

（5）煤的孔隙率和脆性

煤的孔隙率和脆性对煤的自燃倾向性影响也较大。煤炭孔隙率越大，越易自燃。这是因为孔隙率越大，其内表面积越大，单位质量吸附氧气的能力越大，利于反应的进行，而且孔隙发育的煤的导热性也相对较差（孔隙中充满气体，气体的导热性比无孔隙的实体煤差），因此，孔隙越发育的煤，往往越易于自燃，如褐煤，氧气越易渗入煤的内部。变质程度相同的煤，脆性越大，越易自燃。因为煤的脆性大小与该种煤炭是否易于破碎和形成煤粉有关。完整的煤体一般不会发生自燃，一旦呈破碎状态就会使煤的吸氧表面积增大，着火点明显降低，使其自燃性显著提高。

（6）煤中的瓦斯含量

瓦斯通常是以游离状态和吸附状态存在于煤的孔隙、裂隙、裂缝中和微孔隙表面，这种瓦斯是以压力状态存在的，在煤层卸压、温度上升等客观条件影响下，吸附的瓦斯会发生解吸现象，转变成游离的瓦斯。因此，处于原始状态的瓦斯或以压力状态存在的瓦斯，对空气浸入煤体会起到抑制作用。因为吸附的瓦斯占据了煤分子的表面，阻止了煤与氧的接触，所以煤层中的瓦斯具有较好的阻化作用，是防止自然发火的有利因素。另一方面，当煤层中的瓦斯以自身压力涌出或实施瓦斯抽放后，煤层中的瓦斯压力下降，瓦斯含量随之降低，这样就增加了煤与空气接触的概率，增强了煤的自燃性。研究还表明：在瓦斯涌出量过大，即在0.4～0.5 mL/(g·h）的情况下，实际上不发生煤的氧化；当瓦斯涌出量小，在0.04～0.05 mL/(g·h）时，对氧化过程也没有影响。

上述各种因素在煤炭自燃过程中都起着重要的作用。但是煤炭自然发火，并不是从它一暴露于空气中就自燃的，而是需要经过一定的时间和一定的蓄热环境，使它的温度不断上升，这在很大程度上还取决于外在条件，单纯的内在条件不能决定矿井是否自然发火以及它的严重程度。

2. 煤自燃的外在因素

煤炭的自燃倾向性取决于煤在常温下的氧化能力，是煤层发生自燃的基本条件。然而在生产中，一个煤层或矿井的自然发火危险程度并不完全取决于煤的自燃倾向性，还受外界条件的影响，如煤层的地质赋存条件，开拓、开采方法，通风等。这些外界条件决定着煤炭接触到的空气量和与外界的热交换。因此，必须掌握它们的基本规律，来指导现场的生产实践，保证安全生产。

(1) 煤层地质赋存条件

煤层地质赋存条件主要是指煤层的厚度、倾角、埋藏深度、地质构造、围岩性质等。

总的来说，较厚的煤层是一个增大火灾危险性的因素。开采厚煤层的矿井，内因火灾的发生次数比开采中厚和薄煤层的矿井多。究其原因，一是因为厚煤层难以全部采出，遗留大量浮煤与残柱，而遗留在采空区的煤，尤其是碎煤，由于导热能力弱，常常会造成局部储热条件；二是采区回采时间长，大大超过了煤层的自然发火期；三是煤层容易受压破裂而发生自燃。据统计，有80%的自燃火灾发生在厚煤层开采中。

煤层倾角对煤炭自燃也有重要影响，开采急斜煤层比开采缓斜煤层易自燃。因为倾角大的煤层受到地质作用的影响比较大，使得煤层在开采过程中比较容易破碎，形成的煤粒度比较小。同时，倾角大的煤层频繁发生自燃还因为急倾斜煤层顶板管理困难，采空区不易充严，煤柱也不易保留，漏风大，上部已经过一定时期的自燃准备的煤下滑。

地质构造复杂的地区，包括断层、褶曲发育地带、岩浆入侵地带，自然发火次数要多于煤层层位规则之地。这是由于煤层受张拉、挤压的作用，裂隙大量发生，破碎的煤体吸氧条件好，氧化性能高。

煤层顶板的性质也影响煤炭发生自燃过程。煤层顶板坚硬，煤柱易受压碎裂。坚硬顶板的采空区冒落充填不密实，冒落后有时还会形成与相邻正在回采的采区，甚至地面连通的裂隙，漏风无法杜绝，为自燃提供了条件。若顶板易于垮落，垮落后能够严密地充填采空区并很快被压实，火灾就不易形成，即使发生，规模也不会很大。

(2) 采掘技术因素

采掘技术因素对自燃危险性的影响主要表现在采区回采速度、回采期、采空区丢煤量及其集中程度、顶板管理方法、煤柱及其破坏程度、采空区封闭难易等方面。好的开拓方式应是少切割煤层，少留煤柱，矿压的作用小，煤层的破坏程度低，所以岩石结构的开拓方式，如集中平硐、岩石大巷、石门分采区开拓布置能减少自燃危险性。

由于采煤方法影响煤炭自燃主要表现在煤炭回采率的高低和回采时间的长短等，因此丢煤越多、浮煤越集中的采煤方法越易引起自燃。落垛式的采煤方法自不待言，采用冒落法管理顶板的开采方法在采空区中遗留的碎煤一般都比其他方法多。由于顶板岩层的破坏，隔离采空区的工作比较困难，易于发生煤炭自燃。开采一个采区时，采用前进式开采程序比用后退式回采程序的漏风大，而且也使采空区内的遗煤受氧作用时间长，这都为自燃创造了条件。因此，开采有自燃倾向性煤层的采区，一般都采用后退式回采程序。另外，后退式回采程序对煤柱的压力较小，遗留在采空区的碎煤也少，而且也易于隔离采空区，防止其漏风。长壁式采煤法中留煤皮假顶，留刀柱支持顶板，以及回采率较低的水力采煤，也均不利于防止自燃。

一个采区或工作面回采速度慢，拖的时间长，会使采空区遗煤经受氧的作用时间大大超过煤层的自然发火期，就难于控制自燃发生。因此，应力求采用进度快的生产工艺。

（3）通风管理因素

通风因素的影响主要表现在采空区、煤柱和煤壁裂隙漏风。如果漏风很小，供氧不足，就会抑止煤炭自燃。如果漏风量大，大量带走煤氧化后产生的热量，那么也很难产生自燃。决定漏风大小的因素有矿井、采区的通风系统，采区和工作面的推进方向，开采与控顶方法等。

根据漏风规律可知，决定其主要漏风的是漏风通道风阻和其两端压差。如果工作面即上下口之间压差小于一定值，后方采空区就不会自燃。因此，只要能严密堵塞漏风通道，降低压差，即可大大减少矿井的自燃发生。根据采场通风方式可以看到，后退式“U”型、“W”型通风方式有利于防治自燃，“Y”型和“Z”型通风方式易促进采空区自燃。

开采自燃煤层时，合理的通风系统可以大大减少或消除自然发火的供氧因素，无供氧蓄热条件，煤是不会发生自燃的。所谓合理的通风系统是指：矿井通风网络结构简单，风网阻力适中；主要通风机与风网匹配；通风设施布置合理，通风压力分布适宜。

1）风网结构合理从全矿井网络结构来看，开采自燃煤层的大中型矿井，以中央分列式和两翼对角式通风为好。这种方式一是有利于防火，因为采区封闭后可以调节其压力，消除主要通风机风压的影响；二是便于灾变时进行通风控制，防止主井进风流发火危及全矿井。采区应是分区通风，即采区之间是一个并联子系统，而不应是串联，应尽量避免角联。工作面保持后退式。

2）主要通风机与风网匹配。这是指主要通风机运行的工况点位于高效区内。在尽量降低井巷的通风阻力，扩大矿井等积孔的同时，主要通风机压力最好保持在 2 kPa 以下。

3）通风设施布置合理。通风设施布置合理是指风门、风墙、调节风门等通风构筑物及设施位置恰当、布局合理。因此在设置这些通风设施时，位置一定要选择好。一般来说，以减小采空区或火区进回风密闭墙两侧通风压差为准。

四、煤的自然发火期

煤自然发火期是评价煤氧化自燃性的一个重要指标，是煤自然发火危险程度在时间上的量度。煤的自然发火期是指煤体被剥离暴露在空气环境之时起，在实际供氧、贮热条件下，吸氧、氧化贮热升温，到达自燃（温度达到该煤的着火点温度）所需的时间，一般以月为单位。一般来讲，自然发火期越短的煤层，其自然发火危险性越大，反之则越小，因此生产矿井常把煤的自然发火期作为衡量煤层自燃难易程度的指标。

煤的最短自然发火期是指矿井某一煤层自然发火观察和记录的数据中最短的一个时间值，是指当煤体剥离暴露于空气中，在最佳供氧、贮热条件下，吸氧、氧化升温，到达自燃（温度达到该煤的着火点温度）所需的时间。这里所指最佳条件是既保证供氧浓度，又处于绝热状况。通常所说的煤自然发火期指的就是最短自然发火期。

1. 自然发火期的判断

一般对于生产矿井，判断其自然发火期的方法是统计比较法。这种方法是指生产矿井揭煤后，通过对煤层自燃情况的统计和记录，对已发生自然发火的自然发火期进行推算，并分煤层统计和比较，以其发火时间最短者作为煤层的自然发火期，一般以月为单位。我国煤矿规定，煤层凡出现下列情况之一者，即认定为发生自然发火。

(1) 煤炭自燃引起明火。

(2) 煤炭自燃产生烟雾。

(3) 煤炭自燃产生煤油味。

(4) 采空区或巷道中测取的CO浓度超过矿井实际统计的自然发火临界指标。

统计比较法得到的自然发火期受生产实际的影响较大，范围较宽。加之火源点位置不能确定，就不能确定自然发火地点的揭煤时间。此外，由于煤炭自燃火源点的隐蔽性，也不能准确确定火源点的发火时间。因此，煤层自然发火期的统计都会存在一定的误差，故自然发火期一般以月为单位计算。

而对于新建矿井来说，判断其自然发火期，一般采用的是类比法，根据地质勘探时采集的煤样所做的自燃倾斜性鉴定资料，并参考煤层、地质条件、赋存条件和开采方法与之相似的采区或矿井，进行类比而估算之，以供设计参考。

2. 延长煤层自然发火期的途径

一个煤层的自然发火期并非固定不变的，它既取决于煤炭自燃的内在因素——自燃倾向性的强弱，又在很大程度上受煤层自燃外在因素——堆积状态、通（漏）风强度（风量和风速）以及与周围环境的热交换条件等多种因素制约。在现实生产中，不少矿井投产初期发火十分严重，煤层自然发火期相当短，从几十天到几个月，而后，由于地质条件的变化，开拓开采通风技术的改进，煤层自然发火期也延长了。例如：回采推进速度快，采空区的煤很快进入窒息区，不会着火；采空区或其他区域丢的浮煤少，浮煤氧化产生的热量少，煤炭的蓄热就需较长时间，因此这些区域也不容易自燃。合理的开拓开采方法、良好的通风系统等外因条件可以在很大程度上控制自燃火灾的发生，或者说，可以延长自然发火期。延长煤自然发火期的一般途径有如下两方面。

（1）减小煤的氧化速度和氧化生热，减小漏风。降低自热区内的氧浓度；选择分子直径较小、效果好的阻化剂或固体浆材，喷洒在碎煤或压注至煤体内使其充填煤体的裂隙，阻止氧分子向孔内扩散。

（2）增加散热强度，降低温升速度。增加遗煤的分散度以增加表面散热量；对于处于低温时期的自热煤体可用增加通风强度的方法来增加散热；增加煤体湿度。

第三节 内因火灾的预防

矿井内因火灾多发生在风流不畅通的地点，如采空区、压碎的煤柱、浮煤堆积处等地点，发火后难以扑灭，有的甚至可持续数年或数十年不灭，给矿井安全生产带来极大的影响。在煤矿生产中，必须引起足够的重视。矿井内因火灾的预防措施主要有开采技术防火措施、灌浆防灭火措施、阻化剂防火措施、均压防灭火措施、惰性气体防火措施、泡沫防火措施、胶体防灭火措施和其他防火措施。

一、开采技术防火措施

开采具有自然发火危险的煤层时，正确地选择开拓系统和开采方法是提高矿井先天防火能力的关键措施。过去有些矿区由于开拓系统不正确，采煤方法不合理，因此导致自燃火灾不断出现，甚至有的矿区造成了“火烧连营”的局面，严重地影响了生产。后来，改革了开拓系统和采煤方法，扑灭了老火区，从根本上减少了煤炭自然发火的内在因素，从而大大减少了发火次数，解放了因具有自燃火灾危险而不能开采的煤量，使生产走上正轨。主要技术措施如下：

1. 开采有自燃倾向的煤层时，应采用石门、岩石大巷的开拓方式，这样可以少切割煤层，少留煤柱，便于封闭、隔离采空区。

2. 对具有自燃倾向的煤层，应采用由上到下的开采顺序，后退式回采，禁止前进式回采。要选用回采率高、回采速度快、采空区容易封闭的采煤方式。长壁式采煤方法适用于开采有自燃倾向的煤层。

3. 在有自燃倾向的煤层中布置采区时，应根据煤层自然发火期的长短和回采速度确定采区尺寸。必须保证在煤层自然发火之前回采完并进行封闭。

4. 在开采自燃危险程度大的厚煤层或煤层群时，将采区上山集中运输巷和回风巷布置在底板岩石中。厚煤层各区段分层平巷沿垂线重叠布置，可以减少煤柱尺寸或不留煤柱，巷道避开了支承压力的影响，易于维护。

5. 在易燃煤层采用单一长壁采煤法时，采煤工作面的区段回风平巷和运输平巷同时掘进，而且在上下相邻区段的进、回风巷之间不开联络眼。

6. 推广无煤柱护巷技术，采用跨大巷、跨上山回采，取消大巷及上山煤柱。采用沿空掘巷或留巷，取消区段煤柱。

7. 回采率低、丢煤多，容易导致自然发火。所以应坚持正规循环，加快回采速度，清扫工作面浮煤，提高回采率，保证在自然发火期内采完，并及时放顶或填充。

8. 保证巷道的工程质量，防止发生冒顶事故。遇有巷道冒顶或有煤与瓦斯突出形成的空洞，要清除浮煤，打好支架或采用充填的方法使其与外界空气隔绝，防止煤的氧化。

二、灌浆防灭火措施

灌浆防灭火是我国煤矿当前应用较为普遍的一项技术。灌浆防灭火技术就是将水与不燃性的固体材料按适当的配比，制成一定浓度的浆液，用输浆管道送至可能发生或已经发生自燃的地点，以防止发生自燃或扑灭火灾。其机理是：浆液充填煤岩裂隙及其孔隙的表面，增大氧气扩散的阻力，减小煤与氧的接触和反应面；浆水浸润煤体，增加煤的外在水分，吸热冷却煤岩；加速采空区冒落煤岩的胶结，增加采空区的气密性。灌浆防灭火的实质是，抑制煤在低温时的氧化速度，延长自然发火期。

1. 制浆材料的选取

灌浆材料的要求：必须不含助燃和可燃材料；粒度直径不能大于 2 mm，细小粒子（粒度小于 1 mm）要占 70％～75％；比重 2.4～2.8，塑性指标 4～14，胶体混合物 25％～30％，含沙量 25％～30％；易脱水又要具有一定稳定性。

煤矿上传统的灌浆材料是含沙量不超过 25％～30％的黄土。但是由于大量使用黄土会破坏良田，因此近年来又发展了新的制浆材料，如关页岩、煤矸石等。此外，还可应用电厂的粉煤灰作为灌浆材料。

2. 浆液的制备

根据采用浆材不同，浆液的制备工艺也有所不同。目前很多煤矿广泛使用黄土制浆，黄土制浆的方法为水力取土自然成浆和人工或机械取土机械制浆。

（1）水力取土自然成浆

此方法是利用高压水枪在地面直接冲刷表土制成泥浆，制好的泥浆从具有一定坡度的泥浆沟流入灌浆管路，经管路送往各灌浆区。

这种方法适用于以山坡表土层或贮土场的积土为浆材。其优点是制浆方便，设备简单，投资少，劳动强度低，效率高；缺点是水土比难以控制，不能保证浆液质量。窑街、大同、淮南、义马等矿区的一些矿井普遍采用此种方法。

（2）人工或机械取土机械制浆

人工或机械取土机械制浆系统图如图 7—2 所示，用人工或机械把黄土取出装入 V 形翻斗车或胶带运输机（距离近或运输量大时），直接运往泥浆浸泡池。当土源距溜浆站较远时，应在灌浆站附近建贮土场，起缓冲调节作用。贮土场的土可用水力或皮带（矿车）等运输工具运至灌浆站。当井下注浆地点需要的泥浆量不大而无法进行钻孔输送时，可将固体材料运往井下，在使用地点用小型搅拌器就地制浆。

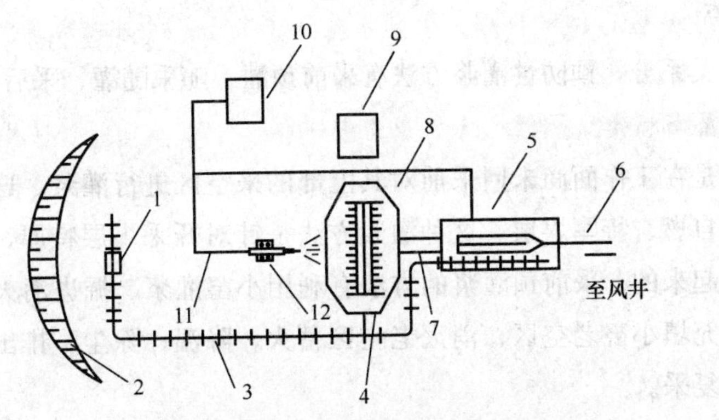

图 7—2　人工或机械取土机械制浆系统图

1—V 形矿车　2—取土场　3—窄轨铁路　4—栈桥　5—搅拌池
6—灌浆管　7—泥浆沟　8—贮土场　9—绞车房　10—水系房
11—水管　12—水枪

人工或机械取土机械制浆的特点：可以形成集中灌浆系统，效率高，产量大，泥浆浓度容易控制。

3. 浆液的输送

泥浆的输送一般采用泥浆的静压力作为输送动力，制成的泥浆由地面注浆站经过注浆主管到支管再送到用浆地点。注浆管道根据注浆压力的大小选取，压力小于 1.6 MPa 时，可选取普通水管；压力大于 1.6 MPa 时，应选用无缝钢管。

灌浆管道直径应根据管内泥浆流速加以选择，管内泥浆的实际流速应大于临界流速。所谓泥浆的临界流速，就是为保证泥浆中的固体颗粒在管道输送时不致沉淀或堵管的最小平均流速。其值与固体材料颗粒的形状、粒径、密度、泥浆浓度、颗粒在静水中的自由沉降速度等因素有关。当采用密度为 2.7 t/m^3 的黏土作为泥浆中的固体材料时，在土水比为 1∶3～1∶10 的情况下，泥浆在管道中的临界流速为 1.1～2.2 m/s。

管道内径按下式计算：

$$d=\sqrt{\frac{4Q_h}{3\,600\,\pi V}}=\frac{1}{30}\sqrt{\frac{Q_h}{\pi V}} \tag{7—1}$$

式中　d——灌浆管道内径，m；

Q_h——小时灌浆量，m^3/h；

V——管内泥浆的实际流速，m/s。

现场灌浆干管直径一般为 100～150 mm，支管直径为 75～100 mm，工作面胶管直径为 40～50 mm，管壁厚度为 4～6 mm。

4. 灌浆方法

按与回采的关系分，预防性灌浆方法有采前预灌、随采随灌、采后封闭灌浆 3 种。

（1）采前预灌

采前预灌就是在工作面尚未回采前对其上部的采空区进行灌浆。这种灌浆方法适用于开采老窑多的易自燃、特厚煤层。这种灌浆方法是针对开采煤层特厚，老空区过多，极易自燃的矿区发展起来的。采前预灌浆的方法有利用小窑灌浆、掘进消火道灌浆和布置钻孔灌浆，其目的是充填小窑老空区、消灭老空区蓄火、降温、除尘、排出有害气体、粘结碎煤和实现老空区复采。

（2）随采随灌

随采随灌是随着采煤工作面的向前推进，在采空区进行灌浆。灌浆时回采与灌浆保持适当距离，以免浆水流到工作面而影响采煤。这种灌浆可在采煤工作面后面的上风巷维护 8～10 m 巷道作灌浆平巷，在每次放顶后向采空区灌浆，灌浆管随时拆除，或者不维护这段巷道，而先将灌浆管埋入回风巷内，在每次放顶后向采空区灌浆，随着工作面的推进，灌浆管用回柱绞车拔出。还可以在每次放顶后向采空区内洒浆。

（3）采后封闭灌浆

采后封闭灌浆，即在工作面采完封闭后进行灌浆。采后灌浆充填封闭的采空区，特别是最易自然发火的停采线，可防止发生自燃火灾。采后封闭灌浆可以在封闭停采线的上部密闭墙上插管灌浆，也可以由邻近巷道向采空区上、中、下 3 段分别打钻灌浆。采后封闭灌浆适用于自然发火期较长的煤层，灌浆工作在时间上和空间上都不受回采工作的限制。

三、阻化剂防火措施

在化学上，凡是能减小化学反应速度的物质皆称为阻化剂。阻化剂也称阻氧剂，是具有阻止氧化和防止煤炭自燃作用的一些盐类物质。它是某些无机盐类化合物，如氯化钙、氯化钠等。

阻化剂与水混合成一定浓度的水溶液，此溶液具有抑制和防火功能。阻化剂防灭火机理是：增加煤在低温时的化学惰性，或提高煤氧化的活化能，形成液膜包围煤块和煤的表面裂隙面；充填煤柱内部裂隙；增加煤体的蓄水能力；水分蒸发吸热降温。阻化剂防灭火的实质是降低煤在低温时的氧化速度，延长煤的自然发火期。

1. 阻化剂

选择阻化剂的原则是：阻化防火效果好，来源广泛，使用方便，安全无害，对设备无腐蚀，防火成本低。从目前的应用结果来看，氯化钙、氯化镁、氯化铝、氯化锌等氯化物对褐煤、长焰煤和气煤有较好的阻化效果；对于高硫煤，以选用 $m\mathrm{Na_2O}\cdot n\mathrm{SiO_2}$ 作阻化剂最佳，$\mathrm{Ca(OH)_2}$ 次之。

阻化剂的药液浓度是使用阻化剂防火的一个重要参数，浓度大小既决定防灭火效果的好坏，又直接影响着吨煤成本。采用单一 $\mathrm{CaCl_2}$ 或 $\mathrm{MgCl_2}$ 作为阻化剂，浓度为 20％时，阻化剂阻化率较高，防灭火效果较好。所以，阻化剂的药液浓度可控制在 15％～20％，最低不要低于 10％。实际应用中，还可以将阻化剂掺入泥浆，制成“阻化泥浆”，用于防灭火工作。

阻化效果是评价阻化剂性能优劣的标准。我国目前采用阻化率和阻化寿命作为衡量阻化剂的两个重要指标。

（1）阻化率

煤样在阻化处理前后放出的 CO 量的差值与未经阻化处理时放出的 CO 量的百分比称为阻化率（E），用公式表示如下：

$$E=\frac{A-B}{A}\times 100 \tag{7—2}$$

式中　A——煤样未经阻化处理，在温升试验（100℃）中通入净化干燥的空气（160 mL/min）时放出的 CO 浓度，μL/L；

B——煤样经阻化处理后，在上述相同的条件下放出的 CO 浓度，μL/L。

阻化率越大的阻化剂，其阻止煤炭氧化的能力越强。

（2）阻化寿命

阻化剂喷洒至煤体表面后，从开始生效至失效所经过的时间称为阻化寿命，单位为月。单位时间内阻化率的下降值称为阻化剂的衰减速度，以 V 表示，单位为月。阻化寿命可用下式表示：

$$\tau=\frac{E}{V} \tag{7—3}$$

阻化寿命是一个重要指标。为了有效地预防自然发火，阻化寿命不应小于自然发火期。可以通过二次或多次喷洒以及保持环境具有较高的湿度等措施来延长阻化寿命。

阻化剂的效果与被喷洒的煤种、阻化剂种类及阻化剂的溶液浓度和使用的工艺合理程度有关。

从以上两个概念出发，可以认为：阻化率高且阻化寿命长的阻化剂是理想的阻化剂；阻化率虽高，但阻化寿命短的阻化剂也不能视为良好的阻化剂。阻化剂对煤的自燃只能起抑制和延长发火期的作用，而且有一定的时间界限。

2. 阻化剂的防火工艺

应用阻化剂防火的主要工艺方式有压注阻化剂溶液、汽雾阻化、喷洒阻化剂溶液。

(1) 压注阻化剂溶液

为防止煤柱、工作面起采线、停采线等易燃地点发火，需要打钻孔进行压注阻化剂处理。应用阻化剂处理高温点和灭火时，首先打钻测温并圈定火区范围，然后从火区边缘开始向火源通过钻孔压注低浓度阻化剂水溶液，逐步逼近火源进行降温处理。

(2) 汽雾阻化

汽雾阻化防火的实质就是将一定压力下的阻化剂水溶液通过雾化器雾化成为汽雾。汽雾发生器喷射出的微小雾粒可以漏风风流作为载体飘移到采空区漏风所到之处，从而达到防治采空区煤自燃的目的。

(3) 喷洒阻化剂溶液

这种方法是利用喷雾装置将阻化液直接喷洒在煤的表面。这种方法简单、灵活性强，适用于巷道、煤柱壁面、浮煤及分层工作面采空区的喷洒。常用3D-5/40型往复泵将阻化剂沿5 cm直径铁管和2.5 cm直径胶管送往喷洒地点。

阻化剂防火技术具有工艺简单、设备少、药源广、成本低、防火效果好等优点，特别适用于缺土的矿区。其缺点是：对采空区再生顶板的胶结作用不如泥浆好；对金属有一定腐蚀作用，且阻化效果受阻化寿命影响较大。

四、均压防灭火措施

井下空气流动以及向采空区漏风，是由于通风机的风压和自然风压的作用，使空气由压力高的地点向压力低的地点流动。井下的采空区，虽然实行了密闭，但是由于采空区进风侧的压力比回风侧高，进风与回风之间有一个压力差，因此就不可避免地要向采空区漏风。如果能使采空区进、回风侧之间的压力趋于平衡，就可阻止向采空区漏风，从而预防采空区内的煤炭自燃，这就是均压防火的思想。

根据均压作用的机理及使用条件不同，均压防灭火技术措施大体分为开区均压和闭区均压。

1. 开区均压

开区均压就是在生产工作面建立均压系统，以减少采空区漏风，抑制遗煤自燃，防止一氧化碳等有毒有害气体超限聚集或者向工作区涌出，从而保证生产正常进行。生产工作面采空区煤炭自燃高温点产生的位置取决于采空区内堆积的遗煤和漏风分布。因此，采用调压法处理采空区的自燃高温点之前，首先必须了解可能产生自燃高温点的空间位置及其相关的漏风分布，以便进行有针对性的调节。常见的开区均压措施有调节风门均压、并联风路均压、风门与风机联合均压。

(1) 调节风门均压

在折返通风工作面的采空区形成的并联漏风是造成遗煤自燃的重要因素。按煤的自燃情况可将采空区划分为三个带：不燃带、自燃带和窒息带。自燃带宽度越大，工作面向前推移的速度越慢，越易发生自燃。不难看出，压缩自燃带宽度，使窒息带前移，自燃现象便会消失。调节风门均压是在回风巷安设调节风门，减少风量，降低工作面空间的通风阻力，使工作面两端的压差减到最小，形成均压，从而预防煤的自燃，如图 7—3 所示。

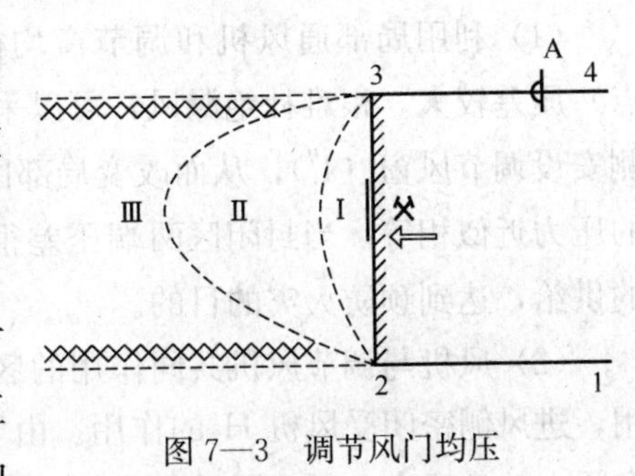

图 7—3 调节风门均压

(2) 并联风路均压

双并联形成的漏风系统采用前进式回采和折返式通风，如图 7—4 所示。在采空区内靠近工作面的空间存在着不燃带与自燃带，同样在开切眼附近也存在不燃带和自燃带。切眼煤壁片帮，浮煤堆积严重，极易形成自燃源。在这种条件下，调整 1－4 巷道中风门 A_1、A_2的开启程度，形成一条与工作面风路相并联的支路，改变从进风巷经工作面到回风巷和开切眼（1′－4′）之间的压差，从而减少双并联漏风巷道的漏风量，压缩了自燃带的宽度，控制了煤的自燃。

(3) 风门与风机联合均压

采空区漏风可能是来自下部（A 点）或上部（B 点），如地面漏风、本层或邻层采空区漏风、后部联络眼或石门漏风。这类漏风最后经工作面上隅角排出。消除这类漏风的做法是在工作面进风巷安装风机，回风巷安设调节风门，提高工作面局部区段（2—3）的绝对压力，并使之等于或稍高于后部漏风的绝对压力，从而阻止向采空区漏风，如图 7—5 所示。

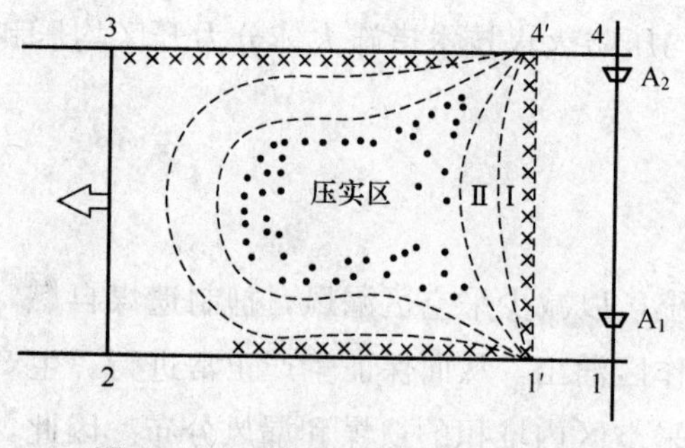

图 7—4　双并联风路（1—4）均压

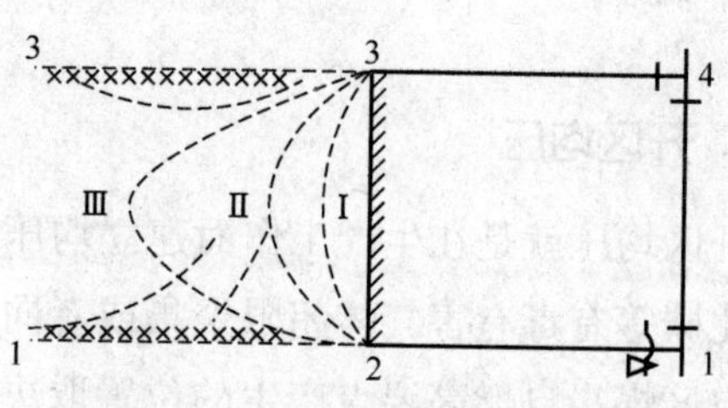

图 7—5　风门与风机联合均压

2. 闭区均压

闭区均压就是在有可能发生煤炭自燃而已经密闭的区域，采取均压措施以防止煤炭自燃的发生。在已封闭的火区采取均压措施可以加速火源的熄灭。

（1）利用局部通风机和调节窗均衡压力，如图 7—6 所示。封闭的已采区两端（3、4 点）压差较大，很难杜绝漏风，可以采取在密闭 4 点的上风侧安设局部通风机（4′），下风侧安设调节风窗（4″），从而改变局部区段（4′- 4 - 4″）的风压，使其与封闭区入风侧 3 点的压力近似相等。当封闭区两端压差很小时，漏入封闭区的风量自然减少，从而断绝空气的供给，达到预防火灾的目的。

（2）风机与调节风机共同作用的区段，如图 7—7 所示，出风侧的密闭受风机 H_1 的作用，进风侧密闭受风机 H_2 的作用。由于风机 H_1 在出风侧密闭上的负压比 H_2 作用于进风侧密闭上的负压大，因此漏风相当严重，漏风方向由下而上，已采区内有自然发火危险。为了消除这种现象，可以采取适当降低风机 H_1 的风压和提高风机 H_2 的风压的措施（必须在保证左翼采区供风量的条件下进行）。另外，也可在风路 2—3 段内设调节风窗 3′，以提高封闭区进风侧密闭上的负压，从而使其两端风压趋于平衡。为了不使右翼采区供风量减少，与此同时还应提高主要通风机 H_2 的风压。

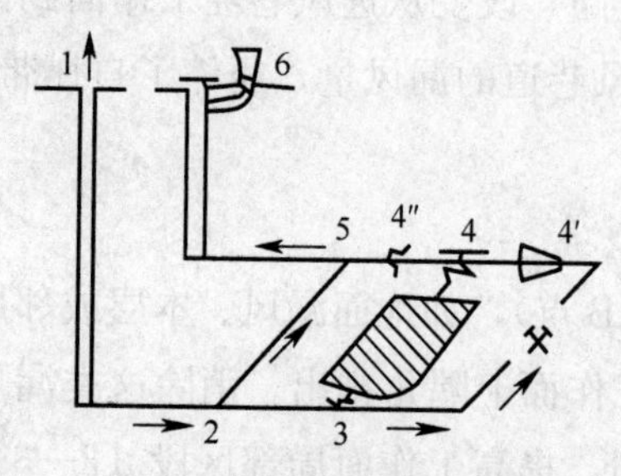

图 7—6　风机与风窗结合的均压防火法

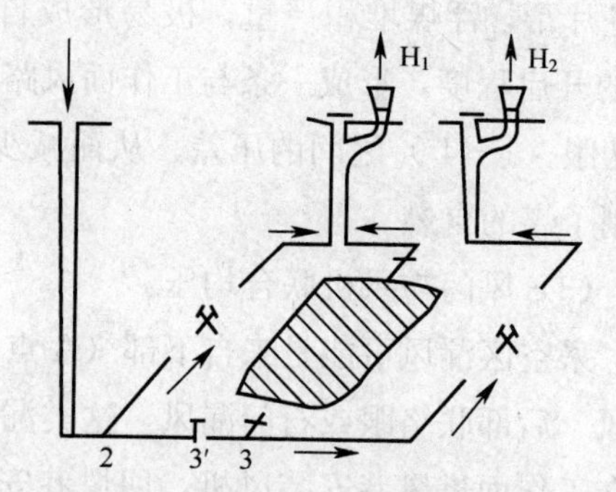

图 7—7　处于两台主要通风机共同作用区的均压防火法

为了避免调压盲目进行，必须对全矿井与采区的通风系统及漏风风路有清楚的了解，并且经常进行必要的空气成分和通风阻力的测定，否则调压不当时会造成假象，使火灾气体向其他不易发现的地点流动，甚至促进氧化过程的发展，加速火灾的形成。

五、惰性气体防灭火措施

惰性气体是指不可燃气体或窒息性气体，主要包括氮气、二氧化碳、燃料燃烧生成的烟气（简称燃气）等。惰性气体防灭火原理就是将惰性气体注入已封闭的或有自燃危险的区域，降低其氧的浓度，从而使火区因氧含量不足而使火源熄灭，或者使采空区中因氧含量不足而使遗煤不能氧化自燃。

1. 注氮防灭火

（1）注氮防灭火机理

1）采空区内注入大量高浓度的氮气后，氧气浓度相对减小，氮气部分地替代氧气而进入到煤体裂隙表面，这样使得煤表面对氧气的吸附量降低，在很大程度上抑制或减缓了遗煤的氧化放热速度。

2）采空区注入氮气后，提高了气体静压，降低了漏入采空区的风量，减少了空气与煤炭直接接触的机会。

3）氮气在流经煤体时，吸收了煤氧化产生的热量，可以减缓煤升温的速度和降低周围介质的温度，使煤的氧化因聚热条件的破坏而延缓或终止。

4）采空区内的可燃、可爆性气体与氮气混合后，随着惰性气体浓度的增加，爆炸范围逐渐缩小（即下限升高、上限下降）。当惰性气体与可燃性气体的混合物比例达到一定值时，混合物的爆炸上限与下限重合，此时混合物失去爆炸能力。这是注氮防止可燃、可爆性气体燃烧与爆炸作用的另一个方面。

5）注氮防火，可以实现“边采、边注、边防火”；注氮灭火，扑灭火灾迅速，抢险救灾工作较安全可靠。

6）与注浆（砂）或注水相比，注氮不污染防治区，无腐蚀或不损坏综采、设备；火区启封，恢复工作安全、迅速、经济。

（2）注氮防灭火指标

1）采空区惰化氧浓度指标不大于煤自燃临界氧浓度，一般氧含量应小于7%～10%。

2）惰化灭火氧浓度指标不大于3%。

3）惰化抑制瓦斯爆炸氧浓度指标小于12%。

（3）制氮方法

用于煤矿氮气的制备方法有深冷空气、变压吸附和膜分离3种。这3种方法的原理都是将大气中的氧和氮进行分离以提取氮气。

深冷空气制取的氮气纯度最高，通常可达99.95%以上，但制氮效率较低，能耗大，设备投资大，需要庞大的厂房，且运行成本较高。

变压吸附的主要缺点是碳分子筛在气流的冲击下，极易粉化和饱和，同时分离系数低，能耗大，使用周期短，运转及维护费用高。

膜分离制氮的主要特点是整机防爆，体积小，可制成井下移动式，相对所需的管理较少，维护方便，运转费用较低，但氮气纯度仅能达97%左右，且产氮量有限。

(4) 注氮防灭火工艺

注氮方式从空间上分为开放式注氮和封闭式注氮。

1) 开放式注氮。当自然发火危险主要来自采煤工作面的后部采空区时，应该采取向本工作面后部采空区注入氮气的防火方法，具体方式有两种：

①埋管注氮。在工作面的进风侧采空区埋设一条注氮管路，当埋入一定长度后开始注氮，同时再埋入第二条注氮管路（注氮管口的移动步距通过考察确定）。当第二条注氮管口埋入采空区氧化带与冷却带的交界部位时向采空区注氮，同时停止第一条管路的注氮，并重新埋设注氮管路。如此循环，直至工作面采完为止。

②托管注氮。在工作面的进风侧采空区埋设一定长度（其值由考察确定）的注氮管，它的移动主要利用工作面的液压支架，或工作面运输机头、机尾，或工作面进风巷的回柱绞车作牵引。注氮管路随着工作面的推进而移动，使其始终埋入采空区氧化带内。

2) 封闭式注氮

①旁路注氮。旁路式注氮就是在工作面与已封闭采空区相邻的平巷中打钻，然后向已封闭的采空区插管注氮，使之在靠近采煤工作面的采空区侧形成一条与工作面推进方向平行的惰化带，以保证工作面安全回采的注氮方式。

②钻孔注氮。在地面或施注地点附近巷道向井下火区或火灾隐患区域打钻孔，通过钻孔将氮气注入火区。

③ 插管注氮。工作面起采线、停采线，或巷道高冒顶火灾，可采用向火源点直接插管进行注氮。

④墙内注氮。利用防火墙上预留的注氮管向火区或火灾隐患的区域实施注氮。

(5) 氮气防灭火存在的主要问题

1) 氮气不易在防治区滞留，不像注沙、注浆那样“长期”覆盖，包裹或存积在可燃物或已燃物的表面上，其隔氧性较差。

2) 注氮能迅速扑灭火灾，但火区完全灭火时间相当长。因此，注氮灭火的同时，应辅以其他直接措施处理残火，以防复燃。

3）注氮防火，氮气向采面或临近采空区泄漏；注氮灭火，氮气通过密闭等通道泄漏。因此，注氮防灭火的同时，应采取堵漏措施，使氮气泄漏量控制在最低限度。

4）氮气本身虽无毒，但具有窒息性，对人体有害。据试验，井下作业场所氧含量下限值为19%，所以氮气泄漏的工作地点氧含量不得低于其下限值。

2. 燃气灭火

燃气是燃料油与一定比例的空气混合在惰性气体发生装置内经充分燃烧后产生的含二氧化碳、氮气和水蒸气的惰性混合气体，利用此混合气体作为防灭火的惰性气体。由于烟气中基本上是惰性气体或不可燃气体，因此，将其压入火区后，可起到惰化火区、窒息火源的作用，压入正在密闭的火区可起到阻爆作用。

应用燃气灭火的缺点如下：

（1）气体中含有少量CO和H_2，会导致不能正确分析火源状况。

（2）成本较高。

（3）对操作和维修该装置的人员的技术水平要求较高。

（4）需要大量的冷却水。

3. 二氧化碳灭火

CO_2相对空气的密度为1.53。所以，以CO_2注入较低位置的火区效果较好，特别是在以下三种情况下，CO_2比N_2有更好的灭火效果：

第一，该火区已封闭，或火区是采空区。

第二，风流由着火带上行至注入CO_2位置。

第三，低标高的着火带为巷道冒顶所掩盖。

由于CO_2密度大，而N_2与空气密度相近，因此CO_2不易与空气混合，容易形成高浓度的惰性气体流向低标高巷道底部的着火带。显然，应用CO_2灭火的缺点如下：

（1）CO_2产生量不大，成本高。

（2）对于高位或平巷巷顶的着火带，应用CO_2的效果不好。

（3）CO_2与空气不易混合的特性在一些情况下成为缺点。

（4）在着火带，CO_2可能生成CO，导致新的隐患。

（5）CO_2具有活性，特别是易溶于酸性水，潮湿、有积水的巷道会减弱CO_2的防灭火效果。

（6）CO_2比CH_4更易被煤和燃烧生成的焦炭吸附，使注入CO_2在进入着火带前就已减少。

六、泡沫防火措施

应用泡沫充填剂是矿井充填堵漏风防灭火的主要技术手段之一。泡沫是不溶性气体分散在液体或熔融固体中所形成的分散物系。泡沫可以由溶体膜与气体构成，也可以由液体膜、固体粉末和气体构成，前者称为二相泡沫，后者称为三相泡沫或多相泡沫。

二相泡沫添加固体粉末形成三相泡沫后其稳定性增加。从目前泡沫防灭火技术发展趋势看，煤矿井下巷道顶板冒落空洞及沿空侧空洞充填正在朝着轻质固化泡沫方向发展。

无机固体三相泡沫由气源、泡沫液、无机固体粉末组成，其形成过程极为复杂。气源可以是空气，也可以是惰性气体。泡沫液由水添加起泡剂、稳定剂、悬浮剂等组成。无机固体干粉包括固体废弃物（粉煤灰、矸石粉等）、起固结作用的水泥及添加剂等惰性粉料。其中泡沫液和气源提供的气体共同产生两相泡沫作为固体粉末载体，由无机固体粉末固结提供骨架支承而形成具有一定强度的固态泡沫体，从而使三相泡沫不收缩，不破坏，以达到防灭火的目的。

1. 无机固体三相泡沫的特点

（1）堵漏风效果好，防灭火效果明显，适用于煤矿井下各种堵漏风的防灭火。

（2）防火泡沫流动性好，堵漏风充填可靠，灭火泡沫胶凝早，强度增长速度快，强度高，适宜巷道空洞直接堆积垛起，可快速熄灭高顶火灾。

（3）成本降低50%以上。

（4）材料易取，尤其是利用粉煤灰可改善电厂环境，降低除灰成本。

（5）安全性、环保性好。氨类凝胶等物质有毒有味，固体有机高分子泡沫有毒、易燃、安全性差，而无机固体三相泡沫无毒、无味、无污染、不燃烧，是绿色防灭火材料。

2. 无机固体三相泡沫物理性能调控

井下不同地点对无机固体三相泡沫的物理性能的要求不同。无机固体三相泡沫的流动性、初凝时间、胶凝速度、强度等可通过配料进行控制。

用于防火堵漏风时，所使用的泡沫要求流动性好，且强度不宜太高，一般控制在初凝时间5～7 min，强度可达10 kPa以上，堵漏风率在85%以上。用于灭火时，要求泡沫具有胶凝速度快、强度增长速度快、强度高等特点，可在巷道或空洞直接垛起。

无机固体三相泡沫在用于对材料强度要求不高的防灭火充填封堵作业时，可适当增加固体废弃物用量以降低成本，适当提高流动性，使之能被压入所有漏风通道，堵住漏风。而用于对材料强度要求较高的高顶冒落空洞防灭火充填作业时，应减少固体废弃物的添加量，提高凝固速度以缩短无机固体三相泡沫的凝胶时间，提高初期强度增长速度，以利于无机固体三相泡沫的堆积，从而达到密闭支护空洞，窒息着火点。

含惰性气体的无机固体三相泡沫不仅有普通无机固体三相泡沫的作用，而且在无机固体三相泡沫遇意外情况破灭（如灭火初期遇高温破灭，充填后遇突然来压破灭等）时，能释放出惰性气体，稀释该地点瓦斯、氧气等的浓度，促进着火点窒息，防止瓦斯爆炸。

3. 无机固体三相泡沫的充填工艺

（1）高冒顶充填作业工艺

如图 7—8 所示，沿空洞中心位置依次向巷道纵向两个方向打钻下套管，根据泡沫流动性确定最小管径，根据泡沫堆积性确定最大管距，管顶距空洞顶留有 0.2～0.5 m 距离，管底伸出巷顶 0.1～0.2 m，且具有与胶管快速插接的结构。对于巷顶空洞扩展到巷侧壁上方一定深度的情况，此钢管可沿巷顶向空洞深度倾斜，其管顶倾斜距离以不超过管距为宜。

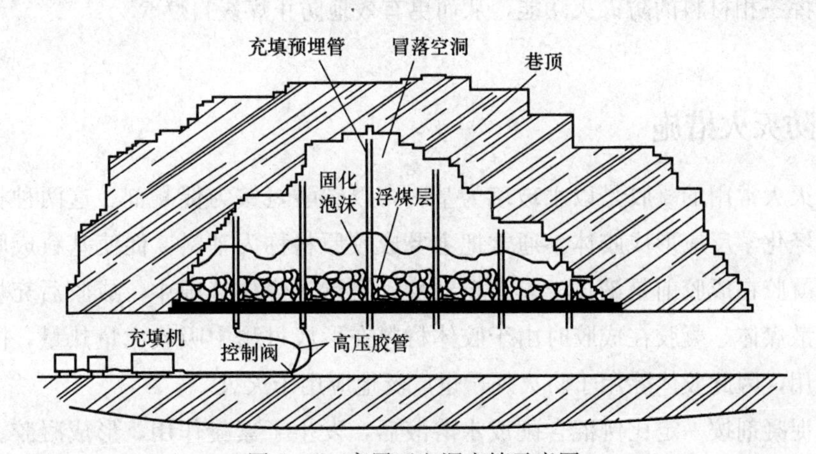

图 7—8　高冒区空洞充填示意图

充填时沿中心位置的预埋管依次向四周充填，每个位置每次充填一定时间，如此循环可使泡沫有效初凝和增长强度，有利于泡沫的稳定。因此要求充填机泡沫输送胶管具有一定长度（100 m 以上），且在充填端设有分支及控制阀门，以实现充填点移动过程中的连续作业。如此循环作业直至下一个钢管排出泡沫时，说明此位置已被充填至空洞顶。

（2）沿空侧空洞充填作业工艺

如图 7—9 所示，由于无机固体三相泡沫有良好的堆积性能，可手持胶管向空洞内直接充填，无需其他准备工作。充填时应沿巷道纵向移动充填，移动速度视堆积情况而定，且同时应向空洞深度往返移动。当泡沫沿巷壁位置堆积到一定高度时，只需做些简单的遮挡即可实现泡沫的堆积，工艺十分简单。

三相泡沫防灭火技术充分利用粉煤灰（黄泥）的覆盖性、氮气的窒息性和水的吸热降

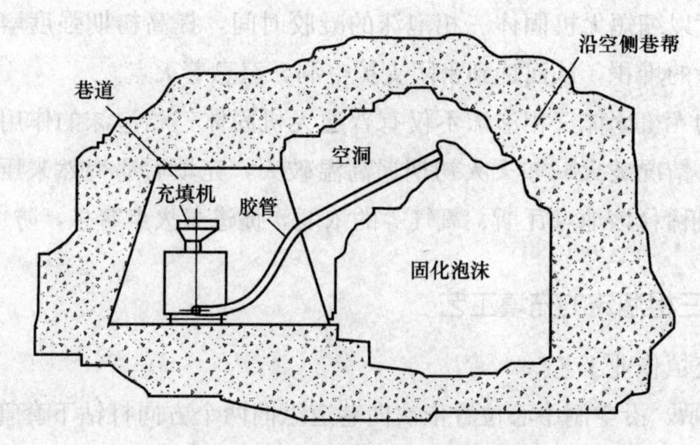

图 7—9　沿空侧空洞充填示意图

温特性来防治煤炭自燃与灭火，并将这三相材料作为一个有机的整体长时间地保留在采空区，充分发挥三相材料的防灭火功能，从而更有效地防止煤炭自燃。

七、胶体防灭火措施

矿井防灭火常用的凝胶是以水玻璃为基料，以碳酸氢铵为促凝剂。这两种材料的水溶液混合后，经化学反应形成胶体。通常把主要成胶原料称为基料，促使基料成胶的原料称为促凝剂。凝胶在成胶前是液体，具有流动性，可渗入煤体缝隙中，成胶后充填空洞、裂缝，包裹松散煤体。凝胶在成胶时由于胶体材料在形成过程中吸收大量热量，同时具有隔绝氧气的作用，因此胶体除用于防火外，也广泛地应用于灭火。

基料和促凝剂按一定比例混合配成水溶液后，发生了絮凝作用，形成凝胶。胶体内部充满水分子和一部分 NH_4OH、NaCl，硅胶起框架作用，把易流动的水分子都固定在硅胶内部。成胶过程是吸热过程，吸热量与胶体浓度及原材料有关。同时，有一小部分NH_4OH分解成氨气和水，氨气成气态逸出。煤对氨有很好的吸附性，出于煤对氨的吸附，可降低煤对氧的吸附量，从而降低煤与氧的接触概率，使煤的自燃倾向性减弱。因此，在正常温度下，用铵盐作促凝剂，风流中几乎闻不到氨味。成胶过程中的另一个副产物是 NaCl，而NaCl 本身也具有阻化性。

1. 胶体防灭火材料

能成为胶体的材料众多，但并非每种材料都适用于煤层自然发火的防治。根据煤矿火灾特点，矿井灭火用胶体材料必须具有以下特点：

（1）无毒无害，对井下设备无腐蚀，对环境无污染。

（2）渗透性好，能进入松散煤体内部。

(3) 具有良好的耐高温性，在高温下不会迅速气化，且吸热降温性能好。

(4) 有一定的堵漏性和阻化性，阻止煤再次氧化而复燃。

(5) 成本低廉，成胶工艺简单，便于现场应用。

根据上述要求，在众多胶体材料中选择适合煤层防灭火的胶体材料。目前，一般使用的胶体为无机凝胶、高分子胶体和复合胶体。

2. 凝胶防灭火工艺

根据矿井具体条件和不同用途可采用不同的工艺。凝胶是由基料A、促凝剂B与水W按一定比例混合均匀而成的。采用的工艺有如下4种：

(1) 单液箱式

该工艺先把B与W混合均匀，再加入A，混合均匀，然后用大流量泵在混合液成胶前运至使用地点成胶。该工艺适用于成胶时间较长、用量不大的地点，可采用静压或泥浆泵输送凝胶溶液。对火区密闭巷道的充填，可用该工艺。但该工艺不能连续运行。

(2) 双箱单泵系统（见图7—10）

先分别把A和W在A箱中按比例混合好，B与W在B箱中按比例混合好。使用时打开A箱和B箱阀门，用一台泵依液面高度、相等流量、相同的自吸原理，把A、B液吸入泵内输送到用胶地点，用完一箱后，打开清水管阀门，关上A、B箱阀门，用清水冲洗泵和管路，然后再拴好两箱。这个工艺因不能连续运行，后又改为四箱单泵系统。

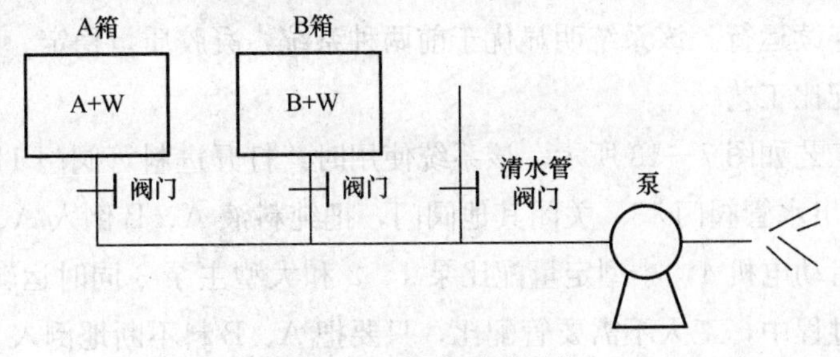

图7—10　双箱单泵系统

改进后的四箱单泵系统可以连续运行，如图7—11所示，但现场实际应用时操作比较复杂。当A_1箱和B_1箱阀门打开注胶时，A_2箱和B_2箱阀门关闭，用水管装水并按比例投放A、B料进行混合。当A_1、B_1箱用完后，关闭A_1、B_1箱，同时打开A_2、B_2箱阀门，并且正在应用的A_2、B_2箱液面高度必须相等，否则两边流量不同，造成A、B液比例失调而影响凝胶质量。

(3) 双箱双泵系统

前面两种工艺中A、B料都是在入泵前混合，凝胶易于堵泵和堵进料吸管，故改进成

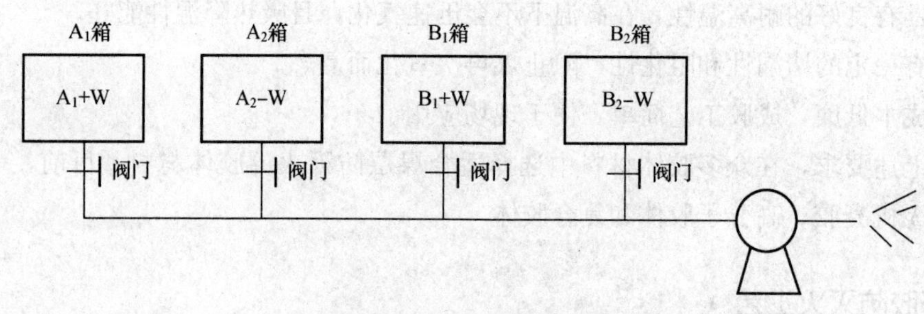

图 7—11　四箱单泵系统

双箱双泵系统。为了能连续运行，又将双箱改为四箱双泵系统，如图 7—12 所示。

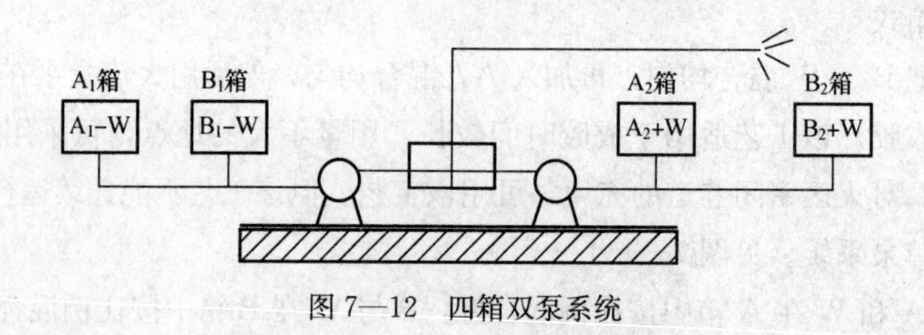

图 7—12　四箱双泵系统

当 A 和 W 按一定比例在 A_1箱、B 和 W 按比例在 B_1箱混合好后，打开阀门，启动两台同型号泵，A 液和 B 液在混合器中混合均匀后输送到用胶系统，A_1、B_1箱用完料后，打开 A_2、B_2箱阀门，关闭 A_1、B_1箱阀门，在 A_1、B_1箱中添水与加料，继续混合均匀待用，以此循环往复实现连续运行。该系统明显优于前两种系统，凝胶质量稳定。

（4）半自动配比工艺

半自动配比工艺如图 7—13 所示。该系统使用时，打开进料管阀门 11、出料管阀门 8、进水管阀门 12 和出水管阀门 13，关闭其他阀门，把纯料液 A、B 倒入 A、B 料箱，把水管打开放入水箱，启动电机 4，小型定量配比泵 1、2 和大型主泵 3 同时运转，把胶体输入到需用地点。使用过程中，工人不需要管配比，只要把 A、B 料不断地倒入 A、B 料箱，将水不断地注入水箱即可。当注胶结束时，关闭进料管阀门 11，打开冲洗管阀门 9 即可冲洗配比泵和管路。

3. 凝胶配方存在的问题

凝胶防灭火技术已在我国煤矿得到了广泛应用，但在实践中也暴露出很多问题：

（1）凝胶成胶过程中释放出氨气，污染井下空气，危害工人健康。

（2）胶的强度较低，而且呈刚性，一旦被破坏就不能重复，因此在压注完成后，遇矿压会压裂，影响堵漏风的效果。

（3）凝胶成本较高，不适合用于大面积充填防灭火。

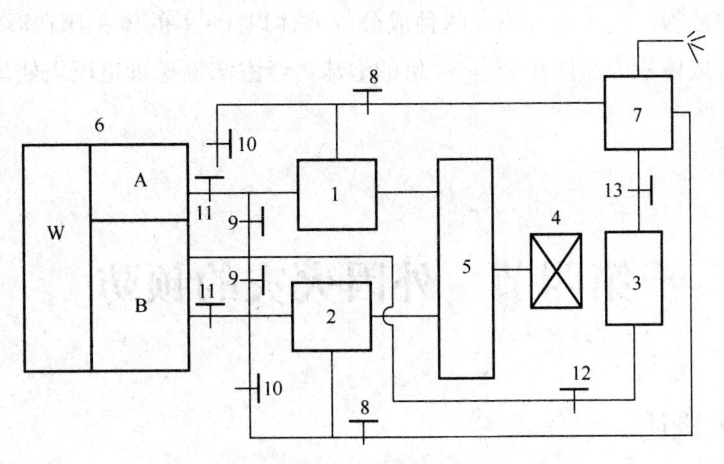

图 7—13　半自动配比工艺

1、2—小型定量配比泵　3—大型主泵　4—电动机　5—变速箱　6—三隔挡料箱
7—混合器　8—出料管阀门　9—冲洗管阀门　10—回料管阀门
11—进料管阀门　12—进水管阀门　13—出水管阀门

八、其他防火措施

1. 罗克休泡沫防灭火

罗克休泡沫是由混合树脂和催化剂两种材料以 4∶1 的体积比混合而成的高分子泡沫材料。它是目前矿井用于封堵煤岩裂隙、建造密闭墙和防火墙、直接灭火、密闭空气和瓦斯、充填空隙和孔洞、破碎顶板及地层的新型材料，具有膨胀倍数大、抗静电、硬化速度快、可承压、耐火等级高、烧灼后不变形、无火焰延燃、压注工艺简单等特点。

压注工艺如下：用一台专用泵吸取混合树脂与催化剂，并以 4∶1 的体积比送入混合枪混合，在枪内由压缩空气自动激活，发生快速反应，生成10 倍左右的泡沫枪射出，直接注入需处理区域，体积继续膨胀到原体积的 25～30 倍，几分钟内硬化，可承受 245 kPa 的压力。

2. 艾格劳尼泡沫防灭火

艾格劳尼泡沫是由树脂和发泡剂两种成分以 1∶1 的体积比混合反应形成的泡沫。该泡沫具有罗克休泡沫的特点和使用范围。因此，目前也用于矿井充填裂隙、空洞以及建造密闭墙和防灭火上。

压注工艺如下：用一台艾格劳尼泵和一支混合枪，可进行艾格劳尼泡沫的压注和充填工作。艾格劳尼泵用压气作动力，压气机带动活塞往复运动，将树脂和发泡剂经吸液管吸入缸体，排入输液管，送入混合枪，两种成分的液体以 1∶1 的体积比在混合枪内混合后，发生快速反应生成体积为原体积 25～30 倍的泡沫，经泡沫输送管道压入处理区，几分钟后即可硬化。

第四节　外因火灾的预防

一、外因火灾概述

外因火灾是指由外部火源，如明火、爆破、机械摩擦、撞击、电气设备产生的电弧火花，瓦斯或煤尘爆炸等引起的火灾。这类火灾一般发生得比较突然，发展速度也快，如处理不当，还可能引爆瓦斯、煤尘，造成人员伤亡和财产损失。随着矿井机械化和电气化程度的不断提高，外因火灾事故的危险性和后果也越来越严重。

煤矿井下的外因火灾，主要包括以下几种：

1. 明火火灾

井下由于吸烟、焊接、灯泡等热源引燃可燃物而导致的火灾。其主要原因是职工的安全意识薄弱，违反煤矿规定违章作业；另一方面是矿井安全管理存在漏洞。

2. 电气火灾

主要是由于机电设备管理不善等原因引起的火灾。电火花、电弧及高温的导电部分会引起可燃物的燃烧，如电路系统短路、机电设备过负荷运转、井下电网接地故障、线路中部分元件接触不良、漏电、电气设备散热不良等。

3. 爆破起火

由于不按爆破规定和说明爆破，如裸露爆破以及用动力电源爆破、不装水泡泥、倒掉药卷中的硝烟粉、使用了变质的炸药、炮眼深度不够、最小抵抗线不合规定等都可能出现炮火，或者炸药保管不善导致爆炸、燃烧，引燃可燃物而发生火灾。

4. 瓦斯、煤尘爆炸引起的火灾

瓦斯、煤尘爆炸产生的火焰锋面传播速度变化范围广，从每秒数米到最大的爆轰传播速度，火焰锋面通过时，能够烧坏电气设备和电缆并引燃井巷的可燃物，造成二次伤害——火灾。

5. 机械摩擦引起的火灾

机械摩擦产生的高温引燃可燃物造成火灾，其中尤以带式输送机摩擦起火引起的火灾最为严重。

煤矿井下外因火灾中以电气火灾和带式输送机火灾的危害最为严重。随着煤矿装备水平的提高，井下电气设备越来越多，机械化运输设备也越来越多，这两种火灾也呈逐年增多的趋势。

二、电气火灾预防

1. 电气火灾产生的原因

在使用电能时，引起火灾的最初原因可能是电弧、火花，以及炽热与发热的高温导电部分致使电气设备中的绝缘材料燃烧，接着火焰传到巷道的支架、煤尘、瓦斯及矿内其他可燃性材料上，从而发生矿井电气火灾。引起矿井电气火灾的原因是多种多样的，如过载、短路、接触不良、电弧火花、漏电等。

（1）短路

导线短路时，因有大量电流流过而使导体在短时间内产生大量的热，可能引起导体外部的绝缘部分燃烧，进而引燃周围的木支架、煤尘等可燃物，造成火灾。在有瓦斯及矿尘危险的矿井条件下，炽热的导体与含有瓦斯或煤尘与空气的爆炸混合物相接触，达到爆炸条件，就可能引起爆炸。

（2）过载

当线路中接入的用电器过多而造成过载时，导体的发热通常进行较慢，但是经过长时间积累，设备将达到使自己失去绝缘性能的危险温度，最后就常常引起电气设备中线路的短接而发火。

（3）接地故障

中间接地的漏电，特别是矿内电缆线路两相短接时漏电也会产生火花引起燃烧。

（4）接触不良

线路中个别部分接触电阻的增加，主要是接触不良的结果。实践证明，井下电缆与电缆或者电缆与设备的连接部分（接头）做得不好，往往是矿井巷道内因电流而产生火灾最常见的原因。

（5）漏电

漏电是引起电气火灾的主要原因之一，而且更普遍更隐蔽。使用电器的介电强度不够或电线绝缘材料性能不好等，都容易发生漏电。另外，由于绝缘材料的性能下降是不能逆转的，因此漏电电流会逐渐加大，容易打火引燃周围的可燃物而造成电气火灾。

（6）静电

在井下，静电可能是由于砂砾或其他含在压缩空气中的混合物与橡胶管、金属管壁相摩擦，输送带与轮子摩擦，输送带在带式输送机卷筒上摩擦等原因产生的。静电的电压能达到极高的值（约数万甚至数十万伏），极易引起瓦斯爆炸与火灾。

（7）电气照明设备

在井下，如果不很好地处理照明灯罩上覆盖的煤尘，有时也可能引起火灾。细小的煤尘由于堆积在电灯的灯脖上或玻璃罩上，阻碍灯泡内部热量的扩散，当温度升高到一定程度时就有可能致使煤尘发火。

2. 电气火灾的特点

（1）隐蔽性强

由于漏电与短路通常都发生在电气设备内部及电线的交叉部位，因此电气起火的最初部位是看不到的，只有当火灾已经形成并发展成大火后才能看到，但此时火势已大，再扑救已经很困难。

（2）随机性大

矿井中电气设备布置分散，发火的位置很难进行预测，并且起火的时间和概率都很难定量化。正是这种突发性和意外性给矿井电气火灾的管理和预防都带来一定难度，并且事故一旦发生就容易酿成恶性事故。

（3）燃烧速度快

电缆着火时，由于短路或过流时的电线温度特别高，导致火焰沿着电线燃烧的速度非常快，另外再借助巷道风流及其他助燃物质，使燃烧速度大大加快。

（4）扑救困难

电线或电气设备着火时一般是在其内部，看不到起火点，且不能用水来扑救，所以带电的电线着火时不易扑救。此外，矿井井巷众多，电气线路错综复杂，给火灾扑救也带来一定难度。

（5）损失程度大

电气火灾的发生，通常不仅会单纯导致电气设备的损坏，而且还将殃及井下众多生产设备。另外，电气火灾也会引发其他一系列的矿井事故，损失更为重大。

3. 电气火灾的危害

矿井电气火灾事故一旦发生，就可能会在井下引起“连锁”反应，火焰借助电缆线、电气设备、矿井风流、瓦斯、煤尘等引发其他事故，不仅造成财产损失，还会造成人员伤亡。其危害主要表现如下：

(1) 造成矿井电气设备、生产材料的损失和破坏。

(2) 火灾可能会烧毁生产设备或破坏现场工作条件，给矿井生产带来严重影响。

(3) 引发其他事故。火灾往往会改变通风机原来的工作状态，导致井下通风系统紊乱，火烟弥漫井巷，烧毁巷道和井筒，有时甚至可能引起瓦斯或煤尘爆炸等事故，造成更大的损失。

(4) 造成矿井内部环境污染。矿井电缆、电线及电气设备的绝缘材料大多为易燃物，燃烧时会释放出各种有毒有害气体，造成整个矿井内部或者局部的空气污染。

(5) 造成人身伤害。火灾时有毒气体会在风流的作用下，波及较大的范围，使灾区和波及区的工作人员受有毒气体侵袭而中毒，窒息或死亡。

4. 电气火灾的预防

对于矿井电气火灾必须坚持“预防为主”的原则，做好矿井电气火灾预防工作的基本对策有以下几个方面：

(1) 严格执行《煤矿安全规程》中的电气设计及防火的要求

1) 井下电气设备的选用和安装要严格按照规程进行。在特定的工作场所，如井下存在瓦斯、煤尘等的易燃易爆场所，必须按照专业的安全规程选用特制的电气设备，如隔爆型电气设备，以保证使用的安全性。为了防止电缆起火，必须选择矿用阻燃电缆，电缆线路的连接和敷设要严格按照规范进行，不准许盘卷成堆或压埋送电，在使用过程中应防止线路的过负荷，以避免出现短路失火等现象。

2) 加强对井下电气设备的管理，做好日常的检查和维护工作。井下的各种电气设备，要严禁超负荷运转，确保电气设备的正常使用。同时也要防止因设备内部的故障等原因导致设备起火。要定期检查电缆线的绝缘程度及设备的运行完好状况，并做好相应记录。此外，应经常对矿井职工进行安全用电教育，防止人为造成电气设备及线路的机械损伤引起漏电短路而发生火灾。

3) 矿井电气设备要有过流、过压、漏电和接地保护措施。井下高压电动机、动力变压器的高压控制设备，应具有短路、过载、接地和欠压释放保护。在井下由采区变电所、移动变电站和配电点引出的馈电线上，应装设短路、过载和漏电保护装置。低压电动机的控制设备，应具备短路、过负荷、单相断线、漏电闭锁保护装置及远程控制装置。井下配电网路均应装设过流、短路保护装置。电压在36V以上和由于绝缘损坏可能带有危险电压的电气设备的金属外壳、构架，铠装电缆的钢带（或钢丝）、铅皮或屏蔽护套等必须有保护接地。

（2）加强矿井电气管理，提高防火意识

1）建立健全井下各项规章制度。井下电气工作人员要各司其职，做到每台电气设备都有专人负责。建立各种电气设备的操作规程，建立矿井电气设备的检修和维护制度，建立矿井电气事故的调查和处理制度、矿井职工持证上岗制度等，用制度来规范预防电气火灾的具体要求。

2）做好矿工的安全教育，提高防火意识。对广大矿井职工进行安全用电教育，是落实“安全第一，预防为主”的一条重要措施，也是避免电气火灾事故的可靠保证。对新工人，必须进行三级安全教育，要掌握安全用电的知识、电气火灾的处理方法、电气设备的操作规程等，使其在思想上对电气火灾事故高度重视。

3）进行专项整治工作，消除电气火灾事故隐患。矿井企业内部应经常组织井下消防的专项整治工作，检查消防措施和设备是否齐全，安全职责是否落实到位，是否存在其他事故隐患等，如发现问题，应及时整改，切实降低电气火灾的发生概率。

4）建立矿井电气火灾应急预案，并进行必要的事故模拟演练。各矿井应当建立电气火灾的应急预案，并进行电气设备预防试验性事故演习，以及模拟电气事故处理演习，确保在一旦发生火灾的情况下，具有相应的扑救、避难、救援等具体防范措施。

（3）应用新技术和新设备，提高防灭火能力

1）应用火灾自动报警装置。目前应用在电气防火方面的产品主要有防漏电报警系统、防过载报警系统、电缆温度报警系统等类型，其特点是能准确地探测到电缆线路的异常状态，通过处理将信息提供给维护人员，这样可以将电气火灾消灭在萌芽状态。

2）研究开发矿用火灾报警仪器。积极开展对矿井电气火灾发生、发展机理和规律的研究，不断研究开发矿用火灾报警设备、灭火设备和逃生设备，使矿井电气火灾在预防、监测和扑救三方面实现立体化的防治措施。

三、带式输送机火灾防治

随着煤矿高产高效化的迅速发展，带式输送机已广泛地应用于煤矿提升运输系统中。带式输送机火灾发生突然，发展迅猛，对下风侧人员造成威胁，甚至因风向逆转致使烟气流入进风区而扩大危险区域或诱发瓦斯爆炸等灾害，导致重大人员伤亡和设备损坏。

1. 带式输送机燃烧的原因

带式输送机是煤矿最理想的高效连续运输设备，与其他运输设备（如机车类）相比，具有输送距离长、运量大、连续输送等优点，而且运行可靠，易于实现自动化和集中化控制，尤其对高产高效矿井，带式输送机已成为煤炭开采机电一体化技术与装备的关键设备。

带式输送机的主要特点是机身可以很方便地伸缩，设有储带仓，机尾可随采煤工作面的推进伸长或缩短，结构紧凑，可不设基础，直接在巷道底板上铺设，机架轻巧，拆装十分方便。

带式输送机的火灾事故主要是由于打滑、托辊卡死及其他外部火源引起的。

（1）打滑

在正常运行情况下，输送带相对滚筒表面的滑差率一般小于3%。如果出现输送带打滑现象，就说明输送带与滚筒表面之间存在着很大的相对滑动，产生摩擦升温，如不能及时发现，一旦温度升至输送带点燃温度，就会导致火灾。打滑事故是产生足够热量的主要因素，打滑是由于输送带松，负载大或输送带卡阻造成的。输送带松是由于拉紧装置产生的拉紧力太小及输送带弹性伸长量太大，如输送带使用一段时间后，会发生塑性变形而伸长，由于没有采用自动张紧装置或者自动张紧装置失效，如不及时进行调整，将因张力减小而打滑。负载大一是由于重载启动；二是由于载重量太大，如因某种原因带式输送机紧急停车后，输送带上仍留有大量的煤，如果满载启动，就会很容易造成输送带打滑；三是输送带与主动滚筒、从动滚筒机托辊间摩擦力太小，如当输送带与驱动滚筒的接触面浸入煤尘，主动滚筒表面的防滑胶垫严重磨损，表面摩擦系数下降，或主动滚筒表面潮湿都可降低滚筒与输送带之间的摩擦系数而导致输送带打滑。

（2）托辊卡死

由于井下环境条件较差，托辊轴承内部很容易进入粉尘，托辊寿命较短，轴承损坏卡死后，输送带将在托辊表面摩擦，使托辊积累大量的热量，托辊温度升高。根据井下现场来看，托辊摩擦引起输送带着火主要发生在停机之后。停机前，输送带以2～3 m/s的速度运行，输送带上的固定点与托辊表面接触的时间较短，输送带温升很小。因此，正常运行时输送带不易着火。实际运行中发现，主要是下托辊不转容易引起输送带着火，而上托辊不转不易引起火灾。原因是下托辊，特别是靠近机尾处的下托辊的托架较低，距离巷道底板较近，极易被输送带上洒落堆积的煤粉包围，致使托辊表面散热条件变差，这容易使托辊表面温度升高，且由于是平行托辊，与输送带的接触面积也较大，所以一旦停机，在卡死的并堆有煤粉的托辊处极易着火。另外，输送带下杂物（煤块、矸石）与输送带长时间发生滑动摩擦时，也会出现类似下托辊不转发生火灾的情况。

（3）其他外部火源

除了上述因带式输送机本身引起的火灾之外，引起带式输送机火灾的另一个原因是外部火源，如自燃或人为的明火、电气设备失爆、电线短路等。

2. 带式输送机燃烧的危害特点

带式输送机的输送带主要分为聚氯乙烯（PVC）、氯丁橡胶（NP）和苯乙烯-丁二烯橡胶（SBR，简称丁苯橡胶）3类。我国煤矿主要应用聚氯乙烯输送带（PVC）。

输送带含有大量高分子氯聚合物，在环境温度接近180℃时就会发生热解反应，产生HCl气体。在燃烧初期，HCl释放率最高，其释放率取决于PVC输送带的含氯量、燃烧速率、可燃物数量、与火源的距离等参数。PVC热解时，还因加入的增塑剂（酞酯）而产生大量的CO、酞酐和不饱和碳氢化合物。在燃烧初期，CO生成量较少，但几分钟后，当温度超过400℃时，将产生大量CO。资料表明：在实验室条件下，燃烧60s时，硬PVC输送带产生的CO浓度可达0.019 3%，而软PVC输送带产生的CO浓度可达0.036 7%。氯丁橡胶（NP）输送带在180℃就可缓慢分解，与PVC输送带相似，在火灾初期主要生成HCl，在250℃时，HCl是生成氯化物的主要成分，温度继续升高时，热分解会产生大量的CO。资料表明：在燃烧60 s时，产生的CO浓度可达0.029%。苯乙烯—丁二烯橡胶（SBR）输送带含有可燃性树脂、氯化物添加剂、增塑剂、有机硫活化剂，在火灾初期燃烧的主要生成物为HCl，但其含量少于NP和PVC输送带，在更高的温度下，产生的主要有毒产物为CO。而这些胶带输送机燃烧生成的无论是HCl还是CO，都是有毒有害气体，都会对人体的健康带来很大的危害。

3. 带式输送机火灾的预防

从带式输送机着火原因的分析结果来看，带式输送机着火的主要原因是输送带相对滚筒表面打滑和托辊与输送带间的滑动摩擦。可以从以下几个方面预防带式输送机火灾。

（1）必须使用阻燃输送带

严格对输送带阻燃性能的测试，杜绝不合格阻燃输送带的使用；带式输送机托辊包胶滚筒的胶料必须是阻燃材料；液力偶合器严禁使用可燃性传动介质。滚筒表面、回程段带面设置相应的清扫装置。倾斜段输送带尾部滚筒前设置挡料刮板，防止输送带与驱动滚筒的接触面侵入煤尘。

（2）完善带式输送机的综合保护装置

我国煤矿生产规定“采用滚筒驱动带式输送机时，必须装设驱动滚筒防滑保护、堆煤保护和防跑偏装置；应装设温度保护、烟雾保护和自动洒水装置。”上述6种保护装置的目的都是防止输送带发生着火事故。防滑保护、堆煤保护和防跑偏装置是防止输送带和驱动滚筒产生相对摩擦的最有效的保护装置，而温度保护、烟雾保护和自动洒水装置则是在输送带与驱动滚筒产生摩擦后使输送带温度上升或燃烧后采取措施的保护装置。现场实际情况表明，虽然部分带式输送机安装了带式输送机综合保护装置，但由于有关要求对各种保护装置的安装位置没有进行明确规定，这样造成在实际安装中，各种保护装置的位置安装不正确、数量相对不足。因此，完善带式输送机的保护装置主要是正确安装各种保护装置，将各种保护装置有针对性地安装在相应的位置。

1）速度传感器是检测输送带（不是电机）运行速度的传感器件。根据目前使用的保护系统类型，速度传感器有接触式和非接触式两种。接触式速度传感器安装在输送带的非承载段上，即带式输送机下托辊上的输送带上方，通过传感器的摩擦轮转动将输送带的运行速度变成脉冲信号传给保护装置；而非接触式速度传感器通常安装在从动滚筒（或改向滚筒）一侧的机架上，同样是将检测到的脉冲信号传输到控制装置，使控制装置能根据速度大小来确定运行状态。

2）堆煤保护是通过煤位探头将煤位深度反映给控制装置，达到设置高度时就使输送带停止运转。煤位传感器的煤位电极或煤位触头应在受煤仓（或带式输送机头上方）、煤漏斗处安装。

3）跑偏传感器应至少在带式输送机机头、机尾、中部各安设一对。

4）温度传感器主要用于当主滚筒与输送带发生摩擦产生温升时，传感器顺风向检测温度。由于其滚筒轴是转动的，因此可以采用非接触测量，达到预防滚筒造成着火事故发生的目的。温度传感器应安装在需要监测温度的部位附近，其探头紧贴或靠近该部位，一般应安装在主滚筒与输送带正前方（即发热点下风口）。

5）烟雾传感器应悬挂于输送带易摩擦升温部位的上方，并尽量靠近该部位，同时注意巷道内风向的影响，一般安装在滚筒上方的下风口 5～10 m 处。从现场实际情况来看，还应在输送机沿线每隔一定距离就安设烟雾保护装置，进一步预防输送带与托辊、杂物（煤块、矸石块等）发生滑动摩擦而使托辊、杂物（煤块、矸石块等）温度上升造成输送带着火事故的发生。

6）自动洒水装置应与温度保护装置和烟雾保护装置配套使用。根据带式输送机运行的环境、传感器的动作范围，在驱动滚筒附近和输送机沿线每隔一定距离就设一处自动洒水装置。

（3）强化带式输送机的管理

1）带式输送机巷道必须安设消防水管（每隔 50 m 设置支管和阀门）和配置充足的消防器材（包括灭火器、砂子、消防软管等），平时对这些器材必须认真维护，使其在发生火灾时能正常使用。

2）重视职工培训工作，使得职工能正确使用消防器材。火灾发生初期，火势较小时，如果现场人员不会使用灭火器，贻误了灭火时机，就会扩大事故损失。因此带式输送机司机必须经过安全技术培训，考试合格后持证上岗。

3）文明生产，使得带式输送机巷道内经常保持清洁，无淤泥、积水、杂物。

4）强化带式输送机的日常（尤其是交接班时期）的运行管理工作，严密监视带式输送机的运行状况，及时发现和排除一切故障及事故隐患，增强岗位操作人员的责任心。

第五节　矿井火灾的预报及监测

一、矿井火灾的预测预报

矿井火灾预测预报，就是根据矿井火灾发生和发展的规律，应用成熟的经验和先进的科学技术手段，采集处于萌芽状态的火灾信息，进行逻辑推断后给出火情报告。及时而准确地进行火灾早期预报，可以弥补预防的不足。

矿井火灾预测预报的目的是尽可能早地发现火灾并及时控制火势，将火灾危害和造成的损失减少到最低程度。矿井火灾预测预报就是根据煤田地质勘探或在矿井开采的过程中，所采集的煤样的分析化验结果和自然发火的统计资料，判定待开采煤层的发火严重程度及其在空间上的分布规律，为有针对性地制定防灭火措施提供可靠的依据，并针对矿井煤层自然发火过程中出现的征兆和观测结果，判断煤层是否自燃，预测和推断自燃发展的趋势，给出必要的提示和警报，以便及时采取有效的防治措施。矿井火灾预测预报最重要的是要体现一个“早”字，也就是要捕捉矿井火灾在低温氧化时所隐含的微弱变化的信息（这种信息可能是煤低温氧化时的升温速率，或是某种指标气体的产生或变化特征，也可能是低温氧化时释放出气味的微弱变化等），并根据这些信息对矿井火灾进行预测预报。

1. 矿井内因火灾预测预报

矿井内因火灾预测预报的方法，按其原理可分为以下几种。

（1）人体感官法

利用人的感官进行探测是最简便的方法，虽然常带有一定的主观性，但是这种方法仍然是比较可靠的。依靠人体生理感觉预报矿井火灾的方法主要有以下几种：

1）嗅觉。气味是人们能够最先感受到的煤炭自热特征。可燃物受高温或火源作用，会分解生成一些正常时大气中所没有的、具有异常气味的火灾气体。例如，煤炭自热到一定温度后，出现煤油味、汽油味和轻微芳香气味的非饱和碳氢化合物。人们利用嗅觉嗅到这些火灾气味，则可以判断附近的煤炭在自燃。

2）视觉。人体视觉可发现煤在氧化过程中产生的水蒸气，及其在附近煤岩体表面凝结成水珠（俗称“挂汗”），在煤炭自燃的最后阶段出现的烟雾。煤炭氧化自燃初期生成水分，往往使巷道内湿度增加，出现雾气或在巷道壁挂有平行水珠；浅部开采时，冬季在地面钻孔或塌陷区处发现冒出水蒸气或冰雪融化的现象。当然，井下两股温度不同的风流汇合处也可能有雾气出现。同时，透水事故的前兆也会有水珠出现。因此，在井下发现雾气或水珠时，要结合具体条件加以分析，得到正确的结论。

3）感觉。煤炭自燃或自热、可燃物燃烧会使环境温度升高，并可能使附近空气中的氧浓度降低，CO_2等有害气体增加，因此，从该处流出的水和空气的温度比正常时高。所以，当人们接近火源时，会有头痛、闷热、精神疲乏等不适感。在煤炭自燃的不同阶段，指标气体和产生的气味强弱与煤温的关系如图 7—14 所示。该图是煤炭在空气量不足的情况下受热，在自热的情况下产生的可燃气体。很明显，CO 是表明自燃处于初期阶段的主要指标。同时，饱和碳氢化合物，特别是乙烯的出现表明煤处于燃烧阶段。因此，从图 7—14 中可看出，火灾中气体成分随着不同的氧化燃烧阶段、时间和温度而变化。

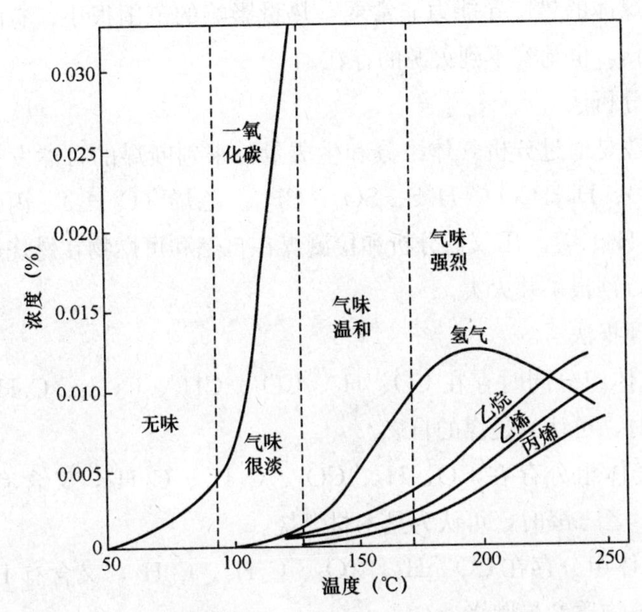

图 7—14 煤炭自燃指标气体和产生的气味强弱与煤温的关系

（2）测温法

煤在自热阶段，氧化加剧，产生热量增加，周边煤体温度升高。测温法是通过测量煤体和周边煤体的温度增值，来判断煤的自燃程度的方法。矿井火灾会产生高温，测定矿井内空气和围岩的温度是矿井火灾早期识别与预报的一个基本方法。测量温度的方法又分为直接测量法和非接触测量法两种。

1）直接测量法。直接测量法是用温度计或温度传感器直接放在自燃煤体和周围煤壁上，测量温度的变化趋势，来判断煤的自燃程度。常用来测量煤温度的温度计和传感器有汞温度计、酒精温度计、热电偶、铂电阻、气敏半导体传感器等。

2）非接触测量法。非接触测量法主要有无线电测温法、气味剂测温法、红外辐射测温等方法。无线电测温法是将含有热记录装置的无线电传感器埋入采空区，根据测得的热量发射出无线电信号。气味剂测温法是将含有低沸点和高蒸汽压并具有浓烈气味的液态物质（如硫醇、紫罗兰酮等），封装在胶囊中，在设定的高温下，胶囊破裂而发出气味。红外辐射测温法则是通过测定巷道壁面的红外辐射能量而测出煤壁的表面温度。

测温法操作简便，结果直观可靠，故得到较为广泛的应用，但其也存在较大的局限性。直接测温时，由于采空区顶板的垮落或底板裂变易引起测温仪表和导线的破坏和折断，即使在用钢套管保护的情况下也易被损坏；无线电传感器处于采空区高湿恶劣的环境中，影响了其成功的应用；气味剂测温因靠漏风传播气味，移动速度慢、分布区域小，较难测取；当火源离巷道表面较远时，红外辐射测温仪因接触不到热表面就无能为力。测温法面临的最大问题还在于：煤体的热传导能力非常弱，热量影响的范围很小，有时钻孔即使已打到了火源边缘附近 1 m，也觉察不到火源的存在。

（3）气体成分分析法

气体成分分析法是通过分析气体组分和生成量，来判断煤的自然发火程度的方法。常用的气体组分有 CO、H_2、CO_2、H_2S、SO_2、CH_4、乙烯（C_2H_4）、丙烯（C_3H_6）、丁烯（C_4H_8）、乙炔（C_2H_2）等。用仪器分析和检测煤在自燃和可燃物在燃烧过程中释放出的烟气或其他气体产物，预报矿井火灾。

（4）气体组分预报法

1）当被分析气体组分同时存在 CO、H_2、CO_2、CH_4、C_2H_4、C_3H_6，又无其他物质燃烧指标气体组分时，可认为是煤的自燃。

2）当被分析气体组分存在 CO、H_2、CO_2、C_2H_4、C_3H_6，又含有甲醛、甲酸（蚁酸）、乙酸（醋酸）、乙二醛时，可认为是木材燃烧。

3）当被分析气体组分存在 CO、H_2、CO_2、C_2H_4、C_3H_6，又含有 HCl 气体时，可认为有输送带或电缆等物质参与燃烧。

4）煤在自燃时，乙烯（C_2H_4）和丙烯（C_3H_6）几乎在相同温度下分解出来。分析气体组分时，若只有一种气体，可考虑是非燃烧。

（5）CO 气体预报法

气体预报法是利用回采工作面的 CO 绝对发生量作为预报自然发火指标。计算方法如下：

$$H=\frac{CQ}{100} \tag{7—4}$$

式中 H——回采工作面的 CO 绝对发生量，m^3/min；

C——回采工作面风流中的 CO 浓度，%；

Q——回采工作面风量，m^3/min。

根据经验，当 $H<0.0049\ m^3/min$ 时，认为无自然发火；当 $H>0.0059\ m^3/min$ 时，

认为有自然发火。

（6）烃类气体预报法

烃类气体预报法是利用烃类气体的产生与煤温的关系预报煤的自然发火程度。烃类气体主要指乙烯（C_2H_4）、丙烯（C_3H_6）、丁烯（C_4H_8）、乙炔（C_2H_2）。

有的矿摸索出，当风流中出现乙烯（C_2H_4）时，煤温已达110～130℃；出现丙烯（C_3H_6）时，煤温已达130～150℃；出现丁烯（C_4H_8）时，煤温已达150～170℃；出现乙炔（C_2H_2）时，煤已经着火。各煤种出现的气体组分与温度对应值是不一样的，各矿应在实践中，摸索出本矿的对应值。

（7）气体指标系数判断法

煤矿自然发火过程是非常复杂的，可变因素很多，国内外煤矿研究者和工作者通过反复实践总结出气体指标系数判断法。

1）火灾系数RQ。

$$RQ_1=\frac{+\Delta_{CO_2}}{-\Delta_{O_2}} \tag{7—5}$$

$$RQ_2=\frac{+\Delta_{CO}}{-\Delta_{O_2}} \tag{7—6}$$

式中　RQ_1——第一火灾系数；

RQ_2——第二火灾系数；

$+\Delta_{CO}$——风流中CO浓度增量；

$+\Delta_{CO_2}$——风流中CO_2浓度增量；

$-\Delta_{O_2}$——风流中O_2浓度减量。

在正常情况下，系数的值是保持在一定范围内的，变化不大。但煤炭进入自热阶段后，氧化加剧，风流中的CO、CO_2浓度会增加，O_2浓度会降低，RQ值发生变化，就可以认定煤炭已经开始自燃了。关于RQ定量值各国不一样，英国认为$RQ_1>60$，$RQ_2>50$时自燃开始，德国认为$RQ_2>25$时，自热开始，$RQ_2>60$时，出现明火。准确的数值需要各矿在实践摸索中获得。

2）特里克特比率。国外根据实验室和实践证明，火灾生成的气体浓度之间存在一定的比例关系，当不符合这个比例关系时，说明不是火灾或采样有错误。这个比例关系称为特里克特比率，它的数学表达式为：

$$Tr=\frac{w_{CO_2}+0.75w_{CO}-0.25w_{H_2}}{0.265(w_{N_2}+w_{Ar})-w_{O_2}}\leqslant 1.6 \tag{7—7}$$

式中　Tr——特里克特比率；

w_{CO}——风流中CO浓度；

w_{CO_2}——风流中CO_2浓度；

w_{O_2}——风流中 O_2 浓度；

w_{H_2}——风流中 H_2 浓度；

w_{N_2}——风流中 N_2 浓度；

w_{Ar}——风流中 Ar（惰性气体）浓度；

Tr 一般不超过 1.6，如果超过 1.6，就说明这个气样可能不是火灾气样或没发火。

3）Δ_{CO} 差值比较法。一般认为 CO 浓度高，煤自燃程度大，这不完全对，因为测量得到的 CO 浓度值可能是燃烧生成的与可燃物缓慢氧化生成的 CO 的和，也可能是燃烧生成的 CO 与被潮湿煤壁、炭黑、焦炭所吸附、吸收的 CO 的差。为了准确掌握 CO 浓度变化情况，不仅要注意某一时刻的 CO 浓度值，还应注意 CO 浓度的增量值 Δ_{CO}，因为它是抵消了环境对 CO 增减因素的影响后，得到的 CO 变化趋势，能更准确地反映煤燃烧情况。

4）w_{CO}/Δ_{CO} 比值法。火区可能因采空区、连接巷道等造成漏风而稀释 CO 浓度，导致测得的浓度不能准确反映火区情况。为克服这个问题，应当用相邻时间测得的两个气样的 w_{CO}/Δ_{CO} 比值的变化率进行比较来判断火区发火趋势。对于 w_{CO}/Δ_{CO} 的灵敏数值各矿应在实践中摸索。

（8）其他测定方法

近年来，物探技术在寻找隐蔽火源中获得了应用，如核物探技术和地质雷达探测技术。核物探技术是采用测定氡气的方法判定火源位置。其原理是：氡气总是由地下向上垂直迁移，在氡气上升过程中，在井下火源区域由于高温和压力的变化会使氡气向上迁移的速率发生变化，通过在地面测定出氡气的异常情况就可判别出火源的位置。但在实际测定中将受多种因素影响而难以奏效。地质雷达则通过测定煤岩特性对电磁波的影响程度而判定煤岩的温度情况，因为火源点的高温会改变煤岩的物理特性。由于目前地质雷达是单点探测，因此一方面因火源高温区域较小，难以对准火源，另一方面因煤岩性质差异较大，测量资料的解释与处理相当困难。

2. 矿井外因火灾预测预报

矿井外因火灾预测预报的任务是：通过对井巷中的可燃物和潜在火源分布的调查，确定可能发生外因火灾的空间位置及其危险性等级。准确的预测预报可以使外因火灾的预防更具有针对性，灭火准备更充分。矿井外因火灾预测预报可遵循如下程序：调查井下可能出现火源（包括潜在火源）的类型及其分布；调查井下可燃物的类型及其分布；划分发火危险区，将井下可燃物和火源（包括潜在火源）同时存在的地区视为危险区。

外因火灾的早期发现在于迅速地确定它的发生及所在位置。及时发现外因火灾一般是根据燃烧的气体产物（CO 和 CO_2）、火焰、红外光等作出判断。一般情况下是采用 CO、CO_2 等气体作为发生火灾的指标气体，且烟气中 CO 与 CO_2 的含量比值保持在 1∶10 左右。

现阶段，我国煤矿预测预报外因火灾的方法主要有以下三种：

（1）空气成分监测方法

空气成分监测方法主要是采用CO、CO_2等作为发火指标气体，进行自动化监测来预报矿井火灾是否发生。矿井火灾发生后，其空气成分的变化首先是氧含量的减少，CO_2量的增加，其次才是CO量的增多。CO出现的时间最晚有时在发生自燃火灾前数日。另外，煤炭自燃的初期阶段CO生成量较少，运用一般的实验手段难以检出。

从一些矿井实际工作经验中可以得出，为确切地监测火情，须对进回风流的空气成分作系统地检测，以掌握下列四种气体的变化：氧气含量的减少量，二氧化碳含量的增加量，一氧化碳含量的增加量，氮的变化量。

在可能发生矿井火灾的地区监测空气成分时，至少要设立两个检测站：进风流中和回风流中各设一个。检测站的位置选择以能够卡住该区域的全部进风与回风为准，且要求巷道断面规整、平直，易于测量风速与温度。检测站要挂牌编号，在牌上写明各种测量数据，检测站的位置应在通风系统图上标明。

取样的间隔时间越短，越易发现矿井内空气成分的变化，这对及时发现火源十分重要。在取样分析证明空气成分正常的条件下，可以每周取样两次。如发现成分异常时，应增加取样次数，最好是隔一天一次。取样时使用真空玻璃皿，充水玻璃管或压气取样金属管，取样时间要安排在不爆破的班次。

（2）温升变色涂料法

温升变色涂料是一种化学物质，它具有当温度超过某个额定值时，就自动变色，当温度下降到正常值时，又恢复原色的特性。把这种温升变色涂料涂在机电设备、设施易发热部位上和易发火地点，可早期发现火灾预兆，达到预测外因火灾的目的。

（3）自动监测法

把自动监测系统中的温度、烟雾、烟尘、油烟、CO、紫外线、热敏电阻等传感器，安设在机电设备、带式输送机等易发火的部位上和巷道的主要地点上，当传感器监测到超过设定门限值时，就会自动发出警报并启动灭火装置灭火，同时将发火信息传到地面中心站，实现自动监测发火的目的。

二、矿井火灾的监测与监控

煤矿建立现代化的环境监测系统进行火灾早期预报，是改变煤矿安全面貌、防止重大火灾事故的根本出路。近年来，国内外的煤矿安全监测技术发展很快。法国、波兰、日本、德国、美国等国家先后研制了不同类型的环境监测系统。我国从20世纪80年代开始，通过对国外技术的引进、消化和吸收，环境监测技术有了很大的进步。除分别引进波兰的

CMC－1系统、英国的MINOS系统、美国的DAN－6400系统以及德国的TF－200系统外，国内也研制了一些监测和监控系统，对我国部分煤矿进行了装备，为改变我国煤矿的安全状况起到一定作用。

1. 采样点设置

采样点设置的总要求是：既要保证一切火灾隐患都要在控制范围之内，又要有利于准确地判断火源的位置，同时要求安装传感器少。采样点布置的一般原则是：

（1）在已封闭火区的出风侧密闭墙内设置采样点，取样管伸入墙内1 m以上。

（2）在有发火危险的工作面的回风巷内设采样点。

（3）采样点设置在潜在火源的下风侧，距火源的距离应适当。

（4）温度采样点设置要保证在传感器的有效控制范围之内。

（5）采样点应随采场变化和火情的变化而调整。

2. 连续自动监测系统

连续自动监测系统分为专用自动监测系统和通用自动监测系统两类。专用自动监测系统是专门为煤矿防火设计的自动监测系统。通用自动监测系统是指现有比较成熟的煤矿生产、安全、环境监控系统。

（1）束管监测系统

束管监测系统属于专用自动监测系统。束管监测系统由井上、井下两大部分组成。井下部分由束管、附件（连接器、粉尘过滤器、水分捕集器、火焰阻止器）组成，井上部分由抽气泵、试样选择器、气体分析仪器、计算机组成。它的工作原理是利用抽气泵将井下测点气体经过束管抽到井上，进入气体选取器，依次将不同测点的气样送往色谱分析仪进行分析，然后由计算机进行计算、整理、显示、打印。它可以对多种气体进行常量和微量分析及数据整理。监测点布置在总回风巷和集中回风巷、采掘工作面有明显升温征兆的区域等地点。束管监测系统的缺点是管路长，维护工作量大。

目前国内还有的束管监测系统可以将各测点采集的气样，在井下采区直接进行分析，然后转变成国际标准电信号，连到通用监控系统中，送到地面中心站。

（2）光纤温度监测系统

光纤温度监测系统是美国和英国正在实验的一个系统（DOFTS）。它的基本工作原理是：地面激光源发射一束激光通过10 km长的纤维光缆，传给传感器的光纽。激光在传输过程中，有一部分散射光将返回发射源，返回的散射光强度与光纽温度有关系，计量、整理散射光强度，就是间接地测量了光纽温度即火源温度，实现了温度自动监测。

（3）气体浓度监测系统

气体浓度监测系统是利用煤矿通用自动监控系统对井下气体浓度进行监测。它的工作原理是将检测气体浓度的传感器输出的电信号转变为国际标准电信号，送入煤矿安全监控系统，利用煤矿安全监控系统的功能实现气体浓度的自动监测。现可输入煤矿安全监控系统的传感器有温度、CO浓度、O_2浓度、CH_4浓度、烟雾等传感器。有的监控系统还可以利用监测到的预测自然发火指标，如温度、CO浓度、O_2浓度、CH_4浓度、风速等进行计算，告知发火危险程度。

3. 矿井火灾监测与监控方法

用来表明火灾威胁性和火灾状况的各种指标气体及其相互比值都各有优缺点。在任何一次火灾中，最好能够将监视设备获取的数据和气样分析数据，利用电子表格或者图形处理软件处理后，存在计算机中。该计算机应该安置在矿井调度控制中心，或者其相邻房间。所有的气体浓度和常用的气体浓度比值都应该在屏幕上显示出来，并将这些数据每隔一定时间就打印出来。当有新的数据出来时，应该与以前的数据进行对比分析。这些数据的变化趋势从某种意义上说比数据本身还有用。因此，不仅要在同一采样地点重复采样，也要在不同的地点进行采样。在这里，CO和CO_2浓度的比值不会受到注氮的影响。

（1）气体浓度分析法

气体各成分浓度和各种指标气体指示出整个火灾的一般情况，而不是整个火区范围内各处的情况。在某些情况下，可能在火区和采样点之间存在一定的漏风，这就可以通过各漏风处的气流流量来估计火区的范围。这就是所谓的气流流量和相对空气浓度法。

（2）电化学探测CO法

用电化学的原理来探测CO的方法已经成为矿井环境监测系统中很普通的一种方法。利用计算机分析，可过滤掉由于柴油机、爆破等因素引起的误报，而这些误报通常会造成对探测系统可靠性的质疑。过滤这些假情报的计算机程序通常是比较简单的，例如，忽略短时间内探测值的升高，仅在探测值有持续上升趋势的情况下才发出声音和视觉警报。更多更高级的方法是在通风巷道中连续布置探测系统，还可以用来计算随着时间的变化探测器附近产生CO的情况。

（3）计算机技术监测法

与计算机技术相结合的监测控制系统和通风网络分析程序，不但可以探测到火灾发生的初期阶段，还可以确定火灾的位置。这可以由位置固定的传感器来实现。利用束管气体监测系统来探测煤炭自燃初期及缓慢自热阶段是特别有用的。温度传感器可以安装在固定设备附近，特别是用于喷淋或者喷水灭火装置处。不过，温度传感器一般不用在风路中，因为在风路中即使发生火灾也会因为风流流动的原因而使火灾下风侧中的温度快速下降。即使在矿井大气环境正常运行情况下，这些传感器温度的变化也可能比火灾初期的温度变化大（如有燃油运输设备通过时）。如果传感器的精度太高，就会因不断发生误报事件而使其丧失可信度。

当监测系统显示矿井中某处有自热现象且在不断发展时，必须有一套处理程序。首先，应该在受影响区域的回风侧安设一个气体监测站，并每隔小于 30 min 的时间内取一次气样进行分析。如果矿井原来就有气体监测系统，就应该更加仔细地跟踪气体的变化趋势。另外，还应该撤出所有受到火灾气体影响区域内的工作人员。如果自燃形势发展很快，那么除了参加防灭火的工作人员外，其他工作人员都应该及时完全撤出。

与此同时，应该采取措施来寻找发火的地点。如果有烟气从密闭处的漏风通道或者是被压垮的煤柱等相邻且不连续的区域里流出来，发火的位置就很明显。如果自燃发生在不能接近的采空区，就很难确定发火位置。无论有没有烟气产生，对气流中 CO 的检测都是必要的。CO 的检测可以利用便携式仪器，或者用色谱管。将检测的结果标在矿井系统图上有助于寻找可能存在的火灾隐患点。

如果确定了自燃位置，接下来就应该决定采取措施来控制或熄灭该处自燃火灾。

第六节　矿井火灾的治理

矿井火灾发生后，火势发展迅猛，变化复杂，影响范围广，往往造成人员伤亡和财产资源损失，还可能诱发瓦斯爆炸，酿成更大灾害。救灾行动的成功取决于救灾人员能否迅速、正确地决策并实施。要提高决策的可靠性和及时性，一是在事故发生前，作为决策人员，应了解和掌握矿井火灾治理的有关技术，了解本公司、本矿易发火区域着火时的应变措施及其正、负面影响，要使矿井火灾预防处理计划不是应付安全检查，而是救灾时的重要依据；二是通过安全技术教育，使矿工特别是班组长掌握灾变自救技术；三是火灾发生时，尽可能多地获取有关信息，并注意分析其可靠性，避免误导。安全生产方针中“预防为主”中的“防”，既包含防止火灾发生，也包含做好治理火灾的思想准备、技术物质准备和应变措施工作。

一、矿井火灾时期的控风技术

矿井火灾时期的风流控制是矿井火灾救灾的最主要措施之一，其主要目的是：控制风流流向，防止风流紊乱，使风流流动状态有利于撤人救灾，保证矿井受灾区域内人员的安全撤离；防止火灾的影响扩大；尽可能限制烟流在通风系统内的蔓延范围；避免火灾气体或瓦斯达到爆炸危险浓度等。

由于灾变时期的主要危害是烟流沿通风系统的自然蔓延，而且在火风压的作用下，某些巷道的风流会发生逆转，使得灾变的影响范围增大，因此灾变时期对风流流向的控制，特别是防止风流紊乱的发生尤为重要。风流控制包括风量控制与风向控制两个方面。

1. 火灾时期的风流紊乱

矿井火灾时期出现风流紊乱是造成重大恶性事故的原因，这在国内外都有报道。由于风流的紊乱带来火烟乱窜，有毒有害气体将侵袭井下一些难以预料的地区，造成矿工的惊慌失措而扩大事故的恶果。

(1) 火风压

矿井发生火灾时，随着火势的发展，凡是烟气所流经巷道的气温都会升高，空气成分也发生变化，因而形成一种附加的自然风压。这种由于发生火灾而产生的自然风压增量称为火风压。火风压在通风网络中，像一个无形的通风机一样，增加了一个动力源，它能改变网络中原有的风压分布，使某些风路中的风量增加或减少，甚至使风路的风流方向发生变化。这样就使正常的通风系统遭到破坏，扩大了事故范围，不但增加了灭火困难，而且对于瓦斯矿井还可能引起瓦斯爆炸，造成井下人员伤亡。

火风压实际上就是矿井发生火灾时，由于气温升高、空气成分发生变化所产生的自然风压的增强，也有人称之为热风压。自然风压及火风压示意图如图 7—15 所示。

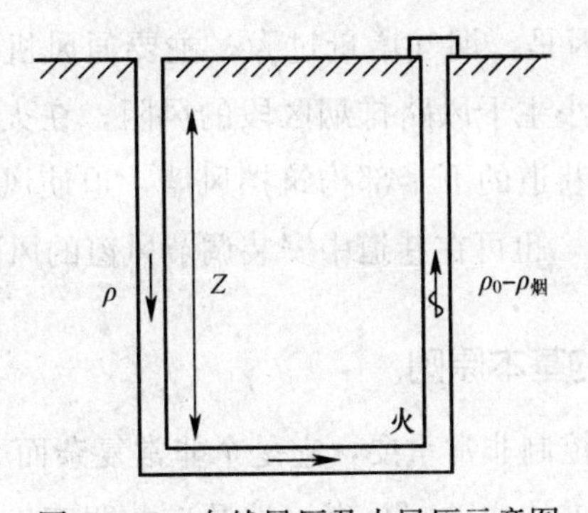

图 7—15　自然风压及火风压示意图

火风压数值大小可用下式粗略计算：

$$h_{火}=11.76\frac{\Delta t}{T}Z \tag{7—8}$$

式中　$h_{火}$——火风压值，Pa；

Δt——发火巷道内空气温度的增值，℃；

T——发火后巷道内空气的平均绝对温度，K；

Z——标高差值。

高温气体流经巷道始末两端的标高差值 Z 越大，火风压值也越大。在水平巷道内，

$h_{火}=0$，只有高温气体流经倾斜和垂直巷道时，才会出现明显的火风压。

火势越大，温度越高，造成烟气流经巷道内空气平均温度的增量越大，产生的火风压越大。

火风压不仅产生在发生火灾的巷道中，凡是高温烟气侵入的巷道也都会产生火风压。有时火源附近的温度高达 1 000℃，而烟气即使离火源很远，也能达到 100℃以上，流经倾斜或垂直巷道时产生的火风压也有可能使通风网络中某些巷道内的风流逆转。

（2）火风压产生原因及防治

1）上行风路产生火风压。发生风流逆转的原因主要是：因火风压的作用使高温烟流流经巷道各点的压能增大；因巷道冒顶等原因造成火源下风侧风阻增大，导致主干风路火源上风侧风量减小，沿程各节点压能降低。为了防止旁侧风路风流逆转，应采取的主要措施有：降低火风压；保持主要通风机正常运转；采用打开风门、增加排烟通路等措施减小排烟路线上的风阻。

2）下行风路产生火风压。在下行风路中产生火风压，其作用方向与主要通风机作用风压方向相反。当火风压等于主要通风机分配到该分支的压力时，该分支的分流就会停滞；当火风压大于该分支的压力时，该分支的风流就会反向。主干风路风阻及其产生的火风压一定时，风量越小，越容易反向。防止下行风路风流逆转的途径有：减小火势，降低火风压；增大主要通风机分配到该分支上的压力。

3）发生风流逆退的原因是：烟气增量过大，主要通风机风压作用于主干风路的风压小。防止逆退的措施是：减小主干风路排烟区段的风阻；在火源的下风侧使烟流短路排至总回风；在火源的上风侧、巷道的下半部构筑挡风墙，迫使风流向上流，并增加风流的速度。挡风墙距火源 5 m 左右，也可在巷道中安装调节风窗的风障，以增加风速。

2. 火灾时期风流控制的基本原则

矿井发生火灾时的风流控制非常重要，它是个非常复杂而又必须及时作出决策的工作。控制正确与否直接关系到救灾的成败，是直接涉及矿井职工生命安全的重大问题。在发生火灾时，必须根据火灾发生的地点、瓦斯涌出强度及积聚发生的可能性、自然风压和火风压的大小及其作用方向等具体情况，迅速作出正确的判断，制定合理的风流控制方案。火灾时期的风流控制方案有以下几种：保持正常通风，稳定风流；维持原风向，但可适度减少风量；停止主要通风机运转；全矿反转风流或局部风流短路；局部反风。

（1）全矿井反风及进回风井之间风流短路

一般情况下，火灾发生在总进风流中（包括进风井口、进风井筒、井底车场及总进风道）时，应进行全矿井反风，阻止发火的有毒有害气体侵入井下工作地点，造成灾区扩大。对与多风井多风机联合运转的矿井进行反风时，一定要同时反风。

全矿井反风又分为短路反风和全矿井反风两种方式。

1）短路反风。反风后的风流不进入井下各工作地点，而是经井底或进回风井之间某些区域的联络巷而直接短路回风。这种反风使井下采区风量大幅度减少，可能导致瓦斯积聚。

2）全矿井反风。按反风前的通风系统，使全矿井风流反向。这种反向可使井下工作地点仍有适当的风量，但必须有完善的反风设施及系统，要进行周密的考虑，否则可能达不到预期的反风目的，造成井下风流紊乱，增加人员撤退的困难。

（2）稳定正常风流或减风

火灾发生在总回风流中（总回风道、回风井筒及其井底车场或井口）时，只有维持原风流方向，才能将火烟迅速排出。如果自然风压和火风压较大，自然风压作用的方向与主要通风机风压作用方向一致，瓦斯涌出量较小，为了减弱火势，有时也可采取减风措施。但在瓦斯矿井中，停风是非常危险的。因为停风后，不仅火源处的高温可加快其周围煤体吸附瓦斯的大量解吸涌出，而且高温烟流所流经的巷道同样也造成其周边煤体中的瓦斯脱附涌出，容易造成瓦斯大量积聚。同时，主要通风机停止运转后采空区积存的高浓度瓦斯，在火风压作用下，可能流向火区引起瓦斯爆炸，并且，为灭火需要而恢复通风时，采掘工作面的高浓度瓦斯有可能流向火区，增大瓦斯爆炸的可能性。

（3）局部反风

采区内发生火灾时，风流控制比较复杂。首先应防止烟流逆退和风流逆转，一般不采取减风，停风或反风的措施。而对采区（或工作面）进风巷中发生火灾时，及时采取局部反风措施，对保证工作地点的人员安全撤退是非常有效的。

局部反风是指在主要通风机不改变工作方式的情况下，采取措施使矿井局部区域风网的风流反向，从而防止因自然发火产生的有毒有害气体侵入工作面或采区其他巷道中，确保人员撤离。

为了实现局部反风，必须预先开掘一些巷道或利用原有巷道再构筑必要的通风设施（风门、风桥等），使采区巷道结构由原来的并联系统改为潜在的角联系统，以备发生火灾时，利用角联支路风向可变的特点随时根据需要调整采区或工作面的风流方向。

二、矿井火灾时期的灭火方法

消灭矿井火灾的方法，可以分为直接灭火法、隔绝灭火法、综合灭火法三大类。

1. 直接灭火法

在火源附近利用灭火器材（如水、砂子或岩粉、化学灭火器）或挖除火源等方法把火灾直接扑灭的方法称为直接灭火法，这是一种积极的灭火方法。

（1）用水灭火

用水灭火是最方便也是最简单的方式，但是在矿井火灾中，使用水来灭火时，必须要注意以下5点：

1）要有足够的水量。少量的水或微弱的水流，不但扑灭不了火灾，而且在高温下能分解成 H_2 与CO（水煤气），形成爆炸性混合气体。

2）扑灭火势猛烈的火灾时，不要把水直接喷向火源的中心。应先从火源外围开始喷水，逐渐接近火源中心，以免导致大量水蒸气喷出或燃烧的煤块、炽热的煤渣突然飞溅伤及灭火人员。

3）灭火人员站在火源的上风侧，并要保持有畅通的排烟路线，及时将高温烟气和水蒸气排出。

4）不能用水扑灭带电的电器火灾，也不宜用水扑灭油料火灾、精密仪器及贵重物品的火灾。

5）随时检查火区附近的瓦斯和风流变化情况。

用水灭火的使用条件：

1）发火地点明确，人能够接近火源。

2）发火初期阶段，火势不大，范围较小，对其他区域有影响。

3）有充足的水源，供水系统完善。

4）火源地点通风系统正常，风路畅通无阻，瓦斯浓度低于2%。

5）灭火地点顶板较好，能在支架掩护下进行灭火作业。

在火势无法控制，又无其他有效的灭火措施时，在万不得已的情况下也可用水淹没发火的采区或矿井。但在恢复生产时需付出大量费用和人力，且有复燃的可能性。

（2）用沙子或岩粉灭火

用沙子或岩粉直接撒盖在燃烧物体上将空气隔绝，使火熄灭。沙子或岩粉不导电并有吸收液体的作用，故适用于扑灭包括油类和电器火灾在内的各类初起火灾。

沙子或者岩粉易于长期存放，且成本低廉，灭火时操作又简单，所以在机电硐室、材料仓库、炸药库等地方，都应设置防火沙箱或岩粉箱。

（3）用灭火器灭火

灭火器是一种由人力移动的轻便灭火工具。目前，我国生产的灭火器种类很多，应按灭火器的性能和使用范围，以及燃烧物和场所选择适合的灭火器灭火，才可以起到理想的效果。否则，将不能奏效，还会使事故扩大，甚至在灭火过程中造成人员伤亡。

（4）挖除火源

将已经发热或燃烧的煤炭挖出来运往地面，是消灭自然火灾的一种可靠方法。但是，此法只能在人员能够接近火源，且火势和火灾范围都不大时才能使用。挖除火源时必须注意以下几点：

1）挖除火源工作要由矿山救护队担任。

2）在挖除火源前，应先喷浇大量压力水，待火源冷却后再挖除。挖出的煤，如仍有余火要用水彻底浇灭，再运出井外。

3）随时检查温度和瓦斯浓度。应在火源温度不高（煤体温度不超过40℃时）的情况下，挖除火源。当发现瓦斯浓度达到1%时，应立即送风冲淡瓦斯。但要注意因送风而引起火势增大的危险。如不能冲淡瓦斯，应将有关人员全部撤出。

4）需要临时支护的巷道，将坑木用水浸透后，再进行支护工作。

5）挖出火源的范围要超过发热煤炭区域1～2 m。挖除煤炭时，如使用炸药爆破，炮眼的温度不得超过45℃，否则，应采取措施降低炮眼温度。

6）挖出火源后的空间要用砂、石、黄土等不燃性材料填实封严。这种灭火方法具有一定的危险性，特别是在高瓦斯矿井中，若处理不当，则可能会引起瓦斯爆炸。所以挖除火源工作，要组织足够的力量，制定严格的安全措施，力求用最短的时间完成。

2. 隔绝灭火法

隔绝灭火法又称封闭法，就是在通往火区的所有巷道内砌筑防火墙（又称密闭），阻止空气进入火区，火区产生的惰性气体（CO_2、N_2）浓度逐渐增高，氧浓度逐渐降低，从而使火区缺氧逐渐熄灭。这是处理大面积火灾，特别是控制火灾发展的有效方法。

（1）防火墙类型

用于封闭火区的防火墙按其作用不同分为临时性防火墙、半永久性防火墙、永久性防火墙和耐爆防火墙四类。

1）临时性防火墙。临时性防火墙的作用是暂时阻断风流，控制火势发展，以便在它的掩护下准备直接灭火的器材，保护救护人员和保证工人在砌筑永久性防火墙时免遭火烟和毒气的侵害。对临时性防火墙的要求是：结构简单、就地取材、建造迅速、严密性不一定高。这类防火墙主要包括风障、木板防火墙和伞式密闭、充气密闭、泡沫塑料密闭等。

2）半永久性防火墙。这类防火墙的使用时间比临时性防火墙长，具有隔绝风流、消灭火源的作用。要求它既有良好的隔绝性能，又便于启封。主要包括木段防火墙和黄土防火墙。

3）永久性防火墙。永久性防火墙的作用是长期严密地隔绝火区，阻止空气进入。因此，要求它坚固、密实。这种防火墙用料多，工序复杂，建造时间长。一般多用砌体防火墙，除此之外还有混凝土防火墙和多层次混合式防火墙。

4）耐爆防火墙。耐爆防火墙是在瓦斯较大的地区封闭火区时，为防止火区内发生瓦斯或火灾气体爆炸对封闭火区外部的人员造成伤害而构筑的具有防爆功能的防火墙。常用的耐爆防火墙为沙袋耐爆防火墙和石膏耐爆防火墙。

(2) 防火墙位置选择

防火墙位置选择应遵循封闭范围尽可能小，构筑防火墙的数量尽可能少和有利于快速施工的原则。具体要求如下：

1) 为了便于作业人员工作，防火墙的位置不应离新鲜风流太远，一般为5～10 m处，以便留出另砌筑防火墙的位置。如果限于其他因素必须建立在贯穿风流较远的地方，不能靠扩散通风稀释瓦斯时，就应建立导风设施。

2) 防火墙前后5 m范围之内，围岩稳定，顶底板及两帮岩石坚固，没有裂缝，以保证防火墙的严密性，否则应喷浆或用填料将巷道围岩的裂缝封闭。

3) 防火墙与火源之间不应有旁侧风路存在，以免火区封闭后风流逆转，造成火灾气体或瓦斯的爆炸。

4) 一般认为，不管有无瓦斯，防火墙的位置（特别是入风侧的防火墙）都应距火源尽可能近些。这是因为空间越小，爆炸性气体的体积越小，发生爆炸的威力越小，启封火区时也越容易。

(3) 火区封闭顺序

火区封闭只有在确保已没有任何人留在里面时才可以进行。在多风路的火区建造防火墙时，应根据火区范围、火势大小、瓦斯涌出量等情况来决定封闭火区的顺序。一般是先封闭对火区影响不大的次要风路的巷道，然后封闭火区的主要进、回风巷道。

火区进、回风口的封闭顺序很重要，它不仅影响控制火势的速度，更重要的是关系到救护人员的安全。常用的封闭顺序有下面几种。

1) 先封闭进风口，后封闭回风口。一般来说，在火区的进风侧建立防火墙要比在回风侧容易得多。只要封闭了进风侧的防火墙，进入火区的风量就会大大减少，从而使火势减弱，涌出的烟量减少，有利于回风侧防火墙的建立。因此，在非瓦斯矿井中，通常都是先封闭进风口，后封闭回风口。

2) 先封闭回风口，后封闭进风口。这一般是在火势不大、温度不高、无瓦斯存在的情况下，为了迅速截断火源蔓延而采用的方法。防火墙建立后，墙前压力局部升高，墙后压力局部下降。在瓦斯矿井中，如果前一个建立的是进风侧防火墙，且此墙和火源之间有老空区存在时，在构筑防火墙的过程中，流向火源的风量将逐步减少。与此同时，在局部负压的作用下，从老空区涌出的瓦斯量将增多，易使风流中瓦斯浓度达到爆炸界限而引起爆炸。因此，在防火墙和火源之间有瓦斯源存在时，封闭进风侧的防火墙是极其危险的，而首先封闭回风侧防火墙要安全一些。因为它能够在火区内造成正压，多少能抑制老空区的瓦斯涌出。

3) 进、回风口同时封闭。在砌筑防火墙的过程中，留有一定断面积的通风口，保证供给的风量使火区内瓦斯不超限聚积。当砌墙工作完成时，在约定的时间同时将进回风侧防火墙上的通风口迅速封闭并立即撤出人员。由于这种方法能很快封闭火区，切断供氧，火区瓦斯也不容易达到爆炸界限，可保证人员的安全，因此它是瓦斯矿井封闭火区常用的封闭顺序。

3. 综合灭火法

实践证明，单独使用隔绝灭火方法，往往需要很长的时间，特别是在密闭质量不高、漏风较大的情况下，可能达不到灭火的目的。所以在火区封闭后，还要采取一些积极措施，如向火区灌入泥浆、惰性气体或调节风压等，加速火灾熄灭，这就称为综合灭火法。

三、火区的管理与启封

火区被密封后，只是控制并减弱了火区的范围和火势，在一定时间内，火不会彻底熄灭，对矿井安全仍是一个潜在的威胁。因此，加强火区管理，有针对性地对影响火区熄灭的各种因素采取防治措施，可以加速火区熄火。

1. 火区的管理

火区封闭后，配合灭火工作的进行，日常对火区所进行的观察、检测、资料分析整理等工作，统称为火区的管理。具体内容有以下几个方面。

（1）建立火区档案

矿井通风部门对火区实行统一编号，建立火区档案，加以保存。火区档案的内容如下：

1）建立火区卡片，详细记录发火日期、发火原因、火区位置、范围。

2）处理火灾时的领导机构人员名单。

3）灭火过程及采取的措施。

4）发火地点的煤层厚度、煤质、顶底板岩性、瓦斯涌出量、火区封闭煤量等。

5）生产情况，如采区范围、回采率、采煤方法、回采时间。建立火区管理卡片，绘制火区位置图。

6）发火前、后气体分析情况和温度变化情况。

7）发火前、后的通风情况（风量、风速、风向）。

8）绘制矿井火区示意图。以往所有火区及发火地点都必须在图上注明，并按时间顺序编号。标注出灌浆钻孔布置以及火区外围风流方向、通风设施等内容，并绘制必要的剖面图。

9）永久密闭的位置和编号、建造时间、材料及厚度等。

火区管理卡片由矿井通风部门负责填写，并装订成册，永久保存。每一次发火还应在全矿井通风系统图上标明火源位置、发火日期，待火区注销后，注上火区注销的日期。

（2）防火墙管理

1）每个防火墙附近必须设置栅栏、警标，禁止人员入内，并悬挂说明牌，牌上记明防火墙建造日期、材质、厚度、防火墙内外的气体成分、温度、空气压差、测定日期和测定人员姓名。

2）防火墙外的空气温度、瓦斯浓度、防火墙内外空气压差以及防火墙墙体本身，都必须每天检查 1 次。所有检查结果必须记入防火记录簿。发现急剧变化时，每班至少检查 1 次。

3）防火墙的严密性在很大程度上决定封闭火区的成效，所以防火墙管理除了上述检查、观测、警戒制度外，还应加强严密性检查。防火墙要用石灰水刷白，以便于发现是否有漏风的地方。由防火墙发出的咝咝声也可以作为防火墙漏风和渗出火灾瓦斯的征兆。凡是漏风的地方，应立即用黏土、灰浆等封堵。

4）不管是进风侧防火墙还是回风侧防火墙，在外部都应保持良好的通风，只有携带良好的安全仪器的人员才允许进入该区进行观测和检查。

2. 火区的检查

为了掌握火区的变化情况，应定期检查火区内的气体成分和温度。火区气体的采样地点应选在火区上风侧防火墙处，通过防火墙上的观测管采取气体试样。若防火墙离火源较远，可在靠近火源位置打观测孔。火区距地表深度不大时，也可利用地面钻孔观测。采样应定期进行，在火区尚未稳定的阶段，应每天检查采样 1 次，以后可 3 天或 1 周检查采样 1 次。火区的检查和采样由专职或救护队人员承担。采样时，在采样地点应对容器进行气体清洗，每次采样的位置应保持一致，气样出井后要及时化验分析，以免出现人为误差。火区温度的测定，通常是测定火区气体温度及出水温度，可在气样采取时进行测温。采用矿用温度测定仪时，可利用地面或井下观测孔进行远距离测温。火区内气体成分和温度的资料应及时整理，绘制气体成分、温度变化曲线，分析火情趋势，如有恶化现象，应查找原因，采取有效措施。

3. 火区的启封

（1）火区启封条件

封闭区的火灾逐渐熄灭时，火区的气体成分会发生明显的变化，温度、压力及封闭区内的自然风压也会发生变化。根据这些变化可判别封闭的火区是否已经熄灭。我国煤矿有关规定规定，火区同时具备下列条件时，方可认为火已经熄灭。

1）火区内空气温度下降到30℃以下，或与火灾发生前该区的日常空气温度相同。

2）火区内空气中的氧气浓度降到5%以下。

3）火区内空气中不含有乙炔、乙烯，一氧化碳浓度在封闭期间内逐渐下降，并稳定在0.001%以下。

4）火区的出水温度低于25℃，或与火灾发生前该区的日常出水温度相同。

5）上述4项指标持续稳定的时间在1个月以上。

火区启封要十分慎重，若处理不当，则会引起火灾复燃，甚至发生瓦斯爆炸。封闭的火区，只有经过长期取样分析，确认火灾已经熄灭后，方可启封。启封前，必须制订安全措施和实施计划，并报主管领导批准。

（2）火区启封准备

1）启封之前，做好将火区的回风直接引入回风巷的准备；火区回风所通过的巷道内不准有人员工作，并要切断电源。

2）在有瓦斯和煤尘爆炸危险的矿井中，与火区相连的巷道内应撒布岩粉或设置隔爆水棚、岩粉棚。

3）准备好足够的启封火区和重新封闭火区所需的一切材料、设备和灭火器具。

（3）火区启封方法

1）通风启封火区法。通风启封火区法是指一次打开火区的方法。在火区范围不大，并确认火区完全熄灭的情况下可采用此方法。采用通风启封火区法时，选择一个出风侧防火墙，首先将其打开，由佩戴呼吸器的救护队员进入火区侦察，确定火已熄灭后，再打开进风侧防火墙。待火区内有害气体排放一段时间，无异常现象，可相继打开其余的防火墙。为了使火区气体压力能够逐渐地平衡，在打开第一个防火墙时，应先开一个小孔，然后逐渐扩大，严禁一次将防火墙全部打开。

2）锁风启封火区法。锁风启封火区法是指分段逐次打开火区的方法。在火区范围较大，难以确认火源是否已完全熄灭，或火区内可能积存大量可燃气体的情况下可采用此方法。采用锁风启封火区法时，如图7—16所示，在主要进风侧原防火墙1外5～6 m处，建立一道带风门的临时风墙（锁风墙）2。由救护队员进入，关闭风门，形成一个封闭空间，并在此储放建造一道临时防火墙所需的材料和工具。然后打开防火墙1，进入火区侦察，确认在一段范围内无火源后，可选择适当地点（一般高于原防火墙150～200 m）构筑临时风墙（锁风墙）3，并进行质量检查后，拆除风墙2和原防火墙1，用局部通风机5作压入式通风，排除1—3区段内积存的瓦斯并加固支架。如此分段逐渐向火源6逼近，直至火区出风侧防火墙被拆除，恢复全区正常通风为止。必须注意，只有当新的防火墙建成后，才允许打开第一个风墙的风门，以保证火区处于封闭隔绝状态。

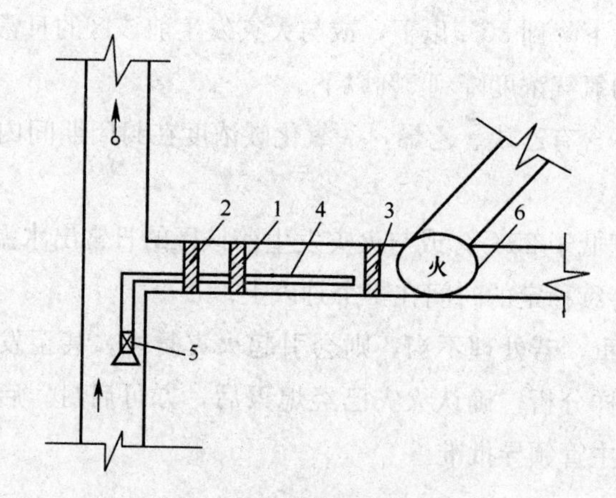

图 7—16　锁风启封火区法

1—原防火墙　2、3—临时风墙　4—风筒　5—局部通风机　6—火源

第八章　矿井水灾事故防治

本章学习目标

1. 了解水文地质基本知识和矿井水灾的发生条件。
2. 掌握矿井涌水量预测的方法。
3. 掌握矿井地面和井下防治水灾的措施。

矿井水灾是煤矿五大灾害之一。在煤矿生产中，一旦发生水灾事故，轻则恶化生产环境，造成工作面持续紧张，破坏正常生产秩序；重则造成井下人员伤亡和淹井事故，破坏机械设备，带来巨大财产损失。因此，做好矿井防水工作，是保证矿井安全生产的又一主要前提。

第一节　水文地质

一、含水层与隔水层

饱含地下水的透水层称为含水层。含水层不但饱含着水，而且必须具有在通常野外条件下能够允许相当数量的水透过自己的性能。与此相反，隔水层是不透水的岩层，它可以含水，但是不具有允许相当数量的水透过自己的性能，如黏土层。有的隔水层既不透水，也不含水，如块状致密花岗岩。

非固结沉积物是最主要的含水层，其中特别是砂和砾石层。这种含水层具有良好的透水性能，在条件适宜时，在其中打井常可获得水量丰富的水源。

碳酸盐岩也是重要的含水层，但是，碳酸盐岩的空隙度和透水性常常变化很大，取决于裂隙和岩溶的发育程度。碳酸盐岩中的空隙空间，小的要在显微镜下才能发现，大的可形成地下暗河。在碳酸盐岩地区常常可发现有大泉出露地表。

火山岩也可以形成含水层。火山角砾岩、熔岩层之间的多孔带、收缩裂隙、节理等都是火山岩中的透水带。玄武岩中常有大泉流出地表。流纹岩的透水性次于玄武岩。浅成侵入岩的透水性较差，被认为不透水。

砾岩是砂和砾石胶结后的产物。胶结作用降低了它们的空隙和给水度。砾岩的分布有限，可以含水，但不是重要含水层。

结晶岩和变质岩相对不透水，其含水性相对较差，在风化和构造运动作用下，靠近地表部分含水较多，可供家庭生活用水。

黏土及较粗物质与黏土的混合物，通常都是富空隙的，但其空隙很小，因此被认为相对不透水。在特殊条件下，具有大孔隙的亚黏土透水性较好，含有较多的地下水。

二、地下水的物理性质

地下水的物理性质主要有透明度、温度、气味、口味、颜色等。它们在一定程度上反映了地下水的化学成分及其存在环境。

1. 透明度

地下水的透明度取决于水中固体及胶体悬浮物的含量，常见的地下水一般是透明的。按透明度，可将地下水分为四级，即透明的、微浊的、混浊的、极浊的。

2. 温度

地下水的温度主要受大气温度及埋藏深度的控制。近地表的地下水温度，更易受气温的影响。通常在日常温带以上（埋藏深度 3～5 m）的水温，呈现周期性的日变化。年常温带以上（埋藏深度 50 m 以内）的水温，则呈现周期性的年变化。在年常温带，水温的变化很小，一般不超过 1℃；年常温带以下，地下水的温度则随深度的增加而递增，其变化规律取决于地热增温级。地热增温级是指在常温带以下，温度每升高 1℃时所增加的深度，其值随地质条件变化。

3. 气味

地下水一般是无气味的，当水中含有某些特殊成分时便具有气味。在低温时气味不易辨别，加热后气味增加，一般在 40℃时气味最显著。

4. 口味

地下水的口味取决于所含的化学成分。口味的强弱与各种成分的浓度有关，浓度越大其口味越强。

5. 颜色

地下水一般是无色的，当水中含有某些化学成分及悬浮物时，便会有不同的颜色。

三、地下水的分类与特征

1. 地下水的分类

地下水分类的方法一般有两种。一种是根据地下水的某一个特征进行分类。比如按起源不同，可将地下水分为渗入水、凝结水、初生水和埋藏水；按矿化程度不同，可分为淡水、微咸水、咸水、盐水及卤水。此外，还可按地下水的温度、成分、运动性质及其动态等特征进行分类。这些分类的优点是简单、明确，便于从某一角度去认识和研究地下水，其缺点是不够全面。另一种是综合考虑地下水的若干特征进行分类。综合考虑这些特征进行分类，则可避免第一种分类的缺陷。在我国煤矿建设和生产中，常采用的地下水分类方法是按地下水的埋藏条件和含水岩体空隙性质进行分类的综合分类方法，见表 8—1。

表 8—1　　地下水按埋藏条件和含水岩体空隙性质的综合分类

按含水岩体空隙性质 / 按埋藏条件	孔隙水（疏松岩石孔隙中的水）	裂隙水（坚硬基石裂隙中的水）	岩溶水（岩溶化岩石中的水）
上层滞水	气带中局部隔水层上的水，主要是季节性存在的水	坚硬基岩风化壳中季节性存在的水	垂直渗入带中季节性及经常性存在的水
潜水	坡积、冲积、洪积、湖积、冰积、冰水沉积物中的水；当经常出露或十分接近地表时，成为沼泽水；沙漠及滨海沙丘中的水	坚硬基岩风化壳或中上部层状裂隙中的水	裸露岩溶化岩层中的水
承压水	松散沉积物构成的向斜盆地中的水；松散沉积物构成的单斜和山前平原中的水	构造盆地或向斜基岩中的层状裂隙水，单斜岩层中层状裂隙水，构造断裂带中的深层水	构造盆地或向斜盆地中岩溶化岩层中的水；单斜中岩层岩溶化岩层中的水

2. 地下水的特征

(1) 潜水的埋藏条件及特征

潜水是埋藏在地表以下第一个稳定隔水层以上，具有自由水面的重力水。潜水在自然界中分布很广，一般埋藏于第四纪松散沉积物的孔隙及坚硬岩石的风化裂隙、溶洞内。潜水的埋藏条件对潜水的特征有决定性影响，其主要表现在以下几个方面：

1）潜水无隔水顶板，大气降水、地表水可以通过包气带直接渗入补给，所以潜水的补给区与分布区经常是一致的。

2）潜水有一个自由水面，称为潜水面。潜水面上任意一点均受大气压力作用，因此它不承受静水压力（除局部地段有隔水顶板存在而产生承压现象外）。

3）潜水在重力作用下，由高水位向低水位方向运动。潜水面至隔水层之间充满重力水的部分，称为含水层。潜水面至隔水层的距离，称为含水层厚度。从潜水面向上至地表之间的距离，称为潜水的埋藏深度。

4）潜水的水量、水位、水质等变化与气象水文因素的变化关系密切，因此潜水的动态有明显的季节性变化。

潜水距地面近，因而被人们广泛地利用，一般的民用水井多数是打在潜水层中。但由于潜水无隔水顶板且埋藏较浅，因此容易受到污染。

（2）承压水的基本特征

承压水是充满于两个稳定隔水层之间的含水层中的重力水。显然，凡是具备表8—1所述埋藏条件的孔隙水、裂隙水和岩溶水，都可称为承压水。承压水具有以下特征：

1）承受静水压力。受上下隔水层限制并充满于含水层中的地下水，都承受静水压力。当所承受的静水压力较大，且地形条件也适合时，即可喷出地表而自流。

2）补给区与分布区不一致。由于承压水有隔水的顶板存在，因此大气降水和地表水只能通过承压水的补给区进行补给，造成补给区与分布区不一致。

3）动态变化不显著。承压水受到隔水层的限制，与大气圈、地表水圈的联系较弱，因此，气候、水文因素的变化对承压水的影响较小，常表现出较稳定的形态。

四、地下水的运动

水文地质学的内容中有一个很重要的部分是地下水的运动。目前，已经被发展成为一门独立的科学，称为地下水动力学。

地下水的运动，是指地下水在含水层中连续不断地从高水位向低水位流动的过程。在水文地质学中把地下水的这种运动过程称为渗透或渗流，渗流的空间称为渗透场（或渗流场）。渗透场由于受到透水层的性质、人为因素与地下水本身的物理性质和化学成分的影响，使地下水渗透呈现出一种极其复杂的过程。

研究矿区地下水的渗透并掌握它的规律可以为评价矿区供水水源、预测矿井涌水量等一系列水文地质问题提供丰富的资料。

1．地下水的运动要素

地下水的运动要素是表示地下水运动的一些物理量，如流向、流量、流速、水头、水力坡度、流网等。

（1）流向和流量

在渗流场中，渗流的方向为流向，与流向垂直的地下水渗透空间岩层的截面，称为过水断面。单位时间内渗流通过过水断面的平均水量称为流量。

由于过水断面既包括地下水实际过水的岩石空隙的面积，又包括岩石骨架本身所占据的面积，因此，地下水在岩层中运动的速度有实际速度与渗透速度之分。实际速度是地下水在岩石空隙中运动的平均速度，而渗透速度是地下水在岩石中运动的理想平均速度。渗透速度的概念在水文地质计算中应用颇广。它在数值上等于单位过水断面面积上通过的流量，即：

$$V=\frac{Q}{F} \tag{8—1}$$

式中　V——渗透速度，m/s；

Q——渗透流量，m^3/s；

F——过水断面面积，m^2。

对某一点的渗透速度可用下式表示：

$$v=\frac{dQ}{dF} \tag{8—2}$$

式中　dQ——微分的流量；

dF——微分的过水断面面积。

地下水渗透速度的测定方法很多，其中一种是电解法。如果已知流向，可沿流向布置两个钻孔，间距不宜过大，可为1～3 m。在上游孔中放入某种示踪剂，如NaCl、NH_4Cl等，在下游孔中接收，装置如图8—1所示，一个孔放阴极，形成电路，其间安有电流计。根据指针的偏转，即可确定电解质通过检测孔的时间，将观测的结果以纵坐标为安培，横坐标为时间在方格纸上绘制出电解质流动曲线，曲线上升点为示踪剂最初到来的时间，量好孔距，即可求出地下水渗透速度。

（2）水头

围绕地球表面的大气具有一定的重量，使地球表面的物体承受其压力，这是大气压力。流动的水有动水压力，运动于岩层空隙中的地下水在渗透过程中也有压力，这个压力称为渗透压力。

正因地下水具有渗透压力，所以，在其渗流过程中，某点在该点渗透压力作用下，水柱能上升一定的高度，水柱上升的这个高度称为该点的承压水头。它表示该点渗透压力的大小，用下式表示：

$$p=h_0 r \tag{8—3}$$

式中　p——渗透压力，kg/m^2；

h_0——压力水头，m；

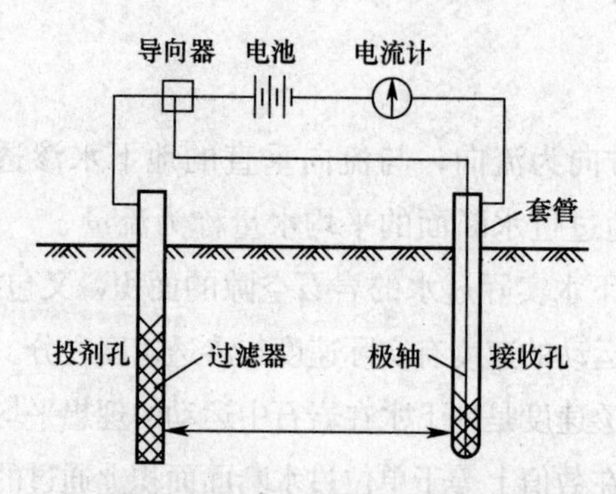

图 8—1　电解法测定地下水流速的线路连接示意图

r——水的密度，kg/m^3，一般采用 1。

（3）水力坡度

在水流方向上，单位渗透长度上的水头差称为水力坡度（L），它等于水流方向上两断面的水位差（ΔH）与两断面间距（L）之比。一般在天然坡度很小的情况下，两断面间的距离可以根据水平线来量度，即用下式表示：

$$I=\frac{\Delta H}{L}=\frac{H_2-H_1}{L} \tag{8—4}$$

式中　L——表示断面 2 与断面 1 之间的水平距离，m；

H_1，H_2——表示两断面上的水头，m。

任一点的水力坡度都可通过下式计算：

$$I=-\frac{\mathrm{d}H}{\mathrm{d}L} \tag{8—5}$$

式中　I——水力坡度；

$\mathrm{d}H$——相应于水平长度增量的水头微分增量；

$\mathrm{d}L$——水平长度微分增量。

因为在水流的方向上有水头损失，$\mathrm{d}H$ 微分增量为负值，而水力坡度永远为正值，故在公式前面加负号。

水力坡度值的确定，可采用实测法和计算法。若勘探区没有地下水等水位线图，也不清楚地下水的流向，则可先根据三角形顶点的三个钻孔内的水位，如图 8—2 所示，确定出该区的地下水流向，而后再计算出水力坡度。图 8—2 中孔 1、孔 2、孔 3 之间的间距都为 60 m，各孔孔内水位标高分别为 22.40 m，22.80 m 和 23.00 m。将孔 1 和孔 3 的距离分成三等分，将等分点的水位差标于等分点上，此时即绘出地下水等水位线，并确定出地下水流向（垂直于地下水等水位线）。

（4）流线与流网

地下水运动的流线，是渗透场中地下水运动的各个质点在同一时间沿流向在坐标系上的连线。渗透场中，地下水的水头相等的点的连线称为等水头线。稳定渗流场内平面（或剖面）上等水头线与流线总是正交，它们组成的网格称为流网，如图 8—3 所示。

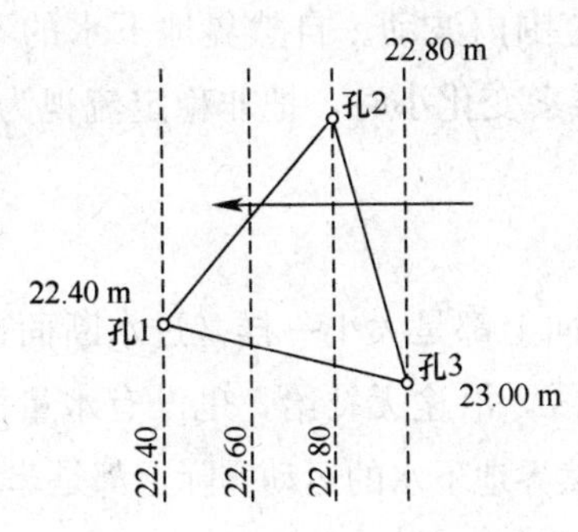

图 8—2　确定地下水流向示意图

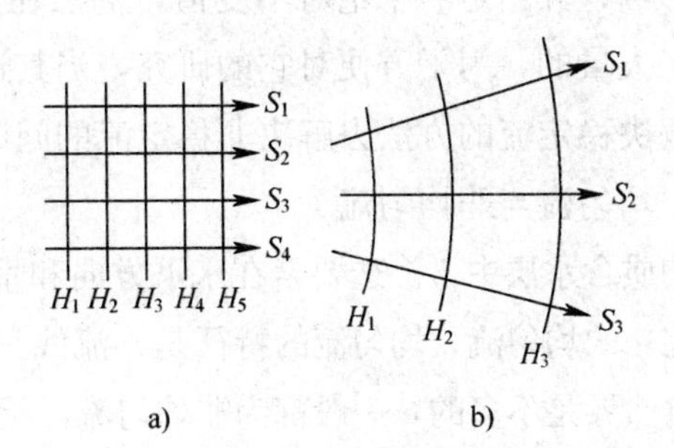

图 8—3　流网示意图

a）平行流网　b）辐射流网

S—流线　H—等水头线

2. 地下水运动分类

由于地下水运动受多种因素影响，因此表现得极其复杂。为了便于研究，根据岩层透水性能在空间的变化及地下水运动要素随时间的变化，将地下水的运动分类如下：

（1）紊流与层流

地下水运动按其速度和运动状态分为两种：一种是紊流，另一种是层流。紊流运动的特点是：水流速度大，水的质点运动无规律、无秩序，是杂乱无章的状态，表现为渗流中具有速度的脉动和涡流，从而引起流线束混乱相杂。层流运动的特点是：水的质点作有规律的、有秩序的运动，表现为流线束彼此平行不混杂。地下水在岩层中的运动绝大多数是属于层流。只有在大裂隙和大溶洞中，而且在缺少充填的情况下，地下水的运动实际速度大于 41.67 m/h，才有紊流运动状态的出现。然而，在自然界，岩石空隙中运动的地下水，上述情况是很少见的。层流运动又可分为稳定流（定量流）和非稳定流（变量流），而定量流又有均匀流与非均匀流之分。

（2）稳定流与非稳定流

依照稳定流的理论，含水层是不可压缩的刚性体，当地下水补给和排泄达到平衡时，渗流场空间任一点的地下水运动要素，如速度（V）、压力（P）等不随时间而改变，其数学表达式为：

$$\frac{\partial V}{\partial t}=0,\quad \frac{\partial P}{\partial t}=0 \tag{8—6}$$

由稳定流的概念可看出，稳定流必须在其运动方向上既无新水源补给，又无另外的排泄，其流量既不增加也不减少（没有包括时间这个变量）。这种情况在自然界是少见的，由于天然和人为因素的影响，地下水的补给和排泄总是在变化，如含水层补给区大气水的不均匀渗入，与地下水有水力联系的地表水体的水位变化，抽水，矿井排水影响等，所以自然界地下水的运动总有一定程度的不稳定性。但是，在有限的时间段内，地下水水位变化较小时，则可视为一种暂时的平衡状态，如抽水试验达到稳定以后，地下水流量因受上述因素的影响，并不是一个绝对不变值，仍然在一定范围内波动。自然界地下水的不稳定流是普遍、大量的，为了方便对它的研究，当其运动要素变化小时，把非稳定流视为稳定流，可采用解决稳定流的方法去解决非稳定流的问题。

（3）均匀流与非均匀流

在均质含水层中，渗透要素在水平方向和垂直方向上都是大小一样（过水断面也不随坐标而变化）的均匀流。均匀流的特征是：流线呈平直线，沿途无补给，也没有水量消耗。该条件在自然界是不多的，一般都为非均匀流，所以自然界地下水的运动实际上都是非均匀流。

（4）平面流与空间流

平面流是平面运动流的简称，渗流场中流线平行于某一固定平面，运动要素仅随两坐标轴而变化，因而流网为矩形网格，亦称二维流。地下水流线不与任何平面平行且运动要素随三个坐标轴变化，称为空间流，亦称三维流。自然界中，地下水平面流大量存在，当其中流线向某一方向收敛或散开时，可称为平面辐射流。空间运动最为复杂，为了便于研究它，常常将其简化为平面流。

3. 地下水运动的基本定律

地下水运动遵循着一定的规律，由于渗透场和运动要素的不同，地下水不同流态的运动遵循的规律也不同，一般层流遵循直线渗透定律，紊流服从非直线运动定律。

（1）直线渗透定律

这个定律是法国科学家达西发现的。他通过大量的实验揭示了地下水运动很慢的渗流状态的基本规律，即达西定律。达西的实验过程如图 8—4 所示，一个装满沙子的金属筒装置，以溢水口来控制水位保持不变，让水在沙子中渗透，流动过程中的能量损失通过与筒内壁连通的测压管反映出来。通过这个装置的试验可测得：

$$Q=K\omega\frac{H_1-H_2}{L}=KI\omega \tag{8—7}$$

式中 Q——单位时间流经沙子的渗透流量；

I——水力坡度；

ω——过水断面；

L——两测压管间距；

K——渗透系数；

H_1、H_2——两个测压管水头。

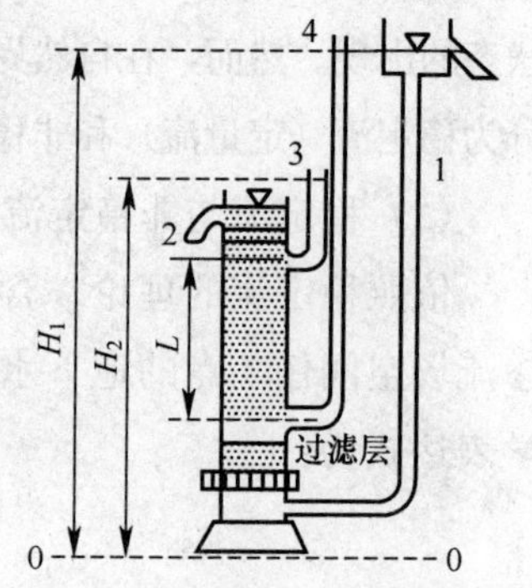

图 8—4　达西实验仪器装置图

1—注水管　2—调节扣　3—测压管

所以有：

$$V=KI \tag{8—8}$$

式中 V——渗透速度。

这个公式表示的是渗透速度 V 与水力坡度 I 的一次方成正比关系，即为达西层流运动定律。因在坐标中 V 与 I 是直线关系，故称直线渗透定律。它们的实质是能量守恒定理。在地下水运动中能量转换关系是地下水的位能在黏滞运动中与含水层互相作用转化为热能，只是由于地下水运动的速度慢，动能的变化小到可以忽略不计。在单位距离上位能的变化由水力坡度反映出来，而单位流量的水，通过单位过水断面所需的能量大小与含水层的渗透性能有关。含水层的渗透性越差，所需要的能量越大。由式 8—8 可知，若 K 变小，要维持原来的速度，则 I 就变大。当 $I=1$ 时，$K=V$，即岩石的渗透系数 K 相当于水力坡度为 1 时的渗透速度。这里给出了渗透系数明确的物理意义。

因为，渗透速度 $V=Q/\omega$（其中 ω 是过水断面），而实际过水面的空隙断面应为 $n\omega$（n 是岩石孔隙度，它小于 1）。因此，实际流速 $\mu=Q/(n\omega)$。所以，$Q/\omega=V=n\mu$，即实际流速总是大于渗透速度。

经过以后的研究得知，当地下水在透水岩石中均匀流动，其速度不大时，达西定律均可适用。因此，达西定律成了地下水速度小的层流运动的基本定律。

（2）非直线运动定律

地下水在大溶洞的大裂隙中运动，实际平均流速往往大于 1 000 m/昼夜，其性质就与渠道、管道中水的运动相似，即为紊流或混合流，它服从非直线运动定律。

紊流：

$$V=K\sqrt{I}，Q=K\sqrt[m]{I} \tag{8—9}$$

混合流：

$$V=K\sqrt[m]{I}，Q=K\omega\sqrt[m]{I} \tag{8—10}$$

式中 ω——地下水流过水断面面积；

m——流态指数（数值为 1/2～1）。

上式表明，地下水的渗透速度与水力坡度的平方根成正比，两者为抛物线关系。当地下水为混合流时，渗透速度与水力坡度的 $1/m$ 次方成正比，两者为指数曲线关系。

地下水的流动状态，取决于岩石空隙的分布、连通程度和大小，同时也取决于地下水运动的速度。两者之间，前者是起主导作用的，并影响着后者的大小。

在自然界，即使是煤矿区的岩层裂隙较宽，也往往被充填，限制着地下水的运动速度。而且，地下水的补给区与排泄区之间的位置高差比起渗透途径来，一般形成的水力坡度很小，故地下水渗透速度不大。所以在自然条件下，地下水渗透大多情况属于层流运动，服从直线渗透定律，可用达西公式解决地下水的运动问题。

第二节 矿井水灾发生的条件

矿井充水是指在矿床开采过程中，各种来源的水通过不同的方式（如渗入、淋入、涌入、溃入、突水等）和途径进入矿坑的过程。矿山生产过程中是否会发生矿井水害，取决于是否存在矿井充水的条件，即是否存在对矿井充水的水源及导通水源进入矿井的通道，如图 8—5 所示为矿井充水条件。而矿井充水是否会引发矿井水害还取决于充水程度。矿井充水水源、充水通道和充水程度三者的不同组合会产生不同类型、规模的矿井水害。

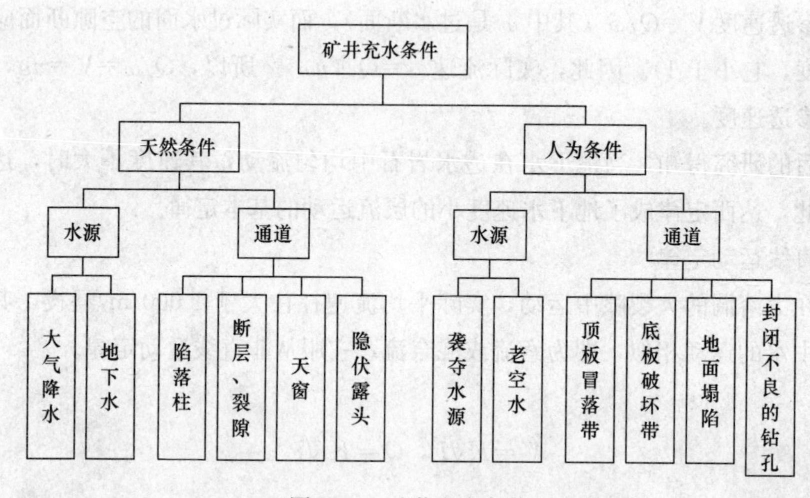

图 8—5 矿井充水条件

矿井充水条件包括天然条件及人为条件，无论哪种条件，都必须具备充水水源及充水通道。如果有水源但没有进入采掘空间的通道，就不会造成矿井充水。同样，如果有通道而无水源，矿井充水也不会发生。矿井充水因素同时与矿床的开拓方式、工艺和开采方法密切相关。研究矿井充水水文地质特征，可为选择最优的开拓方式、工艺和开采方法提供水文地质依据，反过来开拓方式及开采方法又可改变矿井充水特征。

一、矿井充水水源

在不同地质、水文地质、气候和地形条件下会形成不同类型的矿井充水水源，不同的充水水源会给矿山带来不同的充水模式和灾害程度。

1. 大气降水

大气降水在多数矿区是矿井水的主要补给来源。对于露天煤矿，大气降水便成为直接充水水源。对于地下开采的矿井，降水一般是通过补给含水层再转变为地下水，再进入矿井中，是间接充水水源。

大气降水对矿井充水的程度取决于以下因素：

（1）年降水量大小及季节性变化

我国潮湿多雨的南方煤矿，一般均比干旱的北方地区的煤矿充水性要强。如湖南、四川、贵州的一些煤矿，大气降水是矿井充水的主要因素，雨季矿井涌水量占全年涌水量的50%以上。而干旱的内蒙古地区的一些煤矿，矿井涌水量一般很小，只是在有河流影响的矿井，涌水量才大一点。

由于降水季节性的变化，使得矿井涌水量也有相应的变化。雨季时，矿井涌水量显著增加，旱季则显著减少。对于裸露岩溶地区的煤矿，这种变化更为明显。雨季时，出现的矿井最大涌水量称为洪峰流量，往往为正常涌水量的数十倍，甚至造成淹井。所以这些煤矿做好雨季防洪很重要。

（2）降水性质与矿区地形

降水性质对渗入量影响较大。不同的地区有着不同的情况，一般地区，暴雨不利于大气降水对矿井的渗入补给，因此，涌水量增加有限。对于坐落于裸露岩溶山区的煤矿，由于地表岩溶十分发育，暴雨将大大增加矿井涌水量，对生产构成威胁。

矿区地形直接决定矿井水的汇集条件和排泄条件。如矿井位于山区分水岭或斜坡地带，由于所处位置高于当地最低的排水基准面，只有降水渗入补给这唯一的充水水源，再加上地形陡峻，有利于自然排水，对矿井涌水量影响一般不大。位于山前平原和山间盆地中的矿井，往往由于可采煤层埋藏在当地最低排水基准面以下，地形条件也有利于矿井水的汇集。但是降水能否成为矿井水，则要根据煤层的埋藏条件与上覆岩层的透水性而定。

（3）煤层埋藏与上覆岩层透水性

一般来说，煤层埋藏较浅的比埋藏较深的受大气降水影响更大一些。这是因为，岩层的裂隙或岩溶的发育程度都是随深度的增加而减小的，所以岩层的透水性随深度而减弱，而且越往深处，地下水渗透途径越长，降水的影响越小。

平原地区的一些煤矿有松散覆盖层，这些上覆岩层的透水性，对降水渗入补给矿井有着重要影响。一般认为，当矿井上覆岩层中有厚而稳定的弱透水岩层如亚黏土、黏土层时，大气降水基本上对矿井水没有多大影响。可见，煤层上覆相对隔水层的存在与矿井涌水量关系很大。

2. 含水层中的水

煤矿常见的地下水有潜水、承压水。潜水分布在地下浅处，建井揭露它时会流入矿井中。承压水，尤其是埋藏较深的强含水层，对矿井威胁最大。因为它的强大静水压力水头，可以冲破煤层顶、底板岩层薄弱带，形成突水。矿井突水与断层关系更为密切，这不仅因为断层含水，更主要的是断层可将许多含水层沟通成为含水层之间的通道。

充水含水层的岩性、分布范围、厚度和补给条件决定着地下水的贮存量和补给量。而地下水的贮存量和补给量直接影响着矿井涌水量。一般含水层分布越广，透水性越好，厚度越大，贮存地下水量就越多。若矿井充水水源主要是含水层贮存量时（补给条件不好），初期涌水量往往很大，随着贮存量的不断消耗，矿井涌水量有逐渐变小的趋势。含水层的出露面积越大，岩石透水性越好，补给越充沛时，含水层的补给量就越大。当矿井充水水源以含水层的补给量为主时，则涌水量足且比较稳定。

3. 地表水

分布地表的江河、湖泊、池塘、海洋、水库等含水体统称为地表水。当它们位于煤矿生产井田的上方或附近时，可能构成对井下生产的威胁。如回采工作过程中，采空区上覆岩层发生冒落、断裂、下沉，当人工裂隙波及它们时，会将地表水导入矿井中。地表水对矿井充水的影响程度，取决于以下因素：

（1）地表水体性质和规模

一般常年性水流流入矿井中，将会形成大而稳定的矿井涌水量；季节性的小河对矿井的威胁只是在雨季时应加以注意。

（2）地表水体与充水含水层间的水力联系

地表水体往往是通过断层与充水含水层发生水力联系的，从而成为矿井稳定涌水量的水源。对于这种情况，一般要查明矿井排水时补给半径扩展的范围、采掘活动产生的导水裂隙带发育程度和地下水位的变化规律，依据资料来分析、判断它们的联系情况。

（3）矿井开采深度和位置

地表水体与矿井的相对位置包含高程关系和水平距离两个方面。只有当地表水体所处的高程高于矿井巷系统高程时，地表水才有可能进入矿井中。在水平方向，只有地表水体位于矿井开采排水形成的降落漏斗范围内，才有可能成为矿井充水水源。

矿井排水形成的降落漏斗，其扩展受到矿区地层岩性、透水性的差异和岩层结构、构造的影响，因此，不能简单地用地表水体与矿井间的水平距离判断地表水对矿井充水的可能性，而应当结合矿区的具体地质条件进行具体地分析。若地表水体与煤矿之间有相对隔水层，同时，采空区顶板陷落产生的导水裂隙不能达到地表水体附近，则二者距离虽然很近，但地表水仍然不能进入矿井中。

4. 老窑水

我国大多数矿区，在煤层露头地带分布着不同年代废弃的小煤窑，又称老窑。任何一个老窑都是因为矿产已经采空，或者因积水无法排除而放弃从而成为煤矿顶部巨大的积水区。当采掘工作接近它们的时候，这些水就成为矿井涌水的水源，往往造成水害事故。老窑水突水的特点有如下 3 点：

（1）老窑水好像一个地下水库，当揭露它时，积水会顿时倾泻而出，来势凶猛，具有很大的破坏性。

（2）若老窑水为“死水一潭”，短期突水后很快会流干；若老窑水与地表水有水力联系，则将成为稳定的充水水源。

（3）老窑水长期处于停滞状态，呈酸性，pH 值有的在 1.5 左右，腐蚀性强，常呈黄色或铁锈色，透明度较差，具有臭味。

二、矿井充水通道

矿井充水水源的存在只是构成矿井充水的一个方面，矿井是否充水还取决于是否存在充水通道。矿井充水通道是指连接充水水源与矿井之间的流水通道，它是矿井充水因素中最关键，也是最难以准确认识的因素。大多数矿井突水灾害正是由于对矿井充水途径（导水通道）认识不清所致的。

矿井充水通道按其成因不同可分为：构造类导水通道，如断层、裂隙等；采矿扰动类导水通道，如顶板冒落、底板破裂、矿柱击穿等；工程类导水通道，如封闭不良的钻孔、小煤窑等；其他通道，如陷落柱、岩溶塌洞等。

按导水通道的形态可分为：点状导水通道，如陷落柱、封闭不良的钻孔、熔岩塌洞等；带（线）状导水通道，如断层带或断裂破碎带等；面状导水通道，如发育于顶、底板岩层的各类裂隙等。

1. 顶板冒落裂隙带型通道

地下开采矿床时，由于矿层采出后形成采掘空间，即采空区，使其天然应力平衡状态受到破坏，产生局部的应力集中。当采空区面积大、围岩强度不足以抵抗上覆岩体重力，顶板岩层内部形成的拉张应力超过岩层的抗拉强度极限时产生向下的弯曲和移动，进而发生断裂、离层、破碎并相继冒落。从煤矿床来看，采空区顶板岩体的破坏变形形态与规律通常受到采空区空间几何形态、顶板岩体的破坏变形形态等多种因素的控制。

不同因素的组合会产生不同的顶板岩体变形破坏特征。一般在采空区上方，自下而上可出现三个不同性质的破坏与变形带，即冒落带、裂隙带和弯曲带（也称“上三带”）。当裂隙带发育高度达到矿层顶板含水层时，矿井涌水量将显著增加，否则矿井涌水无明显变化。当裂隙带发育高度达到地表水体时，矿井涌水量将迅速增加，并常伴有井下涌砂现象。

2. 地板采动裂隙带型通道

许多矿床底板之下赋存有高压承压含水层水，这些矿床在开采之前，水、岩处于一定的平衡状态。当矿层被采出后，在矿层底板隔水层之上便形成临空边界并产生水、岩应力释放，原来的平衡状态随之被打破，应力重新调整与分布，促使岩体结构发生变化，以期达到新的平衡状态。这种应力重新调整的过程，也就是矿压和水压调整与作用的过程。随着这个过程的推进，隔水底板岩层必然受到不同程度的破坏，形成新的破裂面或使原有的闭合裂隙“活化”，组成采动裂隙破坏带。同时，矿层底板下伏含水层压力也会作出调整和变化，这种水压力的调整和变化将会表现在对隔水底板的压裂扩容、渗水软化等，使原有裂隙进一步增大。矿层底板上部采动裂隙破坏带不断向下发展，有效隔水层厚度逐渐变薄，最后将导致与下部含水层直接沟通后，下伏承压含水层中的水便涌入采掘工作面，而底板采动破坏所形成的破裂则是地下水得以导入采掘空间的通道。

3. 构造断裂型通道

(1) 导水断层通道

多数的导水断层通道是张性和张扭性断层（裂）带，极少数是压性和压扭性断层（裂）带。当这种断层（裂）带与其他水源无水力联系时，一般为孤立的含水断层（裂）带。这种水可以有很大的水头压力，但通常水的储量不大。矿井采掘巷道接近或揭露这种断层（裂）带时，会发生突然涌水，但一般是开始水量较大，以后逐渐减少直至干涸，对采掘工作面无太大影响，通常不需要采取复杂的措施。当这种断层（裂）带与其他水源有水力联系时，对采矿工作影响很大，其突水水量往往大而稳定，不易疏干。

通常情况下，断层带的透水性与其两盘岩石的透水性具有一致性。当断层两盘为脆性可溶岩石时（如灰岩、白云岩等），断层及其影响带裂隙、岩溶发育，具有良好的透水性；当断层两盘为脆性但不可溶岩石时（如石英岩、石英砂岩等），断层两侧往往发育有张开性较好的牵引裂隙，也具有良好的透水性；当断层两盘为柔性岩石时（如泥岩、页岩等），断层破碎带多被低渗透性的泥质成分所充填，并具有一定程度的胶结，导致破碎带孔隙、裂隙率大为降低，断层面发生“闭合”，一般不具备导水性或导水性极弱。

(2)“迟后导水”的断层通道

"迟后导水"的断层通道隔水断层的隔水性，在水平和垂直方向上经常是不一样的，这种变化与隔水断裂带的规模和穿过的岩层性质有关。在隔水的断层带中，根据开采后的表现又可分为两种，即开采后仍能起隔水作用的隔水断层和开采后能够将其"激活"而透水的隔水断层。隔水断层在开采后透水是由于开采后在水压及矿压作用下，促使断裂带进一步破碎或因其中的疏松充填物被冲蚀掉而导致透水。"迟后"突水的例子在各大煤矿区的开采史上并不少见，即采掘巷道穿过某些隔水断层带时无水或水量很小，但经过一段时间后或采煤工作面扩大到一定宽度时，断层带附件开始出现底鼓、裂隙，继之发生断层突水。

(3) 构造裂隙通道

构造裂隙的力学性质、连通及充填状况对涌水的形式及涌水的规模起着至为重要的控制作用。在矿床上下含水层之间沉积的粉细砂岩、细砂岩隔水层组在多期构造应力作用下，可使隔水岩层产生不同方向的网络状裂隙，这种面状展布的裂隙网络的导水性随着上下充水含水层地下水水头差的增大而增加。一般，张性和张扭性裂隙，未被充填或充填程度不高的，导水性较强，当有充足的水源补给时，容易形成大规模的涌水。压性和压扭性裂隙，一般导水性差，甚至不导水。

4. 岩溶陷落型通道

岩溶陷落柱是上覆岩层岩块的塌陷堆积体。陷落柱的密实程度变化较大，相对于围岩而言其程度较低，空隙性较好，陷落柱周边与围岩的联结较脆，陷落柱外侧岩层通常裂隙较发育。故岩溶陷落柱不仅对矿层开采有明显的影响，而且往往成为地下水突入矿井的通道。

我国华北型煤田矿井在开采过程中所揭露的岩溶陷落柱，多数是属于不导水或弱导水型陷落柱，只有少部分属于中等导水或强导水型陷落柱。由于导水岩溶陷落柱体本身既提供较大的储水空间，又是导致突水的导水通道，其垂直水力联系畅通，并且沟通煤层底板和顶板数个含水层，高压地下水充满柱体，因此采掘工作面一旦揭露或接近柱体，地下水就会大量涌入井巷，水量大且稳定，易造成淹井事故。

5. 钻孔型通道

钻孔型通道主要是指矿区在不同时期勘探中遗留下来的封实质量不佳的钻孔和矿区废弃但填实不足的机井等。该类型导水通道的隐蔽性强，垂向导水较为畅通，不仅会使垂向上不同层位的含水层之间发生水力联系，而且当采掘巷道揭露或接近它时，会产生突发性的突水事故。由于这类通道在垂向上往往串通了多个含水层，因此一旦发生突水事故，不仅突水初期水量大，而且还会有比较稳定的水量补给。

三、矿井水灾的原因分析

造成水灾的原因是多方面的，归纳起来主要有以下几方面：

1. 地面防洪、防水措施不当，或因管理不善而使地表水大量灌入或渗入井下，造成水灾。

2. 水文地质情况不清。对井田范围内的含水层数目，含水层和地表水的关系，水的循环条件，岩层的渗水性、断层、裂隙及其与水源和煤层的关系，古井小窑的分布以及采空区塌陷情况等水文地质资料掌握不清，就盲目进行开采，都有可能使地下水或地表水经充水通道进入开采区造成水灾。

3. 井筒位置选择不合理。如对矿区地形、地貌及气象资料掌握不够，将井口位置选择在当地历年最高洪水位以下的河谷或洼地，一旦遇暴雨袭来，引起山洪暴发，就可能造成淹井事故。

4. 井巷位置设计不当。如将井巷布置在不良地质条件或接近强含水层等水源处，这些井巷在地压的作用下产生变形和裂隙，并与含水层沟通，导致顶底板透水。

5. 技术决策不正确。例如，在断层附近，生产矿井与废弃矿井之间、采空区与新采区之间没有留隔水煤柱或煤柱尺寸太小等，也能造成水灾。

6. 施工质量低劣，措施不当，致使井巷严重冒顶、片帮而导致透水。

7. 没有按照《煤矿安全规程》规定，在有水害威胁的地区设置水闸门。一旦透水时，不能截断水源。

8. 排水设备能力不足或因机电事故停泵而造成淹井。

9. 由于测量错误，使巷道穿透积水区。

10. 麻痹大意，丧失警惕。许多事例说明，造成水灾的原因不是地质资料不清或技术措施不正确，而是思想上麻痹大意、丧失警惕。如没有执行探放水制度，在构造破碎带违章作业、注浆质量不高等都可能造成矿井水灾。

第三节　矿井涌水量预测

矿井涌水量的大小不仅是对矿井建设进行技术经济评价、合理开发的重要指标，更是矿井生产设计部门制定采掘方案、确定矿井排水能力、制定疏干措施、防止重大水害和利用地下水资源的重要依据。因此，正确预测矿井涌水量是矿井水文地质工作的重要任务。目前矿井涌水量的预测方法较多，常用的预测方法有水文地质比拟法、解析法等。

一、水文地质比拟法

水文地质比拟法又称为经验方程法（或类比法），是利用地质和水文地质条件相似、开采方法基本相同的生产矿井涌水量资料，来预测新建矿井的涌水量。该方法的前提是新建矿井与生产矿井的地质和水文地质条件基本相似，生产矿井要有长期的水量观测资料，以保证涌水量与各影响因素间的数学表达式的可靠性。水文地质比拟法包括富水系数法、水文地质条件比拟法等。

1. 富水系数法

富水系数（K_p）是矿井排水量（Q_0）与同时期矿井生产能力（P_0）的比值。它是衡量矿井水量大小的一个指标。K_p值是根据矿井长期排水量和生产能力统计数字而确定的。

富水系数法就是根据已知生产矿井的富水系数预测邻近的、水文地质条件相似、开采方法相同的新建矿井（或采区）的涌水量。预测公式为：

$$Q=K_pP=\frac{Q_0}{P_0}P \tag{8—11}$$

式中 Q_0，Q——已知生产矿井涌水量、新建矿井涌水量，m^3/a；

P_0，P——已知生产矿井生产能力、新建矿井生产能力，t/a；

K_p——矿井富水系数。

2. 水文地质条件比拟法

当新建矿井与生产矿井水文地质条件相似，或新采区与老采区水文地质条件相似时，根据与涌水量有关的实测数据，用以下比拟式对新矿井或新采区的涌水量进行预测。预测公式为：

降身比拟法：

$$Q=Q_0\left(\frac{S}{S_0}\right)^n(n\leqslant 1) \tag{8—12}$$

采面比拟法：

$$Q=Q_0\left(\frac{F}{F_0}\right)^{\frac{1}{m}}(m\geqslant 2) \tag{8—13}$$

单位采长比拟法：

$$Q=Q_0\left(\frac{L}{L_0}\right)^n(n\leqslant 1) \tag{8—14}$$

采面采深比拟法：

$$Q=Q_0\left(\frac{F}{F_0}\right)^n\left(\frac{S}{S_0}\right)^{\frac{1}{m}}(n\leqslant 1,\ m\geqslant 2) \tag{8—15}$$

厚度采深比拟法：

$$Q=Q_0\left(\frac{M}{M_0}\right)^n\left(\frac{S}{S_0}\right)^{\frac{1}{m}} \tag{8—16}$$

式中 Q_0，Q——已知生产矿井实际涌水量、新建矿井涌水量，m^3/h；

S_0，S——已知生产矿井实际水位降深、新建矿井水位降深，m；

F_0，F——已知生产矿井实际开采面积、新建矿井开采面积，m^3；

L_0，L——已知生产矿井实际开采巷道长度、新建矿井巷道开采长度，m；

M_0，M——已知生产矿井充水含水层厚度、新建矿井充水含水层厚度，m；

n，m——地下水流态系数。当地下水为层流时，$n=1$，$m=2$；当地下水为紊流时，$n<1$，$m>2$。

水文地质比拟法是涌水量与单个因素或两个因素之间关系的简单换算，没有考虑其他影响因素。实际上，矿井涌水量会随着时间、开采方式等因素变化，因此用水文地质比拟法预测出的结果只是一个近似值，其计算结果仅具有参考价值。

二、解析法

解析法是指通过分析矿井充水条件、对矿井充水的实际问题进行合理概化、构造理想化模式的解析公式进行矿井涌水量预测。这种方法具有对井巷类型适应能力强、快速、简便、经济等优点。

根据地下水运动状态的不同，解析法又可细分为稳定井流解析法（应用于矿坑疏干流场处于相对稳定状态的流量预测）和非稳定井流解析法。前者包括在已知某开采水平最大水位降深条件下的矿井总涌水量，在给定某开采水平疏干排水能力的前提下，计算地下水位降深（或压力疏降）值；后者用于矿床疏干过程中地下水位不断下降，疏干漏斗持续不断扩展，非稳定状态下的涌水量预测。

1. 完整井稳定井流公式（袭布依公式）

矿床开采时矿坑系统的形状往往是比较复杂的，但矿区疏干或排水的降落漏斗的形状大多是以矿坑为中心的近圆形漏斗。因此，在预测巷道系统和露天矿采场的涌水量时，可把整个矿坑系统大致概化成一个半径为 r_0 的“大井”，大井的底面积 πr_0^2 等于巷道系统所包围的面积。这个想象的圆形大井的半径 r_0 为引用半径。只要求出“大井”的引用半径，就可求出矿井涌水量，此方法也称为“大井法”。

潜水完整井流涌水量公式：

$$Q=\pi K\frac{H^2-h_0^2}{\ln R/r_0}=1.366K\frac{H^2-h_0^2}{\lg R/r_0} \tag{8—17}$$

承压完整井流涌水量公式：

$$Q=2.73KM\frac{s_0}{\lg R_0/r_0} \tag{8—18}$$

承压—无压完整井流涌水量公式：

$$Q=1.366K\frac{(2H-M)M-h_0^2}{\lg R_0/r_0} \tag{8—19}$$

式中 Q——预计的矿井涌水量，m^3/d；

K——含水层渗透系数，m/d；

H——潜水含水层的厚度或承压含水层的水头高度（从巷道底板算起），m；

M——承压含水层厚度，m；

s_0——由于矿井排水而产生的水位降低值，m；

r_0——“大井”的引用半径，m；

h_0——巷道内的水柱高度，m；

R_0——“大井”的引用影响半径，m。

“大井”的引用影响半径是以巷道系统中心为对称轴的假想圆形降落漏斗的半径。当矿坑系统为不规则对边形时，引用影响半径为 $R_0=R+r_0$（R 为含水层抽水时得出的影响半径，可根据抽水试验资料确定，也可用经验公式确定。当用经验公式确定时，对于潜水：$R=2s\sqrt{KH}$；对于承压水：$R=10s\sqrt{KH}$）。“大井”的引用半径大小与巷道系统的平面形状有关。

2. 完整井非稳定井流公式（泰斯公式）

矿井充水含水层为均质等厚各向同性、平面上无限延伸不存在边界的承压含水层，地下水运动为二维流，天然水力坡度为零，含水层的渗透系数在时间和空间上都是常数。抽水井是井径无限小并以定流量抽水的完整井，抽水时含水层所给出的水量是含水层瞬间弹性释放的结果，在垂向和水平方向均没有补给——在这种前提条件下，可得出完整井非稳定井流公式（泰斯公式）：

$$s=\frac{Q}{4\pi T}W(u) \tag{8—20}$$

式中 s——以定流量 Q 抽水时，与抽水孔距离为 r 处任一时间 t（从抽水时间算起）的水位降深，m；

T——导水系数（$T=KM$，K 为渗透系数，M 为承压含水层厚度），m^2/d；

u——井函数自变量（$u=r^2/4at$，$a=T/S$，a 为导压系数，S 为弹性释水系数）；

$W(u)$ ——井函数，$W(u)=-0.5772-\ln u-\sum_{i=1}^{\infty}(-1)^i\frac{u^i}{i\cdot i!}$。

当抽水时间较长，$u\leqslant 0.01$ 时，泰斯公式可简化为雅克布公式：

承压完整井非稳定井流公式：

$$s=\frac{Q}{4\pi KM}\ln\frac{2.25at}{r^2} \tag{8—21}$$

式中各项意义同泰斯公式。

潜水完整井非稳定井流公式：

$$H^2-h^2=\frac{Q}{4\pi K}\ln\frac{2.25at}{r^2} \tag{8—22}$$

式中 h——以固定流量 Q 在潜水含水层中抽水时，在距离抽水井为 r 处、抽水时间达 t 时刻的潜水位，m；

a——导压系数（$a=T/\mu=Kh_{cp}/\mu$，$h_{cp}=(H+h)/2$，h_{cp} 为潜水含水层的平均厚度，μ 为潜水含水层的给水度，H 为潜水天然水位，h 为潜水完整井井中水位），m^2/d。

第四节 地面防治水的措施

地面防、排水是防止降水和地表水大量流入矿井的第一道防线。对于以降水和地表水为主要水源的矿井，地面防排水尤为重要。根据矿区不同的地形、地貌及气候条件，应从下列几方面采取相应的措施防止地表水灌入矿井。

一、慎重选择井筒位置

矿井所有井口（平硐口）和工业广场内主要建筑物的标高必须在当地历年最高洪水位以上。在特殊情况下，确实难找到较高的位置或需要在山坡上开凿井筒时，则必须修筑坚实高台或在井口附近修筑可靠的泄水沟和拦水堤坝，以防暴雨、山洪从井口灌入井下，造成灾害。

二、防止井田范围内的地表水大量渗漏

当矿体上部无足够厚度的隔水地层（如黏土层）时，应尽可能将井田范围内的河、湖、

池、沼等疏干或迁移。河流改道虽可彻底解除河水透入井下之患，但工程大，费用高，需做技术经济比较后再设计施工。如不宜改道，可将井田范围内河道取直，以减少渗透通道和减少煤柱（矿柱）损失，或对河床采取加固和铺底防漏措施。

整铺防漏的主要措施有：按水量及坡度确定河渠断面，以限制流速。河底清理后用黄土（或灰土，由石灰和黄土拌和而成）压实作垫层，厚度在 25 cm 以上，起隔水防漏作用；其上为伸缩层，用砂、石（砂、石比约为 3：7）铺设，厚 20 cm，以防止底层翻浆；上层用水泥沙浆及河卵石构筑，厚度 35 cm 以上。

三、排出积水与填塞漏水通道

地面的洼地、塌陷区面积不大的，可用黏土填平夯实，使之高出地面；面积大的可开凿疏水沟渠，修筑围堤，必要时安设水泵设备，做到及时拦水、疏水、排水，使水不能积存。对于废钻孔、洞穴、古井等应该用泥沙、黏土、水泥等妥善填塞、封闭。

四、挖排洪沟

位于山麓地区或山前平原的矿井，山洪直接威胁矿井安全，因此，需在井田边缘垂直于来水方向挖排洪沟拦截洪水并引出井田。

五、加强雨季前的防汛工作

为了做到有备无患，还必须在雨季汛期之前，做好防汛准备工作。地面防水工作，往往分布面积广、工程维修量大，不能有丝毫疏忽。必须制订具体计划，组织专门队伍，有领导、有计划、有步骤地搞好此项工作。

第五节　井下防治水的措施

井下防治水，主要是采用探水、放水、截水、堵水等措施。在采用某种措施之前，必须先搞清有关水文地质情况才会取得好的效果。

一、水文观测工作与矿井地质工作

1. 水文观测工作

（1）收集地面气象、降水量和河流水文资料（流速、流量、水位、枯水期、洪水期）；在掌握地表水体的分布、水量、补给、排泄的情况下，查明洪水泛滥对矿区、工业广场及居民点的影响程度。

（2）通过探水钻孔和水文观测孔，观测各种水源的水压、水位和水量变化规律，分析水质等，查明矿井水的来源，以及矿井水和地下水、地表水的补给关系。

（3）观测矿井涌水量及其季节性变化规律等。

2. 矿井地质工作

为了查明水源和可能涌水的通道，在矿井建设和生产过程中，应不断积累和掌握以下情况为防治水提供依据：

（1）冲积层的厚度和组成，各分层的透水性、含水性。

（2）断层和裂隙的位置、错动距离、延伸长度、破碎带范围、含水性、导水性。

（3）含水层与隔水层的数量、位置、厚度、岩性，各含水层的单位涌水量、水压、渗透性、补给排汇条件，及其到开采矿层的距离。

（4）调查老窑和现采小窑的开采范围、开采经过、开采煤层及深度、积水区域及分布状况、勘探钻孔的填实状况及其透水性能。

（5）开采过程中围岩破坏范围及地表塌陷情况，观测塌陷带、裂隙带、沉降带的高度，以及采动对涌水量的影响，判断是否有透水等情况。

（6）井巷出水点的位置及其水量，老窑积水范围、标高和积水量，都必须绘在采掘工程图上。水淹区域应标出探水线的位置。探水线位置的确定，必须报矿总工程师批准。采掘到探水线位置时，必须探水前进。

二、井下探水

地下开采的煤矿，地质和水文地质条件错综复杂，在矿井建设和生产过程中，对地下含水情况不可能掌握得十分清楚。为了安全生产，必须进一步探明水文情况，确切地掌握水源的位置和距离。因此，在矿井建设和生产过程中都必须坚持有预测预报、有疑必探、先探后掘、先治后采的原则。探放水工作必须由专人负责。

采掘工作遇到下列情况之一时，必须按《煤矿防治水规定》进行探放水：

（1）接近水淹或可能积水的井巷、老空、相邻煤矿时。

（2）接近水文地质复杂的区域，并有出水征兆时。

（3）接近含水层、导水断层、暗河、溶洞积水、陷落柱时。

（4）接近可能同河流、湖泊、水库、蓄水池、水井、水渠等相连通的断层破碎带时。

（5）接近有出水可能的钻孔时。

（6）接近有积水的灌浆区时。

（7）打开隔离煤柱放水时。

（8）接近其他可能突水的地区时。

在接近积水区采掘及探水和排放被淹没井巷积水时，都应进行探放水设计及拟定安全措施，报矿总工程师批准。

探放水设计应根据矿井水文资料的掌握程度、积水区水头压力、水量、煤层和岩层厚度及强度等因素来确定，具体内容如下：

1. 探水起点

探水时从探水线开始向前方打钻孔，在超前探水时，钻孔很少一次就能打到积水目标区，常是探水——掘进——再探水——再掘进，循环进行。探水钻孔终孔位置应始终超前掘进工作面一段距离，该段距离称为超前距。经探水证实无任何水害威胁，可安全掘进的长度称为允许掘进距离。为使巷道两帮与可能存在的水体之间保持一定的安全距离，呈扇形布置的最外侧探水孔所控制的范围与巷道帮的距离称为帮距。由于积水范围难以准确掌握，对超前距、帮距均有一定的要求：探放老空积水的超前钻距，最小水平钻距不小于30 m，止水套管长度不小于10 m；沿岩层探放含水层、断层、陷落柱等含水体时，按表8—2确定探水钻孔超前钻距和止水套管长度。帮距应与超前距相同，一般取20 m，有时帮距可以比超前距小8.2 m。

表8—2　　岩层中探水钻孔超前钻距和止水套管长度

水压（MPa）	钻孔超前钻距（m）	止水套管长度（m）
＜1.0	＞10	＞5
1.0～2.0	＞15	＞10
2.0～3.0	＞20	＞15
＞3.0	＞25	＞20

2. 钻孔直径的确定

探水钻孔一般兼作排水钻孔，因此，决定孔径时，既要使积水能顺利排出，又要防止冲垮煤壁。除兼作堵水或疏水用钻孔外，终孔孔径一般不大于75 mm。

3. 钻孔布置与孔数

根据地质条件，如煤层走向和倾角的变化，采掘巷道与可能积水区的相对位置，以能保持安全岩柱厚度，防止漏探，安全经济又有一定的施工速度为原则，来确定钻孔布置及孔数。

在缓倾斜薄煤层巷道里打探水钻孔时，主要是预防积水从掘进工作面前方或两帮突然涌出。因此，钻孔要布置在巷道中部的位置，按扇形布置，如图 8—6 所示。

在急倾斜薄煤层打探水钻孔时，主要是防止积水从工作面前方或顶、底板突然涌出。为此，钻孔应布置在工作面中部的垂直位置上，如图 8—7 所示。

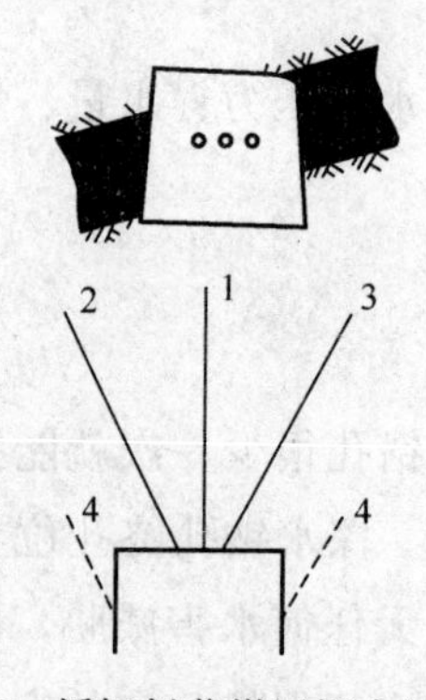

图 8—6　缓倾斜薄煤层探水钻孔布置

1—中心孔　2、3—帮孔　4—前次探水孔的位置

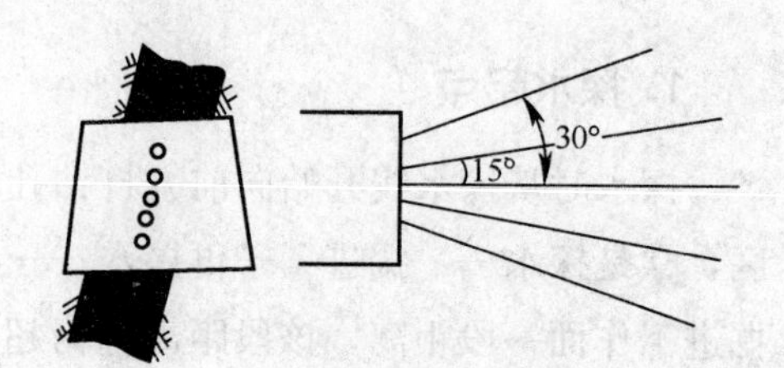

图 8—7　急倾斜薄煤层探水钻孔布置

在中厚煤层巷道里探水时，既要防止掘进工作面前方或两帮突然涌水，又要防止顶、底板突然涌水，所以钻孔的布置要根据煤层厚度和巷道位置来确定。当巷道沿煤层顶板布置时，钻孔布置如图 8—8a 所示；当巷道沿煤层底板布置时，钻孔布置如图 8—8b 所示。

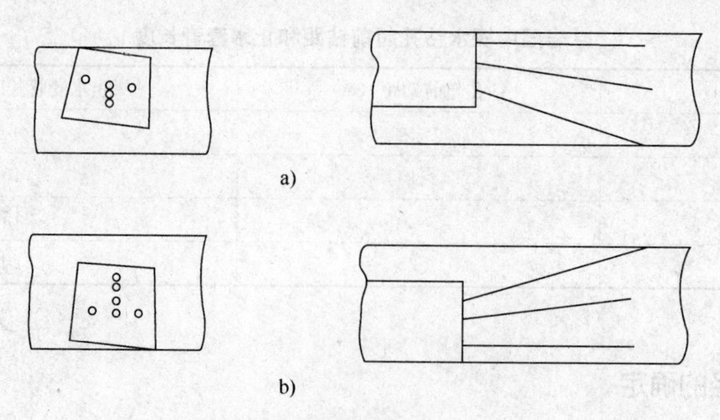

图 8—8　中厚煤层探水钻孔布置

探老窑积水时，因为旧巷极不规则，为了避免漏探，钻孔应该较密。在探水巷道每次停止掘进的位置上，探水钻孔间距不得大于 3 m。

在断层附近掘进巷道进行探水时，钻孔布置要根据掘进巷道与断层的相互位置关系而定，如图 8—9 所示。如果巷道沿断层方向，根据调查资料，另一侧又有强含水层时，为了保障掘进巷道时的安全，应在掘进时向断层方向布置一个钻孔，钻孔尽量打深些，超前距离 20 m，钻孔方向偏向断层。

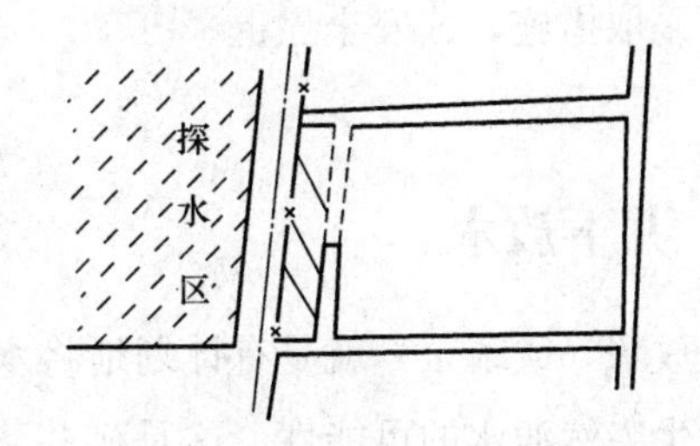

图 8—9　沿断层掘进时探水钻孔布置

井下探水时，钻孔个数以保证钻孔有必要的密度为原则。探放老空水、陷落柱水和钻孔水时，探水钻孔成组布设，在巷道前方的水平面和竖直面内呈扇形，钻孔终孔位置以满足平距 3 m 为准，厚煤层内各孔终孔的垂距不得超过 1.5 m。探放断裂构造水和岩溶水时，探水钻孔沿掘进的前方及下方布置。底板方向的钻孔不得少于 2 个。煤层内，原则上禁止探放水压高于 1 MPa 的充水断层水、含水层水、陷落柱水等。

4. 探水时的安全措施

（1）探水前应核定矿井的实际排水能力，检查、维修排水设备，并清挖水沟、水仓，使其有一定的富余能力。

（2）探水前应加固探水工作面支架，以免压力水冲垮煤壁和支架。

（3）事先确定并熟悉避灾路线，清理好巷道，保证安全撤退路线畅通无阻。坡度在 20°以上的巷道要设梯子和扶手。

（4）探水地点要安设电话，一旦发现透水而又无法控制时，可立即通知有关的险区人员撤离。

（5）在探水工作中，对于水量小、水压不高的地区，可不设孔口套管，积水通过钻孔直接流出。在探放水量和水压较大的地区或强含水层时，为了保证安全生产，防止钻眼被水冲刷扩大，孔口应安设套管加固，使钻杆通过套管打钻。套管上装有水压表及闸阀，探到水源后，即利用套管放水。

（6）打钻过程中，如发现煤、岩变松或沿钻杆向外流水超过正常打钻供水量时，必须立即停钻，绝对不能移动或拔钻杆，应派人监视水情，并报告矿调度室。如果情况危急，那么必须立即通知所有受水威胁地点的人员撤退，并采取应急措施。

（7）钻孔接近老空区，估计有可能涌出瓦斯或其他有害气体时，必须有气体检测人员或救护队在现场值班，检查空气成分。发现有害气体超过规定时，立即停钻停电，撤出人员，并报告调度室处理。

(8) 工作人员要熟悉透水预兆，当发现透水预兆或发生大量涌水时，应立即报告调度室，采取措施，或安全撤退。

三、井下放水

放水（或疏干）就是有计划地将水源全部或部分疏放出来，从而彻底消除在采掘过程中发生突然涌水的可能性。这是矿井防治水中最积极、最有效的措施之一。放水时必须根据安全、经济、合理的原则，针对积水区的不同情况，确定不同的方案。

1. 疏放老空水

(1) 直接放水。当水量不大，不会超过矿井排水能力时，可利用探水钻孔直接放水。

(2) 先放后堵。当老空区虽有补给水源，但补给量不大，或在一定季节没有补给时，应选择时机先排水，然后再进行堵漏、防潜施工。

(3) 先堵后放。当老空水与溶岩水或其他巨大水源有联系时，动水含量很大，如果不堵住水源，一时排不完或不可能排完时，应先堵住出水点，然后排放积水。

(4) 用煤柱或构筑物暂时隔离。如果水量过大，或水质很坏，腐蚀排水设备，就应先隔离，做好排水准备工作后再排放；如果放水会引起塌陷，影响上部的重要建筑物或其他设施，就应留防水煤柱永久隔离。

2. 疏放含水层水

(1) 地面疏放水。在地面打钻孔，利用潜水泵或深井泵抽排，以降低地下水的水位。该方案适用于埋藏较浅、渗透性良好的含水层。

(2) 用井下疏水巷道疏水。应先探水，摸清水情，预测出涌水量，准备好疏放水泵及防水闸门后，掘开疏水巷道，使其顶板含水层的水通过空隙和裂隙疏放出来。在掌握水压、水量的情况下，可提前掘进采区巷道作为疏水巷道，也可将疏水巷道直接布置在被疏放的含水层中以提高疏放效果。

(3) 用井下钻孔疏水。在计划疏放降压的不突水部位先掘巷道，然后在巷道中每隔适当的距离向放水层打钻。

3. 疏放水时必须注意的安全事项

(1) 放水前应进行水量、水压及煤层透水性试验。

(2) 放水时应根据排水能力及水仓容量，拟定放水顺序和控制水量，以免造成水灾。

(3) 探到水源后，在水量不大时，一般可用探水钻孔放水；水量很大时，需另打放水钻孔，放水钻孔的孔口必须安设套管。放水钻孔直径一般为 50～75 mm，孔深不大于 70 m。

(4) 放水前先选好人员撤退路线，保证路线畅通，沿途要有良好照明。

(5) 放水过程中随时注意水量变化，出水的清浊和杂质，有无有害气体涌出，有无特殊声响等，发现异状应及时采取措施并报告调度室。

四、截水

截水是利用防水煤（岩）柱、水闸墙、水闸门等，临时或永久地截住水源，将采掘区与水源隔离，使局部地区的涌水不致危及其他地区。

1. 防水煤（岩）柱

在相邻矿井的分界处，应当留防水煤（岩）柱。如果矿井是以断层分界的，就必须在断层两侧预留防水煤柱，并且严禁开采防水煤柱（隔离煤柱）。受水害威胁的矿井，有下列情况之一的应留设防水煤（岩）柱：

(1) 煤层露头风化带。

(2) 在地表水体、含水冲积层下和水淹区临近地带。

(3) 与强含水层间存在水力联系的断层、裂隙带或与强导水断层接触的煤层。

(4) 有大量积水的老窑和采空区。

(5) 导水、充水的陷落柱和岩溶洞穴。

(6) 分区隔离开采边界。

(7) 受保护的观测孔、注浆孔、电缆孔等。

各种防水煤柱要根据地质构造、水文地质条件、煤层赋存条件、围岩物理力学性质、开采方法、岩层移动规律等因素进行留设。

(1) 煤层露头防（隔）水煤（岩）柱的留设

1) 煤层露头无覆盖或被黏土类微透水松散层覆盖时：

$$H_f = H_k + H_b \tag{8—23}$$

2) 煤层露头被松散富含水层覆盖时：

$$H_f = H_L + H_b \tag{8—24}$$

式中 H_f——防（隔）水煤（岩）柱高度，m；

H_k——采后垮落带高度，m；

H_L——导水裂缝带最大高度，m；

H_b——保护层厚度，m。

根据式（8—23）和式（8—24）计算的值，不得小于 20 m。式中 H_k、H_L的计算，参照《建筑物、水体、铁路及主要井巷煤柱留设与压煤开采规程》的相关规定。

（2）含水或导水断层防（隔）水煤（岩）柱的留设

含水或导水断层防（隔）水煤（岩）柱的留设可参照下列经验公式计算：

$$L=0.5KM\sqrt{\frac{3p}{K_p}}\geqslant 20\ \mathrm{m} \tag{8—25}$$

式中 L——煤柱留设的宽度，m；

K——安全系数，一般取 2～5；

M——煤层厚度或采高，m；

p——水头压力，MPa；

K_p——煤的抗拉强度，MPa。

（3）煤层与强含水层或导水断层接触时防（隔）水煤（岩）柱的留设

煤层与强含水层或导水断层接触，并局部被覆盖时，防水煤柱的留设要求：

1）当含水层顶面高于最高导水裂隙带上限时，防水煤柱可按图 8—10a、b 留设。计算公式为：

$$L=L_1+L_2+L_3=H_a\cos\theta+\mathrm{H}_L\cot\theta+H_L\cot\delta \tag{8—26}$$

2）最高导水裂隙带上限高于断层上盘含水层时，防水煤柱按图 8—10c 留设。计算公式为：

$$L=L_1+L_2+L_3=H_a(\sin\delta-\cos\delta\cot\theta)+(H_a\cos\delta+M)(\cot\theta+\cot\delta)\geqslant 20\mathrm{m} \tag{8—27}$$

式中 L——防（隔）水煤（岩）柱宽度，m；

L_1、L_2、L_3——防（隔）水煤（岩）柱各分段宽度，m；

H_L——最大导水裂缝带高度，m；

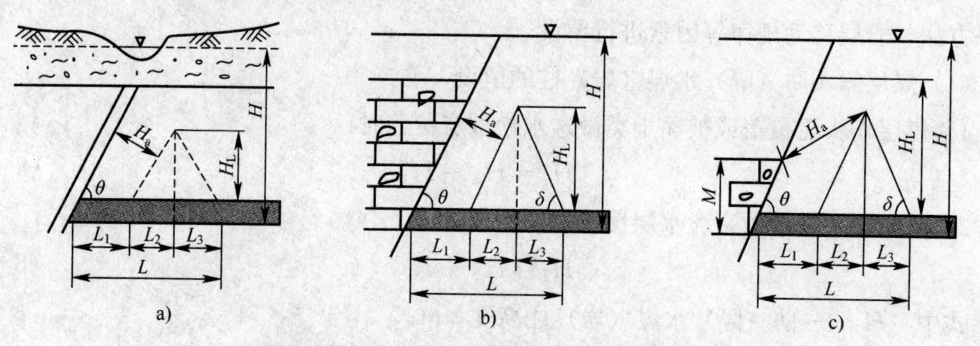

图 8—10 煤层强含水层或导水断层接触时防（隔）水煤（岩）柱留设

θ——断层倾角，(°)；

δ——岩层塌陷角，(°)；

M——断层上盘含水层层面高出下盘煤层底板的高度，m；

H_a——断层安全防（隔）水煤（岩）柱的宽度，m。

H_a值应当根据矿井实际观测资料来确定，即通过总结本矿区在断层附近开采时发生突水和安全开采的地质、水文地质资料，计算其水压（P）与防（隔）水煤（岩）柱厚度（M）的比值（$T_s=P/M$），并将各点之值标到以$T_s=P/M$为横轴，以埋藏深度H_0为纵轴的坐标纸上，找出T_s值的安全临界线，如图8—11所示。

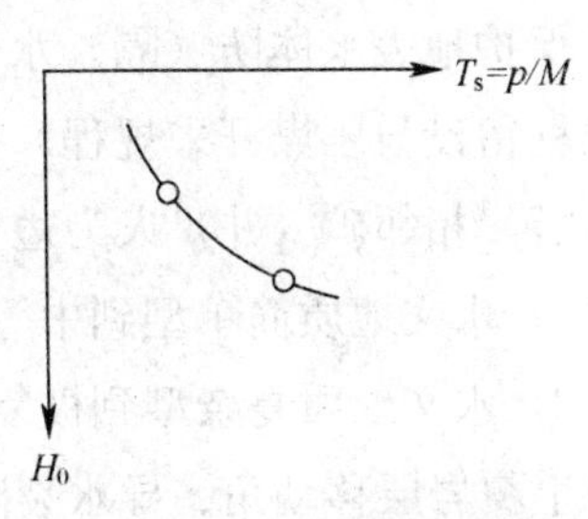

图8—11　T_S和H_S的关系曲线图

H_a值也可以按下列公式计算：

$$H_a=\frac{p}{T_s}+10 \qquad (8—28)$$

式中　P——防（隔）水煤（岩）柱所承受的静水压力，MPa；

T_s——临界突水系数，MPa/m；

10——保护带厚度，一般取10 m。

本矿区如无实际突水系数，可参考其他矿区资料。但选用时必须综合考虑隔水层的岩性、物理力学性质、巷道跨度或工作面的空顶距、采煤方法、顶板控制方法等一系列因素。

(4) 煤层位于含水层上方且断层导水时防（隔）水煤（岩）柱的留设

在煤层位于含水层上方，断层又导水的情况下，防（隔）水煤（岩）柱的留设原则主要应考虑两个方向上的压力：一是煤层底部隔水层能否承受下部含水层水的压力；二是断层水在顺煤层方向上的压力。

当考虑底部压力时，应当使煤层底板到断层面之间的最小距离（垂距）大于安全煤柱的高度（H_a）的计算值，并不得小于20 m。其计算公式为：

$$L=\frac{H_a}{\sin\alpha}\geqslant 20\ \text{m} \qquad (8—29)$$

式中　α——断层倾角，(°)；

其余参数同前。

根据以上两种方法计算的结果，取用较大的数字，但不得小于20 m。

如果断层不导水，防（隔）水煤（岩）柱的留设尺寸，应当保证含水层顶面与断层面交点至煤层底板间的最小距离，在垂直于断层走向的剖面上大于安全煤柱的高度（H_a），但不得小于20 m。

(5) 在水淹区或老窑积水区下采掘时，防（隔）水煤（岩）柱的留设

1) 巷道在水淹区或老窑积水区下掘进时，巷道与水体之间的最小距离不得小于巷道高

度的 10 倍。

2）在水淹区或老窑积水区下的煤层中进行回采时，防（隔）水煤（岩）柱的尺寸不得小于导水裂隙带最大高度与保护带高度之和。

（6）保护地表水体防（隔）水煤（岩）柱的留设

保护地表水体防（隔）水煤（岩）柱的留设，可参照《建筑物、水体、铁路及主要井巷煤柱留设与压煤开采规程》执行。

（7）相邻矿（井）人为边界防（隔）水煤（岩）柱的留设

1）水文地质简单型到中等型的矿井，可采用垂直法留设，但总宽度不得小于 40 m。

2）水文地质复杂型到极复杂型的矿井，应根据煤层赋存条件、地质构造、静水压力、开采上覆岩层移动角、导水裂隙带高度等因素确定。

①多煤层开采，当上、下两层煤的层间距小于下层煤开采后的导水裂隙高度时，下层煤的边界防（隔）水煤（岩）柱，应根据最上一层煤的岩层移动角和煤层间距向下推算，如图 8—12a 所示。

②当上、下两层煤之间的垂距大于下煤层开采后的导水裂隙带高度时，上、下煤层的防（隔）水煤（岩）柱可分别留设，如图 8—12b 所示。

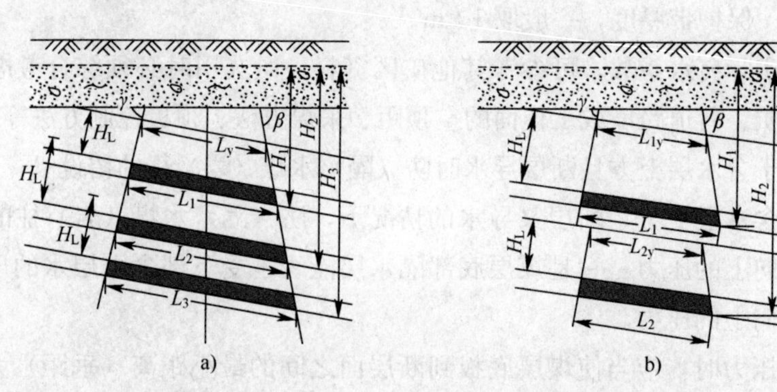

图 8—12　多煤层地区边界防（隔）水煤（岩）柱留设

H_L—导水裂缝带上限　H_1、H_2、H_3—各煤层底板以上的静水位高度

γ—上山岩层移动角　β—下山岩层移动角　L_{1y}、L_{2y}、L_{3y}—导水裂缝带上限岩柱宽度

L_1—上层煤防水煤柱宽度　L_2、L_3—下层煤防水煤柱宽度

导水裂缝带上限岩柱宽度 L_y 的计算，可采用下式：

$$L_y=\frac{H-H_L}{10}\times\frac{1}{T_S}\geqslant 20\text{ m} \tag{8—30}$$

式中　L_y——导水裂缝带上限岩柱宽度，m；

H——煤层底板以上的静水位高度，m；

H_L——导水裂缝带最大值，m；

T_S——水压与岩柱宽度的比值，可取 1。

以断层为界的井田，其边界防（隔）水煤（岩）柱可参照断层煤柱留设，但必须考虑井田另一侧煤层的情况，以不破坏另一侧所留煤（岩）柱为原则。

2. 水闸墙

为了暂时或永久截住水源，需在可能发生涌水的巷道中建筑水闸墙。水闸墙有临时性和永久性两种，临时性水闸墙一般用砖石砌筑，永久性水闸墙则用混凝土或钢筋混凝土构筑。建筑水闸墙时必须注意以下6点要求：

（1）筑墙地点的岩石应坚固无裂缝，必须将风化松软或有裂隙的岩石除去，然后筑墙。

（2）水闸墙四周要用手镐或风镐掏槽直到完整的煤体或岩体，禁止爆破，以免炸出裂缝。

（3）筑墙地点应尽量选在小断面巷道中，以减少费用和工时。

（4）修筑水闸墙时，墙基掏槽要呈楔形，墙四周应预插灌浆管，修筑好后应向四周灌注水泥砂浆，以使墙和四周围岩胶结，防止漏水。

（5）为便于施工，在水闸墙下部应设水管，便于墙固结前排放积水，墙固结后再关闭闸门或加以堵塞。

（6）在水压特别大时，为增加其坚固性，可采用多段混凝土水闸墙，各截槽间隔一定距离，以保持岩石的坚固性和稳定性，并在来水方向，伸出锥形混凝土护壁，将水压通过护壁传给围岩，以减少渗水的可能性。

水闸墙的形状有平面、圆柱面和球面三种。平面水闸墙施工容易，但抗压力弱，球面水闸墙则与之相反。一般多选用如图8—13所示的圆柱面水闸墙。

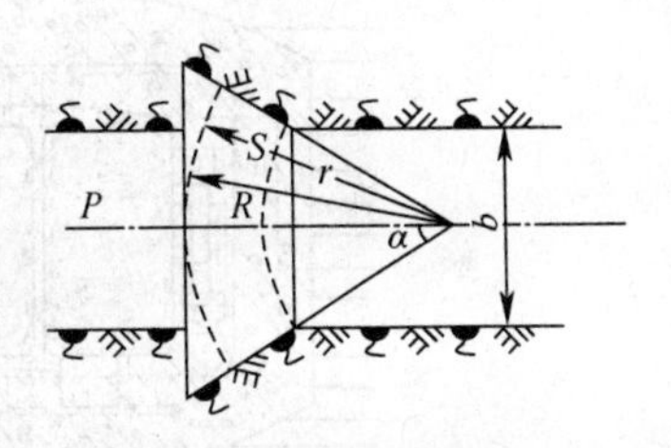

图8—13 圆柱面水闸墙

3. 防水闸门

防水闸门设置在发生涌水时需要堵截，但平时仍需运输、行人的巷道内。水文地质条件复杂、有突水危险的矿井，必须在井底车场两端、井下水泵房和变电所的出入口，以及通向突水危险地区的巷道中设置水闸门。

水闸门需要有专门设计，说明设置地点、水压、围岩、断面、闸门及闸门硐室的结构、尺寸、强度的计算，注浆防渗及施工要求，安装公差、质量检查及耐压试验等。设计要报省（区）煤炭安全生产管理部门批准。防水闸门完工后，由矿总工程师组织验收和测试，测试的结果报局总工程师并存档备查。

防水闸门是防止水灾的重要工程，不少矿井就是预筑防水闸门避免了淹井事故。它必须符合下列要求：

（1）闸门关闭严密，不漏水；闸门前后必须浇筑混凝土碹，碹后应注浆填实。

（2）通过闸门的铁轨、电机车架空线等必须灵活易拆，在关闭闸门时能迅速断开；通过闸门墙垛的压风管和其他管路必须耐高压，并在门外侧安有高压阀门；电缆孔应从里侧（来水侧）封堵严密，不得漏水。

（3）在来水侧离闸门 25 m 处，应设一道挡物的篦子门。在闸门和篦子门间，不得停放车辆和杂物。来水时先关篦子门，后关闸门。

（4）闸门处必须附设观测水压装置和带高压阀门的放水管路。如果有水沟，则水沟要有闸门，而且水沟闸门与行人走车闸门要错开，不得上下重叠。在灾后重新打开放水前，应能将闸门里的积水放净。双扇水闸门如图 8—14 所示，它由混凝土墙垛、门扇、放水管、放气管、压力表等组成。门框的尺寸应满足运输的需要，一般宽为 0.9～1.0 m，高为 1.8～2.0 m。门扇视具体情况可采用单扇门或双扇门，一般情况是双扇门用于双轨大巷，单扇门用于单轨巷道或小断面巷道。门扇一般是采用平面形，当水压超过 25～30 个大气压时才采用球面形。

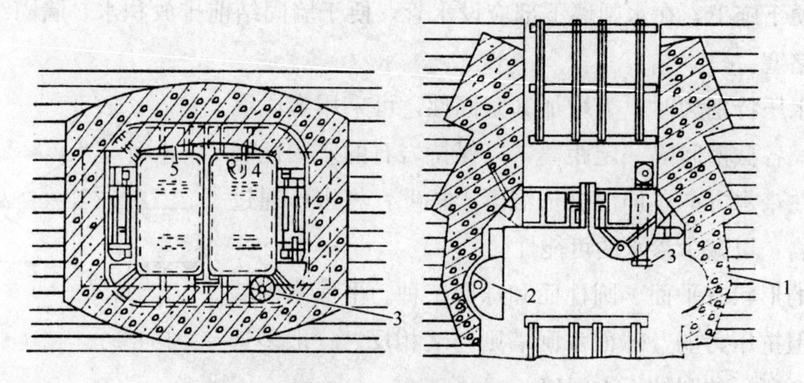

图 8—14　双扇水闸门

1—混凝土墙垛　2—门扇　3—放水管　4—放气管　5—压力表

五、注浆堵水

注浆堵水是将专门制备的浆液通过管道压入地层裂隙或孔洞，经凝结、固化后达到堵隔水源的目的。它是矿山、水工建筑、铁道等部门防治地下水害的有效方法之一，在国内外都得到广泛的应用。当用多个钻孔注浆形成隔水帷幕带时，称为帷幕注浆。

矿井注浆堵水，一般在下列场合使用：

1. 当涌水水源与强大水源有密切联系，单纯采用排水的方法不可能或不经济时。

2. 当井巷必须穿过一个或若干个含水丰富的含水层或充水断层，如果不堵住水源将给矿井建设带来很大的危害，甚至不可能掘进时。

3. 当井筒或工作面严重淋水时，为了加固井壁、改善劳动条件、减少排水费用等，可采用注浆堵水。

4. 某些涌水量特大的矿井，为了减少矿井涌水量，降低常年排水费用，也可采用注浆堵水的办法堵住水源。

5. 对于隔水层受到破坏的局部地质构造破坏带，除采用隔离煤柱外，还可用注浆加固法建立人工保护带。对于开采时必须揭露或受开采破坏的含水层，对于沟通含水层的导水通道、构造断裂等，在查明水文地质条件下的基础上，可用注浆帷幕截流，建立人工隔水带，切断其补给水源。

注浆堵水工作中，合理选择注浆材料十分重要。它关系到注浆工艺、工期、成本和效果。注浆材料很多，可分为硅酸盐类和化学类浆液两大类。硅酸盐类浆液有单纯水泥浆与水泥——水玻璃（硅酸纳）混合浆液两种。水泥由于其来源广、便宜、强度高，是应用量最大的注浆材料。但水泥浆的初凝时间太长，结石率低，在动水条件下易被冲走。水泥——水玻璃混合浆的初凝时间可准确控制在几秒钟到十几分钟，结石率可达100%，结石体抗压强度可达10～20 MPa。化学类浆液按其主剂品种的不同可分为脲醛树脂类、丙烯酰胺类、铬木素类、聚氨酯类、糠醛树脂类等。化学类浆液的黏度小，渗透能力强，凝胶时间可以控制在几秒到几十分钟，在凝胶前黏度不变。

用什么浆液应按注浆堵水的水文地质条件以及施工要求而定。在基岩残隙条件下进行地面预注浆或井筒工作面预注浆时，由于需要的浆液量多且要求浆液有较高的抗压强度，一般采用水泥浆或水泥——水玻璃混合浆。当进行井筒壁后注浆时，需要浆液量小，而且要求凝胶时间快并能准确控制，一般可用水泥——水玻璃混合浆液、铬木素等。在冲积层注浆时，对于粗砂、中砂可用水泥——水玻璃混合浆液；对于细砂、粉砂、砂质黏土以及细小裂隙，宜采用可灌性好、渗透能力强的各种化学类浆液。对于溶洞、断层、破碎带、突水事故的处理等，目前采用的办法是先灌注惰性材料，如沙子、炉渣、砾石、锯末等，以充填过水通道，缩小过水断面，增加浆液流动阻力，减少跑浆，然后再灌注速凝水泥——水玻璃混合浆液或采用强度较高的化学类浆液。

为了取得注浆堵水的预期效果，必须首先查明突水地点、补给水源、溶洞大小、裂隙宽度与分布规律、断层错裂程度、断层带宽度、岩石破碎情况等，以便制定切合实际的堵水方案。注浆堵水方案主要包括确定堵水部位、钻眼位置、注浆材料配比和数量、注浆方法、注浆设备和系统、施工工艺和方法、堵水效果观测、安全措施等。

第九章 矿井顶板事故防治

本章学习目标

1. 掌握采场顶板事故的原因、分类和防治方法。
2. 了解巷道顶板事故的原因、分类和防治方法。

顶板灾害与瓦斯、水、火、煤尘灾害并列，被称为煤矿五大灾害，一直是影响煤矿安全生产的主要因素之一。底板事故发生后，首先一般都会推倒支架、埋压设备，造成停电、停风，给安全管理带来困难，对安全生产不利；其次如果是地质构造带附近的冒顶事故，不仅给建设造成麻烦，而且有时会引起透水事故的发生；另外，如果是采掘工作面发生顶板事故，一旦人员被堵或被埋，就将造成人员伤亡。

顶板事故是指在地下开采过程中，因为顶板意外冒落而造成的人员伤亡、设备损害、生产中断等事故。顶板事故包括采场顶板事故和巷道顶板事故，以发生在采煤过程中的采场顶板事故居多。在实行综采以前，顶板事故在煤矿灾害事故中占有很高的比例。随着液压支架的使用，对顶板事故研究的深入和预防技术的不断完善和提高，顶板事故所占的比例有所下降，但仍然是煤矿生产的主要灾害之一。因此，顶板事故的防治至关重要。

第一节 采场顶板事故的原因分析及其分类

一、采场顶板事故的影响因素

采场顶板事故是由多方面因素造成的，包括管理、开采技术条件等方面的原因。这些原因既可概括为人为因素和自然因素，又可归纳为主观原因和客观原因。主观原因是指生产、安全、技术管理不当等人为因素。客观原因是指采场的开采条件带来的困难。在顶板事故中，主观原因占有主导地位，是矛盾的主要方面，而客观原因属于从属地位，是矛盾的次要方面，客观因素所带来的影响完全可以通过主观努力加以克服和改变。

1. 主观因素

（1）工作面的支护参数是否能满足巷道变形的需要是影响顶板冒落的主要原因。

（2）采掘工作面是否采取科学有效的技术措施进行提前预测顶板事故是影响矿井发生顶板事故的因素之一，例如在掘进工作面安装顶板离层仪，监测顶板下沉等。

（3）在工作面地质条件发生变化时是否采取有效措施，也是影响矿井顶板事故的因素之一，例如支护采取增打点柱、U型钢架棚等方式加强支护，对于工作面过断层等情况是否编写专项安全措施等。

（4）强化员工培训，增强员工预防顶板事故的安全意识，员工是否能熟悉掌握和判断采掘工作面顶板冒落的预兆是影响矿井顶板事故的另一因素，如煤壁片帮、放炮、顶板裂隙加深、加宽、顶板掉渣、漏顶、岩层发出响声、顶板离层（敲帮问顶时发出“空空”的响声）、顶板淋水加大、巷道及支护变形等现象。

2. 客观因素

（1）顶板结构

1）镶嵌型顶板结构的形式，与直接顶母体岩层呈不整合接触有关，其黏着力很小，稳定性差，极易从母体岩层中滚落下来，是构成局部冒顶的重要因素。

2）复合型顶板结构的特性决定了其各层之间的黏着力很差，因而极易出现离层现象。在实际的生产工作中，若地质情况不清，而未能采取相应的措施，很容易发生大型冒顶事故。

（2）顶板稳定性的影响

由于地质构造和底板岩性的影响，有时煤层与底板呈不整合接触，使底板很光滑，尤其在煤层倾角较大时，很容易使支架倾倒，发生事故。

（3）煤层倾角的影响

一般煤层倾角缓开采较容易，当煤层倾角大时，支架的稳定性将受到较大的影响，尤其是支架结构不合理、迎山角及柱窝深度不合适和液压支架选型不合理时，支架极易倾倒，导致发生顶板事故。另外，当煤层倾角较大时，煤层很容易片帮造成事故。

（4）地质构造复杂，顶板层理裂隙发育

煤层赋存状况不稳定，可使顶底板起伏不平，压力分布不均匀，给生产带来较大的困难。当回采范围内存在褶曲构造时，将使正常的开拓布置和开采程序被打乱，同时由于构造应力的影响，又给顶板管理带来困难。断层会使顶板破碎失去完整性，煤层褶曲处也存在着构造应力，尤其当断层密布，呈组合形式出现时，将使顶板的稳定性受到严重影响。顶板层理、裂隙虽没有断层延展范围广，但覆盖着整个工作面。层理、裂隙使得顶板岩层形成若干个弱面，这也是一个不容忽视的导致顶板事故的客观原因。

除此之外，岩浆侵入、冲蚀、陷落柱等对顶板管理工作也有很大的影响。

（5）开采深度及淋水影响

开采深度与顶板管理有着密切关系。开采深度越大，煤层自重应力越大，支承压力也随之增大。有冲击地压危险的矿井，随着开采深度的增加，就有可能发生冲击地压。

淋水也是导致顶板事故发生的客观原因。它破坏了顶板的胶结性，使顶板岩石容重增加，支架载荷相应增大，故而易发生顶板事故。另外，顶板有淋水时，发生冒顶前没有明显预兆。

(6) 厚煤层分层开采时顶板煤质松散

厚煤层分层开采时，工作面顶板有时为煤层，此时最容易发生顶板事故。这是由于顶板煤质松散，失去了完整性和稳定性，在回采过程中将随时发生冒落事故。

另外，冲击地压也是发生顶板事故的主要原因之一。

二、采场顶板事故的分类

一般情况下采场顶板事故又可分为局部冒顶事故和大面积冒顶事故。常见的采场顶板事故分类如图 9—1 所示。

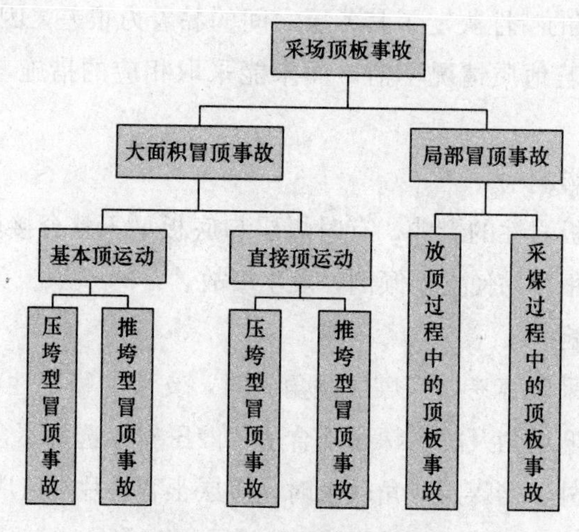

图 9—1　顶板事故分类

局部冒顶是指冒顶范围不大，伤亡 1～2 人的冒顶，多发生在靠近两线（煤壁线、放顶线）、地质破坏带附近、掘进工作面迎头及交岔点。

大面积冒顶是指冒顶范围较大，伤亡 3 人以上的冒顶，多发生于局部冒顶附近及地质破碎带附近。

在矿山压力作用下，采掘工作面顶板经常有压力显现现象，一般在来压之前都有不同程度的预兆，主要有以下几种：

1. 响声：顶板下沉，矿山压力剧增，掘进头支架变形、断裂、弯曲，并伴有响声。

2. 掉渣：顶板严重断裂时，顶板出现掉渣现象。

3. 片帮：巷壁受压加大，巷壁片帮比平时严重，露网片，网片严重变形。

4. 裂缝：岩层面出现不同程度的裂隙，巷道扭曲变形，浆皮脱落。

5. 离层：采用敲帮问顶的方法，如顶板发出“空空”声则说明浆皮与岩体脱离，易冒顶。

6. 瓦斯涌出量增大。

7. 有淋水。

第二节　采场顶板事故的防治

一、局部冒顶的防治

局部冒顶范围不大，有时仅在3～5架范围内，伤亡人数一般为1～2人，常发生在靠近煤壁附近、采煤工作面两端以及放顶线附近。煤矿实际生产中，局部冒顶事故发生的次数远多于大型冒顶事故，约占采煤工作面冒顶事故的70%，总的危害比较大。

局部冒顶事故发生在回采工艺的各个过程中，尤其在支护及采空区处理过程中更为突出。为了使局部冒顶的预防条理化、系统化，本书从回采工艺入手进行讨论。

1. 落煤过程中局部冒顶的预防

(1) 认真执行“敲帮问顶”制度

“敲帮问顶”是预防局部冒顶的有效措施之一。“敲帮问顶”就是利用钢钎等工具去敲击工作面帮顶已经暴露而未加管理的煤（岩）体，利用发出的回声来探明周围的煤（岩）体是否松动、断裂或离层。如果声音清脆，就说明所敲击部位的煤（岩）体没有脱离母体，顶板不会冒落，煤壁不会片帮。如果发出“空空”声，就说明所敲击部位的煤（岩）体已脱离母体，很可能发生冒顶和片帮。这种方法简单，容易操作。

在工作面回采过程中，围岩时刻都在变化、移动，新暴露的顶板、煤壁、两帮都要经历应力重新分布的过程，工作面周围的煤（岩）就有可能逐渐脱离母体。爆破产生的震动冲击效应，钻眼技术不过硬，都可能产生危石、活石。另外，在煤层中存在的硫黄包也是一种危险因素。因此，在爆破后应严格执行“敲帮问顶”制度。

(2) 防止爆破崩倒支架而引起的冒顶

1) 认真、科学地编写爆破说明书，并认真贯彻、落实。

2）提高钻眼技术，炮眼深度、角度及最小抵抗线必须符合规定。

3）严格按作业规程的规定装药。

4）封满炮泥。

5）遇断层、帮顶破碎时，装药量要适当，必要时采取手镐落煤。

（3）采用滚筒落煤时，合理选择进刀方式

采煤机每割完一刀后，需要使滚筒重新切入煤壁，滚筒切入煤壁的过程和方式称为进刀方式。常用的进刀方式有斜切式、推入式、钻入式等，其中以斜切式进刀应用最为广泛。

正确的进刀方式有利于顶板管理和提高开机率，减少顶板事故。选择进刀方式一般应根据工作面的具体生产条件，尽量不采用推入式进刀方式。此法虽然进刀简单，但是增加了做缺口的工作量，最突出的缺点是加大了工作面端部控顶面积。因此，从有利于顶板管理的角度出发，机采工作面应尽量采用斜切式进刀方式。

（4）防止煤壁片帮

由于采煤工作面煤壁在支承压力作用下容易被压酥，在采高大、煤质松软的工作面时往往容易出现片帮，且时常因片帮引发冒顶事故。防止煤壁片帮的安全措施主要有以下几个方面：

1）工作面煤壁要采直采齐，要及时打好正规支柱和贴帮柱，并应保证支柱的初承力，减小控顶区内顶板的下沉量。综采工作面要及时用护帮板护帮。

2）采高大于2.0 m，煤质松软时，除打好贴帮柱外还应采取背帮措施。综采面应考虑用聚氨酯木锚杆加固煤壁。

3）在煤壁上部片帮严重的地点，应在贴帮柱上加托梁或超前挂金属铰接顶梁。在片帮深度较大的地点，还应在梁端加打临时支柱。

4）在炮采工作面要合理布置炮眼，使顶眼距顶板不要太近，装药量要适当。落煤后要及时找齐帮顶，使煤壁不留伞檐。

2. 装煤、运煤过程中局部冒顶的预防

在装煤、运煤过程中，很容易发生冒顶事故，尤其是在装煤时。当采用炮采工艺时，装煤是在爆破后、支架尚未架设前，此时除采取必要的“敲帮问顶”方法外，还应尽可能缩短空顶时间。在装煤时要由有经验的老工人观察顶板的情况，并清理好安全退路。当采用金属铰接顶梁控制顶板时，要及时挂梁。

当采用自重运输方法运煤时，若溜煤道倾角较大，要坚持做到人、煤各行其道，防止煤（矸）块滚落伤人。

3. 支护过程中局部冒顶的预防

支护是采煤工作面顶板管理的一个重要方面。支护是否及时，支护形式是否合理和支

护质量的优劣，都将直接影响对顶板的控制效果，对预防工作面局部冒顶事故十分重要。由于工作面这一特殊部位所处的特殊生产条件，要求支护时必须采取相应对策，回采中应注意以下几个方面。

（1）支护要及时，支护形式选择合理，提高支护质量

1）支护要及时。炮采工作面爆破后，要及时架棚、打柱挂梁，防止破碎顶板因支护不及时而漏顶。坚硬顶板由于支护不及时，可能发生离层、下沉，从而导致冒落。综采工作面要根据顶板情况，合理确定支架类型，顶板破碎时应及时采取支护方式。

2）合理确定支护形式。合理的支护形式不仅应节省材料、降低成本，更主要的是所选择的支护形式应能适应工作面顶板条件的要求，保证对顶板的有效控制。选择支护形式时应考虑下列因素：

①顶板结构、裂隙发育情况。

②回采范围内的地质条件。

③开采方法及顶板压力。

④是否受采动影响，有无冲击地压的危险。

⑤在正常回采同一工作面时，支柱的类型和性能必须一致。

⑥过地质构造带或顶板条件发生变化时，应立即改变支护形式并制定相应的安全措施。

3）提高支护质量。支护形式确定之后，关键是提高支护质量，保证支架对顶板的有效支承和控制，支架应具备整体性、稳定性、坚固性。除此之外还应使支架有一定的缓压性。支架在架设过程中，应注意以下问题：

①支护材料的选用应符合作业规程规定，严禁使用折损的坑木和失效的摩擦式金属支柱及损坏的金属顶梁。

②液压支架的选型应符合工作面的具体开采条件。

③柱窝深度应合理，严禁将柱腿架设在浮煤或浮矸上，综采面在移架前要认真清扫浮煤，以保证支架的稳定性和足够的初承力。

④柱距、排距符合作业规程规定，不超距。

⑤支架迎山角符合规定。

⑥当采用木制梯形亲口棚支护顶板时，要有合适的岔脚，同时背好帮顶，打好劲木、拉杆，打紧木楔。

⑦支架排列成一直线，不得歪扭，液压支架不出现咬架现象。

⑧底板松软时，支架应穿鞋，以减小支架对底板的压强，防止支架下陷。

（2）端头冒顶事故的预防

从对冒顶的原因分析中可看出，采煤工作面上下端头是顶板事故多发区，因此，必须采取特殊防范措施。

下面主要分析普采工作面和综采工作面端头支护设计。

1）普采工作面端头支护设计。端头支护应满足以下要求：有足够大的支护强度，保证工作面端部出口的安全；支架跨度要大，不影响输送机机头、机尾的正常运转，并要为维护和操纵设备的人员留出足够的活动空间；要能够保证机头、机尾的快速移动，缩短端头作业时间，提高开机率。普采工作面端头支护主要有以下几种形式：

①基本支架加走向迈步抬棚支护。除机头、机尾处支护外，在工作面端部原平巷内可用顺向托梁加单体支柱或十字铰接顶梁加单体支柱支护。

②单体支柱加铰接顶梁支护。为了在跨度大处固定顶梁铰接点，可采用双钩双楔梁，或将普通铰接顶梁反用，使楔钩朝上。

③四对八梁支护。在端头采用四对八梁并配合单体液压支柱进行支护。

2）综采工作面端头支护设计。综采工作面端头是指工作面与两巷的交接处。端头处的悬顶面积大，机械设备多，设备和人员又要经常通过。工作面端头处的顶板事故占工作事故的1/4～1/3，所以必须采取措施加强支护，做好安全生产工作。

确定端头支护方式时，主要考虑端头悬顶面积的大小、顶板压力的大小及其稳定性、回采巷道原有支护方式、工作面和两巷道的联系特点、工作面生产工艺特点、端头设备布置形式等因素。综采工作面端头支护主要有以下几种形式：

①金属十字铰接顶梁支护。与普采面的端头支护方式相同，该方式适应性强，有利于排头液压支架的稳定，但支设麻烦、费工费时。它适用于回采巷道采用锚杆支护或巷道压力较大、变形严重的工作面端头。在工作面端头及超前维护段内，通过架十字顶梁并相互铰接构成“井”字形承载体，如图9—2所示。在每个十字顶梁下支设一根单体液压支柱，组成具有较高强度和稳定性的端头支护体系。同时在十字梁上方铺设金属网片，至工作面煤壁时还需延伸至工作面1～2组支架，防止顶板破碎冒落。

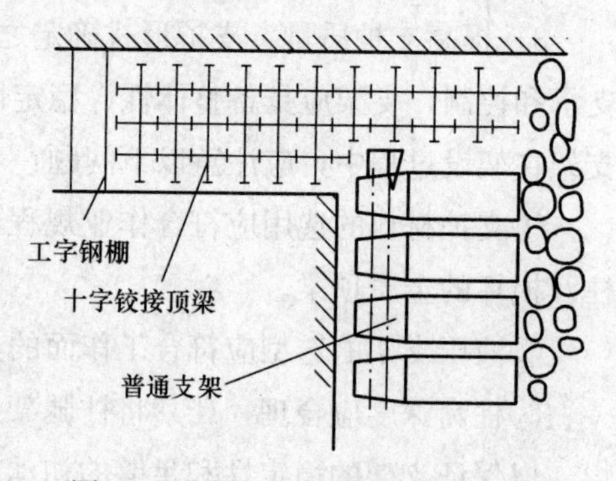

图9—2　十字铰接顶梁支护示意图

②组合大板抬棚支护。组合大板抬棚一般包括出口处抬棚和超前段抬棚，其支护形式如图9—3所示。出口处大板抬棚采用一梁二柱或三柱大板棚，与巷道平行，间距根据现场顶板状况决定，但一般不超过500 mm，分为两组迈步前移回撤。超前段抬棚采用在原工字钢棚支护间加打一梁二柱大板棚，大板规格与巷道相适应。这种支护形式具有灵活的适应性，架设移置灵活方便，利于综采工作面的快速推进，在工作面长度变化大时，能依据顶板压力和工作面长度灵活增减支架数目，支架移置时，不会大面积卸载，利于顶板维护，

在顶板压力不是很大时适合各种综采生产工艺条件下的端头支护。

③端头液压支架支护。端头液压支架主要是采用两组支架或一主两副的形式，互为支点，靠架间液压推移装置迈步前移，其支护形式如图 9—4 所示。它适用于工作面倾角较小，巷道断面大，顶板压力不大且比较完整的情况。这种方式的人员操作安全，劳动强度小，操作简单。在采用端头割三角煤斜切进刀时不会因为移架而影响错刀时间。但根据实际情况还必须配用相应的辅助支护作为超前维护。目前使用的端头液压支架类型主要有垛式锚固支架、迈步式端头支架和支承掩护式端头支架。

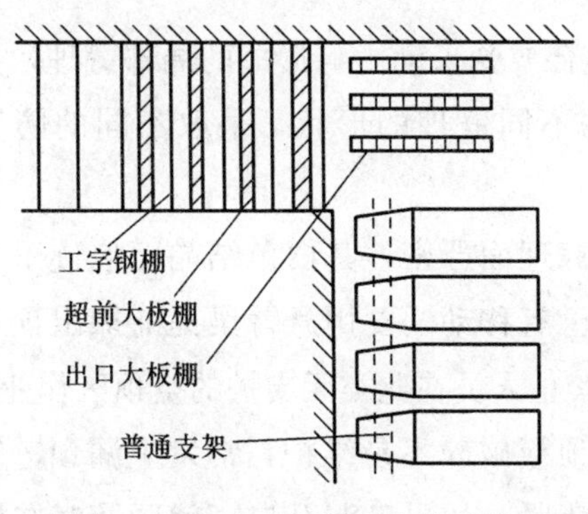

图 9—3 组合大板抬棚支护示意图

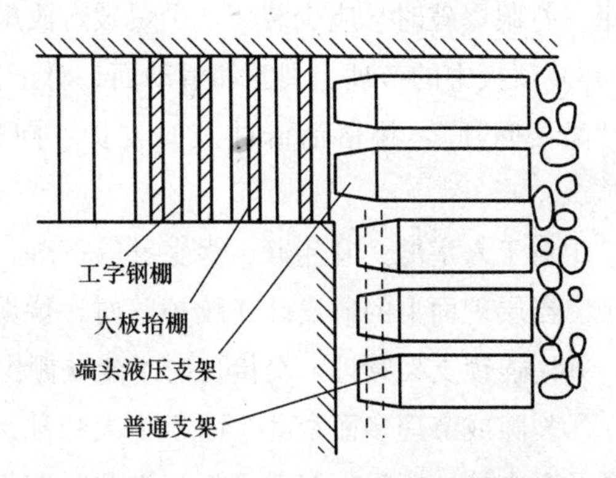

图 9—4 端头液压支架支护示意图

④锚杆——钢带支护。它适用于顶板完整性好、采用锚杆支护的回采巷，特别是沿空留巷前进式综采工作面，其支护形式如图 9—5 所示。为了方便端头巷旁充填施工，工作面液压支架要向内移动一定距离，端头处的空顶便可采取锚杆支护与巷道锚杆交错布置。锚杆连上钢带构成锚杆——钢带支护体系。

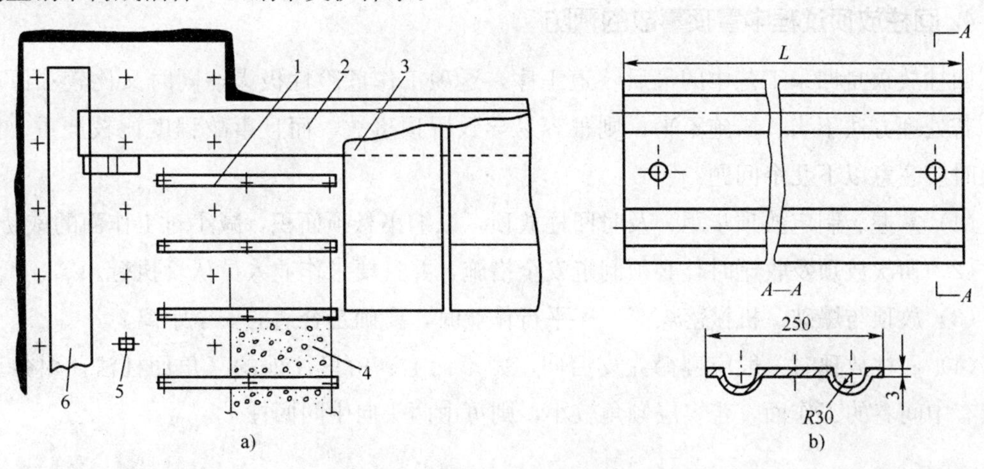

图 9—5 锚杆—钢带支护示意图

a）锚杆—钢带布置 b）钢带及其剖面图

1—锚杆—钢带 2—工作面输送机 3—液压支架 4—巷旁充填体 5—巷道锚杆 6—转载机

（3）采煤工作面顶板出现各种劈理时局部冒顶事故的预防

煤层顶板中的层理、节理、裂隙和滑动面统称为劈理。许多采煤工作面局部冒顶事故都和各种劈理有关。因此，针对不同的劈理应采取不同的顶板管理措施。

1）层理发育的顶板。落煤后要立即支护，支柱的初承力要高，以减小离层程度。单体支柱要连锁布置。棚梁之间要打撑子，以防推倒支架。

2）节理发育的顶板。要使工作面逆着主节理的方向推进。如果顺着主节理方向推进，当顶板出现张开裂隙或台阶下沉时，要采用连锁支架，加密支护，加打木垛，适当加大控顶距。打眼爆破时，应少装药，少爆破，放震动炮。

3）顶板中的节理、裂隙和滑动面。对于自然组合或受采动影响形成的局部劈理，要及时“敲帮问顶”，挑落活矸并及时支护，同时根据不同劈理的形状，采取不同的防冒顶措施。

①对于人字劈、升斗劈、锅底劈等劈理，由于劈理面严密，其白色结晶面痕迹不易被发现。当层理面上的薄皮矸连续掉落时，说明劈理已有移动，要用悬臂梁提前探出顶梁支护，并用连锁支架管理，交接班时不能缺棚少柱，禁止人员在此类无支护的空顶区作业。

②裂隙或节理多而紊乱、面积不大的乱叉劈使顶板破碎不易维护，常发生漏顶，发现后要及时支护，棚梁上多插小板，必要时铺荆笆片背紧。如果已漏开口，就要及时在棚梁上支小木垛插紧背实。

③工作面回风巷、运输巷出口一帮出现的临帮劈，不仅片帮严重，而且片帮后可能推倒上、下出口的支架。因此，要先用单腿棚支承劈口边缘，插严背实。为防止回柱时推倒支架，必要时可多留一排支架暂时不回收，待压力稳定后再行回收。

4. 回柱放顶过程中冒顶事故的预防

回柱放顶是回采工艺中的最后一道工序，这项工作危险性极大，同时又比较艰巨和复杂，若处理方法不当、措施不力，则很容易导致冒顶事故，而且事故程度比较严重。回柱放顶时应注意以下几个问题：

（1）掌握、制定放顶步距，及时回柱放顶，以缩小悬顶面积，减小对工作面的威胁。

（2）初次放顶及收尾时，必须制定安全措施，并且要求作业人员认真执行。

（3）放顶与爆破、机械落煤等工序平行作业时，要确定合适的安全距离。

（4）回柱放顶时一般应遵循先支后回、由下而上、由里往外的三角回柱法。对拉工作面及有中间巷的工作面，若煤层倾角较小，则可由两头向中间回柱。

5. 采煤工作面过断层时冒顶事故的预防

采煤工作面过断层时，往往出现顶板破碎、倾角变化、煤层变软、淋水增大等现象。

由于在断层附近又存在构造应力，接近此处的顶板压力也相应增大，因此很容易发生冒顶事故。必须采取下述顶板管理措施：

（1）过断层时，要深入了解断层产状，弄清工作面与断层走向的交角。如果断层线与煤壁的夹角太小，断层破碎带暴露的范围就大，顶板维护就困难。在条件允许时，可以提前调整工作面方向，使其夹角在25°以上，以缩短工作面每个循环受断层影响段的长度。

（2）当断层落差不超过工作面采高的1/3，断层附近顶板又比较完整时，过断层时无需采取什么特殊方法。当断层落差较大，影响范围较广（走向长、破碎带宽）时，要探明断层的范围，并绕过断层另开工作面回采。介于上述两者之间的断层，一般采用平推硬过的方法。倾斜分层开采时，可以调整分层采高通过断层。

（3）工作面接近断层时，采高大的工作面要调整采高，特别是使用支架高度上限支承的工作面。无论是单体支柱还是液压自移支架，都要把采高减小到适宜高度，使其既方便人员操作，又有一定的高度调节量。在减小采高时，如果煤层断块在工作面推进方向的上方，就留底煤；如果煤层断块在工作面推进方向的下方，且煤层的上部又较完整，能留得住时，就留顶煤。

（4）硬过断层时，除断层附近煤层较薄，可同时挑顶和挖底，或顶板完整容易管理可挖底通过外，原则上都要挑顶过断层，特别是对于伪顶较厚，直接顶又很松软的煤层更应如此。过断层时既要保证安全，又要使处理量小，同时使工作面的底板坡度尽量平缓变化。

（5）挖底过断层留顶煤时，留顶煤处顶板要背紧刹严。若顶板留不住，应先打超前托梁，然后在托梁上由下向上打好木垛接顶。

（6）为了不影响工作面正常回采，断层附近应超前处理。处理时要打浅眼，少装药，放小炮。

（7）过断层时，若顶板比较破碎，一般采用连锁支架支护。在断层带较宽，岩石破碎严重，顶板压力大时，多采用木垛配合基本支架支护；当顶板岩石冒落较多或挑顶较高，支架不接顶时，要在支架上架设小木垛接顶。

（8）合理确定放顶步距。一次回收完断层外侧支架。

（9）综采工作面硬过断层时要解决的主要问题，一是底板坡度变化，二是顶板破碎。

当综采工作面位于断层上盘过正断层时，临近断层3～5 m处，顶板条件较好时，可将采煤机与刮板输送机上调。采煤机每割一刀将滚筒提高100 mm左右，移动刮板输送机和拉架时在下部垫入煤炭，以加大爬山角度。同时尽量使支架的高度缩小，多留底煤。

工作面进入断层带时，应使刮板输送机和支架有一个与断层落差相适应的爬山角度。这时为少留顶煤应使支架上挺，并适当加大采高。

当工作面位于断层上盘过逆断层时，接近断层前应采用挖底的方法适当加大采高，并在梁上插木板，挂金属网，使支架达到最大支承高度，为过断层做好准备；接近断层时，采煤机要向下割煤，每进一刀，可下卧 100 mm 左右，同时将采高缩小，此时煤层变薄，但采高不应小于支架最小允许高度，否则就需割顶或底。

过断层如需打眼爆破、挑顶挖底，在支架前方应悬挂挡矸帘，以防崩坏液压支架。过断层时，液压支架应带压擦顶移架，同时尽量减少顶板的下沉。

过断层时，空顶处应用木料刹严接顶，严禁将支架升到最大高度且不能支承顶板。支架必须保持直线推进，同时爬上山角和俯采角度均不能大于 16°。要注意防止刮板输送机漂链和支架因下滑而倾倒。

6. 采煤工作面过陷落柱时冒顶事故的预防

（1）如果陷落柱范围太大，与过大断层时一样应用巷探确定位置，另掘开切眼，绕过陷落柱。

（2）尽可能利用陷落柱内的再生顶板。

（3）根据陷落柱破碎程度的不同，可用套棚、木垛等方法支护。

为避免陷落柱边缘顶板冒落，工作面推出陷落柱前，可紧靠顶板打平行孔，并插入铁钎构成假顶超前支护，以改善顶板状况。孔的深度及铁钎长度，视采场具体情况在作业规程中进行具体规定。

7. 综采工作面在破碎顶板条件下冒顶事故的预防

（1）采取带压擦顶移架法。如果片帮深度达到未割煤就先移架也不影响割煤时，就应超前移架。

（2）在移架有可能导致冒顶的情况下，应采取先移顶板完整的支架，并在顶梁上放顺山长木梁护住附近不完整的顶板，然后再移相邻支架。如果是破碎漏矸顶板，还要在顺山长木梁上铺金属网、荆笆片或木板等护顶材料。

（3）当工作面顶板在割煤后很快冒落，且冒落面积较大时，可在相邻支架间超前架设一梁二柱或一梁三柱的走向棚，在走向棚下面再架设 1～2 架顺山抬棚；再前移一架支架托住顺山棚梁，即可撤除顺山抬棚支柱，相邻支架即可在顺山梁和走向棚的保护下前移，最后拆除走向棚支柱。

（4）当煤壁容易片帮，支架没有护帮机构时，可靠近煤壁打临时支柱，支承走向木梁的一头，另一头则架在支架的前梁上。

（5）当支架顶梁上方冒顶时，可在支架顶梁上方架设木垛接顶。

（6）控制工作面局部破碎顶板时，可垂直于工作面在顶梁上铺金属网，网间搭接长度为 200 mm，每隔 100 mm 连一个扣，特别注意新网片应放在旧网片下面。顶板破碎范围较大时，选用顺着工作面铺网的方法较为合理。

8. 厚煤层上、下面同时回采时冒顶事故的预防

厚煤层分层开采时，有上行开采和下行开采之分，无论采用哪种开采方式，都要科学、合理地确定两工作面的错距。所谓错距，就是上、下两工作面的距离。

(1) 上一工作面在回采过程中，在工作面前后方一定距离内存在一个应力集中区。如果下一工作面紧随其后，在上一工作面应力集中区回采，加之自身的支承压力，就有可能产生应力叠加现象，使下一工作面顶板控制更加困难，很容易发生冒顶事故。由于错距不够而引发的冒顶事故，在全国各矿区厚煤层开采工作面都时有发生。

(2) 当采用水砂充填法时，如果上、下工作面错距不够，就很容易造成推帮、“涨门子”事故，即上一工作面的充填水流从下一工作面的煤壁和底板泄出，造成淹溺事故，同时也极容易引起冒顶事故。

(3) 上、下工作面错距不宜过大，因为下一工作面的回风及材料运送是由上一工作面回风斜巷所承担的，下一工作面未回采完毕前，此斜巷必须保留。这样就延长了开采周期，使上一工作面回采过程中产生的浮煤和三角点极易自然发火。另外，错距过大也难以保证采煤工作面的正常接替，不利于生产。因此，我国煤矿规定，长壁式采煤工作面分上、下工作面同时回采时，上、下工作面的错距应根据煤层倾角、矿山压力、支护形式、通风、瓦斯、自然发火、涌水等情况决定。

9. 厚煤层首、末分层回采时冒顶事故的预防

由前面有关冒顶原因的分析可知，回采首分层时，最容易发生冒顶事故。为了预防冒顶，可采取下列措施：

(1) 坚持缺口式回采，禁止开帮式回采。缺口式回采又称为送道式回采，首先在工作面煤壁按规定要求拉开煤茬，如图 9—6 所示，然后按图中箭头所指方向向工作面前后推进，直至将全部煤垛贯通。缺口式回采的拉茬宽度一般不准超过 3.0 m。

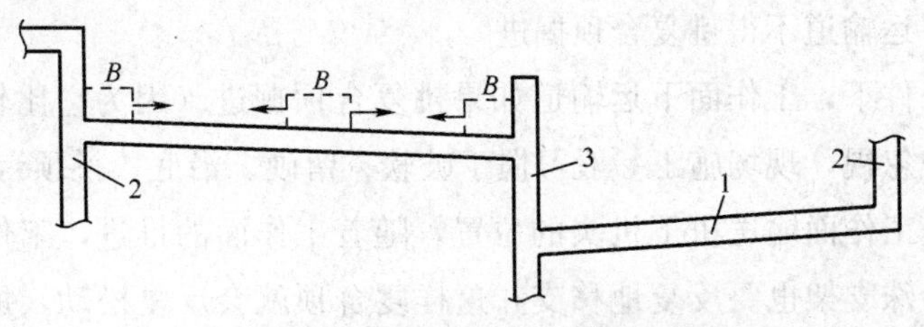

图 9—6　首分层缺口式回采示意图

1—采煤工作面　2—回风巷　3—溜煤道　B—拉茬宽度

(2) 支护方式。首分层回采的工作面顶板等级属于Ⅲ类顶板，严禁架设顶柱和鸭嘴棚，

必须架设亲口棚。坑木直径不小于 160 mm，棚距不大于 1.0 m。

（3）工作面采高一般不超过 2.0 m，并且坚持刹满帮，防止片帮。

（4）工作面进尺不宜过大，正常情况下不超过 2.0 m。

（5）坚持拉满帮，充填要保证充满、充实。

（6）加快回采速度。

（7）末分层回采时，要根据煤层厚度和结构合理分层，保证留有不少于 300 mm 的护顶煤。支护方式仍采用亲口棚，坑木直径不小于 140 mm，棚距不大于 1.2 m，采高不大于 2.2 m。

二、采场大面积冒顶事故的防治

采场大面积冒顶事故与局部冒顶事故相比，所占比例较低，发生概率小。但采场大面积冒顶事故面积大，来势凶猛，后果严重，不仅严重影响生产，而且会导致重大伤亡事故。因此，研究大面积冒顶事故的原因及预防措施是十分必要的。

1. 复合顶板条件下大面积冒顶事故的预防

（1）合理选择工作面的推进方向

在复合顶板条件下，严禁爬山（仰斜）开采。爬山开采使顶板产生向采空区方向移动的力，当复合顶板的冒落高度不能充满采空区，尤其是冒落高度小于采高时，顶板向采空区方向移动就没有阻力，并带动其下的支柱向采空区倾倒，极易造成大型推垮型冒顶事故。这类冒顶事故的实例很多，主要是由煤层起伏不平、工作面推进方向和位置不当造成的。

有时因为地质构造因素，将工作面布置成伪倾斜，也会形成爬山开采，还有的是因水文条件引起的，如当顶板、底板渗水量较大时，俯斜开采工作面会出水煤，导致无法正常生产，因而采取爬山开采。这种方式在初次放顶期间采用时，危险性很大。

（2）工作面下运输道不得挑复合顶掘进

在复合顶板条件下，工作面下运输道如果挑复合顶掘进（因为它比较软，尤其是当煤层较薄时，往往被忽视，现场施工一般习惯于破软、留硬、沿底、挑顶），就会造成严重的后果。因为这里是工作面输送机下机头的位置，随着工作面的推进，工作面输送机的不断移动，机头处的特殊支架也要反复地移支，这样复合顶就会反复松动，加剧了复合顶板的离层。这里也是工作面最大的顶板暴露区，此处的支柱处在失稳状态，随时都可能发生冒顶。凡是采取这种方式掘进的下运输道几乎都发生过重大冒顶事故。

对倾角较大的工作面，复合顶的下滑力是不可轻视的。例如，当最大控顶距为 6.0 m 时，沿倾斜 10 m 范围内，厚度为 1.0 m、倾角为 25°的复合顶，其总推垮力可达 621.3 kN。

所以，只要支护上没有可靠的防范措施，事故就随时都有可能发生，这种事故有时会波及大部分或全部工作面。

（3）严禁回风巷、运输巷与工作面呈锐角相交

各个煤层往往被不同的地质构造分割成不同形状的地段。在不同形状的地段布置回采巷道时，通常会出现工作面与回风巷、运输巷呈锐角相交的情况，如图 9—7 所示。

这两种布置都会出现一个三角带。在这个三角带中，由于一面是采煤工作面的煤壁，另一面是断层煤柱，因此在锐角尖部区域，支柱的承压值很小，相应的支柱的稳定性也很差。这个区域又随着工作面的推进，支柱的承压值以一定值向上或向下转移，直至将斜交巷道部分全部采完为止。将图 9—7 中的三角带放大，如图 9—8 所示，设工作面顶板的初次垮落步距为 L，三角带区域每天均存在着初次垮落的问题。在这个区域，每天都存在着初次放顶的问题，都存在着发生推垮型冒顶事故的危险。

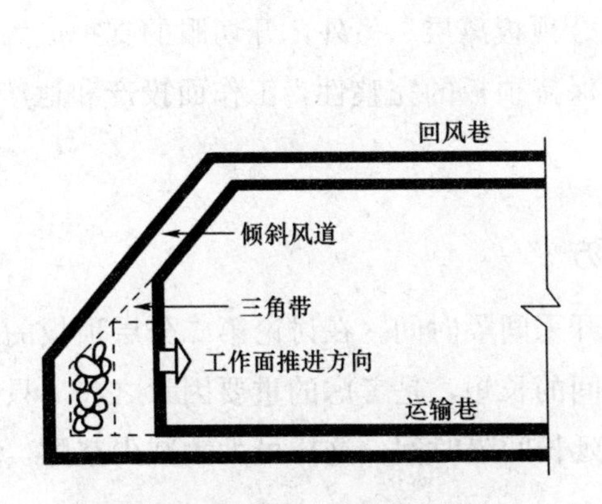

图 9—7　工作面与倾斜风道斜交

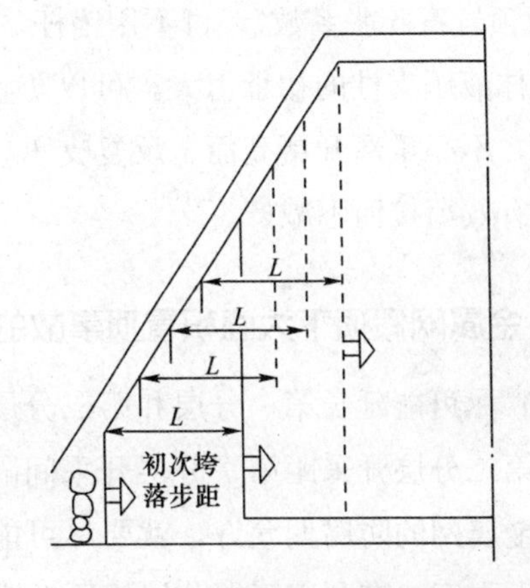

图 9—8　三角带区垮落示意图

若没有丰富的经验，遇到这种工作面就会很难发现顶板压力显现有明显的差别。在三角带压力很小，而达到初次垮落步距的地段压力又较大时，容易误认为该三角带是安全地带，由于疏忽而没有采取有效措施，因而发生重大的推垮型冒顶事故。这样的实例是很多的。为了防止这类事故的发生，应将工作面布置成正交，如图 9—9 所示，或布置成大于 60°的锐角斜交。这样做虽然会影响采出率，但对安全生产是有利的。

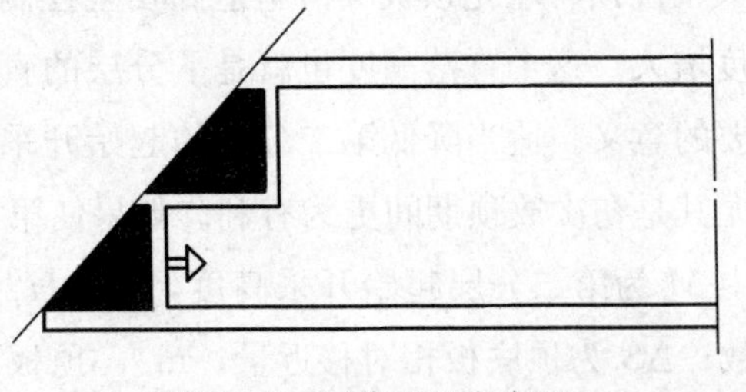
图 9—9　工作面正交布置

（4）开切眼的支护问题

复合型顶板的冒顶事故发生在开切眼的比例是很大的，有的尚未等到正式回采在开帮

亮面（回采开始的准备工作过程中）时就发生事故，这主要是由于支护不当造成的。一些习惯做法是开切眼采用梯形木棚子。由于木棚子初承力较小，加上顶板软碎，底板有浮煤、浮矸，支护系统的刚度很小，因此开切眼的复合顶板早已离层。开切眼掘出的时间越长，离层距离越大。经调查，对这种类型的开切眼，离层距离一般大到 15～20 mm。

回采开帮亮面时，复合顶板受到反复的松动，离层距离加大，岩层本身的相互粘结力减弱。为防止开切眼冒顶，必须改变开切眼的支护，下述的支护方式是很有效的：

1）采用锚杆和单体液压支柱混合支护。按这种支护方式，锚固强度要大于直接顶的离层阻力，使软顶与硬顶结合为一体，消除离层的可能性，防止软顶下滑，支护的稳定性也得到加强。这样可从根本上防止开切眼冒顶事故，但锚杆的选择和施工必须符合规定。

2）如果复合顶的厚度 $h<M/(K-1)$（式中 h 为软顶厚度，m；M 为工作面采高，m；K 为软顶岩石碎胀系数），可不用锚杆，只用单体液压支柱和金属顶梁支护，这样可节省坑木。单体液压支柱的初承力大，可以防止复合顶板离层。另外，开切眼的支护成为工作面的支护，不必重新开帮亮面、反复支承，可保持顶板的完整性，工作面投产和达产快，可以做到有效衔接而不减产。

2. 金属网假顶下大面积冒顶事故的预防

（1）尽可能延长第一分层和第二分层的开采间隔时间。在讨论第二分层顶板的安全控制时，第二分层开采距第一分层开采间隔时间的长短，是考虑的重要因素之一。只要生产衔接、金属网的防腐期允许，就要尽可能地延长间隔时间。这样可大大减少空隙，增强顶板的再生强度，有利于第二分层的顶板控制。

（2）适当降低第二分层的起始开采高度。在开采第一分层时，在能够通过强化支护、人工挑顶、软化顶板等措施达到安全控制的情况下，采高应尽可能大些，使顶板的冒落高度增大。这个冒落高度也就是下分层的直接顶板的厚度，它对确定下分层的安全采高有重要的意义。适当降低第二分层的起始开采高度（相对于第一分层），对于顶板的安全控制，尤其是初次放顶期间更为有利。如果使第二分层的起始开采高度 $M\leqslant H(K-1)+\Delta S$（式中 M 为第二分层起始开采高度，m；H 为第一分层顶板冒落厚度，m；K 为岩石碎胀系数；ΔS 为顶底板相对移近量，m），顶板就有较大的稳定性。因为顶板的空隙将被降低的采高和第一分层增高的冒落矸石所补充，金属网以上冒落的大块矸石也将会失去冲击动能，矸石沿倾斜向下移动量也将大大减少，使已降低的支柱增加了稳定性。由于降低第二分层的起始开采高度比较容易做到（在第一分层金属网触地稳定前），且可恢复设计采高，因此它成为现场最易接受、最为有效的控制措施。但是，采高的降低也有一定的限度，采高过小会带来操作上的困难，所以一般采高不小于 1.4 m。

（3）用当前经济实用的整体支架增加支架的稳定性。可采用淮北岱河煤矿用拉钩式连接器将工作面单体支柱连成整体支架，也可试用开滦范各庄煤矿试验成功的“十字”铰接顶梁将单体支柱连成整体支架。

（4）初次放顶时把金属网放到底板。

（5）关于金属网兜崩裂造成的冒顶事故的预防。由于第一分层金属网铺网质量不好，松紧不一，起伏不平，因此在第二分层开采时，顶板一暴露就可能出现网兜。网兜内的矸石重量和顶板压力使金属网承受很大的张力，当达到极限时，网兜会突然崩裂，兜内的矸石冲出，使周围支柱卸压倾倒，并连续地向各个方向发展，造成推垮型冒顶。为了防止这类事故的发生，除了在第一分层要注意提高铺网质量外，在第二分层出现网兜时应立即处理。当网兜较小时，可以从网兜底部打上托板。当网兜较大时，首先在下侧打上木垛，再从下侧破网放矸石。边放矸石边打撞楔，直至将网兜平整，顶板背严背实为止。

3. 坚硬顶板冒顶事故的预防

预防坚硬顶板大面积垮落的根本措施，是采用长壁全部垮落采煤法，并采取以下防治措施。

（1）进行顶板观测，摸清顶板运动规律

坚硬顶板的矿压显现是特别明显的，要想有效地控制顶板，必须首先通过顶板观测摸清顶板的活动规律。顶板观测最基础的是要搞清初次来压步距、初次来压冒落时的顶板层次和厚度、基本顶初次来压步距以及冒落的层次和厚度、周期来压步距、各种来压情况下的顶板下沉速度和下沉量、顶压强度、支护的承载能力等。当积累了各个不同煤层的观测资料之后，就可提出科学的支护设计，选择支柱的类型，对围岩和支护系统的刚度要求、初承力的要求、支护强度、支护密度提出预防性措施，从而可防止垮落事故的发生，保证工作面的安全生产。

（2）人工强制放顶

当直接顶由厚层坚硬岩石组成时，初次冒落的步距很大，一般可达40%以上，断裂后有周期性悬顶。这种顶板初次冒落和周期冒落对工作面的安全都会构成很大威胁。为了减小冒落跨度，减少悬顶，减轻支护的承压值，要进行人工强制放顶。

对人工强制放顶，日前普遍采用打眼爆破的方法，切断顶板并使顶板冒落形成矸石垫层。初次切断顶板可控制冒落面积，减弱顶板压力，形成垫层，可以缓和冒落时产生的暴风。放顶高度可按形成的垫层厚度来计算：

$$H=\frac{2M}{3K-2} \tag{9—1}$$

式中　H——放顶高度，m；

M——采高，m；

K——爆破后形成岩块的碎胀系数。

强制放顶的方法有以下4种：

1）循环式浅孔放顶。对周期来压不是很明显的顶板，每1～2个循环后在工作面放顶线上打一排深1.8～3 m的钻孔，孔距为4～5 m，孔径为35 mm，仰角为65°～70°，主要作用是爆破后破坏顶板的完整性，形成矸石垫层。

2）步距式深孔放顶。对周期来压，规律性强，而且来压严重，又能较准确地掌握其来压步距的顶板，在周期来压前，沿工作面向顶板打两排深孔，孔径为60～64 mm，孔距为6～8 m，仰角为60°～65°，孔深为6～7 m，连续两次爆破，使顶板形成一道高为5～6 m，宽为2 m左右的沟槽。其主要作用是切断顶板，避免顶板一次大面积冒落。若平时再配合浅孔放顶，则能更有效地控制顶板的来压强度。

3）分段台阶式放顶。其实质与步距式相同，只是为了方便回采，可将放顶线上的两排钻孔按上、下两部分分开，第一个循环先放上一半顶板，第二个循环再放下另一半顶板。这样上下交替形成台阶状。

4）超前深孔松动爆破。对综采工作面，由于工作面无法架设打眼设备，可在回风巷和运输巷分别向顶板打深孔，在工作面未采到之前进行爆破，预先破坏顶板的完整性。

（3）顶板高压注水

从工作面巷道向顶板打钻孔，进行高压注水。顶板注水可以起软化顶板和增大裂隙面的作用。其主要机理是注水后能溶解顶板岩石中的胶结物和部分矿物，减少层间粘结力。高压注水可以形成水楔，扩大和增加岩石中的裂隙弱面，因此注水后岩石的强度将明显降低。另外，顶板注水后还可使支承压力向煤体深处转移，而且波形变得平缓，峰值降低，可防止煤壁片帮，有利于顶板控制。

（4）改进支护方式

防治坚硬顶板冒顶事故，最根本的是要不断改进支护方式。木支柱、金属摩擦支柱都不能适应这种矿压条件，单体液压支柱在坚硬顶板中大大降低了冒顶事故率，但在一些特殊条件下，还是显得支护能力低，整体性较差。现在有的支护密度已达2.0～2.3根/m²，增加了劳动强度又给行人带来了不便。所以要选用工作阻力较大的支承式或支承掩护式液压支架。使用液压支架后，不但冒顶事故可得到彻底的防治，而且各项技术经济指标也比其他条件下的技术经济指标优越得多。

4. 其他情况下大面积冒顶事故的预防

（1）严格执行《煤矿安全规程》中有关长壁式采煤工作面分上、下面同时回采时错距的规定，在开采设计、作业规程编制及管理中，认真落实，防止因错距过小，引起应力叠

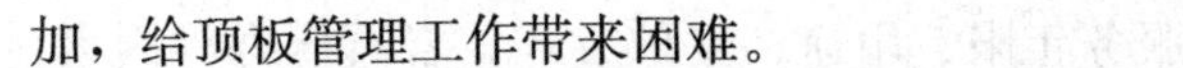

加，给顶板管理工作带来困难。

（2）厚煤层采用倾斜分层上行开采时，严禁超越终采线开采，必须留有符合规定的阶段保安煤柱，防止发生推帮和冒顶事故。

（3）当采用厚煤层分层开采时，对局部冒顶的处理，正常情况下不得绕道通过，必须作妥善处理，以免给第二层开采带来重大的隐患。

第三节　巷道顶板事故的种类及其原因分析

巷道与采煤工作面一样，在开掘后，围岩由于约束条件和受力状况发生了改变，在重力作用下向巷道空间运动。在巷道围岩运动过程中，有时由于人们对其发展规律缺乏正确的预测，没能及时采取有效的、有针对性的控制措施，导致巷道掘进及维护过程中顶板事故的发生，造成了人员伤亡以及经济损失，影响了安全生产。因此，实现安全生产，提高经济效益，控制和减少巷道顶板事故的发生，也是需要解决的问题。

一、巷道顶板事故的支护原理与种类

1. 支护原理

支护的作用是阻止部分失稳的围岩产生过大的位移，以维持围岩的自稳能力，保证采掘工作面的安全。支架上的载荷一部分是失稳岩石滑落的重量；一部分是被迫变形所产生的负荷，因支护性能而异。如果支护性能与围岩的自稳能力相匹配，充分利用围岩的自稳能力，就能以较小的支承力达到维护的目的。另一方面，支护结构的刚度较小，需依靠围岩反力维持其稳定性。这种围岩与支护互相影响、共同维护围岩稳定性的作用称为围岩支护共同作用。

2. 巷道支护的种类

为了构成生产系统（采煤系统、运输系统、通风系统、排水系统及供电系统），煤矿井下须布置许多巷道，在巷道内应按要求进行支护。支护种类的划分一般按如下 3 种方式划分。

（1）按巷道断面的几何形状划分

巷道断面的几何形状按其轮廓线可以分为折边形和曲边形两类：前者如矩形、梯形、不规则形，后者如三心拱形、半圆拱形、切圆拱形、封闭拱形、椭圆拱形、圆形等。

断面形状的选择，主要取决于巷道的服务年限、用途、支护方式、岩石压力等因素。服务年限较长的开拓巷道，如斜井、平硐、井底车场、主要石门、运输大巷等，多用拱形断面。服务年限不是很长的准备巷道，如采区上下山等，多用梯形断面；服务年限较短的回采巷道，如开切眼等，多用梯形或矩形断面。区段平巷顶部顺着顶板方向，可选用不规则形断面。当围岩特别松软或遇水膨胀，易产生片帮、底鼓及侧压增大时，可采用带反拱的封闭拱形、椭圆拱形或圆形断面。

（2）按支护材料划分

1）木支护。木支护是井巷支护中使用最早的支护材料。木支护的主要结构形式一般为梯形亲口棚。亲口棚的适用范围比较广泛，它可以在井下各类巷道（有特殊要求的，如火药库、机电硐室等除外）和采煤工作面中架设，其结构是由一根顶梁、两根棚腿、背板、木楔等组成。这种棚子又称为不完全棚子。若巷道有底鼓现象，则可以在上述梯形棚子下增设底梁，构成完全棚子。

木支护除梯形亲口棚形式外，还有不规则形和五边形。不规则形支护主要是考虑不破坏自然顶板的完整性，同时又节省材料。五边形支护（又称五节棚）适用于失修的石材支护巷道，它既可以充分保持原有巷道的使用断面，同时又相对地节省材料，但其操作工艺较复杂，因此也很少采用。

木支护重量轻，容易加工架设，具有一定的强度和可缩性，但易燃、易腐，回收复用率低，维护费用高。为节约木材应尽量少用或不用木支护，尤其在全世界越来越重视环境保护和生态平衡的今天，更应尽量减少木支护。

2）金属支护。金属支护是煤矿巷道支护的一种主要支护类型，适用于煤矿井下各类巷道，以及交岔点、马头门、井底车场和硐室的支护。常用的结构形式为梯形、拱形和圆形。梯形支架的材料一般用矿用工字钢，有时也可用钢轨和其他型钢。拱形和圆形支架则用V型钢并根据需要进行加工。

金属支架的优点有很多，比如：加工制作容易，适应性强，承载能力大；支架构件在达到屈服强度以后，塑性工作范围大，安全性好；易修复，可多次使用，经济效果好。但是，它也有些不可避免的缺点，比如：支架架设不便，操作中易发生事故；受环境影响，易腐蚀。

金属支护的使用空间较为广阔，目前国外已研制出轻型高强度、耐冲击、耐腐蚀金属材料，其作为支护材料已投入煤矿中使用。

3）石材支护。石材支护在煤矿井下的应用也十分广泛，适用于服务年限较长的开拓巷道，如马头门、煤仓等大断面巷道。其支护形式有钢筋混凝土支架、砖及料石砌碹、混凝土砌碹。锚杆支护也属石材支护的范畴，只是它的支护材料来自围岩自身而已。

石材支护的材料来源广泛且较经济，早期强度高，能适应岩质松软、地压大，甚至有底鼓、淋水大的情况。但它没有可缩性，一旦受采动影响就很容易破坏，施工工艺复杂。因此，近年来石材支护已逐步被锚喷支护所代替，只有在不能使用锚喷支护的重要巷道和硐室中才采用其他形式的石材支护。

（3）按巷道用途和服务年限划分

巷道按用途可划分为开拓巷道支护、准备巷道支护和回采巷道支护。开拓巷道一般是为全矿服务的，如井筒、井底车场、石门、主要回风巷和运输巷、硐室等。准备巷道是为一个采区服务的，如采区上、下山，区段集中平巷，采区煤仓等。回采巷道是为一个采煤工作面服务的，如区段车场、区段运输和回风平巷、工作面开切眼等。由于巷道的作用不同，所处的环境也不同，因此支护方式也不同。

巷道的用途与服务年限有直接关系，所以又分为永久支护和临时支护。一般开拓巷道服务年限较长，其巷道支护称为永久支护；准备巷道相对开拓巷道其服务年限较短，因此其巷道支护称为临时支护。回采巷道的服务年限更短，因此为临时支护。在这些巷道架设支架时应充分考虑上述因素，以保证支护形式和支护材料的合理性和科学性，延长巷道的使用周期，减少维护费用，确保安全生产。

3. 支护形式的选择依据

巷道支护形式种类繁多，按其工作特性又分为刚性和可缩性。根据使用环境的不同，在选择支护形式时应考虑下列因素：

（1）巷道围岩岩石性质，是否遇水膨胀。

（2）巷道所处围岩的矿山压力显现，有无采动影响和底鼓现象。

（3）巷道的用途和服务年限，属永久支护还是临时支护。

（4）淋水情况，是否具有腐蚀性。

（5）巷道所处煤岩层有无冲击地压危险。

总之，合理地选择支护形式，必须对巷道环境作深入细致的调查。既要保证生产的安全，又不浪费材料，实现集约经营，以期提高矿井的经济效益。

二、巷道顶板事故的原因分析

影响巷道冒顶的因素很多，概括起来可分为自然因素、开采技术因素、管理因素、操作工艺因素等。

1. 自然因素

（1）巷道围岩性质及其构造

巷道围岩性质是指巷道围岩的物理机械性能，即围岩的强度。巷道冒顶事故情况与巷道围岩强度高低有很大的关系。一般说来，软弱岩石的强度低，巷道掘进时容易产生变形和破坏，如果支护形式和维护方法不当，就容易发生冒顶，但一般规模较小。相反，坚硬岩石的强度高，巷道掘进时不易产生变形和破坏，也不容易冒落，然而一旦冒落其规模就会较大。巷道围岩的构造特征也能影响巷道变形破坏性质及其规模的大小。如巷道顶板中有煤线或光滑层理面，若管理不当，则极易引起离层冒顶；如岩层中具有倾角较大的密集光滑节理，则易引起抽条式冒落等。

（2）开采深度

随着开采深度的增加，巷道上覆岩层的重量也增大，岩石的温度也随之增加。上覆岩层的重量和岩石的温度都会影响顶板事故的发生。由于巷道周边应力的增加，其中大部分应力都大于围岩强度，从而导致巷道附近的岩石破坏。这种破坏使得围岩向巷道空间方向移动。特别当底板岩石软弱时，巷道底鼓现象明显。在底鼓严重的巷道，全断面缩小量中底鼓的比重远大于顶板移近量的比重。底鼓缩小了巷道断面，致使行人、运输都受到影响，而且使通风困难。底鼓是巷道维护中普遍存在的一个难题。岩石的温度升高促使岩石从脆性向塑性转化，易使巷道产生塑性变形。在有冲击地压危险的矿井，由于开采深度的增加，巷道冒顶次数明显增多，给巷道顶板管理工作带来更大的困难。

（3）煤层倾角

煤层倾角不同，巷道破坏形式也不同。如水平或倾斜煤层中多出现顶板弯曲、下沉、顶板冒落等破坏形式，而在急倾斜煤层中则多出现片帮、底板滑落、顶板抽条等破坏形式。

（4）地质构造

巷道在地质构造带中开掘，很容易发生各种规模的冒顶事故。断层破碎带一般是由各种大小不等和岩性不同的岩块、断层泥等组成的未胶结成岩石的松散集合体，而且有的已经片理化，具有滑移面。因此，破碎带内物质之间的粘结力、摩擦力都很小，承载能力很差，当悬露时很容易发生片帮、冒落。在断层破碎带掘进巷道必须采取有效的施工技术措施，否则很容易发生冒顶，而且冒顶的规模可能较大，还可能连续发生多次。

（5）水的影响

当巷道围岩中含水较大时，将会加剧巷道的变形和破坏。对节理发育的坚硬岩层，水能使破碎岩块之间的摩擦系数减小，促使个别岩块滑动和冒落，并使岩石强度降低。甚至像砾岩、砂岩等一些坚硬岩石，被水浸泡后强度也会降低。泥质类岩石遇水以后，往往会促使岩层软化、膨胀，使巷道围岩产生很大的塑性变形，如我国长兴、沈北、舒兰等矿区都存在这种现象。

（6）时间的影响

岩石的强度不仅与其含水量有着密切关系，而且也受时间的影响。各种岩石都有一定的时间效应，尤其是井下巷道的围岩，在时间和其他因素的作用下，岩石的强度会因变形、风化、水等的作用而降低。时间效应不仅对较软的岩石有明显的影响，即使较坚硬的岩石也同样具有时间效应。实践证明，岩石即使在很小的应力作用下，只要作用的时间充分长，也可能发生很大的塑性变形。

2. 开采技术因素

（1）巷道与开采工作的关系

巷道所处的位置除与开采深度有一定关系外，还与是否受采动影响密切相关。另外，巷道是处在一侧采动还是两侧采动，是受初次采动影响还是受多次采动影响，维护情况与发生顶板事故时的情况是不一样的。很明显，在相同条件（地质构造、围岩、支架、巷道断面等）下，受初次动压的巷道比受多次动压的巷道容易维护，发生顶板事故的概率也明显减小。

（2）巷道断面大小和巷道保护方法

巷道断面大，压力大，则维护相对困难。巷旁处理分为留宽煤柱、留窄煤柱和不留煤柱，或用专门充填巷旁等方法保护巷道。实践证明，无煤柱护巷方法中沿空掘巷和沿空留巷时，采用专门充填巷旁的巷道保护方法，是减少巷道维护工作量和控制冒顶事故发生的有效技术措施。

（3）巷道支护类型和支护方式

巷道支护类型包括木支架，金属支架，砖、石、混凝土和钢筋混凝土砌碹，锚杆支护，锚喷支护等。支护方式主要分为梯形和拱形两种。不同的支护类型和支护方式，对巷道稳定性有着相当大的差异。

此外，掘进方式也是影响巷道冒顶的一个因素。如在前进式开采中，采煤工作面回风巷、运输巷可以采用滞后掘进、超前掘进等不同方式。采用滞后掘进可以避开采煤工作面对巷道的剧烈影响，使巷道避免受到严重的变形和破坏。

巷道的变形和破坏是多种多样的。掌握不同条件下巷道变形、破坏的形式及原因，可以寻求合理的巷道维护方法，预防巷道顶板事故的发生。

3. 管理因素

（1）不按中线、腰线施工

中线、腰线是由测量部门标定的，它控制巷道在水平和倾斜方向的位置，确保巷道按设计要求施工。在开掘煤巷时，一旦偏离中线、腰线，就可造成跑层丢煤现象，同时影响巷道的实际使用效果，严重时还会引起顶板事故。

（2）空顶下作业

掘进工作面空顶包括迎头空顶、交岔点施工时空顶以及砌碹、整修时空顶几种情况。空顶下作业危害极大。

(3) 巷道贯通位置不合理

巷道贯通位置不合理也容易导致顶板事故的发生，尤其是两巷道不在同一个水平面上时，表现得更为突出。

(4) 不认真执行“敲帮问顶”制度

据调查，在巷道掘进中，由于不认真执行“敲帮问顶”制度，所造成的冒顶事故也占有较大比例。无论是采煤工作面还是掘进工作面，在开工前和爆破后都必须严格执行“敲帮问顶”制度，其目的是消除作业中的危险因素，保证作业安全。

4. 操作工艺因素

巷道掘进工艺包括钻眼、爆破、装运煤（岩）、架棚、开掘水沟、铺设轨道等，在这些工序中，架棚与爆破对巷道顶板管理影响很大。

(1) 支护质量影响

1) 棚式支架。在巷道掘进中，棚式支架应用比较广泛，如木梯棚、钢梯棚、混合梯棚及多边形五节棚。但这些结构形式的支架在巷道掘进中，发生顶板事故的概率也很大。究其原因，除材质和自身结构外，主要是支护质量不好。

2) 砌碹与锚喷支护。这类支护一般用于开拓断面大、服务年限长的巷道及在硐室中使用，成巷后其强度高，安全性能好，但在施工中也时常发生顶板事故。

(2) 爆破质量影响

在巷道掘进施工中，爆破工作是目前我国很多煤矿必不可少的破岩手段，在整个作业循环中所占用的时间也较长。然而由于爆破技术低劣，也很容易发生顶板事故。

三、巷道顶板事故的类型

巷道顶板冒落的基本形式及常见的顶板事故类型主要有以下几种。

1. 巷道顶板冒落的基本形式

按事故地点顶板的冒落形状与冒落规律来划分，顶板冒落的主要形式有以下 4 种：

(1) 顶板规则冒落

这类顶板冒落的特点是，顶板冒落后冒落面比较规整、圆滑。冒落形状一般呈扁椭圆或竖椭圆状，冒落高度变化为 0.4～4 m，巷道两帮围岩的破坏角为 60°～70°。

这类事故一般发生在泥岩、砂质页岩、含有泥质夹层等的松软岩层中。当巷道掘进通过这类顶板岩层时，由于这类岩层强度低、分层厚度小、自持能力弱，往往在巷道端头空顶面积大或爆破震动时引起规则冒顶。

（2）层状顶板裂断冒落

这类顶板冒落的特点是，当巷道宽度较大（大断面巷道、交岔点等），顶板岩层分层厚度较小时，在自重作用下，层状顶板岩层端部产生裂断并引起冒落，如图 9—10a 所示。冒落线一般都在巷道两帮上部。如果巷道两侧煤（岩）体塑性破坏比较严重，且承载能力很低，层状顶板岩层裂断时，端部裂断线也有可能进入到两侧煤（岩）帮内部，如图 9—10b 所示。这类顶板事故一般发生在强度比较低，分层厚度为 0.5～0.8 m 的页岩、砂质页岩、砂质泥岩等顶板岩层条件下。

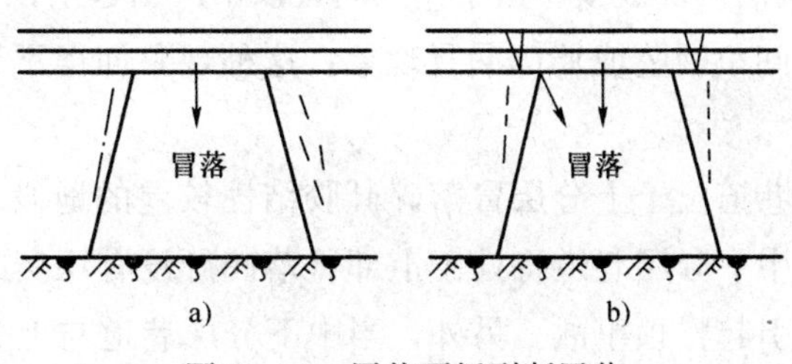

图 9—10　层状顶板裂断冒落

（3）顶板不规则冒落

这类顶板冒落发生的特点是，冒落空洞形状很不规则，有三角形冒落、梯形冒落等。尤其是当巷道穿越断层等构造破碎带，巷道顶板岩层受到交错裂隙切割时，会出现危岩抽冒现象。冒落空洞的大小取决于巷道顶板岩层的强度，以及受节理裂隙切割的程度。

这类冒落多发生在断层等地质构造破坏带。当巷道掘进至该地段时，由于断层带已破碎，顶板平衡状态遭到破坏，稳定性很差，一旦暴露出来，如不及时支护或支护不合理，则破碎顶板就很快会发展为冒落，如图 9—11a 所示。另外，在巷道交岔点处，如果节理裂隙比较发育，特别是当节理裂隙面指向交岔点时，就很容易形成危岩冒落区，如图 9—11b 所示。如果节理裂隙面与交岔点处相背，只要有与节理裂隙组正交的裂隙 A、裂隙 B 存在，同样会产生顶板危岩冒落区，如图 9—11c 所示。

（4）中下分层巷道金属网坠落

掘进厚煤层中下分层巷道时，往往会由于以下几方面的原因引起上分层金属网的坠落，压垮或推垮支架。

1）支护不及时。由于开采上分层后顶板冒落，冒落碎矸之间粘结力很弱，掘进迎头空顶后若不及时支护，金属网上部的碎矸会很快下沉引起坠网。

2）支护不合理。迎头附近的支架由于没有背实刹严，或者支架下部有浮矸、浮煤时，支架并不吃劲。顶板压力增大时，支架不能及时承载，造成顶板明显下沉，严重时会压垮

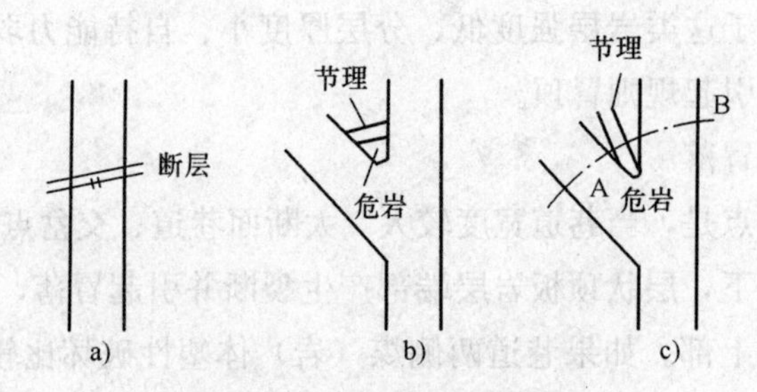

图 9—11　顶板不规则冒落

支架。

3）背顶不严，金属网局部破损。由于支架间背顶不严引起空顶，或者局部出现网破现象时，会出现支架空档间小网坠或局部漏冒现象。这种现象如得不到及时控制，小网坠与漏冒将逐渐扩大。

这类事故多发生在巷道位于上分层冒落碎矸胶结性较差的地段。例如，当中下分层巷道采用内错式布置时，中下分层巷道将处于上部冒落碎矸没有压实的部位，掘进过程中如不加以注意，就很容易引起冒顶事故。另外，当中下分层巷道与上分层的辅助巷道（排水道、辅助材料小上山等）贯通时，如事先没有探明，没有制定针对性措施，则在巷道贯通地段，也容易发生大范围网坠与压垮支架事故。

由于围岩性质、构造破坏、裂隙切割等情况的复杂多变，以及受人为因素的影响，顶板冒落形式与特点也是多种多样的。上面列举的只是巷道常见事故中几种较为典型的形式，除此之外，还有剪切开裂、巷道顶角压碎等形式。与前面形式相比，后面这几种顶板冒落的形式发生的概率相对小些。

2. 巷道顶板事故的基本类型

造成巷道顶板事故的原因有多方面，顶板事故的类型也有许多种。一般可以从以下几个方面对巷道常见顶板事故进行分类。

（1）按造成顶板事故的地质因素划分

按造成顶板事故的地质因素划分，顶板事故主要有以下 5 种类型：

1）巷道围岩松软或极易风化（煤、泥岩、页岩等），稳定性差。

2）巷道通过断层、褶曲等构造变动剧烈的地带，由于该地带煤岩受到强大构造应力的作用，岩层内产生大量剪切裂隙，使岩层比较破碎。

3）巷道穿过岩性突变地带时，其交界处容易出现岩棱、岩檐等，在掘进过程中易引起塌冒（如石门揭煤等）。

4）由于采深大，巷道围岩受到高应力作用，巷道掘进中产生煤与瓦斯突出及岩爆现象等。

5）地下水侵入，巷道围岩的强度明显削弱，稳定性大幅度降低。

（2）按造成事故的岩石冒落形式划分

按造成事故的岩石冒落形式划分，顶板事故主要有以下3种类型：

1）无支护坠落型。巷道掘进中对空顶不及时支护，造成空顶范围内顶板危岩在自重作用下冒落或形成网坠。

2）压垮型。当巷道过陷落柱或者贯通旧巷，或者掘进中下分层巷道时，巷道位于上部冒落矸石没有压实呈松散状态的部位时，大范围的岩层下沉运动给支架产生冲击载荷，由于一般支架不能承受顶板运动产生的冲击力而被压折引起冒顶。

3）推垮型。在倾角较大的倾斜或急倾斜煤（岩）层中破顶掘进巷道时，由于顶板岩层沿层面方向的约束条件受到破坏，巷道上部顶板岩层在自重作用下产生一沿层面方向下滑的力 P，如图9—12所示。当沿层面方向运动的顶板岩层范围较大时，力 P 超出某一限度后，支架因不能承受这一侧向力的作用而被推垮。

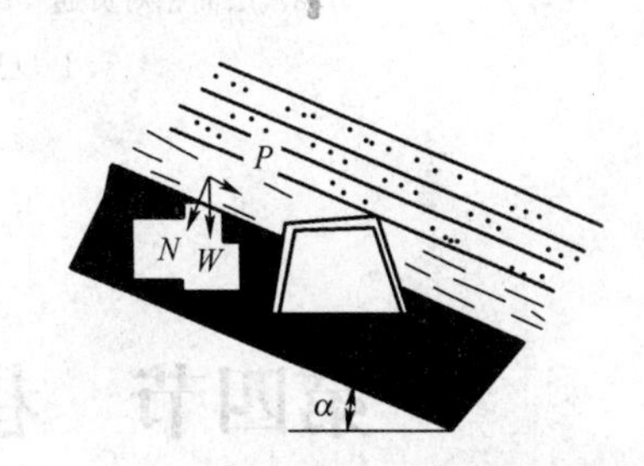

图9—12　倾斜煤（岩）层中破顶掘进巷道

（3）按顶板事故发生的地点划分

无论顶板事故是受到哪些因素影响，或者是在什么外界力作用下发生的，究其发生的地点来看，归纳起来有以下5种情况：

1）空顶部位。主要指在交岔点掘进以及迎头空顶作业时，由于顶板岩层强度较低、分层厚度小，或受到节理、裂隙的切割作用，自持能力比较弱，巷道掘进中顶板岩层大范围暴露出来后没有及时支护、在自重作用下沉降挠曲或整体下滑，最后引起冒顶。这类事故在巷道顶板事故中占有较大比例。

2）地质构造与顶板岩性突变部位。在这些部位容易发生顶板事故的根本原因是顶板岩层强度、整体性受到削弱，稳定性较差。

3）巷道贯通部位。如图9—13所示，巷道贯通主要有3种情况：一是层面相对贯通；二是层面斜交贯通；三是垂直剖面上斜交贯通。由于贯通部位的顶板岩层的稳定性已遭到一次破坏，贯通时如果不事先探明，或不制定相应的防范措施，就很容易发生顶板事故。

4）厚煤层中下分层巷道掘进部位。中下分层巷道掘进中发生顶板事故的原因主要包括支护不及时，或虽及时支护但支架稳定性较差，造成金属网假顶的坠落，使支架被压垮或推倒而引起事故。

5）大倾角煤层中巷道破顶掘进部位。由于顶板岩层的整体性遭到破坏，容易造成顶板下滑推倒支架的事故。

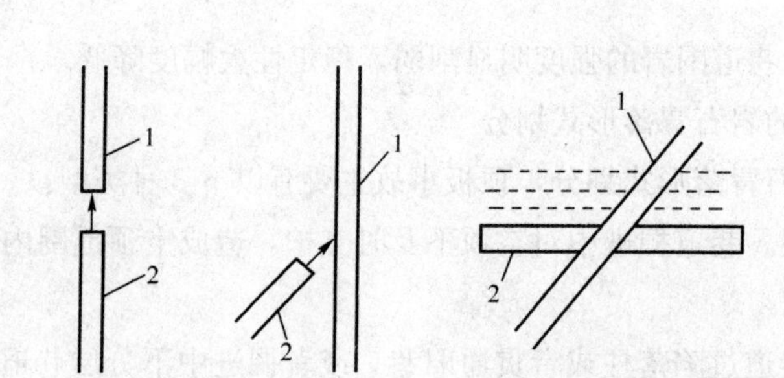

图 9—13 巷道贯通形式

a）层面相对贯通 b）层面斜交贯通 c）垂直剖面上斜交贯通

1—已掘出巷道 2—新掘进巷道

第四节 巷道顶板事故的预防

一、巷道冒顶事故的预防

从对顶板事故类型及原因的分析中，可以清楚地看到，常见的巷道顶板事故原因归纳起来有三个方面：一是未掌握巷道掘进中围岩稳定状况及运动发展情况；二是缺乏针对性的防范措施；三是在施工与质量方面疏于管理。而对于巷道冒顶事故的预防就是分析这些原因并采取有效的预防措施，防止顶板事故的发生。

1. 顶板事故防治的基本措施

（1）调查掌握地质资料与开采条件

通过地质钻孔、岩层柱状图等多种途径，摸清地质构造、岩性变化、水文地质条件；在地质图上标明地质构造、裂隙发育带的位置、产状、层厚等；弄清与采煤工作面的相对空间位置与时间的关系，分析受采动影响的程度等。

（2）合理确定开拓布置和开采程序

依据地质条件、煤层赋存状况和开采方法，合理确定开拓布置和开采程序，处理好采与掘的关系，应尽量使巷道掘进与维护不受采动影响，同时应避免巷道掘进时的应力叠加现象。

（3）合理确定巷道几何形状与尺寸，正确选择支护形式

巷道的形状与规格对支架有较大影响，同时支护形式是否合理又关系到巷道围岩的破

坏、变形程度。一般应根据巷道用途、服务年限、围岩性质、地质条件及矿山压力和受采动影响情况进行确定。

(4) 加强技术管理

加强技术管理，认真编制作业规程和操作规程，及时填绘施工动态图，严把工程质量关。

(5) 合理确定巷道位置及时间

这里所指的巷道是煤层巷道与底板巷道。由于巷道开掘中围岩稳定情况与周围支承压力分布情况不同，要求与结果也不一样。

1) 煤层巷道合理开掘的位置和时间。

①在薄及中厚煤层巷道开掘的合理位置和时间。研究和实践表明，采煤工作面后方两侧煤体上的支承压力分布情况随着上覆岩层运动而变化。显然，掘进巷道时的位置与时间不同，巷道受顶板活动影响以及侧向支承压力作用的过程也不一样，巷道围岩稳定状况也有很大差别。

在这种情况下，一般采取的方法有沿空留巷或者送巷方案两种方案。

沿空留巷与煤柱护巷相比，少掘一条巷道，这不仅可以降低巷道掘进率，减少掘进工程量，而且有利于缓和采掘接续关系。不少矿区都曾采用过这种方法。然而，由于沿空留巷自始至终都要受到侧向支承压力与顶板运动的影响，如果不能及时有效地根据上覆岩层的运动以及侧向支承压力的发展变化采取防范措施，则在留巷过程中很容易发生顶板事故。

在送巷方案中，一般有 4 种情况，即沿空送巷、小煤柱送巷、外应力场中送巷以及原始应力区中的大煤柱送巷。在基本顶岩梁裂断线与采空区边缘的内应力场中沿空送巷或小煤柱送巷时，巷道的稳定状况取决于上覆岩层运动的发展变化情况。显然，当基本顶岩梁显著运动完成后再在内应力场中送巷，可以避免由于基本顶岩梁的显著运动产生的顶板剧烈下沉与巷道两帮变形，使巷道受采动影响小，易于维护。原始应力区中大煤柱送巷过程中仅受超前支承压力作用，而且支承压力比较小，巷道围岩易于维护，但煤柱损失严重，回采率低，使“三量”达不到要求，缩短采区的可采期并减少矿井服务年限。

②厚煤层中下分层巷道掘进的合理位置和时间。在厚煤层中下分层巷道掘进时，主要有以下 4 种形式：

a. 在上分层一侧采空的煤柱边缘掘巷。在煤柱边缘掘巷时，其上部基本顶岩梁处于悬空状态，冒落矸石没有被压实，巷道所受支承压力很小，垂直方向与侧向均为卸压状态。因此，送巷过程中围岩变形比较小。但由于上分层冒落矸石未被压实，仍处于松散状态，掘进过程中如果不注意护顶效果以及减少空顶面积，那么在破网抬高巷道标高掘进时，漏顶、坠网等顶板事故的发生都是不可避免的。

b. 在上分层两侧采空区的煤柱边缘送巷。上分层残留的两侧采空的煤柱上支承压力叠加、高度集中。由于煤柱上集中支承压力的作用，此时，若沿煤柱边缘的采空区下方掘进分层巷道，巷道不仅要承受较大的顶压作用，而且还要承受较大的侧压作用，围岩整体性与稳定性严重遭受破坏，易在掘进中发生冒顶事故。

c. 在本分层采空区边缘附近送巷。这种送巷形式主要是指在中下分层巷道掘进。由于受上部分层工作面以及本分层相邻工作面回采的影响，在支承压力作用下采空区边缘煤体已呈塑性破坏，处于卸压状态。沿空掘巷过程中巷道围岩变形小，易于维护。但如果小煤柱送巷，由于煤体多次受采动影响，支承能力与稳定性都比较差，此时巷道维护效果反而会恶化，围岩变形量较大，支护适应不了围岩的变形而被压坏并引起冒顶事故。因此，在这种情况下应优先选择沿空送巷方案。

d. 沿空留巷。厚煤层沿空留巷，特别是中下分层沿空留巷时，围岩变形量大，难以维护，对支护的可缩量及承载能力要求比较高。

2）底板巷道合理开掘位置。开掘和维护底板巷道几乎是困扰每个矿区的问题，而且这个问题在今后较长时间内依然存在。在掘进和使用中维护底板巷道围岩的稳定，是矿井安全生产的保证。在采深、巷道断面、支护等条件相同的情况下，底板巷道的维护状况主要取决于巷道围岩应力分布状况及围岩性质，更主要的是取决于底板巷道的维护方法与巷道位置。底板巷道维护方法归纳起来有以下 4 种：

①煤柱维护法。如图 9—14a 所示，由于煤柱上支承压力集中，造成底板应力集中，底板巷道正处于应力集中区域，维护相当困难。只有当煤柱宽度很大或巷道距煤层（开采层）的法线距离很大时，才能避开采动引起的集中压力影响。因此，这种方法是最不可取的。

②掘前预采维护法。如图 9—14b 所示，这种方法是先回采设计巷道位置的上方煤体，巷道在采空区卸压带下掘进和维护，不受回采影响，巷道围岩比较稳定，但开采接续比较复杂。因而，目前这种方法用得也不多。

③跨巷回采维护法。如图 9—14c 所示，采用这种维护方法时，底板巷道要经受采煤工作面跨采超前压力作用。跨采后，采空区应力释放，底板巷道将处于卸压状态。研究与实践表明，跨采后，巷道位于终采线与采空区支承压力高峰之间时，底板巷道维护状况最为理想。

④合理确定开切眼位置维护法。该维护方法的特点是将上部采煤工作面布置在大巷一侧，向大巷另一侧推进，如图 9-14d 所示。由于工作面跨过大巷上方时，岩层悬露范围小，超前支承压力作用小，而且跨采后，大巷处于应力释放区（开切眼位置距大巷水平距离选择合理，跨采后，大巷刚好处于煤体与采空区内压力高峰之间），因此，巷道易于维护。只要巷道支护形式选择合理，一般不会发生因围岩剧烈变形引起的冒顶事故。这种维护方法只能用在前进式开采中。

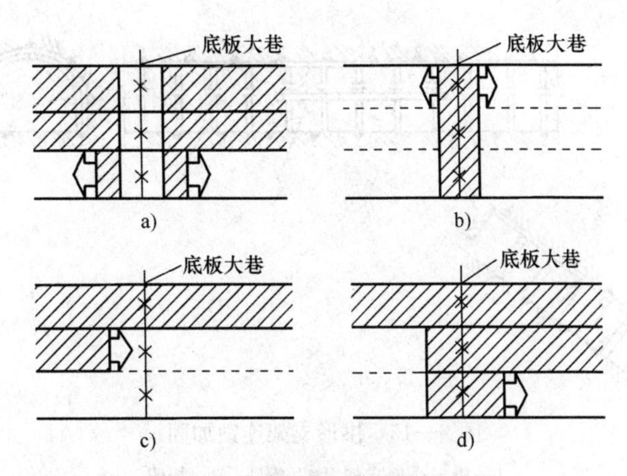

图 9—14　底板巷道的维护方法

a）煤柱维护法　b）掘前预采维护法　c）跨巷回采维护法　d）合理确定开切眼位置维护法

2. 针对性的防范措施

在巷道掘进中，有时会遇到一些特殊的情况，比如巷道穿越地质构造带、掘进巷道底板松软遇水膨胀等，这个时候如果不采取相对应的措施，是很容易发生事故的。生产中常使用的针对性的防范措施有以下六个方面：

（1）新掘巷道穿过已有巷道时，应采取的安全措施

新掘巷道穿过已有巷道，分以下三种情况：第一种，新掘巷道与已有巷道平面交叉；第二种，新掘巷道在上，已有巷道在下；第三种，新掘巷道在下，已有巷道在上。

为保证施工安全，应事先准确测定新掘巷道与已有巷道在空间上的相对位置和距离，然后尽早改善其安全条件。具体做法如下：

1）已有巷道不通风时，应按规定恢复通风，排除瓦斯，避免积存的有毒有害气体在穿透时突然涌出，造成中毒或爆破引起瓦斯爆炸事故。

2）若被穿巷道内存有积水，则须在穿透前予以排除，使巷道疏干，防止穿透时透水伤人。

3）加固已有巷道支护，防止冒顶或掉底。在被透点前后 5 m 内的棚子要加固牢靠，将帮顶刹严背实；更换断梁折柱；架设顺抬棚或打木垛；若是拱形金属支架，则可在支架的拱基处用 5 m 长的钢轨连锁，以增加支架的整体性和稳定性，防止冒顶，如图 9—15 所示。当新掘巷道在上，已有巷道在下时，要特别注意防止掉底。为此，要确切掌握两条巷道之间的垂直距离 H 和水平距离 L，如图 9—16 所示。加固支架的范围视巷道交叉的角度而定，但从相交的边缘算起，至少要大于 2 m，如图 9—17 所示。

4）接近被透点时的安全措施。

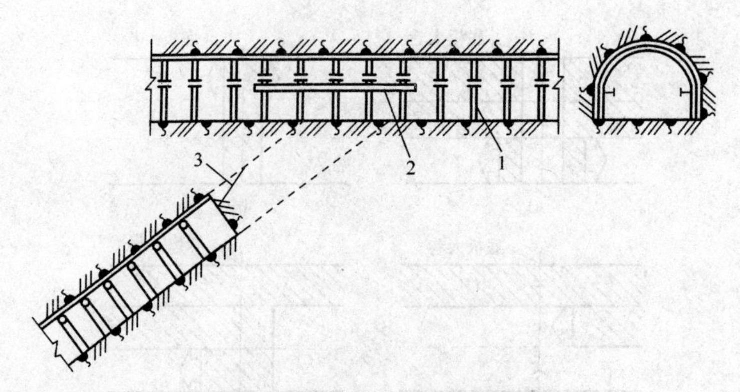

图 9—15　拱形支架连锁加固

1—拱形金属支架　2—钢轨　3—探眼

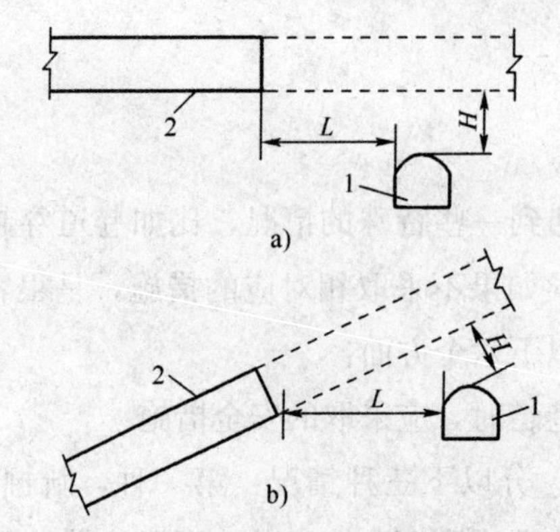

图 9—16　立交巷道的垂直距离与水平距离

a）水平交叉　b）斜平交叉

H—垂直距离　*L*—水平距离　1—已有巷道　2—新掘巷道

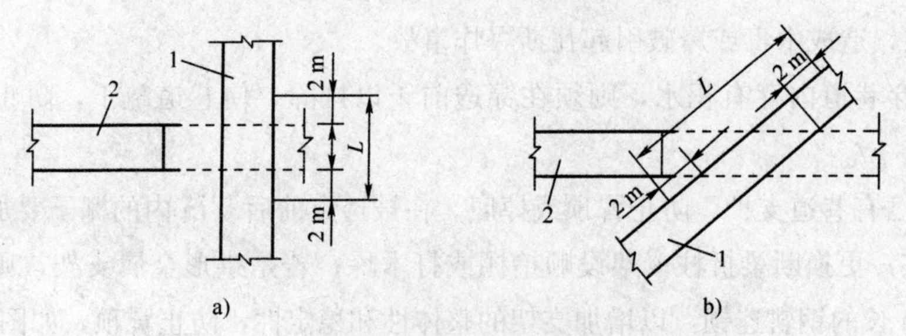

图 9—17　不同交叉角度时加固巷道长度

a）垂直交叉时　b）锐角交叉时

L—加固总长度　1—已有巷道　2—新掘巷道

①当新掘巷道距被透点 5 m 时，要用 3 m 长的钎子打探眼，以便准确掌握掘透距离。

②当新掘巷道迎头距离已有巷道 2 m 时，要根据岩质情况采取具体措施。当上、下两巷之间间距较小时，可采取打浅眼、少装药或手掘的办法度过，尤其要控制顶眼（上透时）或底眼（下透时）的装药量。

（2）巷道掘进通过断层与破碎带时，应采取的安全措施

当巷道掘进过程中遇断层与破碎带时，由于这种岩层早期受地质破坏，岩层结构疏松，稳定性很差，短时间暴露就会出现冒顶、片帮等，因此，施工时应尽量使围岩暴露面积小，暴露时间短，并及时维护好巷道围岩。

现场常用的施工方法有超前导硐边刷边支法，撞楔法，锚喷支护法，撞楔、喷射混凝土联合支护法等。

（3）巷道掘进通过空洞（含陷落柱）或冲刷带时，应采取的安全措施

1）巷道掘进通过空洞（含陷落柱）时，应采取的安全措施。

①在探清情况直接通过时，距空洞 2～3 m 就应采用放小炮的方法掘进，以防冒顶或掉底。掘通空洞后，根据空洞的大小和位置进行充填和刹帮、刹顶的处理，并应对空洞及其前后 2 m 的支架进行置放底梁、穿木鞋、加抬棚及打拉条的加固措施。

②对巷道帮顶的较大空洞不仅要刹紧刹牢，而且还应按规定采取封闭措施，以防瓦斯积聚，造成隐患。

③对突出大的空洞或有水的陷落柱，应提前停掘，探清情况后，绕道通过，以防掘透空洞，发生二次突出或透水事故。

2）巷道掘进通过冲刷带时，应采取的安全措施。

①巷道掘进中遇到煤层变薄（或尖灭）时，应及时向施工负责人报告。

②当煤层变薄（或尖灭）的范围不大，且顶板胶结牢固，决定采用挑顶或卧底的方法直接通过时，应打浅眼、少装药、放小炮、缩小棚距、加固支架等，待通过后再恢复正常掘进。

③当煤层变薄（或尖灭）的范围较大时，应改变巷道方向，绕道通过。

（4）巷道掘进底板松软时，应采取的安全措施

巷道底板松软时，易出现底鼓，使巷道变形，支柱折断、损坏，影响运输、通风、排水，导致不能正常施工，危害较大。在底板松软遇水膨胀的岩层掘进时，应采取以下措施进行处理：

1）棚子铺设底梁。底鼓不很严重、使用可缩支架的巷道可采用此法。实行短段掘支，掘进一段棚距，便卧底挖槽，铺设底梁，底梁下刹满背板，再架设上部支架，构成闭合型支架，然后回填铺轨。

2）碹体砌反拱。底鼓严重、使用碹体支护、服务年限较长的巷道可采用此法。实行短

段掘砌，掘进 1～2 m，卧底挖槽，砌反拱。反拱的形状有半圆形、圆弧形和三心拱形。砌完反拱后再砌上部碹体，形成闭合碹体，然后回填铺轨。由于是短段掘砌，必须注意接茬质量，而且必须采用料石块或混凝土预制块砌碹，以适应早期承压的特点。

3）注浆锚固底板。底鼓很严重、使用碹体支护、服务年限长的巷道可采用此法。实行短段掘砌，掘进 1～2 m，便卧底挖槽，在槽内向两侧打垂直锚杆（全长锚固式锚杆）。然后再从槽底打 2 m 深炮眼，进行松动爆破。把松动的岩石只清理到与槽底线相平为止，插入注浆管，在槽内砌毛石混凝土。然后向松动岩石中注入水泥浆，把底板封闭住，其作用是释放底板岩石应力，防止底鼓现象。

4）拉底。把鼓起的底板岩石挖掉，恢复原来巷道的断面。这种方法费工费时，也不能根治底鼓，一般难以一次完成，需多次拉底才能使底板稳定下来。拉底时要注意不要使原有的支架、碹基出现“露脚”。

（5）交岔点施工中应注意的安全事项

交岔点是指巷道相交或分岔的地方，它的类型如图 9—18 所示。按采用的支护方式不同，还可分为架棚式、砌碹式和锚喷式交岔点。

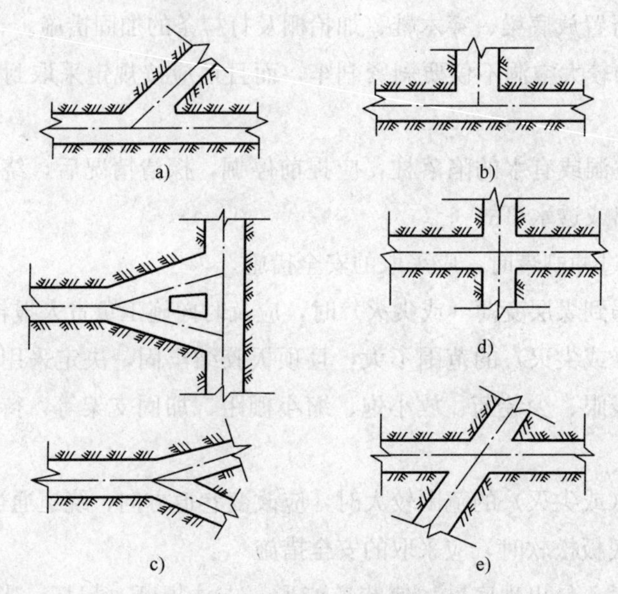

图 9—18　交岔点的类型

a）锐角交岔点　b）直角交岔点　c）三角形交岔点　d）十字形交岔点　e）斜交十字形交岔点

交岔点施工主要取决于断面大小及支护形式、穿过岩层的岩性和地质条件、开掘顺序（从主巷开掘还是从分巷开掘）等因素。常用的施工方法有以下几种：

1）全断面掘进法。这种方法是随掘随支，一次完成。它适用于稳定岩层中，可采用各种支护方法，特别是用在采用锚喷支护或不支护的交岔点最为合适，如图 9—19 所示。

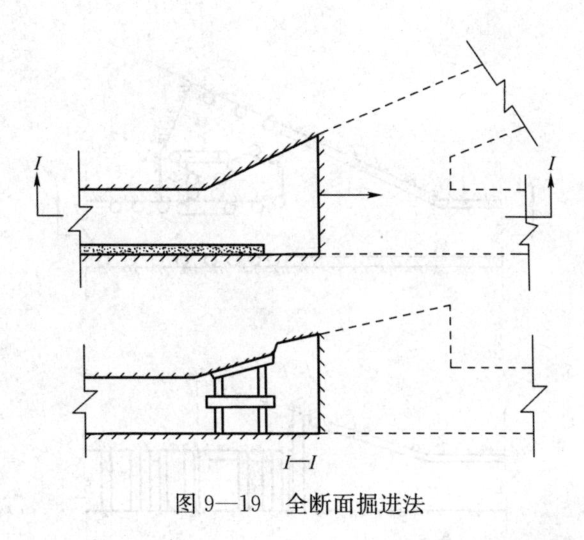

图 9—19 全断面掘进法

2）扩帮刷大法。根据施工顺序，先向一个方向掘出交岔点中的一条巷道，进行临时支护，然后回过头来扩帮、挑顶支护。完成交岔点掘砌（支）后，再施工另一条巷道，如图9—20所示。

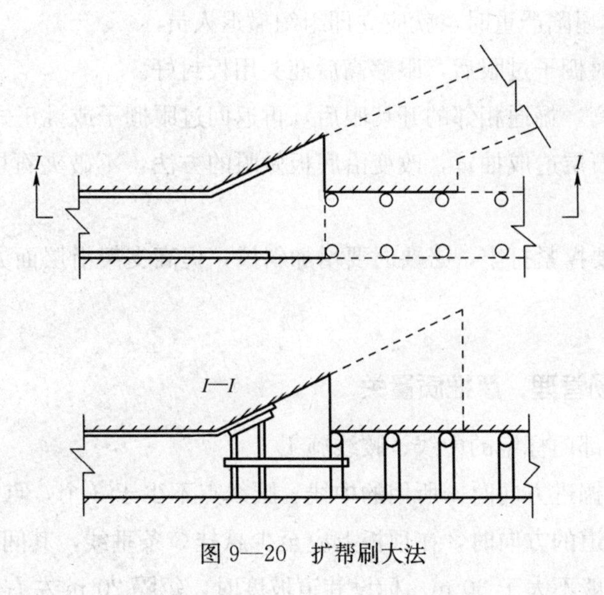

图 9—20 扩帮刷大法

3）掘小导硐法。当岩层松软不稳定或交岔点跨度较大采用砌碹支护时，可沿交岔点的一帮先掘出一条巷道（一般应超过柱墩处 3～5 m），然后沿另一帮开掘小导硐，随掘随砌墙，中间留岩柱，待掘至过柱墩 2 m 处停止，在混凝土垛位置处与已掘巷道贯通，做好碹垛，并将两巷各砌 2 m，最后从外向里刷砌，暂留中间岩柱，待交岔点砌碹后，再处理掉岩柱，如图 9—21 所示。

（6）急倾斜煤层巷道掘进时的防范措施

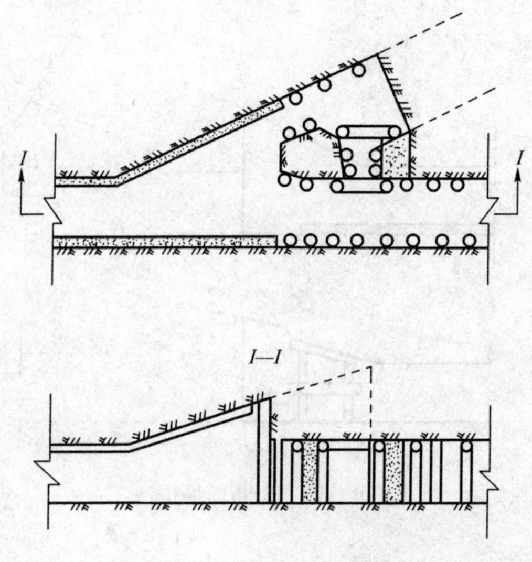

图 9—21 掘小导硐法

1）巷道由下而上掘进时，要随时观察巷道迎头顶板及煤体的稳定情况。一旦发现顶板内有响声，迎头煤体塌陷严重时，就应立即组织撤退人员。

2）改独眼抬棚时棚子过眼后，眼够高后迎头用板封好。

3）由一帮拆小窝，掘通相邻的开切眼后，再返回过眼棚子或挑正式抬棚。

4）为防止破夹石层造成抽冒，改变沿底板做眼的方法，不破夹石层，以夹石层为底往上掘眼。

5）巷道内支架要撑紧打牢，必要时要增加斜撑，提高支架沿层面方向的承载能力以及支架的整体稳定性。

3. 加强施工现场管理，严把质量关

（1）严格按地测部门标定的中线、腰线施工

用激光指示巷道掘进方向时，所用的中线、腰线点不少于 3 个，点间距离应符合规定。用经纬仪标设直线巷道的方向时，在顶板上应至少悬挂 3 条垂线，其间距一般不小于 2 m，垂线距掘进工作面一般不大于 30 m。标设巷道坡度时，每隔 20 m 左右设置 3 对腰线标柱，其间距一般不小于 2 m。

（2）在长距离巷道施工中，应设置躲避硐室

倾斜巷道每掘进 40 m，平巷根据施工需要应设一躲避硐室。硐室深度不小于 2 m，不大于 5 m。

（3）掘进工作面与旧巷贯通时，旧巷道要给出巷道中心线

当掘进巷道（在下）为倾斜向上开掘，旧巷（在上）为平巷时，旧巷应超前贯通并且

维护好帮顶，更换断梁折柱，使支架呈连锁状态。距贯通点 5 m 时，开始打探眼。在贯通前 10 m 处，爆破前应派警戒员。

(4) 严格执行顶板安全检查制度

巷道掘进施工的全过程要严格执行《煤矿安全规程》，坚持进行“敲帮问顶”，发现活岩和伞檐要及时处理。

(5) 做好临时支护

巷道顶板事故大都是在空顶作业的情况下发生的，因此对掘进迎头新暴露的顶板，采用及时或超前支护的临时支架，以保证作业安全。

1) 预喷混凝土支护。预喷混凝土是锚喷和砌碹支护常用的临时支护方法。它是在空顶处先喷一层混凝土来护顶，然后进行永久支护作业。喷射混凝土的技术要求应符合作业规程规定。

2) 前探梁支护。前探梁临时支架，是在永久支架的顶梁下面，安装两根金属的探梁(工字钢等)，当掘进迎头出现新暴露的顶板时，将前探梁推向空顶处，并与顶板背严、楔紧，从而在前探梁掩护下进行出矸、支架等作业。前探梁临时支护结构简单、成本低，但每次都需要人工操作，并占用一定的掘进循环时间。

3) 机械化临时支架。目前的机械化临时支架主要有 ZJD 型掘进头临时支架、机械掘进工作面的临时支架、支架机、PQZ 型前探支架等。机械掘进工作面的临时支架是利用掘进机前移的支护装置，可在掘出巷道后及时进行支护，并可使支护工作与掘进平行作业。

4) 巷道掘进临时停工时，临时支架要紧跟工作面，并检查巷道所有支架，保证复工时不致冒落。

(6) 合理选择支护形式，加强支护质量管理

支护形式选择是否合理，关系到巷道的使用寿命，影响着矿井的经济效益，同时也关系到对顶板事故的有效防治。支护形式的选择应依据巷道围岩的性质、地质条件、矿山压力、巷道的用途和服务年限等因素综合考虑。支护形式确定后，要千方百计地提高支护质量，在施工中加强支护质量管理。严格按作业规程施工，按操作规程操作，这是预防冒顶事故的主要措施。

(7) 加强爆破工作管理，提高爆破质量

目前在煤矿，无论是回采还是掘进工作，爆破工作仍是必不可少的落煤、破岩手段。而由此引发的各类事故为数不少，顶板事故也在其中。为了防止顶板事故的发生，掘进爆破中应注意以下问题：

1) 根据巷道围岩性质和施工的具体条件，应认真编写爆破说明书，在施工前向作业人员认真讲解，并将图示、图板悬挂在施工现场。

2) 提高钻眼质量，钻孔的深度、角度及最小抵抗线必须符合作业规程规定，严禁打浅

眼、片眼。

3）根据巷道断面、围岩硬度，合理确定钻孔数量。

4）根据围岩硬度和钻孔数量合理控制装药量，严禁装药量过大。装药量过大不仅会崩倒支架，还可能造成许多危害，应加以控制。

5）按规定填满炮泥。

6）在围岩松软破碎等特殊条件下，应尽量采取风镐或手镐作业。

二、巷道冒顶、片帮的处理

1. 处理巷道冒顶的基本原则

处理掘进巷道冒顶事故的首要任务是抢救遇险（难）人员；其次是恢复通风、运输、施工等。处理时，应坚持以下原则：

(1) 迅速查清冒顶被堵、被压埋人员的位置、人数，并设法与他们取得联系，配合救护队进行抢救。

(2) 尽快向被堵、被压埋人员输送新鲜空气、水和食物。

(3) 派专人检查瓦斯情况，观察周围顶板变化情况，并加强冒顶区以外的维护，准备好安全退路。

(4) 根据冒顶范围的大小和事故地点的具体情况，采取不同的抢救方法救人。同时注意对顶板的观察并进行必要的维护，防止在救人过程中再次冒顶。

(5) 根据冒顶的情况，准备好品种齐全、数量充足的处理材料。

2. 冒顶处理方法

处理巷道冒顶常用的方法主要有撞楔法、搭凉棚法、木垛法、注浆固结法、锚喷法、绕道法等。

(1) 撞楔法

当顶板岩石破碎而且继续冒落，无法处理冒落物和架棚时，可以采用撞楔法处理巷道冒顶。

1）冒顶范围较小时的处理方法。如果巷道顶梁被压坏发生局部顶板冒落，宽度不超过顶梁长，冒落的矸石又不多时，可首先加固紧靠冒顶处的支架，防止倒塌。然后沿该架棚子的梁上侧向冒顶区打入撞楔（如铁钎、带尖的圆木和木板），用荆笆或板皮背严，防止矸石（煤）流入巷道。必要时撞楔可密集排列打入，然后清理矸石，架设支架，直到穿过冒顶区。

2）冒顶范围较大时的处理方法。

①小断面快速修复法。若冒顶范围大，压住输送机，影响通风、行人，或冒顶区在独头巷道前方有人员被堵时，可用撞楔法先架设比原巷道规格小得多的临时支架处理冒顶。待抢救出人员或恢复通风、运输后，再用撞楔法处理大断面冒顶，架设永久支架。

②一次架设永久支架处理法。先用铁钎和木板横挡在矸石堆前，防止矸石继续滚动。然后用削尖且平面向下的撞楔，由最前方支架顶梁上侧向上倾斜用大锤打进冒落岩石堆里，随打随用长钎捅开阻碍撞楔前进的大块矸石。撞楔间用木板插严。在巷道两侧掏槽挖柱窝、立柱腿、上顶梁。顶梁与撞楔之间在不影响下次向前打撞楔的情况下应背实。然后在此架顶梁上侧向前打撞楔，直到通过冒顶区。

（2）搭凉棚法

冒顶处的冒落拱高度不超过 1 m，而且顶板岩石不继续冒落，冒顶长度又不大时，可用 5～8 根长料搭在冒顶两头完好的支架上，即搭凉棚法。然后在凉棚的掩护下，进行出矸、架棚等。架完棚之后，再在凉棚上用材料把顶接实。这种方法在高瓦斯矿井不宜采用。

（3）木垛法

这是一种处理巷道冒顶的常用方法。在巷道冒顶高度不超过 5 m、长度在 10 m 以上，冒落空洞以上顶板岩石基本稳定时，就可将冒落的煤岩清除一部分，使之形成自然堆积坡度。可以通车、进人又能通风时，可以从两边在冒落的煤矸上相向架木垛，直接支承顶板。

处理时，先在冒顶区附近的支架上打两排抬棚，以提高支架支承力，在支架掩护下出矸。冒落区周围的堆积物要清除掉，以保证安全出口畅通。架设木垛是带有一定危险性的工作，要特别注意安全。架棚前要用长柄工具“敲帮问顶”，在有支架掩护的安全地点撬下松动的煤矸。架设木垛时要有人观察顶板情况，与架设木垛无关的人员不得站在木垛附近。架设木垛地点至少应有 1.8 m 高、1.2 m 宽的安全出口。

架设木垛前，在冒落区出口处并排架设两架支架，并用拉条拉紧，打上撑木，使其稳固不动，再在上面架设穿杆。若矸石堆松软，则在穿杆下还要加打顶柱。由于打顶柱时已进入冒顶区，因此在穿杆上要铺上横排坑木或荆笆，防止顶板掉矸石砸伤人。架木垛时第一层横搁在穿杆之上；第二层与第一层垂直，由下而上，直到撑住顶板、靠住顶帮时为止。靠近顶板处要背一层荆笆，并用楔子楔紧。

每架好一架支架，必须在其下面架设密集支架，架间距离一般不超过 0.3 m，支架间打好撑木和拉条。架好第一个木垛后，接着架设第二个木垛。在第一个木垛最上层应用长穿梁护顶，以保证架第二个木垛时的安全，这样一直到处理完毕。

（4）注浆固结法

当巷道冒顶严重，用其他方法难以通过时，可采用注浆固结法。在紧靠冒顶区砌筑一道片石隔墙，封闭冒落区，用小型地质钻机向冒落区打注浆孔，一般打 2～3 排；然后向冒落区的顶部注入沙子，充填冒落区岩石空隙，再注入水泥与水玻璃混合浆液，把冒落区岩石固结住，形成人工假顶。然后打片石封闭墙，在人工假顶下，采用短掘短砌法穿过冒落区，每段长 1～12 m。

（5）锚喷法

使用锚喷法处理掘进巷道冒顶有以下两种情况：

第一种情况是冒落高度较高，整个巷道被矸石堵塞，清理矸石会引起继续冒落时，可先向帮顶打入穿楔护住顶帮，清理穿楔下的部分矸石，喷射一层混凝土（约 3 m），将穿楔范围内的矸石胶结成一个整体，形成临时支架。然后，架设金属支架，再喷一层混凝土，把金属支架完全封闭在混凝土喷层内。

第二种情况是冒落高度不太高（约 3 m），可以观察到冒落后的顶板，在短时间内不会继续冒落时，可采用锚喷支护进行处理。处理时，首先站在冒落矸石上向冒顶区顶板喷一层 20～30 mm 厚的混凝土封顶，防止继续冒落，然后安装锚杆。锚杆安装完毕后再喷一层 60～100 mm 厚的混凝土。把冒顶区的顶板锚喷支护后，清理冒落矸石，随清理随进行两帮的锚喷支护，最后再进行冒顶区永久支护。

（6）绕道法

当掘进工作面或巷道冒顶严重，冒落高度和冒落面积看不清，很难掌握冒顶内情况，且利用前述方法处理有困难时，可采用新掘绕道法。即从工作面后退一段距离，掘绕道绕过冒顶区。

3. 巷道片帮处理方法及应注意的事项

巷道片帮常用处理方法有木垛法和撞楔法。

（1）木垛法

当巷道一侧片帮不是很严重，稍有冒顶，柱腿压断，煤矸挤入巷道时，可用木垛法处理。操作时，先在靠近片帮一侧的顶梁下打一根顶柱，清矸，换新柱腿，用木料架木垛到冒落的帮顶，再用背板、荆笆背好后撤去顶柱。

施工时，首先应注意稍有冒顶处的顶板的维护，防止片帮扩大造成冒顶。其次是顶柱应落在实底上，打牢，几根顶柱应连成一体，防止下沉及碰倒，造成冒顶或砸伤人员。

（2）撞楔法

当巷道一侧片帮严重，围岩松软破碎，撤去压坏棚腿后煤岩流出，片帮就会继续扩大，进而造成冒顶时，可用撞楔法处理。操作时，从片帮边缘完好的柱腿处开始，在柱腿上打斜交撞楔，撞楔长 1.2～1.5 m，在撞楔掩护下，挖柱窝、打顶柱、更换新柱腿、背严帮顶。依次向前，直到片帮区全部修好，最后清煤矸、撤顶柱。

施工时，除应注意采用木垛法时的注意事项外，还必须注意打撞楔的柱腿应坚实、牢固，必要时应下底梁或架对棚等。

第十章　矿井灾害应急救援及处理

本章学习目标

1. 了解煤矿有关事故的应急管理和救援体系。
2. 掌握矿山救护有关知识。
3. 掌握煤矿事故调查与处理的基本过程。

搞好煤矿安全生产是保护财产和人民群众生命安全的一件大事，它关系到国民经济的发展和社会的稳定。虽然，我国采取了一系列的措施来预防煤矿事故的发生，但是由于多方面因素的制约和限制，全国煤矿事故多、伤亡重、经济损失大的状况依然存在，给国家和人民带来了巨大的经济损失和安全问题。所以煤矿事故发生后，能够做出及时、正确的事故应急救援是减少人员伤亡和经济损失的必要措施。

第一节　煤矿应急管理和救援体系

一、煤矿应急管理

1. 煤矿应急管理的过程

煤矿应急管理是对煤矿事故的全过程管理，贯穿于事故发生前、中、后的各个过程，充分体现了“预防为主，常备不懈”的应急思想。应急管理是一项综合、复杂的工程，也是一个动态的过程，包括预防、准备、响应和恢复四个阶段。在实际情况中，这些阶段往往是交叉的，但每一阶段都有自己明确的目标，并且每一阶段都是构筑在前一阶段的基础之上的，因而，预防、准备、响应和恢复的相互关联构成了煤矿事故应急管理的循环过程。

（1）预防阶段

在煤矿应急管理中，预防有两层含义：一是事故的预防工作，即通过安全管理、安全技术等手段，尽可能地防止事故的发生，实现本质安全；二是在假定事故必然发生的前提下，预先采取的预防措施，从而降低或减缓事故的严重程度和影响范围，包括应急规划、安全监测、安全评价、宣传教育等工作内容和措施。从长远看，低成本、高效率的预防措施是减少事故损失的关键。

（2）准备阶段

应急准备是煤矿应急管理的一个关键过程。它是针对煤矿可能发生的事故，为迅速有效地开展应急行动而预先所做的各种准备工作，包括应急体系的建立、有关部门和人员职责的落实、预案的编制、应急队伍的建设、应急设备（施）与物资的准备和维护、预案的演练、与外部应急力量的衔接等，其目标是保持重大事故应急救援所需的应急能力。

（3）响应阶段

应急响应是在事故发生后立即采取的应急与救援行动，包括事故报警与通报、应急指挥协调、人员紧急疏散、警戒交通、资源调度等。其目标是尽可能地抢救受害人员，保护可能受威胁的人群，尽可能控制并消除事故。

（4）恢复阶段

恢复工作应在事故发生后立即进行。通过现场处理等工作，使事故影响区域恢复到相对安全的基本状态，并逐步恢复到正常状态。要求立即进行的恢复工作包括事故现场清理、善后处理、事故损失评估、原因调查等。在短期恢复工作中，应注意避免出现新的紧急情况。长期恢复包括矿区重建和受影响区域的重新规划和发展。在长期恢复工作中，应汲取事故及其应急救援的经验教训，开展进一步的预防工作和减灾行动。

2. 煤矿应急管理的基本任务

煤矿应急管理的基本任务包括以下主要内容：

（1）应急体系的建立

建立健全应急救援体系，包括煤矿应急救援组织体系、煤矿应急救援运行机制、煤矿应急救援支持保障系统等内容。其中，建立煤矿应急救援组织体系的主要任务包括领导决策机构、协调指挥机构、应急救援队伍等方面的建立；煤矿应急救援运行机制的建立主要包括统一指挥机制、分级响应机制、属地为主协调救援机制等方面的内容；建立煤矿应急救援支持保障系统主要是对通信系统信息、技术支持系统、物资与装备保障、经费保障、制度保障等多方面的健全完善。

（2）应急救援预案编制

通过成立应急预案编制小组，对相关资料进行收集整理，对不同危险源的发生机理和风险进行分析，结合已有的煤矿应急救援经验和典型案例分析，完成科学的应急预案编制。其后，经过评审、发布并实施。应急预案必须符合科学规律，充分体现实用性，全面完整地覆盖到煤矿应急救援的方方面面；同时，须符合法律、法规要求，层次结构清晰，并且各预案间能够做到相互衔接。

（3）应急培训和演习

根据应急预案，实施各类应急培训和演习，以培养更多专业救援人才，锻炼救援队伍，使其在实战时能够快速、高质量地完成各项救援任务，提高应急反应能力，避免发生事故后因盲目救灾而引发次生事故。提升煤矿从业人员的安全生产意识，使其懂得相应的安全生产知识，力争做到不伤害自己，不伤害别人，不被别人伤害。同时加强救护队伍应急演练和技术比武工作，提高整个救援队伍的素质。

（4）应急救灾物资储备

由各级政府牵头，建立区域应急救援关键装备材料储备，确保应急救援物资充裕，这是搞好应急救援的重要保障。

（5）矿井各类安全系统建设

各类煤矿应按规定安装安全监控系统，生产调度系统，井下人员定位系统和井下压风、防尘、通信“三条生命线”，确保安全监管的科学性和有效性。

（6）应急救援行动

事故发生后，应及时调动并合理利用应急资源，包括人力资源和物质资源。在事故现场，针对事故的具体情况选择应急对策和行动方案，组织撤离或者采取措施保护危害区域内的其他人员，从而及时有效地使灾害和损失降到最低限度和最小范围。

（7）事故发生后的恢复和善后处理

事故应急救援行动结束后，应立即根据实际情况对矿井进行恢复，争取尽快恢复生产，做好各项善后处理工作。

（8）事故调查和分析

特别重大生产安全事故灾难由国务院安全生产监督管理部门负责组成调查组进行调查。生产安全事故灾难善后处置工作结束后，现场应急救援指挥部分析总结应急救援经验教训，提出改进应急救援工作的建议。

3. 煤矿应急管理的基本原则

（1）明确责任，严格监管

煤矿企业是煤矿事故应急管理的责任主体，负责健全完善严格的安全生产规章制度，排查治理安全隐患，强化生产过程管理，强化职工安全培训，全面开展安全达标的领导责任。各级人民政府及相关部门负责煤矿应急管理的监督监察工作，保障各项应急管理措施能够有效落实，加大安全监管力度，强化企业安全生产属地管理，加强建设项目安全管理，加强社会监督和舆论监督。

（2）安全第一，预防为主

煤矿应急管理应将人民生命安全放在第一位，做到预防为主、防治结合。煤矿事故灾难应急救援工作要始终把保障人民群众的生命安全和身体健康放在首位，切实加强应急救援人员的安全防护，最大限度地减少煤矿事故灾难造成的人员伤亡和危害。

（3）依靠科学，依法规范

遵循科学原理，充分发挥专家作用，实行科学民主决策。依靠科技进步，采用先进的科学技术，不断改进和完善应急救援装备、设施和手段。加强企业生产技术管理，强化企业技术管理机构的安全职能，按规定配备安全技术人员，切实落实企业负责人的安全生产技术管理负责制，强化企业主要技术负责人的技术决策和指挥权。在必要时，强制推行先进适用的技术装备，如制定和实施生产技术装备标准，安装监测监控系统、井下人员定位系统、紧急避险系统、压风自救系统、供水施救系统、通信联络系统等。

（4）限制准入，严格考核

严格规范安全生产准入前置条件，把符合安全生产标准作为高危行业企业准入的前置条件，实行严格的安全标准核准制度，严把安全生产准入关。严格落实安全生产目标考核，加快推进安全生产长效机制建设，坚决遏制重、特大事故的发生。

二、煤矿应急救援体系

我国煤矿应急救援体系主要由组织体系、运行机制、法制基础、应急保障体系等内容构成，如图10—1所示。

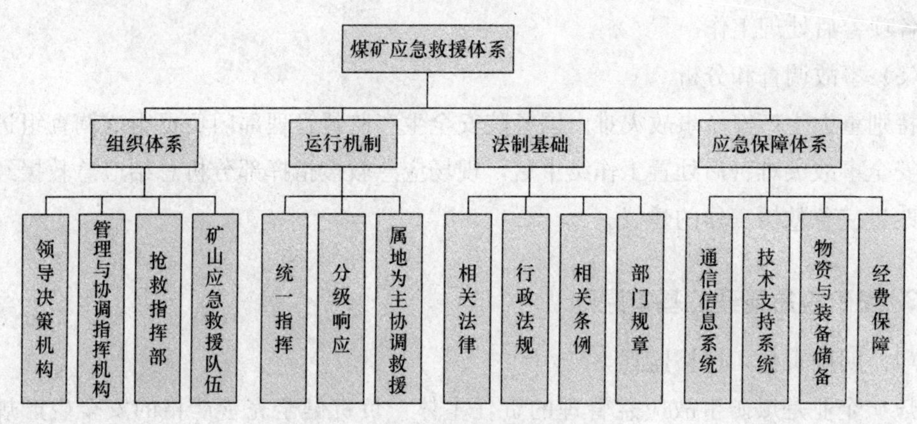

图10—1　煤矿应急救援体系组成

1. 组织体系

重大事故的应急救援行动往往涉及多个部门，因此应预先明确在应急救援中承担相应任务的组织机构及其职责。应急救援系统的组织体系主要包括领导决策机构、管理与协调指挥机构、抢救指挥部、矿山应急救援队伍四部分。

（1）领导决策机构

矿山应急救援组织领导决策机构主要有国务院、国务院安全生产委员会、国家安全生产监督管理总局（国务院安全生产委员会办公室）、地方各级人民政府4个层次。国务院是突发公共事件应急管理和救援工作的最高领导机构，进行最高决策；国务院安全生产委员会统一领导全国安全生产应急救援工作；国家安全生产监督管理总局是规划生产应急管理和救援工作的主管部门；地方各级人民政府应急救援工作的职责是统一负责本地生产安全应急救援工作，按照分级管理的原则统一指挥本地生产安全事故应急救援。

（2）管理与协调指挥机构

在国务院及国务院安全生产委员会统一领导下，国家安全生产监督管理总局负责统一指导、协调特别重大矿山事故灾难的应急救援工作，国家煤矿安全监察局指导、协调煤矿事故应急救援工作，国家安全生产应急救援指挥中心具体承办有关工作。

国家安全生产应急救援指挥中心（以下简称国家应急指挥中心）负责协调全国矿山应急救援工作和救援队伍的组织管理，省级矿山救援指挥中心负责组织、指导协调本省区域矿山应急救援体系建设及矿山应急救援工作。

（3）抢救指挥部

抢险救灾指挥部（简称抢救指挥部）直接负责组织实施矿山事故应急救援工作。抢救指挥部包括总指挥、副总指挥及成员，其具体组成由事发单位的主要负责人及相关科室、部门负责人等构成，并纳入矿山救护队长为指挥部成员。

矿山事故发生后，总指挥及副总指挥必须立即赶赴事故现场，成立抢险救灾指挥部，启动矿山事故应急预案，根据事故现场情况，对抢险救灾方案进行决策指挥，组织现场抢救，紧急指挥、调度矿山救护、医疗救护等有关部门和单位参加矿山事故救援工作，并调度解决应急储备物资、交通工具、设施设备等救灾资源。

（4）矿山应急救援队伍

矿山应急救援队伍主要由矿山救护队伍和矿山医疗救护队伍组成。

1）矿山救护队伍。矿山救护队伍按级别和所负责的区域不同主要分为国家矿山应急救援队、区域矿山应急救援队、区域矿山救援骨干队伍、企业矿山救护队等。有关矿山救护队的具体介绍见下一节。

2）矿山医疗救护队伍。矿山医疗救护队伍由国家级矿山医疗救护基地、矿山医疗救护骨干队伍和矿山企业医疗救护站组成。矿山医疗救护中心和组建的省级分中心、企业分中心与矿山救援指挥中心负责协调、指导的国家级救援基地、省级救援基地和企业矿山救护队，共同组成了我国矿山应急救援队伍体系。

2. 运行机制

国家矿山应急救援体系的运行机制建立在国家矿山应急指挥中心、省矿山应急救援中心、地区矿山救援指挥部门和矿山企业救援管理部门四级应急救援组织结构的基础上。应急救援的运行机制众多，但关键的、最主要的是统一指挥、分级响应、属地为主协调救援等机制。

（1）统一指挥

统一指挥是应急活动的最基本原则。应急指挥一般可分为集中指挥与现场指挥，或场外指挥与场内指挥几种形式，但无论采用哪一种指挥系统，都必须实行统一指挥的模式。尽管应急救援活动涉及单位的行政级别高低和隶属关系不同，但都必须在应急指挥部的统一组织协调下行动，有令则行，有禁则止，统一号令，步调一致。

（2）分级响应

为了有效处置各种矿山事故，依据矿山事故可能造成的危害程度、事故的性质、井下人员伤亡、企业财产的直接损失、控制事态的能力等情况把响应级别分为四级，即从高到低分别为特别重大（Ⅰ级响应）、特大（Ⅱ级响应）、重大（Ⅲ级响应）、一般（Ⅳ级响应）4 个级别。

特别重大矿山事故，由事故单位报请国家矿山救援指挥中心主要领导批准后启动应急预案；特大矿山事故，由事故单位报请事故所在的省级矿山救援指挥中心主要领导批准后启动应急预案；重大矿山事故，由事故单位报请事故所在的地区矿山救援指挥部门主要领导批准后启动应急预案；一般矿山事故，由事故单位负责启动应急预案。

（3）属地为主协调救援

属地为主强调由事发地政府采取“第一反应”并以现场应急指挥为主的原则，地方政府和地方应急力量是开展事故应急救援工作的主力军。地方政府应充分调动地方的应急资源和力量开展应急救援工作，中央部门予以支持和协调救援。现场指挥以地方政府为主，部门和专家参与，充分发挥企业的自救作用。

按照统一指挥、分级响应、属地为主协调救援的运行机制，有助于形成统一指挥、反应灵敏、协调有序、运转高效的应急管理工作机制，以保证应急救援体系运转高效、应急反应灵敏、取得良好的抢救效果。依照煤矿应急救援运行机制，我国煤矿应急救援的流程如图 10—2 所示。

3. 法制基础

法制基础是应急体系的基础和保障，是开展各项应急活动的依据。我国已制定的《中华人民共和国突发事件应对法》《中华人民共和国安全生产法》《中华人民共和国职业病防治法》等国家有关法律、法规，分别从不同方面对安全生产应急管理作了有关规定和要求。这些法律、法规对加强安全生产应急管理工作，提高防范、应对生产企业重特大事故的能力及保护人民群众生命财产安全发挥着重要作用。

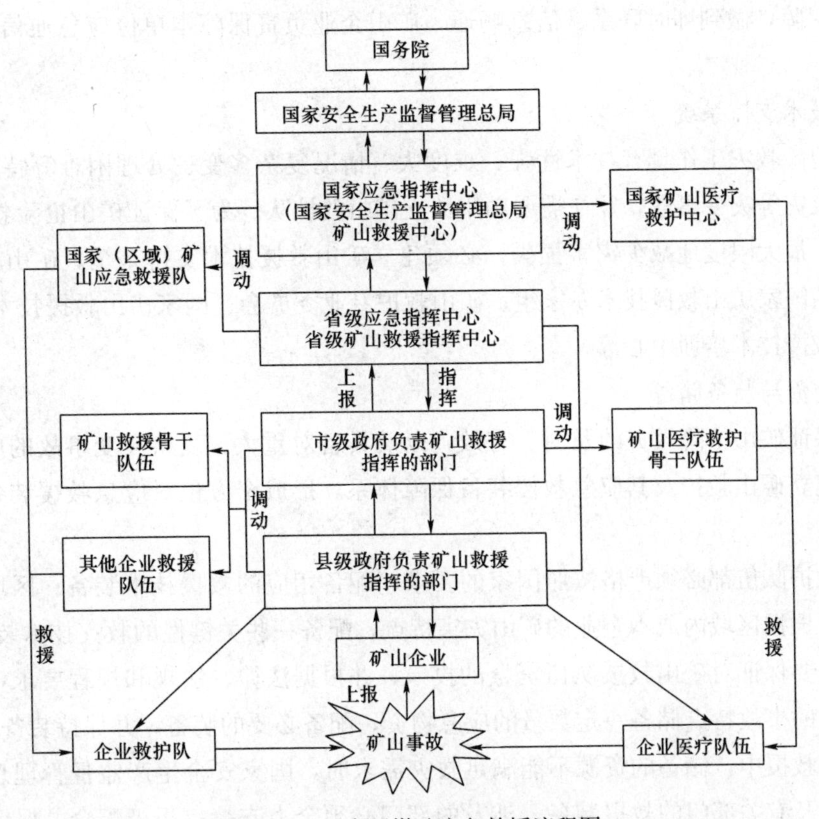

图 10—2　全国煤矿应急救援流程图

4. 应急保障体系

煤矿应急救援支持保障系统可以为矿山救援队伍提供技术支持和后勤保障，使矿山抢险救灾能够有效、顺利地进行。应急保障体系主要包括通信信息系统、技术支持系统、物资与装备储备、经费保障等内容。

(1) 通信信息系统

通信信息系统是指在国家应急指挥中心、国家矿山救援指挥中心、省级矿山救援指挥中心、各级矿山救护队、各级矿山医疗救护队、各矿山救援技术研究和培训中心、矿山应急救援专家组、地（市）、县（区）应急救援管理部门和矿山企业之间形成网络，建立并保持畅通的通信信息通道，提高快速反应能力，并逐步建立起救灾移动通信和远程视频系统。

国家应急指挥中心负责建立、维护、更新有关应急救援机构、省级应急救援指挥机构、国家（区域）矿山救援队、矿山医疗救护中心、矿山应急救援专家组的通信联系数据库，负责建设、维护、更新矿山应急救援指挥系统、决策支持系统和相关保障系统。

各省（区、市）安全监督管理部门或省级煤矿安全监察机构负责本区域内有关机构人员的通信保障，做到即时联系、信息畅通。矿山企业负责保障本单位应急通信、信息网络的畅通。

（2）技术支持系统

矿山抢险救灾工作具有技术性强、难度大、情况复杂多变、处理困难等特点。一旦发生爆炸或火灾等灾变事故，往往需要动用数支矿山救护队。为了保证矿山抢险救灾的有效、顺利进行，最大限度地减少灾害损失，必须建立矿山救援技术支持系统。矿山救援技术支持系统包括国家矿山救援技术专家组、矿山救护专业委员会、国家矿山救援技术研究中心、国家矿山救援技术培训中心等。

（3）物资与装备储备

为了保证矿山抢险救灾的及时、有效，以及具备对重大、复杂灾变事故的应急处理能力，必须建立矿山救护及其应急救援装备保障体系，形成全方位对应急救援装备的支持和保障。

各级救护队伍都必须严格按照国家的要求，配备相应的救援技术装备。区域和企业救护队伍可以根据区域内或本企业的矿山灾害特点，配备一些关键性的救灾技术装备。另外，各矿山企业要保证对矿山救援队伍资金的投入，并根据法律、法规和规程要求，针对本企业可能发生的事故特点储备一定数量的应急物资，配备必要的装备，并保持装备的完好性。

在应急救援中，储备的资源不能满足救灾需求时，国家安全生产监督管理总局需要紧急征用国家及有关部门的救援装备，涉及的部门必须全力支持，积极配合，保证救灾顺利进行。征用救援装备所需的费用，由当地政府和事故单位予以解决。

（4）经费保障

矿山企业应当做好事故救援必要的资金准备。煤矿事故灾难应急救援资金首先由事故责任单位承担，事故责任单位暂时无力承担的，由当地人民政府协调解决。国家处置矿山事故灾难所需资金按照财政应急保障预案的规定解决。

第二节　矿山救护

一、矿山救护队

1. 矿山救护队的队伍系统

由煤矿应急救援体系中的组织体系可以了解到，我国矿山救护队伍系统主要由国家矿山应急救援队、区域矿山应急救援队、区域矿山救援骨干队伍和企业矿山救护队组成。

国家矿山应急救援队是应对规划服务区域内矿山事故灾难的中坚力量，承担全国各大区域内重特大、复杂矿山事故及相关灾害的应急救援任务，并具备应急救援高层次的人才、技术、装备储备及规范化的实训演练等功能。

区域矿山应急救援队是应对规划服务区域内矿山事故灾难的重要力量，除服务于所在企业和地方外，还承担本省（区）及周边区域重特大、复杂矿山事故及相关灾害的应急救援任务，还具备应急救援人才、技术、装备储备及实训演练等功能。

区域矿山救援骨干队伍是我国矿山应急救援的主要力量，业务上接受省级矿山救援指挥中心的领导，负责相邻省（区）重特大事故的应急救援，支持所在省（区）地下商场、地下油库、隧道等大型封闭空间的应急救援。

各产煤市、县和矿山企业建立的矿山救护队是矿山应急救援的基本力量，平时为本地、本企业的安全生产服务，在事故发生后第一时间到达事故现场并实施救援。

根据组织结构、服务对象的不同，矿山救护队分为矿山救护大队、矿山救护中队、矿山救护小队和辅助矿山救护队。

(1) 矿山救护大队

各省（直辖市、自治区）矿山管理机构将本省（区）的产煤地区以 100 km 为服务半径，合理规划分为若干个区域。在每个区域选择一个交通位置适中、战斗力较强的矿山救护队，作为重点建设的矿山救护中心，就是矿山救护大队。

矿山救护大队是本区域的救灾专家、救护装备和演习训练中心，负责区域内矿山重大灾变事故的处理与调度、指挥，对直属中队实行领导，并对区域内其他矿山救护队、辅助矿山救护队进行业务指导。矿山救护队由 2 个以上救护中队组成。矿山救护大队设大队长 1 名、副大队长 2 名、总工程师 1 名、副总工程师 1 名、工程技术人员数名。

(2) 矿山救护中队

矿山救护中队是独立作战的基础单位，由 3 个以上的救护小队组成。矿山救护中队距服务矿井不超过 10 km 或行车时间不超过 30 min。矿山救护中队应设中队长 1 名、副中队长 2 名、工程技术人员 2 名。

(3) 矿山救护小队

矿山救护小队是执行作战任务的最小集体，原则上由 9 人以上组成，设正、副小队长各 1 名。为了保证能迅速投入救护工作，救护队应该经常处于戒备状态。

(4) 辅助矿山救护队

矿山救护队除专业队伍之外还有辅助救护队。辅助矿山救护队是不脱产的矿山救护队，是专业化矿山救护队的助手和后备军。辅助矿山救护队员由矿长或总工程师直接领导，设专职队长及专职仪器装备维修工。

2. 矿山救护队的任务

矿山救护队的各项工作必须以救护为中心，以提高战斗力为重点，把抢救遇难人员和国家财产作为全体指挥员的神圣职责。救护队的主要任务如下：

（1）抢救矿山遇险遇难人员。

（2）处理矿山灾害事故。

（3）参加排放瓦斯、震动性爆破、启封火区、反风演习和其他需要佩用氧气呼吸器作业的安全技术性工作。

（4）参加审查矿山应急预案或灾害预防处理，做好矿山安全生产预防性检查，参与矿山安全检查和消除事故隐患的工作。

（5）负责兼职矿山救护队的培训和业务指导工作。

（6）协助矿山企业搞好职工的自救、互救和现场急救知识的普及教育。

3. 矿山救护队的技术装备

我国矿山救护队一般配备的装备和器材如下：

（1）个人防护装备，比如氧气呼吸器、自动苏生器、自救器、冰冷防热服等。

（2）处理各类矿山灾害事故的专用装备与器材，比如寻人仪、生命探测器等。

（3）气体检测分析仪器，比如温度、风量检测仪表，气相色谱检测仪，便携式自动检测仪等。

（4）通信器材及信息采集与处理设备，比如声能电话机、灾区的无线通信系统等。

（5）医疗急救器材。

（6）交通运输工具。

（7）一些训练器材等。

4. 矿山救护队的技术训练

为了保持我国矿山救护队救灾能力的高水平和应对灾变事故的处理能力，我国救护队队员们的技术训练包括了日常训练和模拟实战演习两部分。

（1）日常训练

1）军事化队列训练。

2）体能训练和高温浓烟训练。

3）防护设备、检测设备、通信及破拆工具等操作训练。

4）建风障、木板风墙和砖风墙，架木棚，安装局部通风机，高倍数泡沫灭火机灭火，惰性气体灭火装置安装使用等一般技术训练。

5）人工呼吸、心肺复苏、止血、包扎、固定、搬运等医疗急救训练。

6）新技术、新材料、新工艺、新装备的训练。

（2）模拟实战演习

1）演习训练，必须结合实战需要，制订演习训练计划；每次演习训练佩用呼吸器时间不少于3 h。

2）大队每年召集各中队进行一次综合性演习，内容包括闻警出动、下井准备、战前检查、灾区侦察、气体检查、搬运遇险人员、现场急救、顶板支护、直接灭火、建造风墙、安装局部通风机、铺设管道、高倍数泡沫灭火机灭火、惰性气体灭火装置安装使用、高温浓烟训练等。

3）中队除参加大队组织的综合性演习外，每月还要至少进行一次佩用呼吸器的单项演习训练，并每季度至少进行一次高温浓烟演习训练。

4）兼职救护队每季度至少进行一次佩用呼吸器的单项演习训练。

5. 救护队的军事化管理

救护队各项工作应按《矿山救护队质量标准化考核规范》的要求进行检查、验收和评比。矿山救护中队应每季度组织一次达标自检，矿山救护大队应每半年组织一次达标检查，省级矿山救援指挥机构应每年组织一次检查验收，国家矿山救援指挥机构适时组织抽查。为了有计划地进行工作、学习、训练和矿井安全预防，并时刻保持战斗准备状态，必须做到年有计划、季有安排、月有工作和学习日程表，并建立完善各项制度、建立牌版、做好各项记录和报表等，如指战人员和小队的岗位职责、战备值班制、交接班制、矿井预防检查制、仪器设备维护保养制、考勤制，建立队伍组织机构牌板、服务矿井交通示意图等，并做好各项工作记录，坚持执行，使救护队的各项工作能有条不紊地进行。

二、矿工自救

多数灾害事故发生初期波及范围和危害较小，这是消灭事故、减少损失的最有利时机。但是，灾害事故刚刚发生，救护队很难及时到达，因此在场人员在无条件处理灾害时，应保存自己，组织自救。

1. 矿工自救行动原则

出现事故时，在场人员应尽量了解或判断事故性质、地点与灾害程度，并迅速利用最近处的电话或其他方式通知井上调度人员。如有可能，应在保证人员安全的条件下，使用附近设备、工具材料等及时消灭灾害。如无可能，就应由在场的负责人或有经验的老工人带领，根据当时当地实际情况，选择安全路线或预先规定的安全路线，迅速撤离危险区域。

（1）井下发生瓦斯、煤尘爆炸时的自救

当井下发生瓦斯、煤尘爆炸事故时，一般都有很大的响声和连续的空气震动，一定要沉着，不要惊慌、乱喊、乱跑，要有组织地撤退到安全地点。爆炸以后，会产生大量的有害气体和温度很高的气流或火焰。这时，要迅速背着空气震动方向，脸向下，卧倒在沟里，或者用湿毛巾堵住嘴和鼻子，还要用衣服等物掩盖住身体，使身体的露出部分尽量减少。爆炸的一瞬间，要尽可能停止呼吸，防止吸入大量高浓度的有害气体和吞进火焰。

事故发生后，要戴好自救器，根据灾害预防和处理计划规定的避灾安全路线，尽快离开灾区。两人以上要编组同行，由有经验的老工人带领。行进中要注意通风情况，要迎着进风的方向走。假如巷道破坏很严重，又不知道撤退路线是否安全时，就要设法到较安全的地方去暂时躲避，安静而又耐心地等待救护。躲避要选择顶板坚固，没有有害气体，有水或离水较近的地方，并且要时刻注意附近情况的变化，发现有危险时，要及时转移。

在避灾过程中，每个人都要严格遵守纪律，听从领导者的指挥，发现有人受伤要及时救治。同时避灾者要严格控制矿灯的使用时间，食品要尽量节约，照顾好受伤人员。此外，还要定时敲打铁道或其他铁器工具，发出呼救信号并派人去侦察出井路线。探险工作要挑选有经验的人员担任，并且至少要有两人同行。

经过探险确认安全以后，避灾领导人就可以组织大家有秩序地向井口退出。如果矿灯都熄灭了，就沿着运输铁道或者摸着排水管、绞车钢丝绳退出。退出时要设法在沿途作记号，以便救护队跟踪寻找。如有可能，要争取及早与地面取得联系，如打电话、派人送信等。

（2）井下发生火灾时的自救

当井下发生火灾时，要立即通知附近的工作人员迅速撤出灾区，并竭力抢救。如果火灾范围较大，火势很猛，就要自救。自救的方法是：向火焰燃烧的相反方向撤退，最好是利用平行巷道，迎着新鲜空气绕过火区。如果巷道已被烟充满，也绝对不要乱跑，不要惊慌，要冷静而迅速地辨认出发生火灾的地区和风流方向，然后迎着风流走出来。如果实在不能退出，就要找一个安全地点暂时躲避。从火区撤出时，必须戴上自救器。

（3）井下发生透水事故时的自救

当井下发生透水事故时，应撤退到涌水地点上部水平，而不能进入涌水附近的独头巷道。但是当独头上山下部唯一出口被淹没无法撤退时，也可在独头工作面暂避，以免受到涌水伤害。因为独头上山附近空气因水位上升逐渐受到压缩，能保持一定的空间和空气量。若是老塘老空积水涌出，则须快速构筑避难硐室，以防被涌出的有毒有害气体伤害。

（4）井下发生冒顶事故时的自救

1）发现采掘工作面有冒顶的预兆，自己又无法逃脱现场时，应立即把身体靠向硬帮或有强硬支柱的地方。

2）冒顶事故发生后，伤员要尽一切努力争取自行脱离事故现场。无法逃脱时，要尽可能把身体藏在支柱牢固或块岩石架起的空隙中，防止再受到伤害。

3）当大面积冒顶堵塞巷道，即矿工所说的“关门”时，作业人员堵塞在工作面，这时应沉着冷静，由班长统一指挥，只留一盏灯供照明使用，并用铁锹、铁棒、石块等不停地敲打通风、排水管道，向外报警，使救援人员能及时发现目标，准确迅速地展开抢救。

4）在撤离险区后，尽可能迅速地向井下及井上有关部门报告。

2. 矿工自救仪器

（1）避难硐室

遇到自救器在有效作用时间内不能到达安全地点，撤退路线无法通过，或缺乏自救器而有毒有害气体浓度高时，可以在避难硐室内暂避。避难硐室有两种：一是预先设置的采区避难硐室；二是事故发生后因地制宜构筑的临时性避难硐室。

采区避难硐室必须位于采掘工作面附近的巷道中，距工作面的距离应根据矿井生产具体条件确定，必须采用正压排风。采区避难硐室采用向外开启的两道门结构：外侧第一道门采用既能抵挡一定强度的冲击波，又能阻挡有毒有害气体的防护密闭门；第二道门采用能阻挡有毒有害气体的密闭门。两道门之间为过渡室，过渡室内应设压缩空气幕和压气喷淋装置，密闭门内为避险生存室。防护密闭门上设观察窗，门墙设单向排水管和单向排气管，排水管和排气管应加装手动阀门。另外，避难硐室还要有供给空气的设施和根据最多人数配备足够数量的隔绝式自救器。

临时避难硐室是利用工作地点的独头巷道、硐室或两道风门之间的巷道，在事故发生后临时修建的。为此应事先在上述地点准备所需的木板、木桩、黏土、沙子、砖等材料，在有些条件下，还应有压气管和阀门。

进入临时避难硐室前，一定要在硐室外留有衣物、矿灯等明显标志，以便救护队寻找。避难时应保持安静，避免不必要的体力消耗和空气消耗，以延长避灾时间。硐室内除留一盏灯外应将其余矿灯关闭。在硐室内可间断地敲打铁器、岩石等，发出呼救信号。

（2）自救器

自救器是一种轻便、体积小、作用时间较短的供矿工个人使用的救护仪器。它的主要用途是当煤矿井下发生事故时，矿工佩戴它可以通过充满有害气体的巷道，迅速离开灾区，进入安全地点。因此，我国煤矿规定：入井人员必须戴安全帽、随身携带自救器和矿灯。自救器按其原理可分为过滤式自救器和隔绝式自救器。隔绝式自救器又有化学氧和压缩氧两种。

不同自救器的使用方法和注意事项在自救器的说明书上都有详细的说明，井下工作人员在入井前都必须认真地阅读和学习。

三、现场急救

1. 伤员的分类

矿山救护指战员，在灾区工作时，只要发现遇险受伤的人员，都要把救人放在第一位。把遇险人员抬出灾区后，首先应检查心跳、脉搏、呼吸和瞳孔，根据伤情的轻重，将伤员分为轻伤员、重伤员、危重伤员三类。

（1）轻伤员：软组织损伤等。这类伤员多能行走，经现场处理后，转移到安全地点休息或作进一步检查。

（2）重伤员：如骨折、脱位、严重挤压伤、大面积软组织挫伤、内脏损伤等。在对这类伤员进行简单包扎、止血处理后，应立即组织人员将其搬运升井，迅速送往医院抢救或运出灾区。

（3）危重伤员：外伤性窒息及各种原因引起的心跳骤停、呼吸困难、深度昏迷、严重休克、大出血等。对于这类伤员，要在积极的抢救下，迅速升井，送往医院治疗。

2. 现场急救的内容

（1）止血

矿山救护队在灾区发现受伤的遇险人员时，要采取措施，给伤员佩用呼吸器或隔离式自救器，并迅速将其搬运出灾区，放到通风良好、顶板稳定、巷道比较干燥、平坦的地方，避免有毒有害气体的进一步伤害。使伤员仰卧，保证呼吸道的畅通，然后根据受伤的位置进行清洗，对出血伤口用纱布、绷带包扎就可以止血，大的静脉出血可用止血带止血法。

（2）包扎

被救出的伤员在井下无法做清创手术，救护队的人员要因地制宜地进行简单的包扎，避免损害健康，甚至危及生命安全，这样做主要是保护伤口、减少感染、压迫止血、减轻痛苦。包扎的材料有胶带、绷带、三角巾，现场无上述包扎材料时，可用手帕、毛巾、衣服等代用。

（3）固定

如发现抢救出的遇险人员有骨折现象，要根据现场的条件，用木棍、木板、竹篦、毛巾、绳子等，进行临时固定，避免伤口周围的血管、神经、肌肉、内脏进一步破坏。另外，固定后，可减轻疼痛，防止休克。

（4）伤员搬运

经过现场急救处理的伤员，需要进一步到医院救治，但在搬运过程中，若采取的方法不当，则容易造成神经、血管的损伤，加重伤情，给患者增加额外的痛苦。一般伤员搬运的方法有担架搬运法、单人徒手搬运法、双人徒手搬运法。

矿山救护队指战员，在井下复杂的环境中搬运伤员时，往往受到巷道堵物、空间狭小、有害气体、烟雾、温度等不利条件的影响，这就给搬运工作增加了困难。因此，救护队指战员要在保证自己安全的前提下，创造一切有利条件，选择适应井下复杂环境的搬运方法，尽量减少伤员痛苦。

(5) 人工呼吸

应将被抢救出的伤员放在人员车辆不多、空气新鲜、顶板牢固、巷道平坦、干燥的地方，解开阻碍呼吸的领扣、衣扣、腰带，脱掉胶靴，并注意保温，用毛巾清理面部和口中的异物。此时，如苏生器没有准备好，应根据需要进行人工呼吸。

1) 口对口人工呼吸法。操作前，使伤员仰卧，救护队员在其头部一侧，一手托起伤员下颌，并尽量使其头部后仰，另一手捏住伤员鼻孔，以免吹气时从鼻孔漏气。操作者深吸一口气，紧对伤员的口，将气吹入，造成吸气。然后，松开捏鼻孔的手，并用手压其胸部以帮助呼气。如此有节律地均匀地反复地进行，每分钟吹 14～16 次。

2) 仰卧压胸法。让伤员仰卧，救护队员跨跪在伤员大腿两侧，两手拇指向内，其余四指向外伸开，平放在其胸部两侧乳头下，借上身重力压伤员的胸部，挤出肺内的空气。然后，救护队员的身体后仰，除去压力，伤员胸部依其弹性自然扩张，因而空气入肺。如此有节律地进行，每分钟 16～20 次。

3) 俯卧压背法。此法与仰卧压胸法的操作方法大致相同，只是伤员俯卧，救护队员跨跪在伤员大腿两侧。

4) 心脏按压术。体外心脏按压是对心跳停止的伤员进行抢救的一种有效方法。使伤员平躺在硬板或地面上，救护队员站着或跪在伤员一侧，两手相叠，掌根放在伤员胸骨下 1/3 部位，中指放在胸部凹陷的下边缘，借自己的体重用力向下压 3～4 cm，每次加压后应迅速松开，让胸部得到扩张。如此持续进行，每分钟 60～80 次。体外心脏按压与口对口人工呼吸法可同时进行，密切配合。心脏按压 5 次，吹气 1 次。按压时，加压不宜太大，以防肋骨骨折及内脏损伤，按压的有效体征为每次按压时，可摸到伤员颈动脉搏动，口唇、面色转红，恢复自主呼吸。急救者应有耐心，除非经鉴定伤员为真死，否则，不可中途停止。

(6) 苏生器自动呼吸

把伤员抬到人员车辆不多、空气新鲜、顶板牢固、巷道平坦且干燥的地方，使伤员仰卧，解开衣扣、裤带，并进行保暖。检查伤员的脉搏、心跳、呼吸、瞳孔，确定伤员是真死还是假死，是何种假死，何种气体中毒。如是被水淹的伤员，要先让其把水吐出，把伤员的口启开，拉出舌头，清除口中异物，并将伤员的肩部垫高10～15 cm，头向后仰，面转向苏生器的一侧。如伤员有痰，用抽痰装置进行清理，并根据需要选择适当的喉管放入伤员的口内进行苏生。

第三节　煤矿事故调查与处理

一、煤矿事故报告及调查组

1. 煤矿事故报告

（1）事故报告的时限

煤矿发生事故后，事故现场有关人员应当立即报告煤矿负责人；煤矿负责人接到报告后，应当于1 h内报告事故发生地县级以上人民政府安全生产监督管理部门、负责煤矿安全生产监督管理的部门和驻地煤矿安全监察机构。情况紧急时，事故现场有关人员可以直接向事故发生地县级以上人民政府安全生产监督管理部门、负责煤矿安全生产监督管理的部门和驻地煤矿安全监察机构报告。

煤矿安全监察分局接到事故报告后，应当在2 h内上报省级煤矿安全监察机构。

省级煤矿安全监察机构接到较大事故以上等级事故报告后，应当在2 h内上报国家安全生产监督管理总局、国家煤矿安全监察局。

国家安全生产监督管理总局、国家煤矿安全监察局接到特别重大事故、重大事故或社会影响严重的事故报告后，应当在2 h内上报国务院。

（2）事故报告的内容

煤矿发生事故后，煤矿负责人除向有关部门和机构报告事故外，还应当指定专人用文字材料的形式报告事故。文字材料报告事故应当包括下列内容：

1）事故发生单位概况。事故发生单位概况应当包括单位的全称、所处地理位置、所有制形式和隶属关系、生产经营范围和规模、各类证照的持有情况、单位负责人的基本情况、近期的生产经营状况等。

2）事故发生的时间、地点及事故现场情况报告。事故发生的时间应具体，尽量精确到分钟。报告事故发生的地点要准确，除事故发生的中心地点外，还应当报告事故所波及的区域。报告事故现场的情况应当全面，不仅应当报告现场的总体情况，还应当报告现场的人员伤亡情况、设备设施的毁损情况；不仅应当报告事故发生后的现场情况，还应当尽量报告事故发生前的现场情况，便于前后比较，分析事故原因。

3）事故的简要经过。事故的简要经过是对事故全过程的简要叙述，核心要求在于"全"和"简"。也就是说，要求全过程描述的同时尽可能简单明了，避免繁杂。由于事故的发生往往是在一瞬间，对事故经过的描述应当特别注意事故发生前作业场所有关人员和设备设施的一些细节，因为这些细节可能就是引发事故的重要原因。

4）人员伤亡和经济损失情况。对于人员伤亡情况的报告，应当遵循实事求是的原则，不作无根据的猜测，更不能隐瞒实际伤亡人数。在煤矿事故中，往往出现多人被困井下的情况，对可能造成的伤亡人数，要根据事故单位当班记录，尽可能准确地报告。对不知伤亡情况的，可以先按井下被困人员报告。在抢险中，发现有死亡或轻重伤的，要及时报告。对直接经济损失的初步估算，主要指事故所导致的巷道的毁损、生产设备设施和仪器仪表的损坏等。由于人员伤亡情况和经济损失情况直接影响事故等级的划分，并决定事故的调查处理等后续重大问题，因此在报告这方面情况时应当谨慎细致，力求准确。

5）已采取的措施。已经采取的措施主要是指事故现场有关人员、事故单位负责人、已经接到事故报告的安全生产管理部门为减少损失、防止事故扩大和便于事故调查所采取的应急救援、现场保护等具体措施。

6）其他应当报告的情况。对于其他应当报告的情况，应当根据实际情况具体确定。例如，较大以上事故还应当报告事故所造成的社会影响，政府部门有关领导、集团公司领导现场指挥等有关情况。另外，对于能够初步判定事故原因的，也应当报告。

（3）事故的补报

自事故发生之日起30天内，事故造成的伤亡人数发生变化的，应当及时补报。对出现的新情况及时补报，是因为有些不确定的状态需要经过一段时间才能转为确定状态。例如，由于危险因素没有彻底排除，事故没有得到有效控制，导致发生次生事故，引起了新的人员伤亡，有时甚至是救援人员的伤亡和新的财产毁损，增加了直接经济损失。此外，对失踪人员的搜救和对被困人员的营救能否取得积极的结果，重伤者经过抢救能否脱离生命危险，损坏的设备设施能否进行修复等，都需要经过一段时间后才能确定。这些都直接影响到伤亡人数的确定和直接经济损失的认定，而伤亡人数和直接经济损失情况直接关系到事故等级的划分、事故的调查处理权限等具体问题。

2. 煤矿事故调查的目的和原则

事故调查的目的就是防止和减少事故的发生，为事故的预防和安全隐患的消除找出技术上和管理上的漏洞，以便补充完善相应的措施。为达到上述目的，事故调查就必须查清事故的原因和性质，分清事故责任者的责任。

事故调查处理是一项比较复杂的工作，涉及各方面的关系，同时又有很强的科学性和技术性。事故调查必须坚持以下原则：

（1）实事求是的原则

不论做什么工作都要坚持实事求是的原则。事故调查更是如此，这是最基本的要求。

（2）尊重科学的原则

事故调查必须尊重科学，不能凭主观臆断或想象。在查找事故发生的原因时，必须在现场勘察的基础上，通过科学的化验、试验及有关权威部门的鉴定，找到事故的真正原因，为今后预防类似事故的再发生提供科学的依据。

对事故原因和性质的调查具有很强的科学性和技术性，需要具有一定专业技术和实践经验的工程技术人员或专家，通过大量的技术分析和研究来共同完成。专家组必须实事求是，尊重科学，对事故原因的调查分析必须准确，并肯定地给出结论。

3. 煤矿事故调查组的组成

（1）调查组的分级

根据《生产安全事故报告和调查处理条例》和国家安全生产监督管理总局、国家煤矿安全监察局发布的《煤矿生产安全事故报告和调查处理规定》的规定，煤矿生产安全事故的调查实行分级调查的原则，即从伤亡人数及直接经济损失的角度考虑，事故严重程度不同，其相应事故调查组的级别也不同。如下分级中，“以上”包括本数，“以下”不包括本数。

1）特别重大事故。造成30人以上死亡，或者100人以上重伤（包括急性工业中毒），或者1亿元以上直接经济损失的事故，由国务院或者国务院授权有关部门组织事故调查组进行调查。

2）重大事故。造成10人以上30人以下死亡，或者50人以上100人以下重伤，或者5 000万元以上1亿元以下直接经济损失的事故，由省级煤矿安全监察局组织省有关部门组成调查组进行调查。

3）较大事故。造成3人以上10人以下死亡，或者10人以上50人以下重伤，或者1 000万元以上5 000万元以下直接经济损失的事故，由煤矿安全监察分局组织地市级有关部门组成调查组进行调查。

4）一般事故。造成3人以下死亡，或者10人以下重伤，或者1 000万元以下直接经济损失的事故，由煤矿安全监察分局组织县级有关部门组成调查组进行调查。

未造成人员伤亡的一般事故，煤矿安全监察机构也可以委托事故发生单位组织事故调查组进行调查。这也是事故调查条例规定的。这是因为一般事故的数量很大，为了减轻政府负担、提高工作效率，委托事故单位调查也是合情合理的。实际上这里特指只造成了轻伤或直接经济损失在1 000万元以下的事故来决定。对于是否委托，要根据事故单位是否有能力公平、公正、严格地调查事故来决定。受委托的事故单位要按要求组织事故调查组，调查结果要向委托单位报告。

(2) 调查组的组成

根据事故严重程度的不同，事故调查组的具体组成也不相同。事故调查组的组成应当遵循精简、高效的原则。

特别重大事故由国务院或者经国务院授权由国家安全生产监督管理总局、国家煤矿安全监察局、监察部等有关部门，全国总工会和事故发生地省级人民政府派员组成国务院事故调查组，并邀请最高人民检察院派人参加。

对于重大事故、较大事故和一般事故，根据事故的具体情况，由煤矿安全监察机构、有关地方人民政府及其安全生产监督管理部门、负责煤矿安全生产监督管理的部门、行业主管部门、监察机关、公安机关以及工会派人组成事故调查组，并应当邀请人民检察院派人参加。

事故调查组可以聘请有关专家参与调查，所聘请专家应与事故发生单位和所调查的事故没有直接利害关系。对于煤矿井下的瓦斯突出、瓦斯爆炸、瓦斯燃烧、透水、火灾等事故的调查一般需要聘请3人以上的专家参与，通常是来自于煤矿企业有丰富实践经验的高级工程师、大专院校有丰富理论研究的专家教授、科研院所的技术专家等。

4. 煤矿事故调查组的职责和权力

事故调查组履行的各项职责是事故调查工作的核心之一。事故调查工作能否做到“实事求是、尊重科学”，事故调查处理能否做到“四不放过”，通过事故调查处理能否真正防止和减少事故、避免类似事故重复发生，关键要看事故调查组的职责能否正确履行。

根据国务院颁布的《生产安全事故报告和调查处理条例》规定，事故调查组的主要职责如下：查明事故发生的经过、原因、人员伤亡情况及直接经济损失；认定事故的性质和事故责任；提出对事故责任者的处理建议；总结事故教训，提出防范和整改措施；提交事故调查报告。

事故调查组要完成以上各项职责，就必须赋予其相应的权利。国家法规对事故调查组的权利进行了以下规范：

(1) 了解情况

事故调查组有权向有关单位和个人了解与事故有关的情况。“有关单位和个人”是一个广义的概念，不仅包括事故发生单位和个人，而且也包括与事故发生有关联的单位和个人，如设备制造单位、设计单位、施工单位等，还包括与事故发生有关的政府及其有关部门和人员。

（2）文件资料获得权

文件资料获得权，即事故调查组有权要求有关单位和个人提供相关文件、资料，有关单位和个人不得拒绝。“有关单位和个人”与前面讲的概念一样；“相关文件、资料”也是一个广义的概念，包括与事故发生有关的所有文件、资料。

（3）对被调查单位的要求

事故调查组有权对事故发生单位依法提出以下要求：

1）事故发生单位的负责人和有关人员有配合事故调查的义务，在事故调查期间不得擅离职守，并应当随时接受事故调查组的询问，如实提供有关情况。

2）事故发生单位的负责人和有关人员在事故调查期间不履行法定义务，擅离职守或不接受调查，或不如实提供有关情况的，调查组就要追究其相应的法律责任。在事故调查中，调查组发现涉嫌犯罪的，应当及时向司法机关移交涉嫌犯罪者的有关材料或者复印件。

二、煤矿事故调查程序

事故调查的程序一般包括现场处理、现场勘察、人证问询、物证搜集与保护等主要工作。由于这些工作时间性极强，有些信息、证据是随时间的推移而逐步消亡的，有些信息则有着极大的不可重复性，因此对于事故调查人员来讲，实施调查过程的速度和准确性显得尤为重要。只有把握住每一个调查环节的中心工作才能使事故调查过程进展顺利。

1. 现场处理

事故现场是指发生事故的地点及与事故发生原因、经过和结果有关联的一切处所。事故发生后，首先要救护受伤人员，采取措施制止事故的蔓延扩大，并认真保护现场。事故现场保护是指事故发生后，及时采取措施保持现场原状，使之免受变动或破坏，为调查人员进行现场勘察、搜集痕迹物证创造有利条件。

调查人员到达现场后，根据事故现场的具体情况和周围环境，划定保护范围、布置警戒线、封锁现场、采取有效的保护措施，把现场变动减少到最低程度。如为了抢险必须破坏或变动现场的（如移动井下的开关、电缆位置、设备位置、已倒或未倒的支柱、顶梁位置等），应尽可能画出现场草图并做好记录。

2. 现场勘察

事故现场勘察是事故现场调查的中心环节，其主要目的是查明当事各方在事故之前和事发之时的情节、过程以及造成的后果。通过对现场痕迹、物证的搜集和检验分析，可以判明发生事故的主、客观原因，为正确处理事故提供客观依据。因此全面、细致地勘察现场是获取现场证据的关键。

（1）煤矿事故勘察的重点内容

事故现场勘察工作是一种信息处理技术。由于其主要关注四个方面的信息，即人（People）、部件（Part）、位置（Position）和文件（Paper），因此简称为“4P”技术。其主要工作是通过现场笔录、现场照相、现场绘图等技术手段，搜集、记录与事故有关的材料。而对于不同的煤矿事故，现场勘察的重点内容也是不同的。

1）瓦斯燃烧与瓦斯爆炸事故的现场勘察。瓦斯燃烧与瓦斯爆炸事故的现场勘察的重点内容主要有：查明爆炸源点或燃烧源点的位置；查明瓦斯积聚的原因；查明火源；查明是否造成次生事故及其原因；查明导致这些原因产生的因素。

2）煤矿透水或突水事故的现场勘查。井下透水与井下突水是两个不同含义的概念，也是区分责任与非责任事故的重要字眼。煤矿井下透水事故基本上都是责任事故，而煤矿井下突水事故有可能存在自然灾害的因素。煤矿透水事故是煤矿在生产活动中，与老空积水或导水裂隙等相透而产生的水害事故；煤矿突水事故是煤矿在生产活动中，由于煤岩层承受不住地层承压水的压力，压力穿破煤或岩石而突然冒出产生的水害事故。

煤矿井下水害事故勘察的重点内容主要有：查明突水或透水的地点，推断突（透）出水量和速度；勘察事故前后静止水位，测试隔（防）水煤岩柱厚度；勘察分析事故源点处及其周围的地质构造，对事故发生产生的影响；查明事故前矿井的水文地质情况是否勘探清楚；查明生产作业中接近积水老空区、充水断层、含水层等地带采取的防水措施；查明事故前，事故源点处及附近有无透水或突水征兆，现场职工如何采取措施应对。

3）煤矿井下火灾事故现场勘查。煤矿井下火灾伤亡事故现场勘察的重点内容主要有：井下火灾发生的时间、地点与火势蔓延情况；查找起火点及火种，查明火灾发起的直接原因及与火灾直接原因有关的因素；查明火灾产生的有毒有害气体的影响范围和人员致死的原因；了解火灾发生前现场的原始情况、救火过程、现场变动和可疑迹象；查明事故现场巷道支护形式、材料，易燃物质存在的情况。

4）顶板事故的现场勘查。对于煤矿井下顶板事故，其勘探的重点内容有：事故发生前巷道或采场的顶板、两帮、底板、迎头有什么事故预兆；现场人员是否发现事故预兆，发现预兆后采取的措施；现场人员进班工作前、爆破后、挑顶前、挖柱窝前、更换支柱或顶梁前，是否采用木楔法、标记法、听音判断法、震动法或使用顶板报警器等“敲帮问顶”方法进行顶板检查；现场事故点是否存在空顶作业，了解掘进前探梁的形式和使用情况；现场支护形式、支护质量、支护材质、支护密度等，锚杆支护是否对锚杆进行拉力试验；现场掘进（采煤）支护循环方式、控顶距或控顶范围；勘查事故点顶、帮及周围岩性情况有什么变化。

(2) 事故勘察的程序

事故现场勘察大体上可分为三个阶段进行，即准备阶段、勘察阶段和综合整理阶段。

1) 准备阶段。准备阶段是指从发生事故到进行事故勘察这段时间。准备阶段的主要任务是现场保护，查阅图纸和有关资料，初访知情人，组织事故现场勘察组，准备现场勘察仪器仪表、设备器材和工具。

2) 勘察阶段。勘察阶段是指勘察的具体实施阶段。现场勘察由浅入深、循序渐进。具体工作内容有环境观察、初步勘察、详细勘察或专项勘察。在勘察中，应当随时做好勘察记录，提取物证，测量有关数据，并根据情况决定是否将痕迹物证提交有关部门作技术鉴定。勘察煤与瓦斯突出事故现场时，瓦斯突出"预测预报"人员（打钻工和技术员）应当与事故勘察人员一起到现场进行突出预测工作，经检验没有突出危险时，才可以进行事故现场的勘察工作。

事故现场勘察时，首先要勘察事故现场的整体物质环境，即整体巡视；然后进行初步勘察，弄清各物体之间的相互关系后，再进行详细勘察，找到事故原部位；最后进行专项勘察，找到事故发生的直接原因以及与直接原因有关的因素。

3) 综合整理阶段。综合整理阶段主要是整理事故现场勘察记录，依据整理后的资料和痕迹物证的鉴定结果，作出勘察结论，写出现场勘察报告。

3. 物证搜集与保护

物证搜集与保护是现场调查的另一项重要工作，前面提到的"4P"技术中的"3P"即部件（Part）、位置（Position）、文件（Paper）属于物证的范畴。保护现场工作的一个主要目的也是保护物证。几乎每个物证在加以分析后都能用以确定其与事故的关系，而在有些情况下确认某物与事故无关也同样非常重要。

在现场取证时，既要保证全面，也要突出重点。如井下不同地点的液体、气体的选择、搜集，并利用相关仪器设备加以测试；与事故相关的现场痕迹和物件的选取；有关技术资料、规章制度等文件资料的保存等。有些物证存留时间比较短，甚至稍纵即逝，因此必须事先制订好计划，按次序有目标地搜集所需物证。

煤矿井下的监测监控系统所记录的数据也是重要物证之一。例如，通过对井下瓦斯、CO 等浓度的监测数据的回放和分析，有助于确定事故发生前的现场状况及事故发生的时间、地点等，为调查工作提供有利的数据支撑。

在现场搜集到的所有物件均应贴上标签，注明时间、地点。所有物件均应保持原样，不准冲洗、擦拭，有条件的可进行现场拍照或录像。

4. 人证问询

在事故调查中，证人的询问工作相当重要，大约 50%的事故信息是由证人提供的。但是要注意到，由于各种原因和个人的主观臆想，证人的证词并不是完全可信和真实的，因此调查组一定要对证人的口述材料进行认真考证、核实，从中选择有用信息。

证人的证言包括调查询问笔录和有关人员提供的情况说明、举报信件等。调查人员制定事故调查询问计划和询问提纲，明确调查询问对象和询问内容，对事故现场目击者、受害者、当事人、相关管理人员及负有监督管理职责的人员进行调查询问。对事故发生负有责任的人员必须调查询问。认定的责任者的违法违规事实应当有至少 2 个以上证人的证言或其他有效证据。

技术组、专家组、管理组等对涉嫌事故的所有有关人员按分工和任务的不同分别询问。

技术组侧重调查询问与事故有关的技术、生产、安全、人员管理与素质、安全费用提取与使用、安全设备与材料采购、生产计划与考核、矿井设备维修与管理、安全教育与培训、安全评价、设备检测检验、瓦斯煤尘鉴定、技术服务等方面有关人员。查看有无矿井真实图纸，齐全与否；有无违章操作情况或无章可循情况；有无违章指挥情况或瞎指挥情况；有无冒险强令工人进入危险区域作业情况；有无生产单位提出需要的安全设备或材料；有无计划部门不作计划或作计划但财务部门不批款的情况；有无采购残次品设备或材料情况（追查到厂家）；有无安全投入不足情况；安全教育或培训是否存在不切合实际或弄虚作假情况（替考、抄卷、监考不严、培训教师不授课或不认真授课或滥竽充数等）；安全评价是否与煤矿现场实际相符；设备检测检验报告是否有虚假情况；瓦斯等鉴定是否有意偏离实际；技术服务是否按合同到位等。

管理组侧重询问与事故有关的管理层的管理、政府有关部门的管理等与事故有关的人员。查看职责是否履行到位；有无失职渎职行为；煤矿技术人员是否配备齐全；“五（或六）职”矿长是否配备齐全并是合格人员；煤矿中层干部是否配备合格人员；矿井超能力生产是主动还是被动（上级计划压力）；下达超能力生产的部门应负的责任；政府有关部门或机构安全管理职责履行情况等。

5. 事故现场绘图、照相和摄像

事故现场绘图、照相和摄像是描述现场极其重要的记录手段，可以为事故的分析提供直观证据。

三、事故分析及结案处理

1. 事故原因分析

根据事故的因果性可知，事故的原因和结果之间存在着某种规律，所以研究事故，最重要的是找出事故发生的原因。事故原因分析，应根据事故调查所确认的事实，从直接原

因入手，逐步深入到间接原因，从而掌握事故的全部原因。

事故的直接原因是指直接导致事故发生的原因，又称一次原因，它与事故结果存在非此即非彼的因果关系；间接原因是指直接原因得以产生和存在的原因；主要原因是在本次事故中，直接原因和间接原因中对事故的发生起主要作用的原因。但是，主要原因并不是直接原因和间接原因分类的“算术和”。

（1）直接原因

大多数学者认为，事故发生的直接原因主要归纳为两个方面，即人的不安全行为和物的不安全状态。实际情况中，只有少量事故是与人的不安全行为或物的不安全状态无关的，绝大多数事故是与二者同时相关的。

为统计方便，我国国家标准《企业职工伤亡事故分类》对物的不安全状态和人的不安全行为作了详细的分类。如某矿井瓦斯爆炸的直接原因是局部通风不良使得瓦斯积聚达到爆炸界限和操作人员违章带电作业（或违章爆破）而出现点火源，二者共同作用导致瓦斯爆炸的发生。其中，前者为物的不安全状态，后者是人的不安全行为。

（2）间接原因

事故的间接原因主要表现为设计上的缺欠、劳动组织不合理、对职工安全培训不够、安全管理缺陷身体和精神方面的缺陷等。事故统计表明，绝大多数事故的发生都与管理因素有关。换句话说，如果采取了合适的管理措施，那么大部分事故将会得到很好的控制。因此可以说，管理因素是事故发生乃至造成严重损失的最主要原因。

2. 事故责任认定

事故调查必须认定事故性质，确定事故属于责任事故还是非责任事故。责任事故是由于人在生产活动中不执行有关规程、规章制度，安全管理存在失职、渎职行为等问题而导致的事故。非责任事故是由于自然界的因素而造成的不可抗拒的事故和目前科学技术条件限制而发生的难以预料的事故，包括自然事故和技术事故。

事故责任分析就是分析造成事故原因的责任，对照事故原因分别确定造成不安全状态（事故隐患）的事故责任者，违章违规的责任者和失职、渎职的管理责任者；划定所有事故责任者的范围之后，再按责任者与事故的关系确定直接责任者和领导责任者，在二者之中，对事故发生起主要作用的为事故的主要责任者。

3. 事故经济损失计算

在事故调查工作中，应对本次事故所造成的经济损失进行计算，作为衡量事故严重程度的指标之一，包括分别计算直接经济损失和间接经济损失。其中，直接经济损失很容易直接统计出来，而间接经济损失比较隐蔽，不容易直接由财务账面上查到。国内外对伤亡事故的直接经济损失和间接经济损失作了不同的规定。

（1）直接经济损失

1987年，我国开始执行《企业职工伤亡事故经济损失统计标准》（GB/T6721—1986），该标准中规定的事故的直接经济损失包括：

1）人身伤亡后所支出的费用，包括医疗费用（含护理费用）、丧葬及抚恤费用、补助及救济费用、歇工工资。

2）善后处理费用，包括处理事故的事务性费用、现场抢救费用、清理现场费用以及事故赔偿费用。

3）财产损失价值，含固定资产损失价值和流动资产损失价值。

（2）间接经济损失

《企业职工伤亡事故经济损失统计标准》规定的事故间接经济损失的统计范围为：

1）停产、减产损失价值。

2）工作损失价值。

3）资源损失价值。

4）处理环境污染的费用。

5）补充新职工的培训费用。

6）其他损失费用。

实际工作中，间接经济损失很难直接统计而得，于是人们就尝试如何由事故直接经济损失计算间接经济损失，也即采用比例法计算间接经济损失，进而估计事故的总经济损失。

由于国内外对事故直接经济损失和间接经济损失划分不同，因此直接经济损失和间接经济损失的比例也不同。在我国规定的直接经济损失项目中，包含了一些在国外属于间接经济损失的内容。一般来说，我国的伤亡事故直接经济损失所占的比例应该比国外大。此外，每次事故造成的直接经济损失和间接经济损失的比例，随事故的性质和破坏规模的不同也不相同。矿井火灾和瓦斯爆炸、煤尘爆炸和瓦斯煤尘爆炸事故造成的直接经济损失和间接经济损失之比在1∶2～1∶10内变化。

事故发生单位应按照规定及时统计直接经济损失。发生特别重大事故以下等级的事故，事故发生单位为省属以下煤矿企业的，其直接经济损失经企业上级政府主管部门（单位）审核后书面报组织事故调查的煤矿安全监察机构；事故发生单位为省属以上（含省属）煤矿企业的，其直接经济损失经企业集团公司或者企业上级政府主管部门审核后书面报组织事故调查的煤矿安全监察机构。特别重大事故的直接经济损失报国家安全生产监督管理总局。

4. 事故调查报告

煤矿事故调查报告是对事故调查工作的文字总结，是事故调查组工作成果的集中体现，其结论对事故处理及事故预防有极其重要的作用。

事故调查报告的撰写是在掌握大量实际调查材料并对其进行分析研究的基础上完成的。报告内容要求真实、具体，文字简练，能客观地反映事故的真相，能对人们起到启示、教育和参考的作用，并有益于搞好事故的预防工作。

事故调查报告的内容应根据事故发生的情况，有重点地将相关的矿井系统描述清楚。事故调查报告的正文内容及格式如下：

（1）事故单位概况

企业（总公司、公司、矿务局）概况：企业成立时间、性质、职工人数、独立核算单位数、生产矿井数、核定能力、事故的前一年及当年产量等。

事故矿井概况：矿井沿革；建矿时间、投产时间、设计能力、核定能力；矿井“六证”持证情况，矿井定性；实际产量、职工人数、劳动组织等；矿井开拓方式、采掘布置和采煤方法；矿井通风方式和通风情况，监测监控系统；矿井排水系统、排水量等；瓦斯、煤尘鉴定情况，自然发火期，水文地质情况等有关基础资料；矿井及上一级安全管理机构的设置情况、人员配备及其他情况。

（2）事故经过及抢险、善后情况

事故经过及报告：从交接班直至事故发生的经过和事故发生后的情况都要报告，必要时，事故的前一班或前一天工作情况也要叙述清楚。

抢险救灾情况：救灾简要过程、救灾指挥部指挥情况、救护队抢救情况及抢救结果，善后处理情况。

（3）事故瞒报（或迟报、谎报）情况

事故发生后隐瞒（迟报、谎报）情况和煤矿、政府及有关部门人员是否参与了瞒报、迟报、谎报及其过程等。没有瞒报、迟报、谎报的省略该部分。

（4）事故原因及性质

1）直接原因（直接引发事故的要素）。

2）间接原因（间接引发事故的要素或导致直接要素产生的因素，主要是管理、技术、设备、环境、培训、教育、人的心理等方面）。

3）事故性质（责任事故或非责任事故）。

（5）对事故有关责任人员的处理建议

姓名，政治面貌，职务，主管的工作。违法、违规和错误事实（责任认定），对事故发生所负的责任（直接责任、主要责任、主要领导责任、重要领导责任），移送司法机关处理、党纪行政处分、行政处罚等建议。

（6）对有关责任单位实施行政处罚的建议

责任单位名称，处罚理由，处罚依据，处罚建议，以及罚款金额、执法主体等。

(7) 防范措施

提出防止此类事故的防范措施和改进意见。

(8) 附件内容

事故报告除了包括以上内容外，还要包括一些附件内容。事故调查报告的附件是对正文的补充或说明，也是正文中叙述事实的证明材料。对于煤矿一般事故和比较简单的较大事故，附件可以精减，如技术鉴定报告、管理调查报告等可以不附。对于较大及以上等级事故，应尽量附全。事故调查报告的附件内容应包括以下主要内容：

1）调查组成员名单（签名）。

2）省级人民政府对事故处理的意见（重大事故上报国家安全生产监督管理总局批复时需要）；市级人民政府对事故处理的意见（有的省规定，较大事故上报省安全生产监督管理局批复时需要；大部分省不需要，因在上报批复前已与市级政府形成了一致意见）。

3）事故技术报告及附件（专家组技术鉴定报告、事故救护报告、现场勘察报告、化验分析或试验报告、与事故直接原因有关的其他鉴定报告）。

4）事故管理报告。

5）事故现场示意图。

6）事故死亡人员名单。

7）公安机关出具的尸检报告。

8）直接经济损失计算及统计表。

9）其他与事故直接有关的材料。

5. 事故结案处理

(1) 法律责任

在煤矿生产过程中或事故发生后，煤矿有关负责人或相关人员存在违法行为的，应依法追究其法律责任。违法按性质可分为刑事违法、民事违法、行政违法和经济违法。

煤矿事故发生后，应按照“四不放过”的原则进行调查处理，对于事故责任者的处理，应坚持思想教育从严、行政处理从宽的原则。但是对于情节特别恶劣、后果特别严重及构成犯罪的责任者，要坚决依法惩处。

(2) 事故的结案处理

事故调查处理报告书经上级领导部门审查同意批复后视为结案。

1）特别重大事故调查报告报经国务院同意后，由国家安全生产监督管理总局批复结案。

2）重大事故调查报告经征求省级人民政府意见后，报国家煤矿安全监察局批复结案。

3）较大事故调查报告经征求设区的市级人民政府意见后，报省级煤矿安全监察机构批复结案。

4）一般事故由煤矿安全监察分局批复结案。

重大事故、较大事故、一般事故，负责事故调查的人民政府应当自收到事故调查报告之日起 15 日内作出批复：特别重大事故，30 日内作出批复；特殊情况下，批复时间可以适当延长，但延长的时间最长不超过 30 日。

有关机关应当按照人民政府的批复，依照法律、行政法规规定的权限和程序，对事故发生单位和有关人员进行行政处罚，对负有事故责任的国家工作人员进行处分。事故发生单位应当按照负责事故调查的人民政府的批复，对本单位负有事故责任的人员进行处理。负有事故责任的人员涉嫌犯罪的，依法追究其刑事责任。

事故处理工作应当在 90 日内结案，特殊情况不得超过 180 日。事故处理的情况由负责事故调查的人民政府或者其授权的有关部门、机构向社会公布，依法应当保密的除外。

参考文献

[1] 国家安全生产监督管理总局，国家煤矿安全监察局. 煤矿安全生产规程 [M]. 北京：煤炭工业出版社，2013.

[2] 徐永圻. 煤矿开采学 [M]. 徐州：中国矿业大学出版社，2009.

[3] 中国煤炭工业劳动保护科学技术学会. 矿井粉尘防治技术 [M]. 北京：煤炭工业出版社，2007.

[4] 杨胜强. 粉尘防治理论及技术 [M]. 徐州：中国矿业大学出版社，2007.

[5] 王福生，袁东升. 矿井安全技术 [M]. 徐州：中国矿业大学出版社，2011.

[6] 宋晓艳，邸治乾，李忠辉. 矿井灾害应急救援与处理 [M]. 徐州：中国矿业大学出版社，2013.

[7] 姚建，田冬梅. 矿井火灾防治 [M]. 北京：煤炭工业出版社，2012.

[8] 余明高，贾海林，胡祖祥. 矿井火灾防治 [M]. 北京：国防工业出版社，2012.

[9] 陈雄，何荣军. 矿井瓦斯防治 [M]. 重庆：重庆大学出版社，2010.

[10] 仵自连，张玉华. 矿井瓦斯防治 [M]. 徐州：中国矿业大学出版社，2009.

[11] 王秀兰. 矿井水防治 [M]. 徐州：中国矿业大学出版社，2010.

[12] 杜计平. 开采方法 [M]. 徐州：中国矿业大学出版社，2012.

[13] 李鸿维，卢广银. 煤矿开采方法 [M]. 徐州：中国矿业大学出版社，2011.

[14] 汤道路. 煤矿安全监管体制与监管模式研究 [D]. 徐州：中国矿业大学，2014.

[15] 马衍坤，张统，汪斌斌. 基于比较学的我国近10a煤矿与建筑业事故比较研究 [J]. 中国安全科学学报，2013，23 (12)：113—118.

[16] 陈娟，赵耀江. 近十年来我国煤矿事故统计分析及启示 [J]. 煤炭工程，2012 (3)：137—139.

[17] 王文俊. 煤矿安全生产法律法规制度比较研究 [D]. 山西：山西财经大学，2011.

[18] 原冬梅. 煤矿生产过程中职业病危害及防护措施 [J]. 技术与市场，2014，21 (6)：341—342.

[19] 徐翔. 煤矿作业场所职业危害现状与防治对策 [J]. 煤矿安全，2010 (1)：105—108.

[20] 张爱然. 我国煤矿安全生产现状及健康发展展望 [J]. 山西大同大学学报（自然科学版)，2013，29 (2)：64—66.

[21] 王希会，王文静，许振，路兵，刘焕春. 中美煤矿2000—2009年安全生产状况对比

[J]. 科技创新导报，2010 (33)：65—66.
[22] 张铁岗. 煤矿安全技术基础管理 [M]. 北京：煤炭工业出版社，2003.
[23] 郭国政. 煤矿安全技术与管理 [M]. 北京：冶金工业出版社，2006.
[24] 贾琇明. 煤矿地质学 [M]. 徐州：中国矿业大学出版社，2007.
[25] 李增学. 煤矿地质学 [M]. 北京：煤炭工业出版社，2009.